Home Appliances Product
Design

家电产品设计

Home Appliances Product Design

第二版

陈根 编著

化学工业出版社

·北京·

图书在版编目（CIP）数据

家电产品设计/陈根编著．—2版．—北京：化学工业出版社，2017.4（2019.10重印）
ISBN 978-7-122-29110-3

Ⅰ．①家…　Ⅱ．①陈…　Ⅲ．①日用电气器具-设计②日用电气器具-市场分析　Ⅳ．①TM925.02②F764.5

中国版本图书馆CIP数据核字（2017）第031569号

责任编辑：王　烨　项　潋　　　文字编辑：谢蓉蓉
责任校对：王素芹　　　装帧设计：王晓宇

出版发行：化学工业出版社（北京市东城区青年湖南街13号　邮政编码100011）
印　　刷：三河市延风印装有限公司
装　　订：三河市宇新装订厂
787mm×1092mm　1/16　印张19½　字数486千字　　2019年10月北京第2版第4次印刷

购书咨询：010-64518888　　　售后服务：010-64518899
网　　址：http://www.cip.com.cn
凡购买本书，如有缺损质量问题，本社销售中心负责调换。

定　　价：79.00元

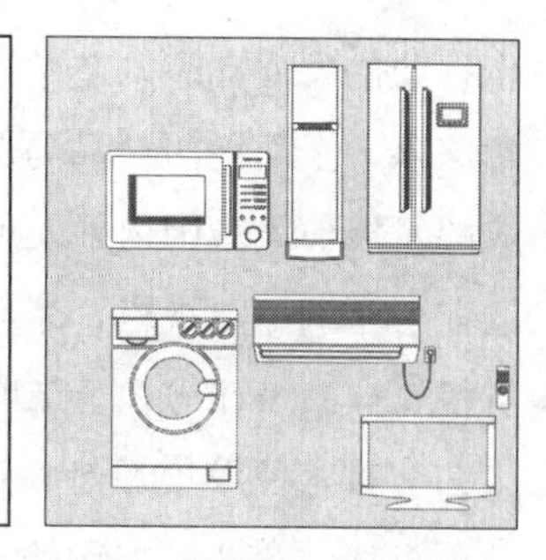

金融危机以来，全球家电行业多极化的特征日益显现。以前一直以欧盟核心国、美国、日本等发达国家为主体的全球家电行业，如今，新经济体在这个市场占据越来越重要的地位。新兴经济体快速发展，经济地位的上升已经得到全球公认。

2016年中国冰箱、洗衣机、空调、彩电（电视）四大家电市场低迷，价格战烽烟四起。但在这低迷的市场上，互联网+、智能化、高端产品仍然闪耀着耀眼的光芒，线上市场规模不断扩大。智能电视的市场渗透率持续攀升，越来越多的白电产品也逐渐加入智能家电的行列。基于此，业内各知名企业纷纷布局智能家居。2015年年初，小米联合13家照明企业布局智能家居；2015年3月，360公司正式发布基于360智能家居开放平台的互联互通解决方案——360智联模块；2015年6月，阿里富士康入股软银机器人公司，布局智慧家庭等领域；8月，华为联手海尔共同打造智能家居生态体系；2016年3月，美的发布“1+1+1”M-Smart智慧家居战略；2016年6月酷乐视科技发布了全新家用旗舰产品——“全球首款亮度超千流明LED智能投影”S3天屏影院，并与美的就智能家居融合创新方面进行深入探讨，共建智能家居整体解决方案。

目前，智能家电设计生产体系已经初步成型，一条完整的产业链正在加速运转，各方力量不断涌入，技术支持方推出的智能化解决方案正逐步丰满、完善，一双隐形的翅膀正在把家电智能化带到全新的高度。据相关权威调研机构分析预计，2015～2020年，智能洗衣机、空调和冰箱将爆发式增长，市场渗透率分别从15%增至45%、10%增至55%、6%增至38%。更多的家用电器将进入智能时代，基于数字化、三网融合、物联网、大数据、云计算等应用技术的智能家电将是信息消费的中坚力量。

在国内，供给侧改革如火如荼地进行，中国家电企业愈发面临着严峻的市场发展压力。随着人们对于生活品质的不断追求，家电已经从过去的单一满足使用功能要求，转变为对附加价值的追求。显而易见，在竞争充分、品牌格局成熟的市场，消费者愈加成熟理性，品牌忠诚度日益提高，价格战已经不能取得企业预期的效果。而价值竞争才是企业最终的出路。这就对家电企业的产品、技术、设计、工艺、性能、服务等方面提出更高的要求，因此如何从这些方面下手，以提高产品的附加价值，增强企业产品的竞争力，成为产品开发与营销的核心。

为了更好地探讨与帮助中国家电企业走出困境，塑造产品的市场竞争优势，把握中国家电行业的发展动态与趋势，本书从未来消费和市场需求角度出发，以全新视角，通过五大篇章深入、全面地对产品与营销进行论述。**前两篇可以概括为绪论篇和环境篇**，介绍了家电行业的发展环境、国内外发展状况、市场竞争格局等。**第3篇为产品篇**，为本书重点篇章之一，选取了空调、电视机、冰箱、洗衣机、微波炉及智能家电6类代表性家电产品，从市场格局、价格、产品设计等几个维度进行分析，并对各类家电产品设计中的外观、结构、色彩、材质、工艺、技术及发展新趋势进行了详细讲述。**第4篇为策略篇**，也是本书重点篇章之一，通过理论讲述结合实际案例的方法，形象具体地阐述了产品策略制定与实施的原则与方法；通过对中国家电行业的市场营销模式的比较指出了新的变革趋势和终端的建设、宣传、促销和维护等方面的具体实施内容。**第5篇为价值篇**，从各方面分析了用户家电消费的特点，结合新兴消费群体的行为差异提出了家电产品消费新趋势。前瞻性地论述了未来的消费观念和在此驱动下家电产品蕴藏的附加价值，并从产品设计、品牌形象建设和维护及服务三个主要方面结合案例提出了可参考的观点。

本书的五大篇内容贯穿了家电设计、生产、制造、销售等各个重要流程，在许多方面提出了创新性的观点，可以帮助从业人员更深刻地了解、运营和管理行业；帮助家电企业确定未来产业发展的研发目标和方向，升级产业结构，系统地提升创新能力和竞争力；指导和帮助欲进入行业者深入认识产业和提升专业知识技能。另外，本书从实际出发，列举众多案例对理论进行通俗形象地解析，因此，本书还可作为高校学习产品设计、工业设计、市场营销等专业的教材和参考书。

本书由陈根编著。陈道双、陈道利、林恩许、陈小琴、陈银开、卢德建、张五妹、林道姆、李子慧、朱芋锭、周美丽等为本书的编写提供了很多帮助，在此表示深深的谢意。

由于作者水平与知识有限，书中难免存在不妥之处，还望读者与专家批评、指正，同时也欢迎读者来信交流、探讨。

E-mail：672621598@qq.com

编著者

2017年4月

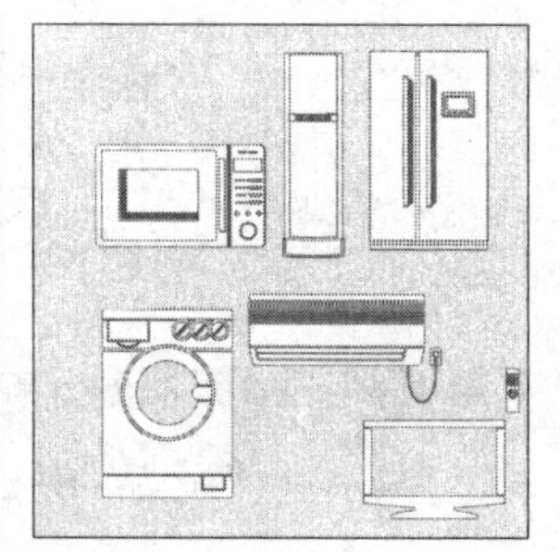

第1篇　产品认识重建——了解家电产品

第2篇　产品认识深入——家电产品环境与市场

第3篇 产品开发基础素质必修——外观设计、结构、工艺、技术技巧的掌握，为产品设计提供帮助

第4篇 产品开发能力深层修炼——透视产品销售模式，为产品营销管理提供指导

第5篇 家电产品附加价值开发——关注消费趋势“营”未来

家电产品设计
Home Appliances
Product Design

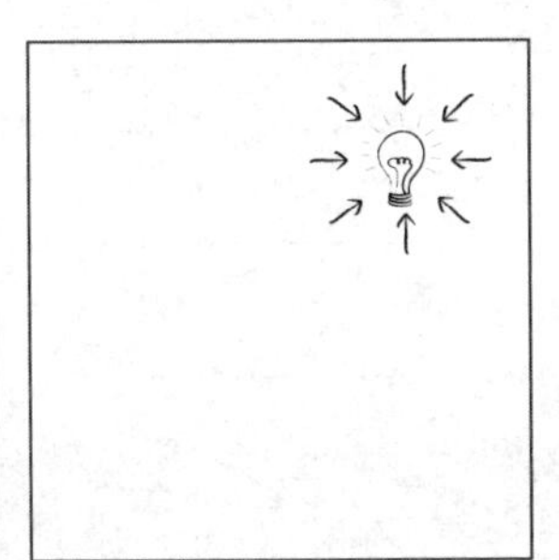

产品认识重建——了解家电产品

本篇包括了第1章和第2章，第1章明确界定了家电产品的相关概念，对家电产品进行了系统的分类。第2章从国际和国内两方面对家电行业发展的总体情况进行了概括性介绍，有助于重新认识家电产品。

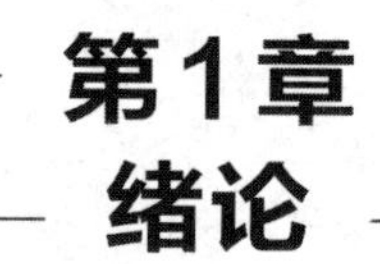

第1章 绪论

1.1 家电产品定义、基本概念

家用电器是指在家庭以及类似场所中使用的各种电器，又称民用电器、日用电器。

1879年爱迪生发明白炽灯，开创了家庭用电时代。19世纪80年代，爱迪生效应的发现和验证电磁波存在的实验，为电子学的诞生创造了条件。20世纪初，英、美等国相继发明了第一代电子器件——电子管。1919年超外差式接收机问世，为收音机发展创造了条件。20世纪初，理查森发明的电熨斗投放市场，促使其他家用电器相继问世，吸尘器、电动洗衣机、压缩机式家用电冰箱、电灶、空调器、全自动洗衣机随后相应出现。集成电路的发明，使电子技术进入微电子技术时代，又使家用电器提高到一个新的水平。1923～1924年，兹沃雷金发明了摄像管和显像管，1931年组装成世界上第一个全电子电视系统。1954年美国开始使用彩色电视广播。磁性（钢丝）录音机和磁带录音机是先后在1898年和1935年问世的，在荷兰飞利浦公司1963年发明盒式磁带的基础上，盒式磁带录音机迅速普及。

1.2 家电行业基本特点

全球家电产业特点主要体现在以下方面。

① 生产特点为小批量、多品种、拆卸式，大多从外部厂家采购材料和生产部件进行组装。

② 产品系列化、多元化，注重技术创新，产品更新换代快。

③ 生产与销售职能分散，销售渠道和方式多样化；销售业务品种较多；使用多种促销手段和价格政策，价格的制定具有地域区别，企业对价格、折扣、营销组织的管理控制严格；施行客户信用制度、控制信用额度，同时为促进销售也会有灵活的折让政策。

④ 强调成本治理与成本控制，常用定额法进行成本计算与控制，强化内部治理、降低耗费。

⑤ 存货品种多、数目大并且改变快，材料核算复杂，库存治理任务沉重。

⑥ 建立区域维修办事机构，强调售后服务和跟踪。

⑦ 产业高度集中。随着世界家用电器产业的发展，逐步组成了一批产业团体，正在行业中居于垄断地位。世界著名的企业有：美国的通用电气、沃普、RCA、胜家、怀特、杰尼斯无线电6家公司；日本的松下电器、东芝、日立、索尼、夏普、日本电气、三洋电机、三菱电机8家公司；荷兰的飞利浦公司；德国的西门子、博世、德律风根3家公司等。

⑧ 零部件专业化生产，总装厂生产连续化、主动化，生产规模一般都在年产量几十万台，人均生产率高。

⑨ 技术密集。家用电器是新材料、新工艺、新技术的综合载体，各相关行业的新材料、新工艺、新技术很快在家用电器产品上得到应用。

⑩ 产品更新快。市场竞争激烈，促进企业连续开发新产品，通过不断地更新换代取得竞争优势。

1.3　家电产品分类

家用电器的分类方法在全球尚未得到统一。国外通常把家电分为白色家电、黑色家电、米色家电和新兴的绿色家电四类。

① 白色家电指可以替代人们进行家务劳动的产品，包括洗衣机、冰箱等，或者是为人们提供更高生活环境质量的产品，像空调、电暖器。

② 黑色家电是指可提供娱乐的产品，像彩电、音响、游戏机等。

③ 米色家电指电脑信息产品。

④ 绿色家电，指在质量合格的前提下，可以高效使用且节约能源的产品。

绿色家电在使用过程中不对人体和周围环境造成伤害，在报废后还可以回收利用。

目前，主要有按产品功能与用处和按产品电气原理分类的两种方法。后者将家用电器分为制冷、电热、电动、电子电器4类，这种分类并不很完善。按产品功能与用处分类较为多见，但具体分法各国有异，大抵分为8类。

（1）制冷电器

又称冷冻电器。用于物品（主要是食品）的冷冻、冷藏，包括家用冰箱、冷饮机等（见图1.1）。

图 1.1　制冷电器

（2）空气调理电器

简称空调电器。用于调理室内空气活动、温度、湿度以及清除空气中的灰尘，包括房间空调、电扇、换气扇、冷热风器、空气加湿器等（见图1.2）。

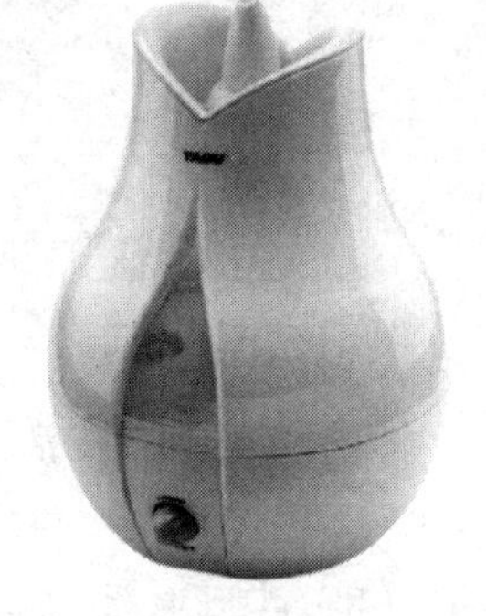

图 1.2　空调电器

（3）清洁电器

用于织物清洗和保养、室内环境和设备的保养，包括洗衣机、干衣机、电熨斗、吸尘器、地板打蜡机等（见图1.3）。

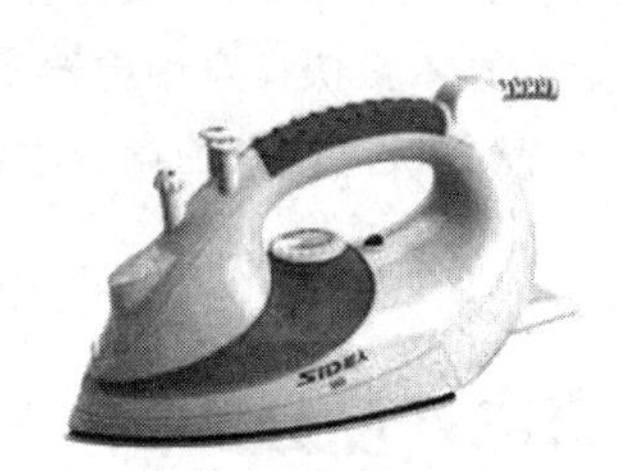

图1.3 清洁电器

（4）厨房电器

用于食品配制、烹调及厨房卫生，包括电灶、微波炉、电磁灶、电烤箱、电饭锅、洗碗机、电热水器、食品加工机等（见图1.4）。

图1.4 厨房电器

（5）电热用具

用于生活取热，包括电热毯（垫）、电热被、电热服、空间加热器（见图1.5）。

（6）整容保健电器

用于理发、颜面干净和家庭医疗护理，包括电动剃须刀、电吹风、整发器、超声波洗面器、电动推拿器、空气负离子发生器等（见图1.6）。

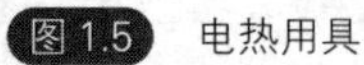

图1.5 电热用具

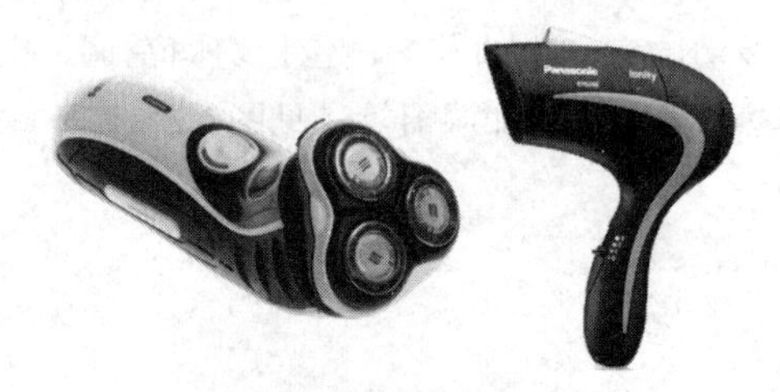

图1.6 整容保健电器

（7）声像电器

用于家庭文娱生活，包括电唱机、收音机、录音机、录像机、摄像机、组合音响等（见图1.7）。

（8）其他电器

如烟火报警器、电铃等。

有的国家将照明用具列为家用电器的一类，将声像电器列进文娱用具，而文娱用具还包括电动玩具；有的国家将家用煤气用具（包括燃油用具）和太阳能用具也列进家用电器内（见图1.8）。

图1.7　声像电器

图1.8　其他家用电器

中国的经销商通常把家电分为黑电（黑色家电）和白电（白色家电）两种。

（1）白色家电（白电）

最早是指白色的家电产品，由于家庭里会有许多的电器存在，而这些家电大都体积庞大，早期消费者在购买家电时喜欢选用看起来不突兀的白色，就算现在家电被做得多彩多姿，还是有很多人都称家电产品为白色家电。

（2）黑色家电（黑电）

是指黑色的家电产品，由于早期电视采用珑管技术，最外面有一圈黑色的边缘，黑褐色的外壳最不容易让消费者产生视觉反差。现在黑电产品是指带给人们娱乐、休闲的家电产品，而白电产品则是减轻人们的劳动强度（如洗衣机、部分厨房电器）、改善生活环境提高物质生活水平（如空调器、电冰箱等）。

黑电、白电也可从其工作原理和核心零部件来区分，黑电更多的是通过电子元器件、电路板等进行工作的，而白电更多的是通过电机将电能转换为热能、动能进行工作的。近年来，各类家电产品也出现了互相渗透交融的现象，如网络家电、带液晶电视的冰箱等。

在中国家电行业，比较传统的分类方法还是把家电产品分为大家电和小家电。大家电是指输出功率较大、体积也较大的家电，中国家电网将空调、电视机、热水器、音响与家庭影院、冰箱、洗衣机、整体厨房7类列为大家电，其余均列为小家电，小家电是指输出功率较小、体积也较小的家电，如电风扇、电吹风、电暖器、加湿器等。

按产品的使用功能，小家电可以分为三大类。

① 以电热水壶、微波炉、抽油烟机、电饭煲、消毒柜、榨汁机为主的厨房小家电。

② 以电风扇、吸尘器、电暖器、加湿器、空气清新器、饮水机为主的家居小家电。

③ 以电吹风、电动剃须刀、电熨斗、电动牙刷为主的个人生活用小家电。

从总量来看，厨卫类占据了小家电市场的绝大部分，其次是家居类。

第2章 家电行业国外发展概述

2.1 国际家电行业发展总体概况

世界家电产业发展至今可以划分为三个阶段：第一阶段以第二次工业革命为契机，从发展照明业开始，逐步生产收音机、电视机、冰箱、洗衣机等，直至开始建立电信系统；第二阶段从1945年开始，家用电器类产品开始普及，消费类电子产品逐步兴起；第三阶段从20世纪70年代开始，小家电开始进入消费者家庭，一些有个性、携带方便的电子产品受到消费者青睐。

2.1.1 全球家电产品行业发展概况

（1）世界家电产业的生产及供应状况

从世界范围看，家电的生产主要集中在北美、亚洲和西欧，全球83%的家电产品由这三个地区生产。其中，北美80%的产量集中在美国以及美国和墨西哥边境；欧洲则以意大利为制造中心；东欧以其廉价的劳动力和接近西欧市场两大优势日渐兴起；亚洲市场潜力巨大，当地劳动力价格低廉，成为21世纪最大的家电生产基地。

家电类产品由于体积庞大以及区域贸易壁垒的缘故，就地生产多而出口规模小；消费类电子产品中，附加值高的产品由日本以及欧洲厂商占据；韩国以低价位的产品进入市场；新兴工业国家生产一些成熟期的产品；中国则成为世界各大家电厂家降低成本和抢占市场的焦点。

（2）世界家电产业市场规模及分布状况

目前，世界家电市场销售额的年均增长率为5%，是中国家电市场增长率的1/3。其中小家电产品的年均增长率达6.3%，高于大家电的年均增长率。我国家电市场的规模约为国际市场的8%，世界性的家电发展趋势影响着我国家电产业的发展。

世界消费电子类产品的市场容量约为1400亿美元。

从地区分布来看，消费类电子产品的市场主要集中在亚洲、西欧和北美，占全球市场份额的85%以上，其中亚洲和西欧均占全球市场的30%以上，北美约占全球市场的25%。

从产品构成来看，在全球消费电子类产品中，电视机的市场份额占40%以上，并且呈现逐年递增的趋势，可携带消费电子类产品的市场容量约为230亿美元，也呈现逐年上升的趋势。

世界白色家用电器类产品的市场规模约为2.35亿台，未来三年增长率约为7.3%。

从地区构成来看，亚太市场是全球最大的白色家电市场，约占全球市场的1/3，西欧和北美市场分别是全球第二大和第三大白色家电市场。

从产品构成来看，电冰箱约占1/3的份额，其次是洗衣机和炉具。

2.1.2　世界家电产业特征分析

（1）产业结构

从产业结构上看，全球家电产业主要呈现以下几个特点。

首先，家电产业是一个高度竞争的产业，家电厂商一般追求规模经济，努力通过扩大规模来降低生产成本。

其次，家电产业是一个高资本投入的产业，由于投入高，大家电行业的新进入者减少。

再次，随着全球经济一体化进程的加快，家电产业的竞争逐步打破国与国之间的界限，大型家电厂商在全球范围内进行生产以及市场的战略部署，家电企业之间的竞争已由过去的国内企业之间的竞争演变为跨国集团之间的较量。

最后，国际范围内家电产业的资产重组步伐日益加快。

（2）产销结构

从产销结构上看，全球家电产业的特征也发生了很大变化，主要表现在以下几个方面。

① 家电产业由过去的产能不足发展到过度生产。

② 产品由量的提升发展到质的提升。

③ 企业由过去的单一品牌发展到多品牌以及副品牌。

④ 由完全自行生产发展到由其他企业代为生产。

⑤ 由企业间的技术合作发展到战略联盟。

⑥ 由原来的生产导向发展到营销导向。

（3）产业经营环境

① 从产业经营环境来看，家电产业的特征同样发生了巨大变化。

② 产业经济逐步由劳动密集型发展到技术密集型和资本密集型。

③ 消费需求由原来的生存需求、拥有需求发展到量的需求和质的需求。

④ 消费形态由原来的单线型、盲从型发展到现在的组合型和客观型。

⑤ 消费者的心理日趋成熟，由感性消费上升到理性消费。

⑥ 消费者所喜爱的商品不再是越大越好，而是追求轻薄短小和个性化。

2.1.3　2016年全球家电市场发展趋势分析

世界家电行业一直都是伴随着技术的更新而迅速发展的。美国、日本和欧洲等发达国家掌握着家电产品的先进技术和生产工艺，在家电行业处于领先地位，是主要的家电生产国，并以雄厚的资金和先进的技术控制了全世界大部分家电产品的生产和销售。这些国家和地区的家电企业产品生产既有综合性的，也有专业性较强的，在市场上各霸一方。世界著名的老牌企业，如伊莱克斯、博世、西门子、惠而浦、飞利浦、索尼、松下、阿里斯顿、美泰克、德龙、百灵、三洋等都是具有较强国际运作能力的跨国家电企业。这些跨国公司主导着家电产品的发展方向，一些最新的技术往往都是由这些公司推向市场，进而在全球范围内推广和运用。

技术因素越来越显示出重要地位。家用电器类产品的技术总体发展目标是功能智慧化、系统化。家用电器的技术发展因循社会生活的发展趋势，朝着安全、健康、快捷便利、经济效率等方向迈进。在设计方向上，广泛采用模糊控制，力争达到功能多样化、操作简单化的效果。消费电子类产品的技术发展趋势是数字技术被大量应用，整体朝着3C整合的目标迈进。由于数字技术的飞速发展及广泛应用，消费电子类产品、计算机以及通信产品出现相互融合的趋势，技术上的融合导致了产品功能的融合，产品的融合导致了家电厂商、计算机厂商以及通信产品生产厂商纷纷进军3C的相关领域。目前，这一趋势正成为全球家电产业的发展潮流，全球家电厂商将在此展开新一轮竞争。

2016年，基于市场经济变化及产业环境的调整状况，各行业均迎来了不同程度的转型现象，其中家电产业作为最贴近用户生活的特殊行业之一，在品牌差异化、市场格局重构等方面发生的变化最为明显，尤其是发生在2016年的白电市场整体转型的局面，堪称整个行业的风向标。

据相关权威机构数据预测，中产阶层正迅速成为主体消费力量，有高达26%的中产阶层注重家电产品的品质高端化，追求更好的用户体验，而价格已不是首要考虑因素。消费群体的变化让越来越多的家电企业向高端产品转向。

家电产业的变化、影响与消费者的日常生活息息相关——在有序和良好的市场转型过程中，良好的市场变革情况有利于消费者提升更优质的居家体验。另外，家电市场的转型和变革对于促进和激活新的市场竞争、以及推进新的产业创新和变革方向，同样有着一定程度的开创意义。

发达国家的家电厂商正逐步将生产重心转向消费电子领域以及信息领域，而逐步淡出传统的家电行业。世界性家电生产基地逐步由发达国家向发展中国家转移，中国和东南亚国家成为家电产业转移的主要承接地。

在产品创新和体验优化方面，有一定市场份额和代表性的企业均保持了不同规模和程度的推进。比如海尔和三星两家企业，都分别在产品方面推进和优化了新的智能家居解决方案，在不同程度提升消费者体验的同时，也间接地推动行业迈入一个新的里程。除此之外，整个市场基于竞争和发展的原因，出现了让人意外但又在情理之中的充足现象，具体体现为日系厂商的节节败退。

2016年，海信收购了夏普的美洲电视机相关业务，而另一家老牌电视厂商三洋则被长虹所接手，昔日王者索尼和松下虽然还在延续相关业务，但早已深陷巨额亏损泥潭。它们在中国市场上的知名度，恐怕已经一去千里。从当前市场局面来看，中国家电市场中的电视领域已经不再和日系厂商有关系，三星、LG等为代表的韩系品牌和国内主打互联网概念的电视品牌，从此成为中国电视市场的成员。

在2016年的发展历程中，新的技术带来了新的产品及体验方式，而新的商业竞争重新构建的市场秩序，也成为整个家电市场在2016年的重点、看点。从目前的发展情况来看，随着不断的市场洗牌和重组现象，2017年的家电市场正迎来全新的竞争态势，同时在基于更先进的信息技术面前，2017年的家电市场也有望在体验、革新、再创造方面给用户和消费者带来全新的感受。

2.2 中国家电产品行业发展概况

（1）中国家电业正在进入“新常态”

根据中国家电协会的统计数据，“十二五”期间我国家电工业年均增长率为9.6%，“十一五”期间的增长率更是达到18.9%。中国家电业正在进入“新常态”。来自国家统计局和工信部的统计数据显示，2016年前十个月，家用电器行业主营业务收入11809.5亿元，累计同比增长2.5%；利润总额844.2亿元，累计同比增长13.8%。相关数据显示，家电行业产销率94.9%，较2015年同期下降0.4个百分点。

家电产业的推动力已经从普及需求转变为更新需求，在这个背景下，低技术含量的产品将会逐步淘汰，高品质的智能化产品将成为发展的主流。大规模的家电普及过程已经结束，这也意味着市场已经相对进入饱和阶段。2016年家电搜索流量上升，其中品质和健康概念产品是家电行业新的增长点。用户对家电的关注更加理性，人群更务实，重视口碑。而家电线上转化倾向一站式解决的特点，也使得大型平台的口碑营销对于广告主来说越来越重要。

全球贸易环境的变化以及工业4.0的进程共同影响着中国家电业的发展。低速增长的状态实际是未来十年家电产业的全球特征，不仅中国的家电产业面临这种环境，全球其他国家和地区也是如此。

（2）细分化

市场的细分意味着服务的细分，在智能化时代，家电产品正在从过去的一锤子买卖变成未来的服务入口之一。未来，售后服务、个性化服务应用等也将是家电企业差异化发展的重点。

小家电的热销只是家电行业结构升级的缩影。随着城镇化发展和居民生活水平提升，消费者更加注重家居生活电器的高端、智能和健康环保，这也促使家电市场逐渐走向中高端和细分化。

① 美容、健身类家电逐渐被大众接受。近几年，“颜值经济”蒸蒸日上，洁面仪、美容仪、面部按摩器、甩脂机、睫毛卷翘器等美容小家电随之热销海淘代购圈，频频打出纳米技术、离子技术、脉冲技术等高科技牌。据《中国美容护理市场深度调研与投资前景研究报告》显示，目前中国个人美容小家电需求量已超过日韩，居亚洲第一。由于中国人口多，需求量大，按照人均需求，中国的美容护理市场还有15～18倍的增长空间。

② 细分市场产生生产力。企业需要重点做好一系列的工作以应对消费群体的变化：要根据企业本身的特点和产品特点做好有针对性的市场细分工作；要针对确定的细分市场采取有针对性的产品配置、价格策略和服务模式，挖掘市场的最大潜力。同时，这种针对细分市场的工作要保持长期性和一贯性，随时关注不同地区、不同人群的消费水平变化而及时调整策略。此外，还要做好品牌形象树立工作，用产品和服务打造企业的品牌。

目前，国内阿里、小米、360等互联网公司与家电厂商正展开产业链的整合。这也意味着家电市场最终将生态圈竞争。

过去30年，以彩电、冰箱、空调、洗衣机四大件为主的大家电在中国家庭的发展普及，成就了中国家电制造商的全球崛起。随着市场的饱和与消费习惯的改变，各种改善和提高生活品质的“非必需”小家电开始受到人们的青睐，瞄准细分市场的家电新品类、新应用层出不穷，高端、智能、健康产品市场占有率不断提升，成为拉动家电市场增长的主要动力。

（3）小家电异军突起

家电“四大件”饱和，小家电异军突起。

① 健康类小家电走俏。榨汁机、原汁机、破壁机、豆浆机、真磨醇浆机、智能电饭煲、面包机、电烤箱……厨房炊具不仅种类繁多，还增加了更多的智能化和时尚元素。家电在功能上花样翻新的背后，是人们对健康化、精细化、多样化饮食的不懈追求。

近年来，家电消费升级大潮正逐渐向小家电领域蔓延，越来越多的高端、智能、健康类的家电开始走入寻常百姓家。“80后”“90后”等新一代消费者需求转变，家电厂商正加快转移阵地。2016年9月14日，海尔集团与全球最大的家化公司之一利洁时集团宣布战略合作，开拓中国洗碗机市场。而在2016年10月，小米发布了首款扫地机器人。新消费群体带来新的消费结构。随着消费升级和智能化浪潮全面到来，满足品质、健康、绿色消费的小家电和互联的智能家电将成为行业竞争的主战场。

②“懒人经济”至上，厨卫小家电加快更新换代。新一代消费群体对时间的价值更加重视，洗碗机、扫地机器人、炒菜机等解放双手的新产品也开始走入中国市场。以洗碗机为例，目前，国内洗碗机渗透率仅为1%，欧美发达国家的渗透率则达60% ～ 70%。据券商研报分析，随着产品功能大幅改善，消费者认知度逐渐加深，众多企业纷纷推出新品，中国洗碗机市场即将爆发。根据测算，未来5年洗碗机行业复合增速可达到59.5%，5年后实现年销量200万台以上，有望成为厨房标配。如今，海尔、美的、华帝、老板等国内厂商都纷纷推出洗碗机产品。

（4）网购逐渐成为主流家电消费模式

2016年，家电行业品牌竞争激烈、产品推陈出新、电商合纵连横，相关数据显示，作为电商的主流品类，家电增长势头依旧强劲。2016年上半年，我国家电网购市场规模再创新高。《家电网购报告》显示，2016年上半年，我国B2C家电网购市场（含移动终端）规模达1848亿元，同比增长35%。其中，大家电528亿元（平板电视217亿元、空调152亿元、冰箱90亿元、洗衣机69亿元），同比增长47%；其他小家电类产品（包括两净、厨卫电器及其他小家电类产品）约310亿元，同比增长23%；手机、平板电脑等移动终端产品约1010亿元，同比增长35%。

近年来，家电市场一直呈现线上线下“冰火两重天”的现象，进入2016年，经济进一步下行，线下市场零售量、额下滑趋势仍未好转，尤其是大家电线下市场下滑明显。

与线下市场销售大幅下滑不同的是，线上市场依然逆市增长。《家电网购报告》显示，2016年上半年，平板电视营业额增长43.7%，空调增长60%，冰箱增长42%，洗衣机增长40.8%，热水器、油烟机、嵌入式厨电等产品增长则均在50%以上。此外，2016年上半年，无论从零售量还是零售额角度来看，平板电视线上销售占整体彩电市场的比重均已超过30%，这对家电行业而言是一个里程碑事件。

① 规模创新高，增速趋平缓，见图2.1。

② 线下市场惨淡依旧，网购市场一枝独秀，见图2.2。

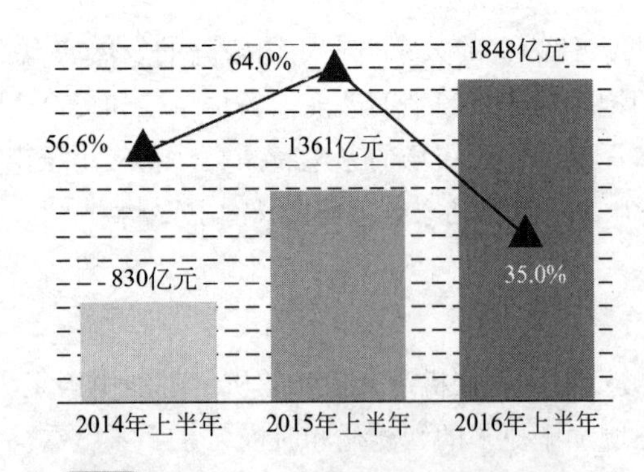

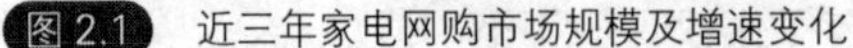
图2.1 近三年家电网购市场规模及增速变化

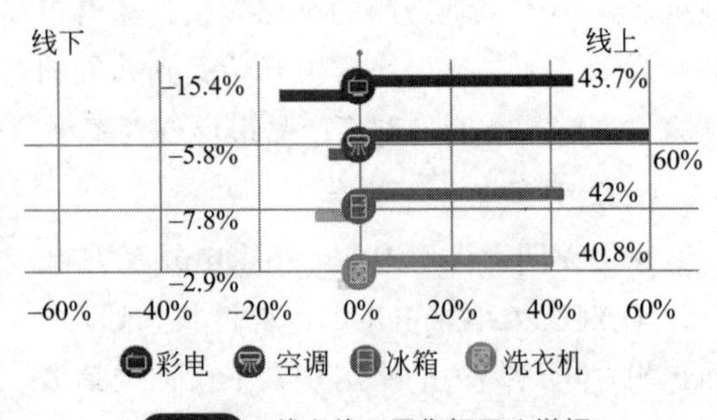

图2.2 线上线下零售额同比增幅

③ 电商渠道下沉深耕三四线市场，见图2.3。

④ BCB家电网购市场总规模1848亿元，见图2.4。

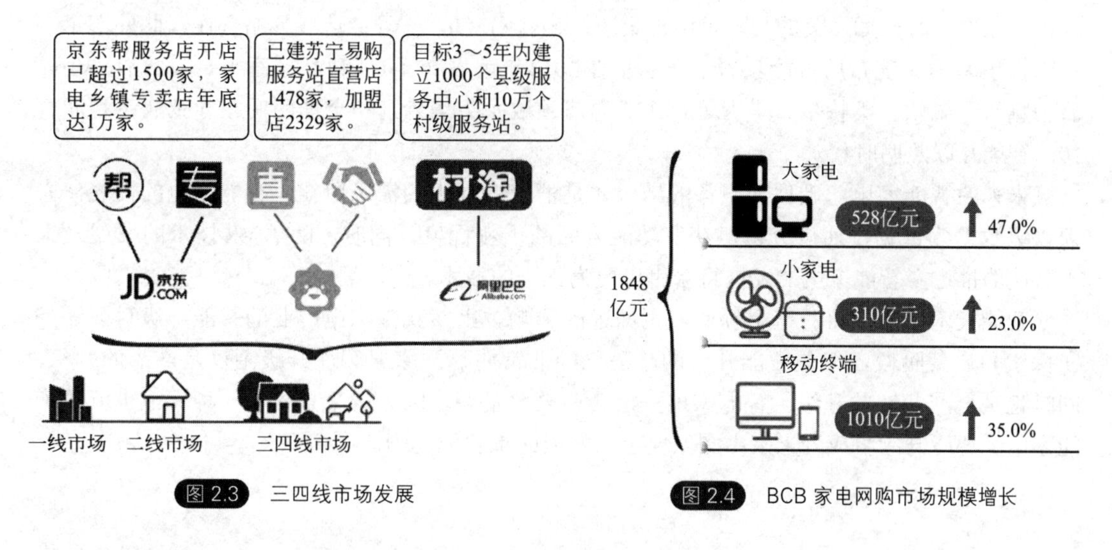

图2.3　三四线市场发展

图2.4　BCB家电网购市场规模增长

⑤ 各品类高端化产品销售额增长持续提升，见图2.5。

⑥ 大家电仍是增速最高的产品门类，见图2.6。

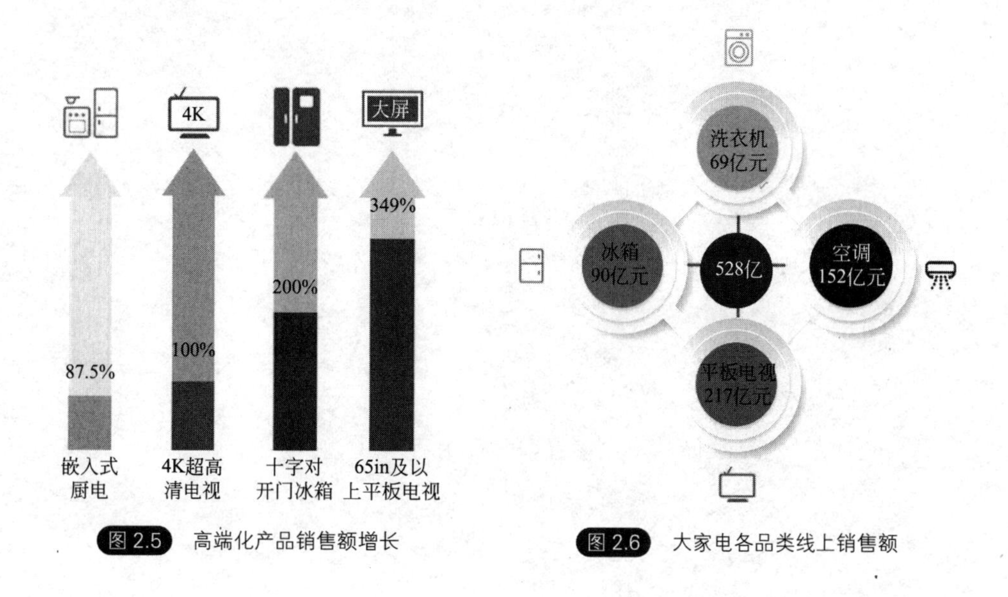

图2.5　高端化产品销售额增长

图2.6　大家电各品类线上销售额

（5）智能化

整个行业正在向智能化方向升级，智能家电将成为家电业快速发展的新机遇。

奥维云网统计数据显示，2016年前十个月，智能家电产品在整体家电销售额的占比进一步提升，其中彩电为91.4%、洗衣机22.50%、空调18.54%、冰箱10.30%。

而来自京东平台的数字也显示，智能家电的销售额正逐年攀升。2016年“双11”京东智能家电销售额增长了3.4倍，销售额增速达到销售量增速的4倍，产品平均售价也大幅上升。智能产品的销售规模逐渐提升，反映了消费者在传统家电和智能家电中选择方面的偏重不断发生变化。

随着以“四大件”为代表的传统家电市场的同质化，家电厂商纷纷将触角伸向互联的智能家居领域，发力高端市场。智能化浪潮也推动跨行业的合纵连横，制造业与互联网企业的合作日益增多。例如，美的与阿里巴巴集团在物联网（IoT）领域达成战略合作，此外还牵手小米、华为等深度布局智能家居；海尔早在2014年就发布了U+智慧家庭平台。此后，还先后和魅族、微软、英特尔、华为等合作；通信领域龙头华为则和全球照明领导企业飞利浦合作，智能互联照明时代。

未来的智能家电，硬件加服务的结合才是消费者真正的需求所在，智能家电的发展，必须以大数据为依据，通过分析，获取功能方面的依赖程度。同时，随着VR技术的发展及人工智能的推进，智能家电的发展将会引进更为先进的技术。

智能技术的应用将对整个行业产生深远的影响。虽然我国家电产业的智能升级目前还处在探索和启蒙阶段，但是智能升级的趋势已经非常明显。家电智能升级不仅是产品的升级，同时也是全产业链的升级。智能家电一定会迎来爆发期，因为未来只存在一种家电也就是智能家电。智能升级将成为未来中国家电市场发展的重要驱动力。

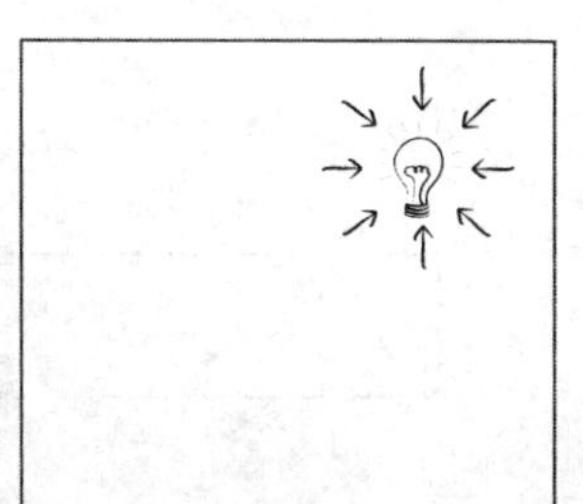

产品认识深入——家电产品环境与市场

本篇包括了第3章的内容，从发展环境、市场特点和市场竞争力三个方面着重对中国家电行业进行分析，使大家对家电产品的环境和市场有更深入的认识。

第3章 中国家电产品行业分析

家用电器行业作为我国国民经济支柱性产业，在经济发展中发挥着重要作用。2015年，受到全球经济发展不均衡、消费透支以及住宅市场停滞等短期因素的影响，我国家用电器行业发展缓慢。但是，决定市场的积极因素更为显著。目前，中国处于城市化发展时期，刚性消费需求仍在上升；家电行业处于消费升级的发展时期，为产业升级提供了机遇。此外，多方面的利好政策仍有助于家电行业的稳步增长。

3.1 家电产品行业发展环境分析

3.1.1 宏观经济环境

2016年前三季度，中国经济运行总体平稳，结构调整呈现积极变化。消费平稳增长，投资缓中趋稳，进出口降幅收窄，工业企业效率改善。消费价格涨幅温和，就业形势基本稳定。前三季度，实现国内生产总值（GDP）53.0万亿元，同比增长6.7%，其中，各季度同比增速均为6.7%。从环比看，第三季度国内生产总值增长1.8%，增速比上季度低0.1%。前三季度居民消费价格（CPI）同比上涨2.0%，贸易顺差为2.6万亿元。

（1）消费平稳增长，投资缓中趋稳，进出口降幅收窄

① 城乡居民收入继续增加，消费拉动作用增强，新兴业态消费增长较快。城镇居民人均可支配收入为25337元，同比名义增长7.8%，扣除价格因素实际增长5.7%；农村居民人均可支配收入为8998元，同比名义增长8.4%，实际增长6.5%。第三季度人民银行城镇储户问卷调查显示，当期收入感受指数为46.1%，较上季度回升0.9%；居民消费意愿基本稳定，倾向于“更多消费”的居民占21.1%，比上季度略回落0.1%。前三季度，消费对经济增长的贡献率为71%。社会消费品零售总额为23.8万亿元，同比名义增长10.4%（扣除价格因素实际增长9.8%），增速比上半年加快0.1%。新兴业态消费快速增长，休闲娱乐等服务消费需求持续增长。前三季度，商务部重点监测企业网络零售同比增长25.3%，旅游市场需求旺盛。

② 固定资产投资增速缓中趋稳，制造业投资增速低位回升。固定资产投资（不含农户）42.7万亿元，同比名义增长8.2%（扣除价格因素实际增长9.5%），增速比上半年回落0.8%，比上年同期回落2.1%，但7月、8月和9月当月投资分别增长3.9%、8.2%和9.0%，增速连续2个月加快。制造业投资自7月份以来当月增速连续3个月回升，前三季度投资增速为3.1%。中西部地区基础设施投资呈现高速增长，前三季度分别增长23.6%和32.7%。前三季度，施工项目计划总投资97.4万亿元，同比增长9.1%；新开工项目计划总投资36.8万亿元，增长22.6%。

③ 进出口降幅收窄，贸易结构优化。进出口总额为17.5万亿元，同比下降1.9%，降幅比

上半年收窄1.7%（以美元计价，进出口总额为2.7万亿美元，同比下降7.8%，降幅比上半年收窄1.2%）。其中出口为10.1万亿元，下降1.6%，收窄1.1%；进口为7.5万亿元，下降2.3%，收窄2.4%；累计贸易顺差25852亿元，折合3963.6亿美元，同比下降5.4%。贸易结构继续优化。前三季度，一般贸易进出口占进出口总额的比重为56%，比上年同期提高1.1%；机电产品出口占出口总额的57%，为出口主力；民营企业出口增长2.3%，占出口总额的46.5%，继续保持出口份额首位。对一带一路部分沿线国家出口增长，前三季度对巴基斯坦、俄罗斯、波兰、孟加拉国和印度出口分别增长14.9%、14%、11.7%、9.6%和7.8%。

④ 外商直接投资和境内投资者对外直接投资持续增长。新设立外商投资企业21292家，比上年同期增长12.2%；实际使用外资金额6090亿元人民币（折合950.9亿美元），同比增长4.2%。境内投资者对境外企业非金融类直接投资8827.8亿元（折合1342.2亿美元），同比增长53.7%。

综合来看，2016年，受世界经济复苏疲弱、我国增长周期调整、产能过剩依然严重等多重因素影响，中国经济增长仍面临下行压力；但在积极的财政政策、稳健的货币政策、去库存背景下的房地产放松等政策作用下，宏观经济呈现出底部企稳迹象。

（2）农业生产形势较好，工业企业效益改善

① 第三产业增加值占比继续提高。2016年前三季度，三次产业增加值分别为4.1万亿元、20.9万亿元和28.0万亿元，同比分别增长3.5%、6.1%和7.6%。三次产业增加值占GDP比重分别为7.7%、39.5%和52.8%，第三产业占比较上年同期提高1.6%。三次产业对GDP增长的贡献率分别为4.1%、37.6%和58.3%。10月，中国非制造业商务活动指数为54.0%，为2016年以来的高点，表明非制造业保持扩张态势，增速继续加快。

② 农业生产基本稳定。全国夏粮总产量为13926万吨，比上年减少162万吨，下降1.2%，是历史第二高产年。早稻总产量为3278万吨，比上年减少91万吨，下降2.7%。前三季度，猪牛羊禽肉产量为5833万吨，同比下降1.1%。工业生产运行平稳，企业效益改善，财务费用明显下降。

2016年前三季度，全国规模以上工业增加值同比增长6.0%，增速与上半年持平。从三大门类看，采矿业增加值同比下降0.4%，制造业增长6.9%，电力、热力、燃气及水生产和供应业增长4.3%。全国规模以上工业企业实现利润总额46380.6亿元，同比增长8.4%，比上半年加快2.2%。在多次降息等因素带动下，2016年以来企业财务费用和利息支出下降明显，持续保持负增长，企业降成本取得积极成效。第三季度人民银行5000户工业企业调查显示，企业景气回升。企业经营景气指数为50.3%，较上季度提高2%，自上年同期以来首次高于50%；企业盈利指数为54.7%，已连续两个季度回升，较上季度提高2%；企业原材料存货感受指数为50%，较上季度上升0.2%；出口订单指数为46.9%，较上季提高0.4%。2016年10月，制造业PMI为51.2%，连续三个月回归50%荣枯线以上，且上升幅度较大，是自2014年8月以来的最高值。

（3）价格水平温和上涨

① 居民消费价格涨幅相对平稳。2016年第三季度，居民消费价格（CPI）同比上涨1.7%，各月涨幅分别为1.8%、1.3%和1.9%。从食品和非食品分类看，食品价格涨幅有所回落，非食品价格走势稳中略升。第三季度，食品价格同比上涨2.6%，涨幅比上季度低3.4%；非食品价格同比上涨1.5%，涨幅比上季度高0.4%。从消费品和服务分类看，消费品价格涨幅回落，

服务价格涨幅继续扩大。第三季度消费品价格同比上涨1.3%，涨幅比上个季度低0.8%；服务价格同比上涨2.3%，涨幅比上个季度高0.2%。第三季度各月居住类价格同比分别上涨1.6%、1.5%和1.5%。生产价格降幅持续收窄并由降转升。7月、8月工业生产者出厂价格（PPI）分别下降1.7%和0.8%，9月上涨0.1%，第三季度平均下降0.8%，降幅比上个季度收窄2.1%。其中，生产资料价格同比下降1.1%，降幅比上个季度缩小2.8%；生活资料价格同比持平，降幅比上个季度缩小0.2%。

2016年第三季度工业生产者购进价格同比下降1.6%，降幅比上个季度缩小2.3%，各月分别下降2.6%、1.7%和0.6%。中国人民银行监测的CGPI 9月同比涨幅为0.2%，是2012年4月以来首次转正。农产品生产价格和农业生产资料价格同比分别上涨0.4%和下降0.1%，涨幅比上个季度分别下降7.3%和0.4%。

② 受国际大宗商品价格反弹影响，进出口价格降幅继续收窄。2016年第三季度，洲际交易所布伦特原油期货当季平均价格同比下跌8.4%，跌幅比上个季度收窄17.5%。伦敦金属交易所铜现货当季平均价格同比下跌9.4%，跌幅比上个季度收窄12.3%；伦敦金属交易所铝现货当季平均价格同比上涨1.6%，上个季度下跌11%。第三季度各月，进口价格同比分别上涨–2.9%、1.0%和–0.8%，平均下降0.9%，降幅比上季度收窄3.1%；出口价格同比分别下降1.9%、0.9%和3.1%，平均下降2.0%，降幅比上季度收窄0.7%。

③ GDP平减指数同比上涨。2016年第三季度，GDP平减指数（按当年价格计算的GDP与按固定价格计算的GDP的比率）同比上涨1.1%，比上年同期高1.7%，比上季度高0.5%。价格改革继续稳步推进。2016年8月26日，国家发展改革委发布《关于加强地方天然气输配价格监管降低企业用气成本的通知》，全面梳理天然气各环节价格，降低过高的省内管道运输价格和配气价格，减少供气中间环节，整顿规范收费行为，建立健全监管长效机制。

（4）国际收支总体平衡

国际收支继续呈现“一顺一逆”、总体平衡的格局。2016年第三季度，经常项目顺差712亿美元，与同期GDP之比为2.5%，处于合理水平。资本和金融项目逆差856亿美元。2016年9月末，外汇储备余额3.17万亿美元。

外债总规模小幅扩大，偿债风险可控。2016年6月末，外债余额为13893亿美元，较2016年3月末上涨1.8%。其中，短期外债余额为8673亿美元，较2016年3月末上涨2.1%，占外债余额的62%。

《中国宏观经济形势分析与预测年度报告（2016—2017）》指出，当前中国经济正处于L型探底阶段，经济增长率从原来的两位数一路跌至2016年前三季度的6.7%，在旧增长方式后继乏力、新增长方式尚未建立的关键转型时期，内部和外部一系列新的不确定因素叠加，使得中国经济虽有回稳态势，但基础并不牢固，下滑的压力依然存在，给成功实现2020年国内生产总值和城乡居民人均收入比2010年翻一番的目标和跨越“中等收入陷阱”带来挑战。

而2017年将是中国经济持续筑底的一年。从中长期来看，支撑中国过去30多年高增长的几大动力源泉均不同程度地减弱，全球化红利耗竭、工业化红利递减、人口红利也随着人口抚养比底部到来、刘易斯拐点出现、储蓄率的回落而发生逆转，“十三五”期间经济增长潜力有所下降，潜在经济增长率的底部有可能突破6.5%。从中短期来看，美国经济数据喜忧参半、增长动力依然不强、加上新政府上台后政策的不确定性；欧盟除自身的结构性问题外还将受英国脱欧的进一步冲击，外需难有明显改观。增长动力还有赖于内需，而消费需求取决于居民收入、消费习惯等方面的因素影响，其走势相对经济增长而言平稳；投资需求取决于基建、房地产、制造业这三大固定资产投资的增长，行业调整周期的变化决定了房地产投资、制造业投资难以明显改善，稳增长的主力——基础设施投资增长提速的空间也有限；而从产业发展来看，新动力难以充分替代旧动力拉动经济增长，“去产能”等供给侧改革能否持续实质性推进依然决定了中国经济底部是否达到；而在向服务型经济发展的进程中，服务业劳动生产率相对第二产业劳动生产率低的事实将制约全社会劳动生产率的提升。

3.1.2 国际经济环境

全球经济复苏的根本动力在于全要素生产率的提升，而非资本投入的扩张。由于刺激性政策作用衰退，结构性改革尚需时日，所以全球经济弱复苏趋势难有改善，全球货币宽松和资产荒将延续，市场潜在风险依旧广泛存在。

经济增长，是个短期问题；经济发展，是个长期问题。需求侧刺激性政策，可以应对增长问题，却无法解决发展问题。回顾2016年，危机八年之后，全球经济依旧疲弱，市场则日显疲态；宽松不断续杯，资产荒却越发凸显。跳过短期看长期，透过现象看本质，滤掉波动看趋势，全球经济现在的核心问题，是发展问题，而不是增长问题。

资本投入的刺激效应正在衰减，全球经济增长中枢也在缓慢下移。全球经济的未来并不取决于宽松政策还将如何下探底线，而取决于生产效率能否有效改善，进而提振全要素生产率。展望2017年，全球还将“慢”步增长路，我们预测全球经济增速将降至3.0%。复苏艰难，政策也是两难。

全球经济的希望，在于全球宏观政策从短期危机应对向中长期经济治理的加速转变；未来，美、中、欧“三极”的结构性改革进程，将对全球经济的中长期前景起决定性作用。整体而言，短期不乐观，长期不悲观。

（1）全球经济增长中枢持续下移

回顾2016年，全球经济复苏的历程令人失望，在多个层面充满意外。

时点层面，全年“黑天鹅”事件层出不穷。从年初的全球金融市场异动，到年中的英国退欧公投，再到年末的美国总统大选，加之欧洲难民危机、土耳其政变等地缘政治冲突，2016年重大风险事件频频扰动全球经济金融体系。趋势层面，政策措施和市场态势不断突破常规边界。

美联储违背加息承诺、放弃传统货币政策规则，全球货币宽松不断“续杯”，资产荒、资产泡沫和负利率在全球市场普遍共存、迅速蔓延。从结果层面看，2016年全球经济增长明显弱于预期。IMF年内三次调降全球经济增长预期，对2016年全球增速调降的累计幅度高达0.5%。

短期意外令全球市场应接不暇，使其不自觉地忽视了潜藏已久、悄然而至的中长期困境。若从5年“中周期”来看，全球经济增长疲弱已成常态，复苏势头一弱再弱。2012年10月至今，IMF共进行了17次增长预期调整，其中增速调降为14次。

若从50年“长周期”来看，全球经济增长中枢持续下移。1960年至今，全球经济增速呈现阶段波动、总体下降的趋势，表明全球经济的长期内生增长动力日益衰弱。

因此，当前全球经济增长的困难，不仅来源于短期风险的冲击，更根植于长期动力的缺失。金融危机至今已有8年，全球忙于应对此起彼伏的短期风险，政策措施不断打破常规，然而却疏于长期问题的治理和内生动力的重塑。

2017年，随着大部分国家逼近债务和央行的双重极限，经济增长的本源性问题不可回避、亟待解决。

（2）全要素生产率是经济发展的根本动力

剖析经济发展问题，首先要理清增长乏力的本源性症结。根据经典理论和现实局势，我们认为，当前全球内生增长的疲弱，不在于资本投入的不足，而在于全要素生产率的低落。而全要素生产率的低落，不在于技术进步的停滞，而在于生产效率的拖累。增长复苏的源泉不在于加码刺激性政策，而在于改善生产效率、提升全要素生产率。

内生增长理论指出，资本、劳动力等要素投入遵循边际报酬递减的规律；长期而言，投资对于经济增长的驱动力会逐步降低。目前，这一规律正在发挥显著作用，并在两个现象中得到充分体现。

① 20世纪90年代末至今，全球投资增速逐步上升，投资占GDP的比重也有大幅提升，与全球经济增速下降的趋势背道而驰。这表明，随着全球经济增长越来越依赖资本投入，投资增长对于经济增长的推动作用却越来越弱。

② 在同一时期，高收入国家与中低收入国家的经济增速出现了明显且持续的分化。这一现象也可部分归因于资本边际报酬的递减。即相对于中低收入国家，高收入国家的投资更趋饱和，投资报酬递减更为严重，加剧了经济增长的减速。

基于以上理论和数据，当前全球投资难以支持经济持续增长，其症结不在于投资的总量不足，而在于投资对经济增长的边际效用衰减。因此，中长期看，加码刺激性政策、增加投资总量的方法并不能根治全球经济的增长乏力。

根据内生增长理论，当资本报酬递减时，长期经济发展的唯一源泉是全要素生产率。全要素生产率（广义技术进步）可以拆解为：狭义技术进步+生产效率。其中，狭义技术进步决定了生产前沿，即生产能力的最大值。生产效率则决定了技术进步在多大程度上得到利用，并转化为经济增长。

根据学术研究，2005年至今，作为全球经济的三大支柱——美国、欧元区、中国均出现了全要素生产率增长减速的趋势，从而阻滞了全球经济增长。不同于一般观点，以上学术研究表明，目前全要素生产率增长的短板不在于技术进步的停滞，而在于生产效率的拖累。

2005年以来，虽然上一轮IT科技浪潮接近尾声，但新的科技创新已及时接棒，技术进步对经济增长的正向贡献依然强劲。相反，生产效率的落后严重制约了技术进步的发挥，对经济增长的负向作用日益深化。

要解除当前生产效率的桎梏，美、中、欧均面临着经济治理长期性、结构化的严峻挑战。

美国的突出问题在于“创造性破坏”不足、市场活力下降。2005年至今，美国企业中的新公司占比持续下降。由于公司的新陈代谢放缓，落后的生产形式难以被更高效的新形式取代，阻碍了生产效率的提升。

与美国相似，中国、欧元区同样存在市场活力不足的弊端。此外，中、欧还具有各自的特殊短板。作为新兴市场国家，中国的金融市场发展不如欧美成熟，资源配置效率相对较低，对新产业、新技术的金融支持有待提高。中国金融市场的效率提升是激活整体市场活力的先导条件。

欧元区的首要挑战则在于老龄化问题。严重老龄化的劳动力结构难以适应新的生产技术和组织形式，导致技术进步成果难以施展。据IMF测算，1987～2014年期间，老龄化导致欧元区全要素生产率年均下降0.1%，而在2015～2035年期间这一作用将倍增。

（3）非常规挑战将成常态

以上论述表明，全球经济复苏的根本动力在于全要素生产率的提升，而非资本投入的扩张。理清这一根源，既为2016年的诸多“意外”提供了合理解释，也为2017年的趋势判断奠定了坚实依据。立足于经济增长的基础性作用，我们认为，非常规的市场态势和政策措施将在2017年成为常态，并对全球经济治理提出持续的挑战。

① 全球资产荒仍将延续。根据现代资产定价理论，大类资产的定价机制虽然纷繁复杂，但是其内在价值的基础最终归结于实体经济。但是目前来看，实体经济的表现不太乐观；其一，实体经济增长放缓，难以产生充沛的未来现金流，大类资产的内在价值就难以稳健增长；其二，实体经济盈利下降，又迫使大量资金“脱实入虚”，冲击资产市场的供求平衡，进一步压低资产收益率，恶化了资产荒的困境。

因而，基于以上两类效应，实体经济增长乏力才是当前全球资产荒的根本原因。2016年全球大类资产冷热频繁交替，并非资产价值驱动的结果，而是全球资金流动的货币现象。这必然导致资产轮动加快，市场阴晴不定，资产配置低收益而高风险，形成所谓“资产荒”。

综合而言，目前全球资产荒的根源不在金融市场，而在实体经济。2017年，只要全球实体经济的增长未有实质改善，资产荒仍将延续甚至加深。

② 全球货币宽松将继续趋向极限。我们多次强调，全球经济增长和货币政策的“弱势循环”已经形成，流动性拐点仅会在宽松政策的极限区域出现。鉴于当前经济增长的本源性问题，我们认为，这一“弱势循环”将得到进一步增强。

一方面，货币宽松仅能刺激投资总量，但投资对经济增长的边际效益已衰减。加码货币宽松并不能真正提振经济，反而会增强经济对宽松政策的依赖。当前全球流动性的泛滥也表明，在实体经济投资回报衰减时，央行投放的资金可能并不会进入实体经济，而会在资本市场进行自我循环，形成新的风险。

另一方面，长期的货币宽松会扭曲市场的配置功能，阻碍生产效率的改善，进而拖累全要素生产率，使得增长路径转换和结构性改革更加难以实施。

因此，短期来看，全球流动性拐点尚未到来，各主要经济体将继续维持货币宽松，直至触及各自的政策极限。长期来看，由于政策极限存在差异，部分经济体会率先扭转货币政策方向，全球货币政策将出现明显分化。

由上判断，2017年全球经济仍将“慢”步增长路，经济增速将进一步放缓至3.0%。其中，发达经济体增速下降至1.4%，新兴市场增速为4.5%，两者的增速分化加剧。由于刺激性政策作用衰退，结构性改革尚需时日，所以全球经济弱复苏趋势难有改善，全球货币宽松和资产荒将延续，市场潜在风险依旧广泛存在。

2017年，虽然短期内各主要经济体仍将维持宽松政策，但债务和央行的双重极限已不断迫近。“加快结构性改革→改善生产效率→提升全要素生产率”成为新的增长路径，各国宏观政策也将从危机应对向中长期经济治理加速转变。

2017年，全球经济的中长期前景取决于美、中、欧“三极”的结构性改革进展。美国的重点在于美联储何时展现行动的勇气，通过货币政策的正常化，推动美国经济增长的正常化；中国的重点在于供给侧结构性改革和国企改革的落地进程；而对于欧元区，防止区域一体化倒退、优化劳动力结构将会是提振全要素生产率的关键。

3.1.3 行业政策环境

（1）家电产品行业政策实施效果分析

① 家电下乡政策。近年来，国内家电市场整体规模保持近30%的增长，与国家“家电下乡”政策对农村市场的拉动密不可分。据商务部数据，2011年全国“家电下乡”产品销售超过1.03亿台，实现销售额2641亿元，同比分别增长34.5%和53.1%。截至2011年年末，全国累计销售家电下乡产品2.18亿台，实现销售额5059亿元，发放补贴592.2亿元。相当于国家用592亿元拉动了5000多亿元的农村消费。下乡产品已占到农村销售来源的70%以上，尤其是下乡冰箱和洗衣机产量已占产量的50%以上。下乡空调产品也增势迅猛，2011年，家电下乡空调产品销量达1065万台，实现销售额338亿元，同比分别增长72.7%和83.78%。

经过家电下乡政策的激活和培育，农村家电市场的潜力进一步被发掘出来，庞大的三、四级市场将是未来消费新领域。

② 家电以旧换新政策。2009年国家出台的《家电以旧换新实施办法》规定，家电“以旧换新”工作从2009年6月1日至2010年5月31日，在北京、天津、上海、江苏、浙江、山东、广东、福州和长沙等9省市展开试点。2011年4月，实施范围扩大至全国。该政策在2011年12月31日全部结束。

家电以旧换新政策实施以来，在应对国际金融危机、扩大消费、促进节能环保、利用资源、促进低碳经济发展、推进产业结构调整等方面发挥了重要作用，已达到预期效果。

据统计，2009年6月至2011年政策期间，中央财政累计向各地预拨家电以旧换新补贴资金约300亿元，服务于家电以旧换新的从业人员达40多万人，其中70%以上是农民工和城市下岗人员，有效扩大了就业。

2011年，全国家电以旧换新共销售五大类新家电9248万台，拉动直接消费3420多亿元，有效引导了城镇居民消费能力的释放，尤其是为高端产品的消费提供了更广的市场空间，促进了城镇家电市场的结构变化。具体来看：

a. 高能效比产品比例大大提升，电冰箱、洗衣机、空调器二级以下的产品已经退出了市场。

b. 高效变频技术被广泛应用，无氟空调产品成为主流。

c. 原被视为高档消费的对开门电冰箱、倾斜式多功能洗衣机等产品受到追捧，三门、对开门及多门高端冰箱产品的销售量已占冰箱总销售量的60%以上，与政策实施前相比提高了三倍。随着市场规模的扩大，价格大幅降低，对开门电冰箱的价格首破4000元。可以说，目前国内一、二级城市家电消费水平已经达到或接近了发达国家的水平，国内外两个市场消费差距缩小，对提升家电行业国际竞争力的作用难以估量。

③ 节能产品惠民工程。为扩大居民消费，提高产品能效，国家从2009年实施了“节能产品惠民工程”，即采取财政补贴方式，对能效等级达到1级或2级的空调、冰箱、洗衣机、平板电视、热水器、电机等产品进行推广。2009年6月1日，高效节能房间空调器推广工作率

先启动。国家已发布三批高效节能空调推广目录，涉及27家企业的4290个产品型号。

此项政策是家用空调向高能效标准迈进的催化剂，使家用空调加速进入高效节能时代，实现了生产者得市场、消费者得实惠、全社会节能减排的积极效果。

a. 市场份额大幅提高，节能效果明显。这一政策刺激下，节能型空调消费比例逐年增长。目前，高效节能空调的市场占有率从推广前的5%上升至70%以上，推广3400多万台高效节能空调，直接拉动消费700多亿元，实现年节电100亿千瓦时，年节约电费50亿元。

b. 价格大幅下降。市场扩大的规模效应和财政补贴使高效节能产品的售价大幅度降低，政策实施以来，高效节能空调价格从推广前的每台3000～4000元下降到2000元左右，部分型号的1级能效节能空调市场售价最低降至1000元左右，累计为老百姓节省购买费用约300亿元。

c. 产业转型升级。政策实施使新能效标准已得到顺利实施，原3、4、5级低能效空调已全部停止生产，行业整体能效水平提高24%；促使企业改变研发方向和营销策略，推动节能技术创新、产品结构优化和行业升级加速。

该项政策已于2011年5月结束。

④ 家电品牌建设政策。2011年1月11日，工信部制定并发布的《关于加快我国家用电器自主知名品牌建设的指导意见》提出，到2015年，行业80%以上企业制定实施明确的品牌战略；研发投入强度不低于3%，实现核心技术的创新突破，及时形成自主知识产权，加快产业化速度；扩大品牌在全球市场的影响力，自主品牌出口比例不低于30%；培育一批在国内市场具有较强竞争优势的自主品牌，形成3～5个拥有较强自主创新能力、在国际市场具有较高影响力和竞争力的优势自主品牌。

该政策的出台对撬动家电品牌建设这一系统工程有了政策上的支持，优势资源向大品牌集中的趋势更加明显。

从企业自身来讲，也积极开展了许多工作。2011年以来，家电企业在国际市场不断发起攻势：美的收购开利拉美空调51%的股权；海尔收购三洋电机在日本以及印度尼西亚、马来西亚、菲律宾、越南的洗衣机、冰箱等白电业务；格力电器在美国南加州市正式成立美国分公司。事实上，不论是收购，还是海外建厂、引进合作技术，企业的国际化目的均是要掌控先机，占据市场竞争的制高点，增强我国家电品牌在国际市场上的影响力。

（2）2012年家电政策

2012年年初，全国商务工作会议召开，商务部计划在2012年着力扩大城乡居民消费，完善促进居民消费的政策；总结家电下乡和以旧换新经验，及时研究制定替代接续政策；研究节能环保产品消费扶持政策，构建资源节约、环境友好的消费模式。

商务部联合多部门进行研究分析，准备出台新的消费政策，初步思路是在财政支持政策上要争取各级财政支出能更多地投到惠及民生的公益性流通和绿色环保消费方面。

从已经召开的与家电产品相关的会议中可以看出，针对空调、冰箱、洗衣机等家电产业政策的调整，主要表现在六个方面。

① 落实关于“十二五”期间促进机电产品出口持续健康发展的意见；

② 落实鼓励进口技术和产品目录；

③ 采取财政补贴方式，加快高效节能产品的推广和有效扩大内需，继续更新空调、冰箱、平板电视、洗衣机、电机等高效节能产品补贴；

④ 为低收入人群和保障房购买者提供家电采购补贴及汽车消费补贴；

⑤ 进一步下调存款准备金率、放宽对中小企业的信贷；

⑥ 通过结构性减税政策推动消费，提高消费者购买力等。

（3）2015年家电政策

2015年11月份，国家发改委网站公示《平板电视、家用电冰箱和空调三大类家电能效“领跑者”实施细则》（以下简称《细则》），这是自2013年6月高效节能家电补贴政策退出后的首个国家级家电新政策。不过这次的家电能效“领跑者”制度，和上次节能家电补贴政策不同，不是直接补贴购买家电的消费者，大部分是优先项目采购，更多的是扶持国内家电产业的发展。

① 冰箱。申请产品需是电机驱动压缩式、供家用的电冰箱（含500L以上）。其他特殊用途的比如酒柜、嵌入式制冷器都不算在内。冰箱产品能效等级必须达到GB 24850—2013的2级，这点和之前家电业内普遍预期的1级能效有些不同。企业承诺申请的冰箱产品为量产的定型产品，政策年度内单个产品型号出货量不少于1万台。

《细则》中，冰箱每个品牌每类产品最多申请5个型号，仅更换颜色、面板的款式等可认为是该产品型号的子型号。作为同一型号申报，每个型号的子型号不得超过4个，这也就大大限制了企业的申报型号数量。

② 平板电视。《细则》要求，GB 24850—2013产品能源效率达到能效2级，主要功能为电视，不具备调谐器但作为电视产品流通的显示设备暂不纳入申请范围。每个品牌每个尺寸段最多申请5个型号，仅更换外壳等可认为是该产品型号的子型号。作为同一型号申报，每个型号的子型号不得超过4个。量产的定型产品，政策年度内单个产品型号出货不少于1万台。

③ 空调类。《细则》要求申请产品为2级能效，采用空气冷却冷凝器、全封闭转速可控型电动压缩机，额定制冷量在14000W及以下，气候类型为T1的转速可控型房间空气调节器。量产定型，单个产品型号出货量不少于1万台。但移动式空调器、多联式空调机组、风管式空调器暂不纳入申请范围。其余的基本和彩电、冰箱一样。

首先，国家鼓励能效“领跑者”产品的技术研发、宣传和推广，给予能效“领跑者”名誉奖励和政策支持，各地方对入围国家能效“领跑者”产品给予相应的政策支持，为能效“领跑者”产品推广创造更好的市场空间。其次，国家将能效“领跑者”产品纳入节能产品政府采购清单，实行优先采购。第三，固定资产投资项目优先选用能效“领跑者”产品。第四，中央基建投资、中央财政资金支持的节能改造项目，优先选用能效“领跑者”产品以及入围企业可在入围产品能效标识本体上直接印制能效“领跑者”标志等。

（4）冰箱能效标准再次升级

传统冰箱行业进行全新能效标准的升级，GB 12021.2—2015《家用电冰箱耗电量限定值及能源效率等级》已经发布，新版电冰箱能效标准1级能效要求耗电量大幅降低，新1级比老1级耗电量需下降40%左右，新规于2016年10月1日起正式实施。

随着技术的不断升级，绿色节能将成为未来消费者产品选择的必要条件，也使得政策向更高能效产业结构倾斜。

作为整个大家电阵营中的“节能明星”，过去几年来冰箱节能水平一直走在其他家电产品的前列。此次冰箱能效的再度升级表明，接下来整个家电产业都将迎来一轮系统性的能效再升级。

对于冰箱企业和商家来说，这次的能效再升级能否成为改变冰箱产业竞争格局和品牌对垒体系的重要力量和拐点，目前还是一个未知数。但是围绕冰箱节能技术的升级迭代，相关企业早在过去几年就已经展开明争暗斗。

（5）废弃电器处理基金补贴标准

2015年11月，财政部、环保部、发改委和工信部四部委发布新版废弃电器电子产品处理基金补贴标准，新补贴标准自2016年1月1日起施行。

新版补贴标准对废弃电视机和微型计算机的基金补贴标准略有下调，而对废弃空调补贴标准则有较大幅度提高，具体补贴标准为：电视最高70元/台；电脑最高70元/台；洗衣机最高45元/台；电冰箱最高80元/台；空调最高130元/台。

当前家电市场的竞争已经从增量转而存量，而如何从存量市场竞争中找增量，成为不少家电企业的一门必修课。当前，家电市场很大一部分的增长空间在于家用电器的更新换代。此次废弃电器处理基金补贴标准的修改，顺应了当前中国家电的家庭保有量，以及不同产品的回收处理价值变化。对于家电企业和经销商来说，这可谓是一座有待重点开发和挖掘的“金矿”，也意味着接下来将会给相关企业带来新的利润“蛋糕”。能否在这次政策下获利，也将考验企业的经营智慧。

3.1.4　2016年家电细分行业发展态势

3.1.4.1　2016年中国空调行业整体发展态势

据空调行业市场调查分析报告统计，2016年上半年中央空调行业出现整体回暖迹象，中国市场实现销售额346.76亿元，同比增长4.2%。其中美的、格力和大金三大品牌位居行业前三，市场占有率分别为19.4%、16.3%和11.2%，三者稳稳占据国内中央空调近半壁江山。

（1）“烤”出增量

2016年，全国各地自6月份开始出现高温天气，进入7月中旬后更是进入“烧烤”模式，高温天气给全国各区域市场空调销售带来利好因素。数据显示，东北、华东、华南、华中、西北、西南地区空调销售量同比均有增长；一、二级市场和三、四级市场销售量分别同比增长，其中三级市场和四级市场增长更加明显，分别为9.53%和19.27%，高温天气进一步刺激了三、四级市场的放量。

2016年空调线下市场销售量与销售额分别实现3125万台和1063亿元，同比分别增长了4.36%和2.47%。电商、五级及农村市场1250万台，（电商750万台左右）整体市场规模4375万台，电商渠道保持较高增速，重点品牌对线上市场的渗透率逐步提升；2016年整体市场销售量同比增长4.36%；销售额同比增长2.47%；2016年，6月、7月销售量变化对整体市场结果起到决定性作用；气候变化带来的区域市场放量是2016年实现正增长的关键，但整体行业仍处于转型升级中，新增消费乏力，尚未实现真正的触底反弹。

尽管四级城市整体需求价格敏感度较高，但中高端消费比例与一级城市相近，考虑到四级城市销售量同比增幅远高于一级城市，中高端消费比例可能会呈现逐年提升态势，四个级别城市2016年都呈现正增长态势，增长呈全面性。2016年既是库存压力最大的一年，也是企业多种渠道共同发力的一年，更是重点品牌线上市场关注度最高的一年。根据国家信息中心的数据，截至2016年8月，空调行业库存维持在合理的水平。

（2）线上销售慢慢转型

据中怡康线上周度监测数据显示，在2016年“6·18”电商大促当周（6.13～6.19），线上空调市场总计零售量106.8万台，零售额高达26.5亿元，零售量同比增长65.7%、零售额同比增长76.0%。值得密切关注的是，“6·18”当周空调市场均价为2484元，同比增长6.2%，这是近年来空调产品在线上大型节假日活动中的首次均价回升。这标志着空调线上已经开始摆脱单一比拼价格的模式，未来的空调线上竞争将更加多元化，比拼价格只是其中一环，品牌营销、产品价值将占据更多的权重。

空调行业市场调查分析报告显示，6.13～6.19期间，空调线上销量和销售额分别同比上涨94.3%和105.9%，均价同比上涨6%，是空冰洗（空调、冰箱、洗衣机）三大白电产品中唯一上涨的产品。

（3）外资品牌持续萎缩

昔日曾煊赫一时的外资空调企业，如今在国产品牌的“围剿”之下战线不断收缩，品牌份额一降再降。目前，国内市场上的外资空调品牌主要有三菱电机、三菱重工、松下、惠而浦、伊莱克斯、大金、日立、三星、现代等，其中惠而浦、伊莱克斯的空调业务已由国内渠道商包销。

外资空调品牌在中国市场份额持续下跌，是多种原因共同导致的结果。

① 国内空调企业与外资品牌在技术上的差距不断缩小，甚至在有些方面已经超过了外资品牌，如工业设计、智能化功能等。某种程度看来，日本企业思想还是比较保守，跟不上中国空调市场产品更新换代的步伐。

近年来，我国市场上的空调外观出现了极为明显的变化，大部分国内企业均推出了圆柱形柜机，而外资品牌不但柜机品种少，而且总体上还固守着传统的方形设计。即便是在挂机上，国内企业对产品外观的创新也超越了外资品牌，如海信的珍珠空调、奥克斯的极客空调，不管是产品外形还是面板色彩都突破了传统设计，海尔的天铂空调外观酷似鸟巢，更是颠覆了消费者对空调挂机外观的认知。

在智能化方面，国内主流空调企业均已推出了支持Wi-Fi控制和个性化调节的智能空调，日系空调品牌在智能化方面反应冷淡。国内企业还针对细分用户群体或应用场景开发出专属空调，如儿童空调、厨房空调，外资品牌在这方面则鲜有建树。

② 渠道是外资空调品牌在中国市场的另一大短板。目前，国内空调企业基本上已形成了全方位、立体式市场覆盖。以美的为例，在成熟一、二级市场，美的与国美、苏宁等大型家电连锁卖场一直保持着良好的合作关系，而在广阔的三、四级市场，美的以旗舰店、专卖店、传统渠道和新兴渠道为有效补充。根据美的在2015年业绩报告中披露的数据，美的渠道网点已实现一、二级市场全覆盖，三、四级市场覆盖率达95%以上。

相比之下，外资空调品牌的布局则显得“不接地气”，多依赖与传统的大家电连锁卖场的合作。大连锁卖场的优势仅存在于一、二级市场，三、四级市场布局并不完善，如此外资空调企业不仅造成了广阔的三、四级市场的缺失，而且容易受制于人。

尽管外资品牌的市场份额不断遭到国产品牌的蚕食，但是对于中国这样一个体量庞大的市场，外资品牌并不甘心退出，而且正在逐步调整在华市场的策略。

（4）智能环保产品层出不穷

智能家电的概念曾经层出不穷，但由于产品功能和用户体验的缺失，市场一直处于“叫好不叫座”的尴尬局面。2016年在主流空调品牌的推动下，智能空调的技术水平、场景应用、市场化程度已经迎来新的发展水平。

高端化产品满足了消费者追求品质生活的需求，同时对企业提高赢利有帮助。目前我国无论是消费水平还是消费能力，均不存在约束限制问题，最大的问题在于供给端结构升级缓慢、创新能力不足而无法满足更高的消费需求，不过主流空调企业这两年创新能力突出，企业更加强调品质和服务，对于消费者追求高品质生活需求的满足能力提升明显。

近几年来，家电智能大环境正在形成，智能产品解决了消费者痛点问题，具备实用性；同时，空调主要卖点逐渐停滞，因此各大空调品牌开始转型智能市场。

国家信息中心数据显示，2016年，智能空调销售量占比为15.16%，销售额占比17.02%销售量占比与2015年相比提升了6.48%，提速明显。与2015年相比，2016年智能空调不仅是量和额的提升，更是制造、渠道、服务、资源、新技术应用水平等多方面的提升，特别是云和大数据技术的引用，为与关联行业广泛合作提供了坚实基础。

2016年，海尔新品迭出，以绝对优势领军国内智能空调市场，销售量、销售额排行首位；美的、格力、志高、奥克斯、长虹、TCL等品牌也加大了智能空调投入力度，取得了较好成绩。智能空调在增长幅度、增长空间以及价格水平等方面的优势已经为行业认可，参与竞争品牌逐年增多，竞争也将日趋激烈，整体市场竞争将会向更高水平转化，从价格、渠道竞争过渡到生产（智能工厂）、品质（技术研发与转化）、服务（互联网+，大数据应用与平台建设）、渠道融合（实体、电商、定制、众筹）等方向发展。

3.1.4.2　2016年中国电视机行业整体发展态势

“互联网化”“智能化”“定制化”的智能电视使人们摆脱了传统有线电视仅能实时观看内容的桎梏，成为当今电视市场的主流。

2012年国内智能电视的销量仅1090万台，随着智能电视软硬件技术的逐渐成熟和普及，智能电视的生产门槛降低，中低端智能电视价格也逐渐被大众所接受。2015年国内智能电视的销量达到4055万台，2016年超过6000万台，截至2016年年底，国内智能电视的渗透率将超过90%，电视智能化的变革基本达成。

电视机的转变从一开始的机顶盒、电视棒，到如今可以搭载操作系统的智能一体机，功能更加强大，归根到底是为了逐步满足消费者对于电视的内容和人机交互等方面日益提升的需求，一步步实现电视的“互联网化”“智能化”“定制化”，并大大拓展了电视内容。如今的智能电视，用户可以自主增减软件，已经成为一个智能终端，一个互联网入口，在智能家居生态中扮演着重要的一环。

纵观中国智能电视市场的品牌，可谓百花齐放。其中以TCL、海信、LG、康佳、长虹、三星、创维、海尔等传统电视厂商作为主导。后入局的像乐视、小米、PPTV、暴风TV、微鲸等互联网品牌也凭借内容在智能电视市场分得一杯羹。而像PC企业如联想、清华同方，以及显示器品牌AOC、HKC等也在智能电视市场有所动作。而且除此之外，由于技术门槛降低，一些代工企业也开启了智能电视的生产之路。

总体来说，国内的智能电视市场依然以传统电视品牌为核心力量，而互联网企业的入局为智能电视的产品革新带来了新的思维模式。而传统电视企业也纷纷开始拥抱互联网，例如TCL与乐视的合作就是看重乐视的视频内容，康佳也曾牵手微鲸，海信最新一代的智能电视发布也称和爱奇艺、腾讯都有合作。

随着智能电视的技术普及，除了一些核心技术和操作系统上的革新来吸引用户眼球之外，内容绝对是消费者层面更加关注的点，因此抢占内容的高地是在智能电视市场搏出位的重要筹码，此外则是在整个智能家居生态的布局，智能机器人、智能冰箱等智能家居设备的联动将会更加便捷人们的生活，但目前的智能家居更多的是生拉硬套“智能”的概念，技术瓶颈还有待突破。

3.1.4.3 2016年中国冰箱行业整体发展态势

2016年冰箱行业竞争依然非常激烈，因为2015年下半年至2016年整个行业处于残酷的洗牌期，行业规模增长相对低迷，品牌之间的竞争加剧。在市场规模低迷和品牌竞争加剧的双重压力之下，冰箱市场的价格竞争变得愈发激烈。大品牌凭借规模经济优势尚能支撑，但是中小品牌随着行业价格竞争的加剧面临严峻的生存考验。

（1）整体市场规模趋势小幅上涨

2016年冰箱市场销售形势依然严峻，随着宏观经济的逐步软着陆，冰箱市场实现小幅的增长。中怡康测算数据显示，2016年冰箱市场整体规模实现小幅增长，零售量2881万台，同比增长0.4%，零售额达到808亿元，同比增长2.7%。

（2）结构调整势如破竹

2016年风冷冰箱以风冷两门产品为拳头，向直冷冰箱发起猛烈的进攻，直冷在此形势之下将节节败退，一旦风冷冰箱攻下2000～2500元市场，以直冷冰箱为主的企业将面临有产品无市场的尴尬局面。

十字冰箱（十字对开门冰箱）需要重点打造差异化，2016年市场上十字冰箱逐步增多，产品呈现同质化的现象，因此各品牌必须充分发挥各自产品的优势，把分类存储的概念落实到针对某一部分具体的消费者身上，比如，针对儿童市场可以将十字冰箱的存储空间当中的变温室区域打造成儿童专区，类似这样的操作方法更能在市场上形成品牌和产品的差异化。

2016年十字冰箱的互补品——五门冰箱受到重点关注。随着十字冰箱的日益火爆，十字冰箱不能储存大件冷冻物品的劣势将有可能会被放大。所以十字冰箱卖得越火爆的冰箱企业越要注意用五门冰箱形成互补。

（3）电商进入精耕细作阶段，平台效应扩展

① 2016年电商将进入精耕细作阶段，电商产品必须有清晰的定位。电商经过连续几年的狂飙式增长，在发展初期鱼龙混杂，平台更多讲求的是有产品卖，制造厂家更多追求的是先布局，尚未“因地制宜”地深度研制适合电商平台销售的精品。

② 2016年的电商将不仅仅是销售渠道，而是一个综合性的平台。随着电商平台的逐步成熟，其平台效应带来的生态链效应将给电商操作带来一些新的思路。首先，电商是一个很好的传播平台，京东、天猫等电商平台本身就具有很高的关注度，本身就是很好的媒体。其次，2016年更多的主力品牌参与到平台的生态链中，比如主流品牌的电商产品推广可能用的是众筹的形式，传统的家电产品会与平台的金融业务产生合作，家电产品可能变为平台的一种融资方式。2016年在电商平台日臻成熟的背景下，类似这样的操作方式将会不断出现。

（4）冰箱能效新标准

“2016年中国电冰箱行业年会”在2016年12月初召开，本次冰箱行业年会再次聚焦能效话题，将“新能效新发展”作为2016年中国冰箱行业年度主题。

随着家电消费的逐步升级，节能逐渐成为消费者最为关心的家电话题之一，也逐渐成为厂商研发产品的重要指标。冰箱新能效实施将近2个月，新1级产品市场份额从原来的90%以上下降到5%左右，新2级产品占比10%～20%，而15%的高耗能产品将面临淘汰。新能效背景下的冰箱行业，将更加考验厂商的创新能力，这也正是家电厂商应对新能效的发展之路。

作为国内颇受欢迎的冰箱品牌，三星冰箱在节能上有十分突出的表现。早在2016年9月举行的“开启精智生活”战略产品发布仪式上，三星就率先公布了符合新1级能效标准的产品。作为节能环保理念的践行者和领航者，三星已开发出多个有效节约能耗的先进科技产品，足以见其实力。

三星冰箱独有的“金属匀冷却”技术，针对冷藏室内壁上金属材质的运用，通过金属传导实现冰箱内部均匀制冷，在开关冰箱后，冷藏室内的温度可以迅速恢复到设定温度，减少压缩机的做功。

真空隔热材料也是三星1级能效冰箱优秀节能效果的保证，这项技术不仅可以让冷量泄漏更好，也会让门体更轻便，在外部体积一样大的情况下实现产品容积的增加。智能变频压缩机的运用，让三星1级能效冰箱的节能效果更加凸显，冷藏、冷冻和变温室都可实现独立控温，并且控温更精准，在确保冰箱稳定运行的同时降低能耗。

除了行业领先的节能技术，三星冰箱在保鲜方面也具备强大的实力。无霜保湿三循环/双循环设计使冰箱的冷藏室、冷冻室等各个间室变成独立的循环系统，不仅食物的水分和营养成分牢牢锁住，同时隔开了冷藏室、冷冻室的空气，食物串味问题也迎刃而解。针对不同食物的保鲜要求，三星冰箱专门设置了宽带变温室，可根据食物种类设定适宜的存储模式，有利于保持食物良好色泽口感和营养。

而ECO智能保鲜系统，通过多个智能传感器，能够精准控制并记忆冰箱的使用模式，使冰箱处于最佳运行模式，为食物提供精准的储存环境，做到温度、湿度智能双控制，从而保持食物新鲜。

3.1.4.4　2016年中国洗衣机行业整体发展态势

（1）洗衣机市场进入调整期

在家电行业整体形势不容乐观的情况下，洗衣机市场也“难逃一劫”，陷入量额齐跌的困境。2016年9月20日，由国家信息中心信息资源开发部与中国家电网联合举办、京东家电作为独家渠道支持，主题为“干净之间，智爱相伴”的2016洗（干）衣机行业高峰论坛上，国家信息中心发布的数据显示，2016年1～7月，国内洗衣机销售量1875万台。与2015年同期相比，销售量同比下滑6.1%，销售额下滑6.91%。前两年在白电市场一枝独秀的势头不再，现阶段洗衣机市场已经进入调整期。

虽然洗衣机市场整体情况不尽如人意，房地产回暖也并没有带来更多的增量，但是消费升级和消费习惯的养成是不可逆的。精准把控细分市场的需求，高端和细分市场依然有上升空间。

事实上，在整体市场销售规模出现下滑的情况下，以小天鹅、TCL等为代表的洗衣机制造企业正是通过深挖细分市场需求、对产品与产销模式进行创新，从而实现了逆势增长。

2016年8月10日晚间，洗衣机行业龙头企业小天鹅发布年中业绩报告，上半年实现营业收入79.85亿元，同比增长30.86%，净利润5.81亿元，同比增长34.86%，整体毛利率27.2%，同比提升0.25%。

小天鹅在公告中表示，上半年，其产品结构持续优化、产品品质不断改善、运营效率稳步提升，进一步提升了公司的经营质量。

据了解，在产品方面，小天鹅一直在强化用户调研、先行研究、智能研究和核心技术攻关，通过自主研发与外部合作，持续打造精品，重点推出了比佛利高端系列和迪士尼差异化系列产品。在产销模式上，小天鹅持续深化运营T+3订单制，营销端上线订单预排及产能可视系统，实现客户订单可视、产能可视和订单预排，进行可视化系统管控，均衡订单分配并加快周转。小天鹅在年中报中表示，小天鹅洗衣机产销90%以上使用T+3订单制，下线直发比例超过30%，营运及周转效率明显升级。

另一家洗衣机企业TCL也在上半年实现了可观的增长。根据TCL集团发布的2016年年中业绩预告，上半年TCL洗衣机销量增速达到33.5%。在发力白电产业之初，TCL曾提出“3553”的发展战略，即三年进入行业前五，五年进入行业前三。根据TCL家电集团披露的数据，上半年TCL洗衣机内销出货同比增幅行业第一，在全行业排名升至第六位。

探究TCL洗衣机的快速增长，精准的产品定位与对细分需求的深度挖掘可谓功不可没。继2016年3月份推出免污式波轮洗衣机后，TCL于8月18日发布了免污滚筒洗衣机，洗衣机搭载的免污系统解决方案可杜绝洗衣过程中的二次污染。目前，TCL波轮、滚筒两大主流洗衣机产品均具备了解决污水的能力。

绿色可持续发展、智能互联、安全可靠、品质生活被视作未来洗衣机行业发展的四大趋势，这跟目前洗衣机产业结构升级方向十分吻合。目前，洗衣机行业向创新驱动转型的成果显著，产品结构向高端化发展，滚筒、变频、大容量为代表的高端产品比重持续提升，免清洗、自动投放、变频产品的型号也在快速增加。

（2）高端平民化趋势十分明显

国家信息中心的监测数据显示，2016年1～7月，全自动滚筒占整体销售量比例提升5.7%，上升至44.45%。从洗衣量来说，7kg以上呈现上升态势，7～9kg段产品销售量占比提升20.65%，销售额占比提升17.73%，9kg以上产品也处在上升阶段。中怡康的数据也显示，1～8月，洗干一体滚筒洗衣机比重达12.2%。

与此同时，从价格因素来分析，洗衣机市场“高端平民化”趋势已十分明显。2016年前7个月，洗衣机市场的价格战愈演愈烈，波轮洗衣机主流容积段均价都出现了不同程度的下滑，滚筒中9～12kg产品均价甚至从8242元跌至4440元，几近腰斩。一方面是以往的高端产品价格的平民化；另一方面是平民选择智能、变频、滚筒等高端产品的比重也在增加。

（3）线上市场保持着较高的增速

相比线下的萎靡，线上市场依旧保持着较高的增速，电商借助互联网传播优势，正在改变消费者购物习惯。京东的数据显示，2016年以来，变频洗衣机的销售额比重达56.3%，7.1kg以上容量段销售额占比达38.4%，智能洗衣机销售额占接近四成，4600元以上的洗衣机比重已经增长至8%。

（4）智能化将成洗衣机下一个风口

2016年的下半年，洗衣机行业的前景仍不乐观。奥维云网调研数据显示，下半年洗衣机市场持续上半年的下降趋势，全年零售额达到578亿元，同比下降4.8%，零售量3253万台，同比下降3.0%。

面对疲软的市场，洗衣机行业的下一个风口在哪儿？放眼整体家电市场，智能化已经成为不可逆转的发展趋势，智能洗衣机也正是诸多家电类别中智能化趋势发展最为迅速的品类之一，智能化将成为洗衣机下一个风口。

根据数据显示，2016年年底中国智能洗衣机市场的规模达到250万台，销售额达到80亿元人民币。未来几年智能洗衣机市场有望继续保持快速增长，到2020年，智能洗衣机市场的规模将达到700万台，200亿元人民币。

据悉，小天鹅已经把智能化作为下半年产品研发的一条主线。将持续加大研发投入力度，确保重点新品开发，强化智能场景应用研究，加强对外合作，规划并构建智能洗衣生态圈。

3.2　2016年家电产品行业市场竞争力分析

3.2.1　空调竞争格局

（1）格力“只手遮天”，中日“争霸”天平已悄然倾斜

纵观整个上半年空调市场，空调行业的品牌格局并没有发生太大变化，格力依旧凭借着过硬的产品质量和多年的专利技术积累，在各项数据中都保持领先，当之无愧地坐实了中国空调行业霸主的地位，另外，从数据中我们可以看到，除了格力，其他国产空调品牌也是相当给力，原先空调市场“中日”分庭抗礼的局面现在已经看不到了，日本品牌只有三菱重工，三菱电机、大金等品牌在苦苦支撑，不过，这些品牌虽产品质量上乘，但“水土不服”现象严重，品牌关注度均有限，可以说中国空调市场的天平已悄然向国产企业这边倾斜了！

（2）变频空调已成主流，消费者愿为高品质买单

随着年初各大厂商“淘汰定频，变频平价”等声音的不断兴起，定频空调已开始进入耄耋之年，目前在售的定频空调其售价已经与其同等匹数的变频空调差别不大了，多掏一些钱去买更高品质、更舒适的产品已经成为消费者的共识。

3.2.1.1　品牌关注格局

（1）格力一家独大，国内众厂商持续给力

2016年上半年度中国空调市场品牌关注比例分布如图3.1所示，格力一家独大的局面短时间内应该无人能破，借用董明珠女士的一句话“让世界爱上中国造”，格力在空调这一产品品类的技术积累让国人为之自豪。另外，值得我们关注的是，美的、海尔、海信、奥克斯等第二梯队的国产厂商也正在进一步吞噬传统日企品牌的关注度，

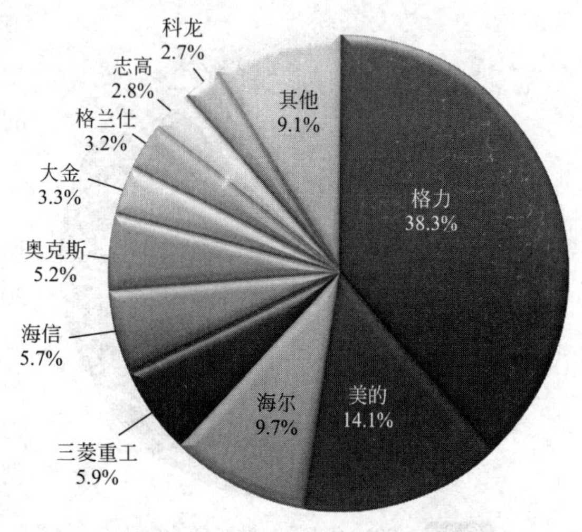

图3.1　2016年上半年中国空调市场品牌关注比例分布

可以说在空调产品方面，国内厂商已经找到了一条正确发展之路。

3.2.1.2 产品关注格局

（1）产品系列

格力品悦系列成为关注度榜首。

如图3.2所示，2016年上半年度中国空调市场最受关注的产品系列为格力品悦，关注占比为3.7%，格力悦雅系列排名第二位，关注度占比为2.8%，第三名还是来自于格力的产品系列：格力Q系列，从整个榜单中我们不难看出来自格力的产品系列占据了其中的7席，剩下的3个席位被美的与三菱重工瓜分，我们可以看出空调产品的品牌关注度更多来源于产品本身的受关注程度，而不是像其他的一些产品线，一些重大新闻或者明星效应也能够使得品牌获得较高关注度，因为空调这种“硬性”产品最后还得以质量和做工说话。

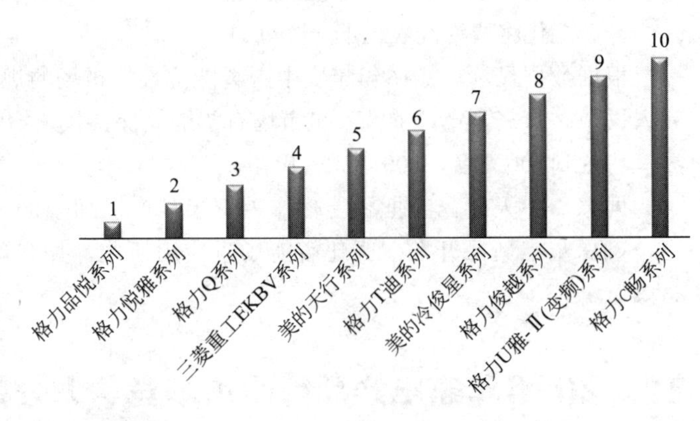

图3.2 2016年上半年中国空调市场产品系列关注排名

（2）空调清洁方式

空调清洁方式的概念，这几年才慢慢普及开来，由于大家使用空调的季节大致为夏季和冬季，所以中间会有一段时间的间歇期，这一段时间也恰恰是空调积灰的时间，我们需要在重新使用时手动清洗空调的过滤网、蒸发器等部件，而随着众多厂商开始推出拥有自清洁功能的空调，这一老大难问题正在慢慢变得简单。从图3.3所示中我们看到，拥有自动清洁功能的空调产品目前占据了71.2%的比例，而其他品类的空调产品关注度分布较平均，共占据了28.8%的关注比例，自动清洁已经成为一个大势所趋的功能了。

（3）类型

① 产品类型。细分到产品类型方面，如图3.4所示可以看到壁挂式空调和立柜式空调共占据了约97%的关注度，其他诸如嵌入式空调、中央空调、移动空调等小类，它们在消费领域的影响力还较小，不过随着人们生活水平的不断提高，家用中央空调的关注度比例正在上升。

② 使用房间类型。2016年上半年中国空调市场不同房间类型使用产品关注比例分布和2016年上半年中国空调市场不同匹数产品关注比例分布我们结合来看，因为通常匹数的选择与在家庭中的使用场景有关，1.5匹的空调通常为卧室选择的匹数，所以我们看到卧室宝贝类型占据了66.3%的关注度，另外就是客厅需要的3匹大型空调也占据了大部分的关注度，为20.0%，如图3.5所示。

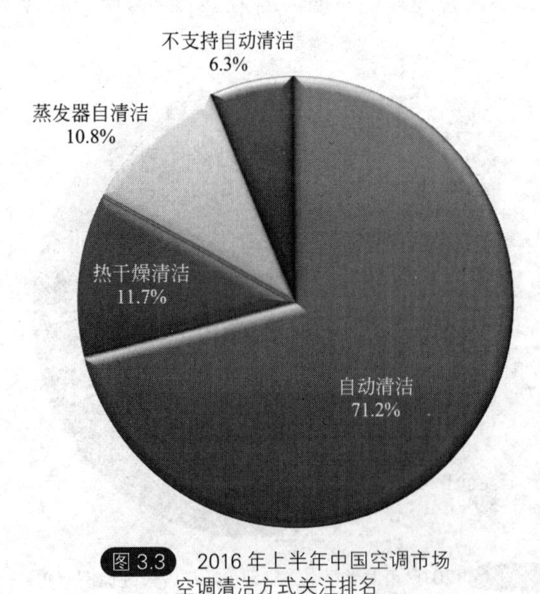

图3.3 2016年上半年中国空调市场空调清洁方式关注排名

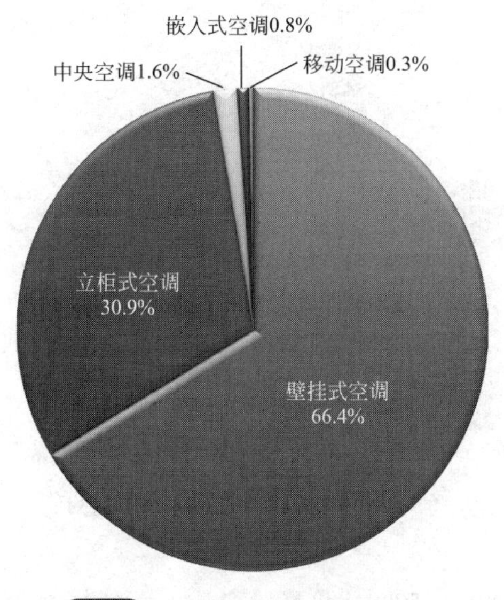

图3.4　2016上半年中国空调市场不同类型产品关注对比

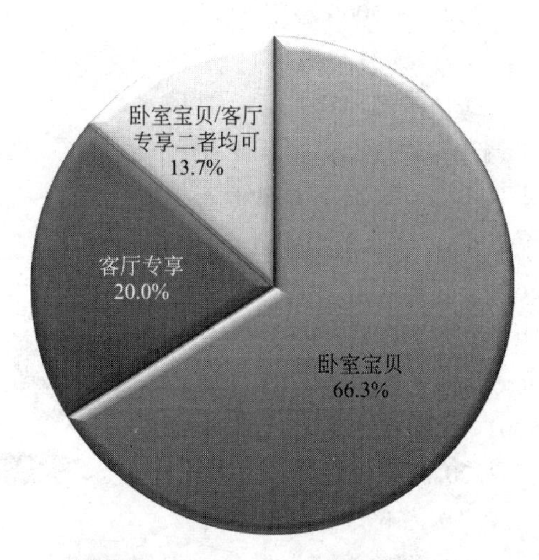

图3.5　2016上半年中国空调市场不同使用房间类型产品关注对比

（4）能效等级

空调的耗电情况也是大家比较关注的一个方面，目前大部分的空调产品根据匹数的不同能效等级也不尽相同，目前大家对于前三级的能效关注度最高，当然在实行了新的APF能效等级之后，目前市场上这三类能效等级的产品是最多的（图3.6）。

（5）控制方式

随着智能家居概念不断火热，大家对于操控方式也提出了更多的要求，由图3.7我们看到，智能/遥控的操控方式已经占据了20.0%的比例，未来相信随着更多智能硬件的加入，智能操控的受关注比例将会进一步增加。

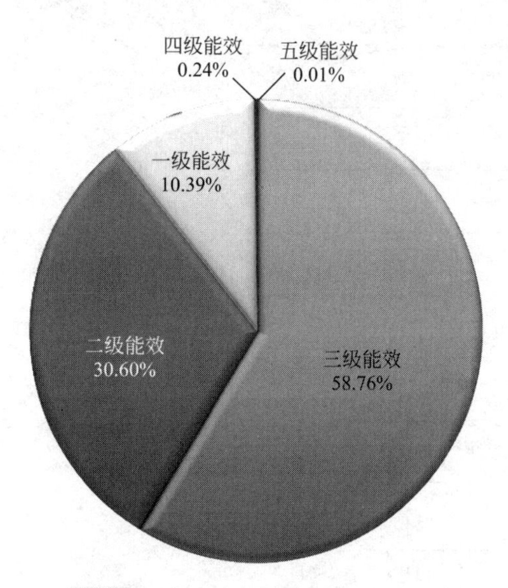

图3.6　2016上半年中国空调市场不同能效等级产品关注对比

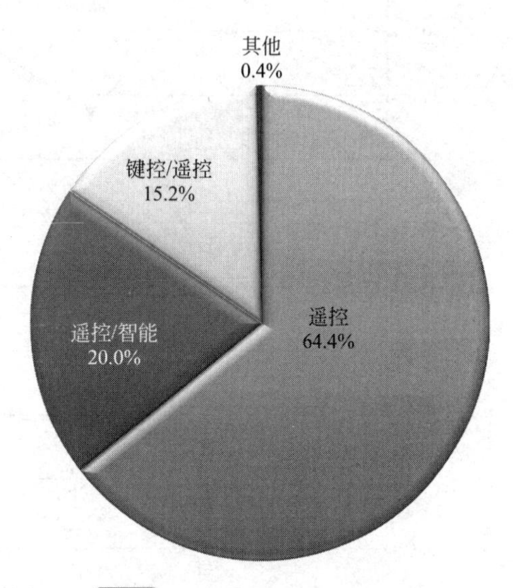

图3.7　2016上半年中国空调市场不同控制方式产品关注对比

（6）不同价格段产品结构

3001 ～ 5000元空调最受关注，占比达34.8%。

2016年上半年度，中国空调市场不同价格段产品关注比例分布如下：2000元以下产品，关注比例为6.2%；2000 ～ 3000元产品，关注比例为24.1%；3001 ～ 5000元产品，关注比例为34.8%；5001 ～ 8000元产品，关注比例为20.4%；8000以上产品，关注比例为14.5%（见图3.8）。

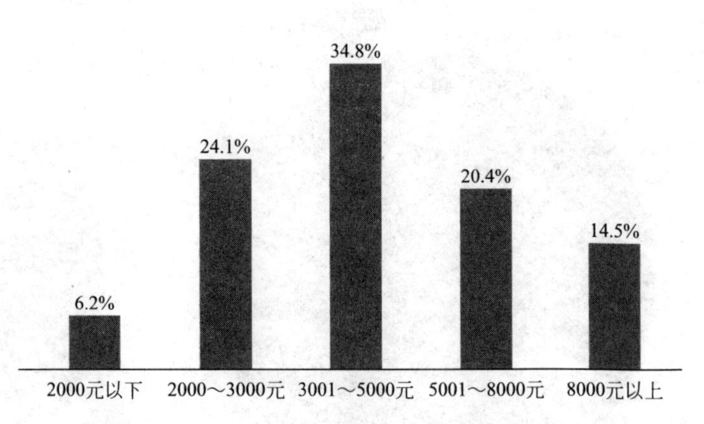

图3.8 2016上半年中国空调市场不同价格段产品关注对比

从这组数据可以看出，消费者最关注的为3001 ～ 5000元价格段产品，其次为2000 ～ 3000元的空调产品，关注度排名第三的为5001 ～ 8000元价格段的空调，2000元以下价格段的空调，关注最低。

3.2.1.3 主流品牌关注格局

（1）主流品牌关注比例走势（见图3.9）

在空调品牌关注度比例中，从2016年1 ～ 6月之间的数字可以看出，格力一直处于第一军团的位置，最高关注比例出现在2月，达到了43.7%。后面几位与格力的差距较大，最高的为美的，不过其最高也只达到了16.7%。

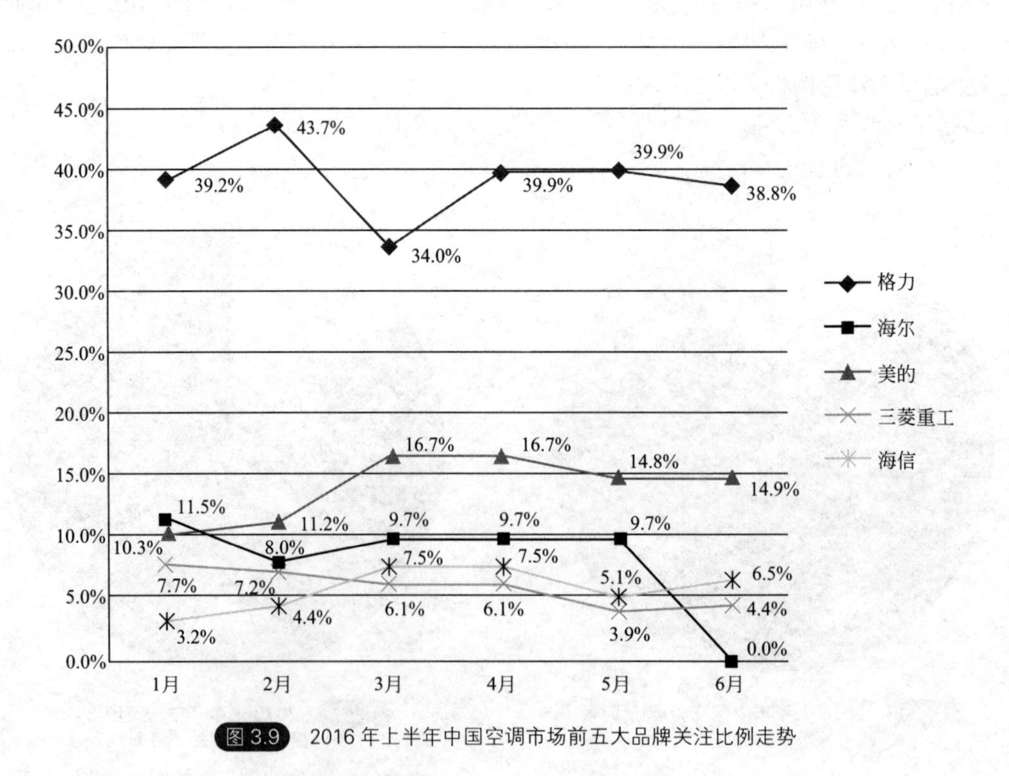

图3.9 2016年上半年中国空调市场前五大品牌关注比例走势

（2）前五大品牌在售产品数量对比（见图3.10）

格力空调在售产品数量排名第一。

在2016年上半年中国空调市场前五大品牌在售产品数量中，格力在产品数量上优势也十分明显，在售产品数量达到了357款，位居第二位的是海尔，数量为321款。美的则以214款名列第三名。海信以145款排名第四，第五的位置则由三菱重工获得，为34款。

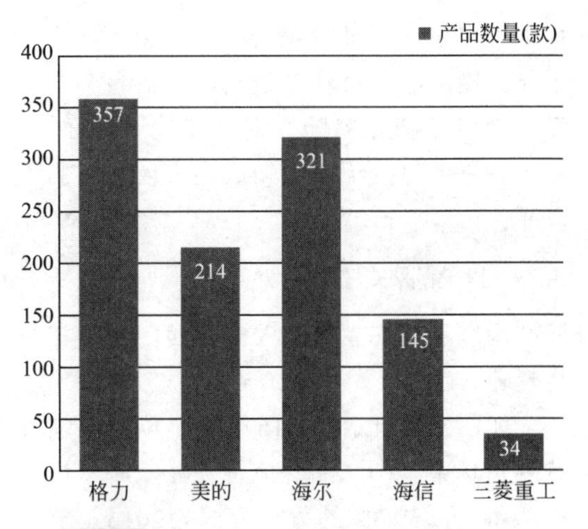

图3.10　2016年上半年中国空调市场前五大品牌在售产品数量对比

（3）前五大品牌不同价格段产品数量对比（见图3.11）

海信方面，价格段最多的产品为3001～5000元，为43款，最少则是8000元以上产品，为14款。三菱重工方面，价格段最多的产品为8000元以上，为12款，最少则是2000元以下产品，一款都没有。可以看出，三菱重工作为日本外资品牌主打高端市场，而国产品牌则在高、中、低端市场全面发力，格力在各个价格区间都有较多产品的铺设。

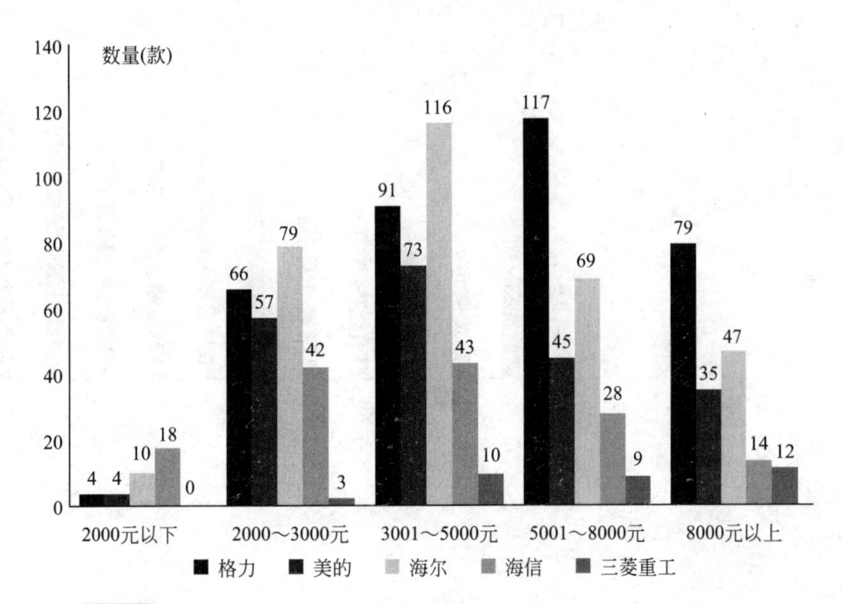

图3.11　2016年上半年中国空调市场前五大品牌不同价格段产品数量对比

总体来看，2016年上半年，中国的空调市场还是以格力的一家独大为主要格局，不过我们可以看到众多的国产厂商正在奋力追赶格力的脚步，无论是从产品铺设还是从渠道布局上，国内其他厂商正在探索一条属于他们的可持续发展之路，另外日企空调产品的受关注度一跌再跌，这源于日本品牌对于国内市场的理解还不够，其中不乏定价太高，功能鸡肋等原因，可以预见，未来中国空调市场“格力唱主角，其他品牌奋进追赶”的局面将仍将持续较长时间。

3.2.2　冰箱竞争格局

冰箱现在已经成为国人必备的家电，无论在城市还是农村市场，都是如此，普及度很高。

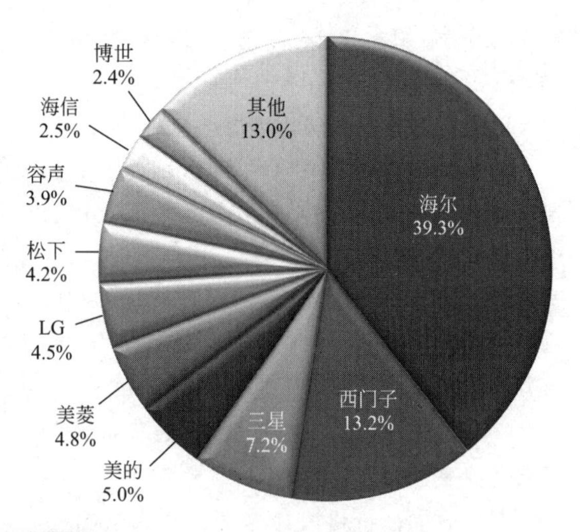

图3.12 2016年上半年中国冰箱市场品牌关注比例分布

根据ZDC的市场研究报告显示，2016年上半年，国产冰箱关注度最高，领衔整个市场，合资品牌则紧随其后。在技术方面，更为先进的风冷无霜冰箱成为市场关注的产品。

3.2.2.1 品牌关注格局

国产品牌海尔最受关注，西门子与三星紧随其后。

如图3.12所示，2016年上半年度中国冰箱市场中，国产品牌值得关注，海尔拔得头筹，以39.3%的关注度成为2016年上半年度最受消费者关注的品牌。西门子和三星位居第二阵营，关注度分别为13.2%和7.2%。第三阵营则由美的、美菱、LG等品牌占据，这些品牌的关注度占比均在6%以下。

3.2.2.2 产品关注格局

（1）产品关注型号（见图3.13）

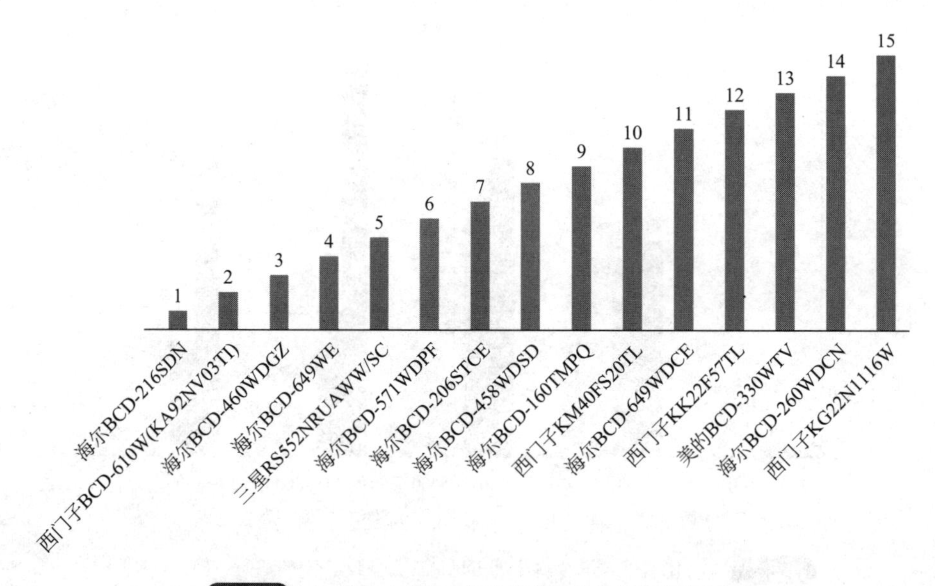

图3.13 2016年上半年中国冰箱市场产品关注型号排名

2016年上半年度中国冰箱市场最受关注的产品为海尔BCD-216SDN，关注占比为5.5%，成为冠军。西门子BCD-610W（KA92NV03TI）排名第2位，关注度占比为3.1%，季军位置则由海尔BCD-460WDGZ获得，关注度占比为1.8%。从第4名至第15名，则由三星、海尔、西门子和美的等产品占据。总体看来，在最受关注的前十五大产品中，海尔达到了9款之多。

最受关注的海尔BCD-216SDN是一款总容积为216L的三开门冰箱，采用了电脑温控方式，制冷方式为直冷。冷冻室为58L，变温室为43L，冷藏室为115L，压缩机采用了定频的工作方式，耗电量为每24h 0.56度。

（2）不同容积（见图3.14）

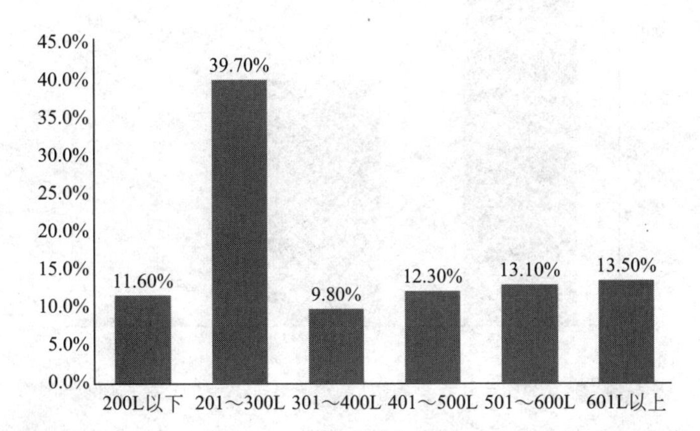

图3.14　2016年上半年中国冰箱市场不同容积产品占比与关注比例分布

冰箱产品的容积意味着冰箱的容量，容积越大，存储的食物越多，因此容积也是消费者在选购冰箱时十分关注的参数。数据显示，2016年上半年中国冰箱市场中，200L以下容积冰箱，关注比例为11.6%；201～300L容积冰箱，关注比例为39.70%；301～400L冰箱，关注比例为9.80%；400～500L容积冰箱，关注比例为12.30%；500～600L容积冰箱，关注比例为13.10%；601L容积以上冰箱，关注比例为13.50%。总体上看来，最受关注的产品为201～300L容积的冰箱，也反映了消费者的使用需求。

（3）控制方式（见图3.15）

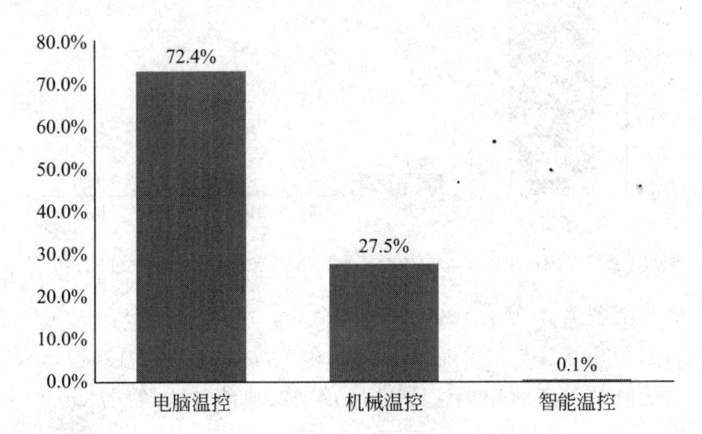

图3.15　2016年上半年中国冰箱市场不同控制方式产品关注比例分布

对于冰箱产品来说，目前有电脑温控、机械温控和智能温控三种温控方式，在2016年上半年，中国冰箱市场中，使用电脑温控的冰箱产品，关注比例为72.4%；使用机械温控的冰箱产品，关注比例为27.5%；使用智能温控的冰箱产品，关注比例则低至0.1%。可以看出，电脑温控冰箱成为消费者最为关注的产品。

（4）制冷方式（见图3.16）

随着冰箱技术的不断成熟，冰箱产品也从原来的直冷冰箱逐渐升级为更为先进的风冷无霜冰箱。风冷无霜冰箱由于工作原理不同，因此和传统的直冷冰箱相比，后续维护更为简单方便。

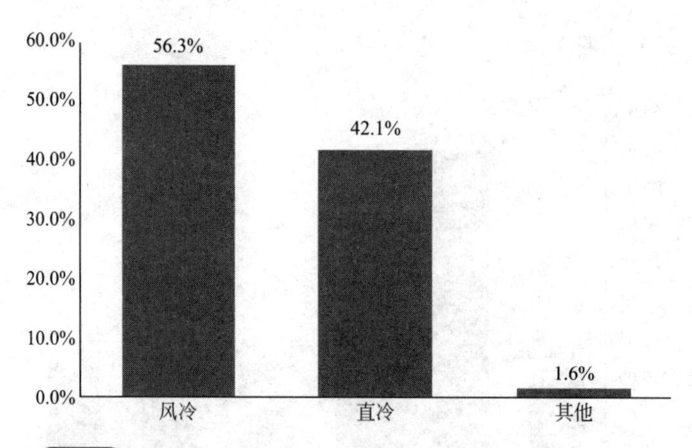

图 3.16 2016 年上半年中国冰箱市场不同制冷方式关注比例分布

根据ZDC互联网消费调研中心的统计显示，风冷冰箱成为市场关注最高的产品，关注比例达到了56.3%；传统的直冷冰箱，关注度为42.1%；其他制冷方式的冰箱，关注比例为1.6%。

（5）产品能效结构（见图3.17）

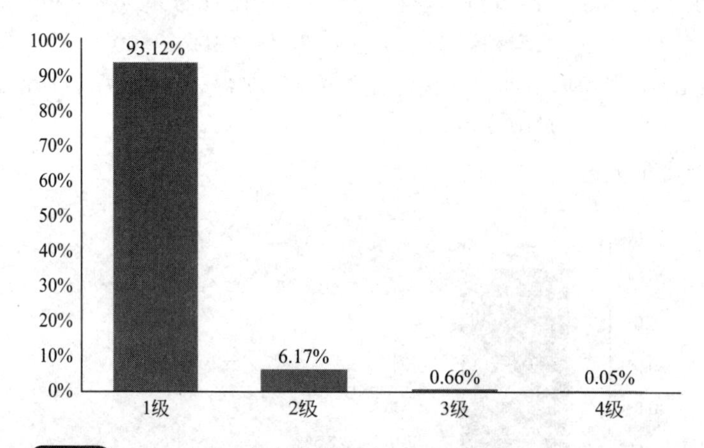

图 3.17 2016 年上半年中国冰箱市场不同能效等级产品关注比例分布

能效等级是很多消费者十分关注的指标，能效等级数字越小，表示节能效果越好。在2016年上半年中国冰箱市场中，1级能效等级冰箱关注比例为93.12%，2级能效等级冰箱关注比例为6.17%，3级能效等级冰箱关注比例为0.66%，4级能效等级冰箱关注比例为0.05%。

（6）类型（见图3.18）

根据ZDC的统计结果显示，三开门冰箱关注比例为34.6%，对开门冰箱关注占比为25.6%，双开门冰箱关注占比为16.5%，多开门冰箱关注占比为14.5%，十字对开门冰箱关注占比为6.0%，单开门冰箱占比为2.6%，其他冰箱占比为0.2%。从这组数据中可以看出，三开门冰箱成为最受消费者关注的产品，占比达到了三成多，其次为对开门冰箱，双开门冰箱紧随其后。

为何三门冰箱成为关注度最高的产品？原因在于，三门冰箱的中门暗藏玄机，很多三门冰箱的中门都设计为变温区。也就是说，用户可以随意设置该区域的温度。比如要冷冻食材的时候，可以调节到零下的温度，而如果存储新鲜蔬菜水果，则可以将温度调整到摄氏零度以上，这样就不需在冷冻室和冷藏室之间移动食材，为用户使用带来了方便。

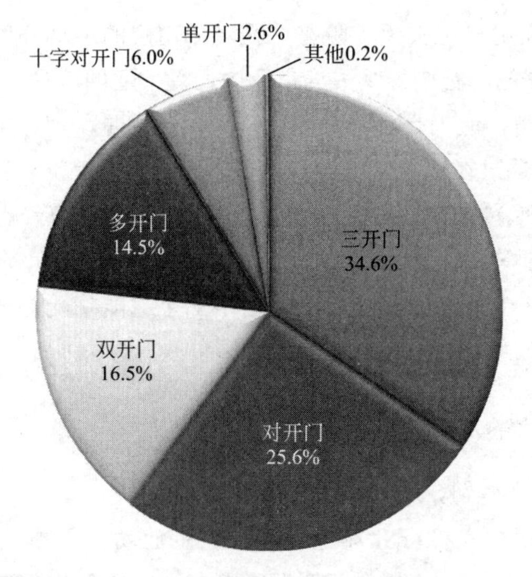

图3.18　2016年上半年中国冰箱市场不同类型产品关注比例分布

（7）价格（见图3.19）

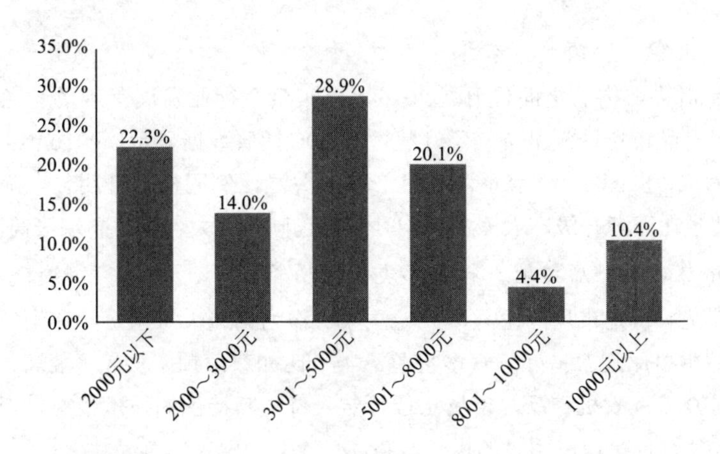

图3.19　2016年上半年中国冰箱市场不同价格产品关注比例分布

中国冰箱市场不同价格段产品关注比例分布如下：2000元以下产品，关注比例为22.3%；2000～3000元产品，关注比例为14.0%；3001～5000元产品，关注比例为28.9%；5001～8000元产品，关注比例为20.1%；8001～10000元产品，关注比例为4.4%；10000元以上产品，关注比例为10.4%。

从这组数据可以看出，消费者最关注的为3001～5000元价格段产品，其次为2000元以下冰箱产品，关注度排名第三的为5001～8000元价格段冰箱，8001～1000元价格段的冰箱，关注最低。

总体上看来，2016年上半年，中国冰箱市场遇冷，出现了量价齐跌的情况。但是消费者对冰箱产品的关注度，却没有因此减少。冰箱作为重要的白色家电产品，依然是很多刚需用户所必备的。品牌关注度方面，国产品牌成为最受关注的产品，合资品牌则紧随其后。特别值得关注的是，国产冰箱产品型号丰富，为用户提供了广阔的选择空间。

① 风冷无霜冰箱地位牢固，将继续领衔市场。从2016年上半年冰箱数据可以看出，近些年来，风冷无霜冰箱的关注在不断上升，相比传统的直冷冰箱，风冷无霜冰箱工作原理不同，

具有自动除霜功能，不需用户再去手工除霜，减轻了用户的劳动强度。因此，在下半年，技术更为先进的风冷无霜冰箱，有望继续成为市场中最受关注的产品，成为用户的购机首选。

② 智能冰箱崭露头角，但仍是小众产品。值得关注的是，现在很多冰箱产品还加入了智能Wi-Fi控制功能。比如通过在手机端安装相应的App，实现手工、语音或者商品条码形式录入食材，这样就可以实现食物存放提醒等功能，随时查看食物已经存储的时间，甚至还可以收到食材即将过期的提示等。但是这一类产品，在市场中还处于小众产品，消费者对此类产品的认可程度并不高，其中很大一部分原因就是增加了智能功能，产品售价过高，因此智能冰箱想要普及，还有漫长的路要走下去。

3.2.3 洗衣机竞争格局

（1）品牌间市场竞争加剧，小企业生存压力大

2016年上半年，中国洗衣机行业加速洗牌，大企业动作不断，导致小企业生存压力增大。海尔内部组织结构大调整，积极向互联网企业转型，重新实现行业引领。此外，惠而浦收购三洋、美的收购小天鹅、博世收购西门子家电业务等家电巨头的大动作对行业的影响都开始显现。

（2）滚筒、大容量份额继续攀升

洗衣机产品消费结构的全面提升是2016上半年整个行业发展呈现的特色，滚筒、大容量、高端洗衣机产品市场份额呈持续攀升状态。ZDC调研数据显示，2016年上半年滚筒洗衣机关注比接近六成，8kg以上大容量洗衣机产品的关注比例同样提升明显。随着人们生活水平的提高，消费也在逐渐升级，大家在选购时越来越倾向于大容量、高端滚筒洗衣机产品。

（3）波轮依然占据一席之地，特色品类份额增长

大容量滚筒洗衣机是市场的主导，波轮洗衣机作为第二大派系份额逐渐缩减，低价吸引是消费者选购的主要原因。另外，众多特色品类，比如双滚筒、波轮+滚筒、子母洗、洗烘一体、迷你式等众多洗衣机产品，市场定位特定人群，其特色的技术很有针对性，已经越来越受到人们的关注，也呈现出明显的增长态势。

3.2.3.1 品牌关注格局

海尔优势明显，西门子位居第二梯队。

2016上半年的中国洗衣机市场，海尔依然有着较大的优势，占据27.2%的关注比例，如图3.20所示，作为国产代表，丰富的产品种类、完善的服务体系、合理的定价，成为人们在选购洗衣机时的首选品牌。德系代表西门子也表现出了强劲的势头，关注占比11.5%，其耐用的质量和过硬的品质是德系产品给大部分人的印象。作为韩系的代表品牌三星，其洗衣机产品关注度逐年上升，仅次于西门子，拥有10.5%的关注占比，位列第三。

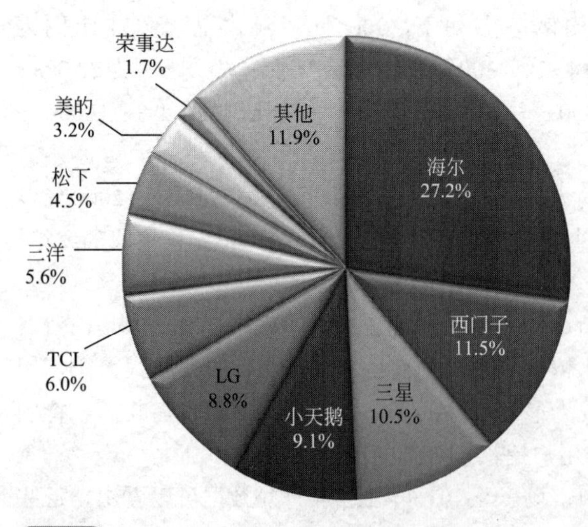

图3.20 2016年上半年中国洗衣机市场品牌关注比例分布

3.2.3.2　产品关注格局

（1）产品型号（见图3.21）

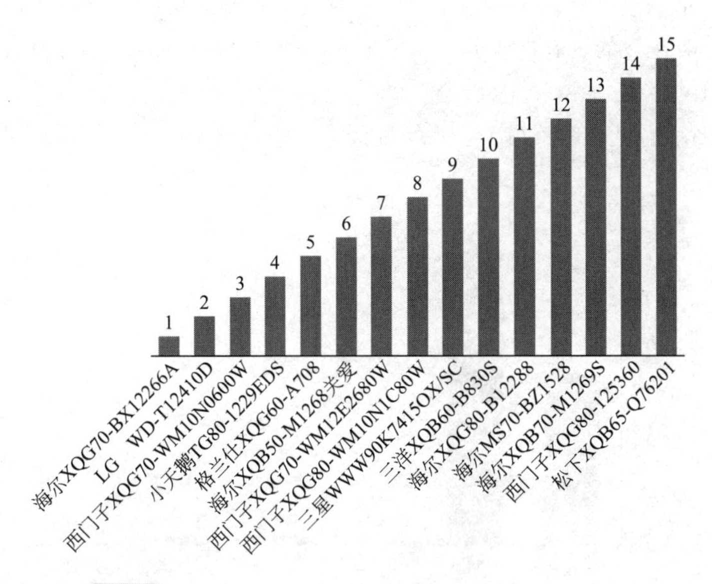

图3.21　2016年上半年中国洗衣机市场产品系列关注排名

2016年上半年最受关注的洗衣机产品，仍然以海尔为代表，旗下有5款产品上榜，其中XQG70-BX12266A占据绝对优势，以4.3%的关注比例成为上半年最受消费者关注的洗衣机产品，该机搭载的变频电机，性能强劲，并且功耗、噪声、震动等控制效果不错，7kg的洗涤容量，丰富的洗涤程序以及两千元的合理价位，总体来说，是一款综合性价比较高的实用性产品。LG WD-T12410D以2.6%的关注度位列第二，德系代表的西门子XQG70-WM10N0600W排在第三位，关注比例为1.8%。

（2）洗涤容量（图3.22）

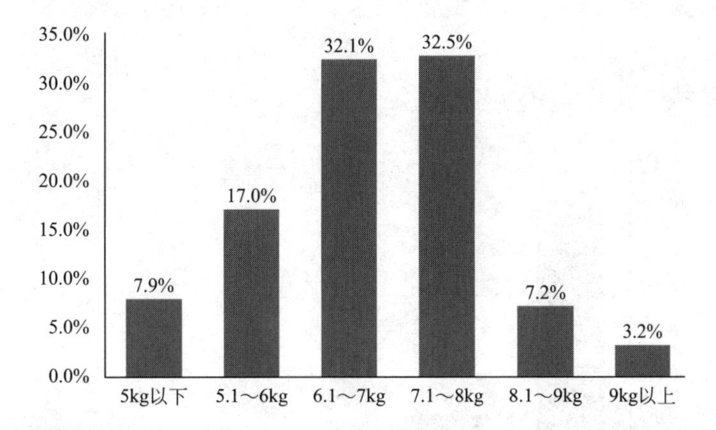

图3.22　2016年上半年中国洗衣机市场不同类洗涤容量产品关注比例分布

2016年上半年洗衣机市场不同洗涤容量产品关注比例，7.1～8kg洗涤容量的产品占据32.5%的关注度，与之非常接近的是6.1～7kg容量的产品，关注比例也高达32.1%，二者占据市场6成以上的比例。不难看出，6.1～8kg也是广大消费者最为青睐的容量范围。

5kg及其以下容量的产品一般是迷你洗衣机，主要是面向有宝宝的家庭，作为额外的一台洗衣机，与大人洗涤分开，专门清洗宝宝衣物。5～6kg容量也拥有17.0%的关注比例，这个容量段比较适合刚结婚的小两口，毕竟没有大量衣物。9kg以上容量的关注比例达到了3.2%，通常这个容量段的洗衣机一般为品牌下的旗舰机型，产品各种功能也较为丰富，当然价格也相应偏高。

（3）自动化结构（见图3.23）

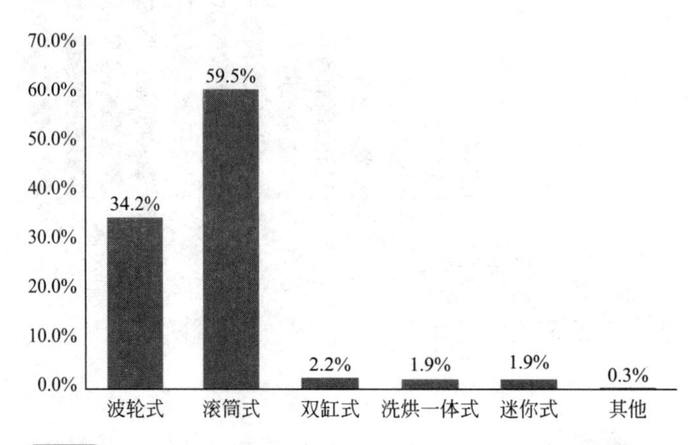

图3.23 2016年上半年中国洗衣机市场不同自动化产品关注比例分布

2016年上半年中国洗衣机市场，滚筒式洗衣机以59.5%的关注比例占有绝对优势。滚筒式洗衣机相较波轮式洗衣机，在外观设计、洁净度、用水量与对衣物的保护方面有优势，并且厂商似乎更愿意推出新款滚筒式洗衣机产品。当然，作为第二大派系的波轮式洗衣机也有较大的关注度，达到34.2%，波轮式洗衣机在洗涤时间和能耗方面稍有优势，最主要的还是售价，毕竟波轮式洗衣机一般都为中低端产品。

此外，双缸式、洗烘一体式、迷你式也均占有一席之地，关注比例都在2%左右，双缸式洗衣机带有两个桶，可以将大人、小孩的衣物分开进行洗涤，更为呵护宝宝健康；洗烘一体式洗衣机，洗涤、烘干一次完成，非常方便，省心又省力；迷你式洗衣机，主打健康呵护，主要针对有宝宝的家庭。

（4）能效等级结构（见图3.24）

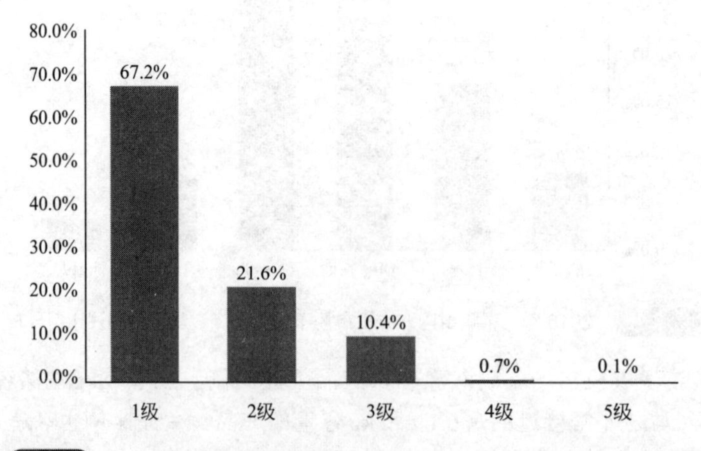

图3.24 2016年上半年中国洗衣机市场不同能效产品占比与关注比例分布

纵观2016年上半年中国洗衣机市场不同能效等级产品关注比例分布，洗衣机的能效等级按照1级到5级，其关注比例也依次递减。1级能效的关注度达到67.2%，可以反映出人们其实对于洗衣机的节能是非常看重的，毕竟省电，也就意味着用起来省钱，当然，这也与众厂商的大力推广是分不开的，各品牌推出的新产品大部分都为1级能耗。

2级能效的关注占比为21.6%，选择2级能效产品的消费者可能看重的是产品的价格，相同容量、性能的洗衣机，相较1级能效的产品，售价自然会便宜一些。3级能效的产品也占有一席之地，拥有10.4%的关注比例。至于4级、5级能效的洗衣机产品，不论是在能耗，还有噪声、震动等各方面的控制都不尽如人意，即便是两者相加，关注占比也不足1%。

（5）价格（见图3.25）

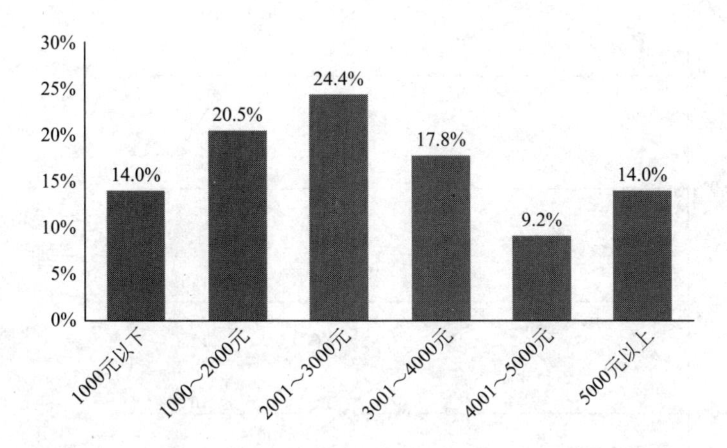

图3.25　2016年上半年中国洗衣机市场不同价格段产品占比与关注比例分布

2016年上半年洗衣机市场不同价格段产品关注比例，2001～3000元价位段的产品最受消费者青睐，关注占比高达24.4%，在这个价位区间，不论是产品种类、数量，还是功能、特色等，都有很大的可选空间。1000～2000元价位段以20.5%的关注比例位居第二，类似的，这个价位段的可选产品也比较丰富，还有合适的价格、够用的性能，自然会受到广大消费者的喜欢。

1000元以下价位段的产品基本以波轮式洗衣机为主，主打经济实用，实惠的价格还是可以网罗一部分消费者，关注比例为14.0%。3001～4000元价位段的洗衣机可以说是中高端产品了，以17.8%的关注度战胜千元以下价位，位列第三，可见消费升级、购买力提升带来的显著变化。值得注意的是5000元以上价格区间的关注度也高达14.0%，这个价位段的产品不论是外观设计还是性能基本都是旗舰级的，可见人们对于优质产品、品质生活的追求正在逐年攀升。

3.2.3.3　主流品牌关注格局

（1）品牌走势分析（见图3.26）

海尔一家独大。

2016年上半年中国洗衣机市场前五大品牌分别是海尔、三星、西门子、LG、小天鹅。海尔占据较高的关注度，4月份达到峰值的32.3%，随后呈现下降趋势，至6月份，关注比例降至21.8%，即便如此，21.8%的关注比例也在五大品牌中排名第一，这也与其拥有丰富的产品数量，全面覆盖各个产品线有着密不可分的关系。三星的关注比例一路攀升，6月份凭借14.9%的关注度位列第二，表现出了较强的增长势头。小天鹅的关注度也呈上升趋势，从1月份的8.4%增至6月份的12.8%，尤其是5、6月份，增幅最为明显。此外，西门子和LG在2016上半年均呈现出了下降趋势，至6月份，分别以10.2%和7.1%的关注比例排名第4和第5位。

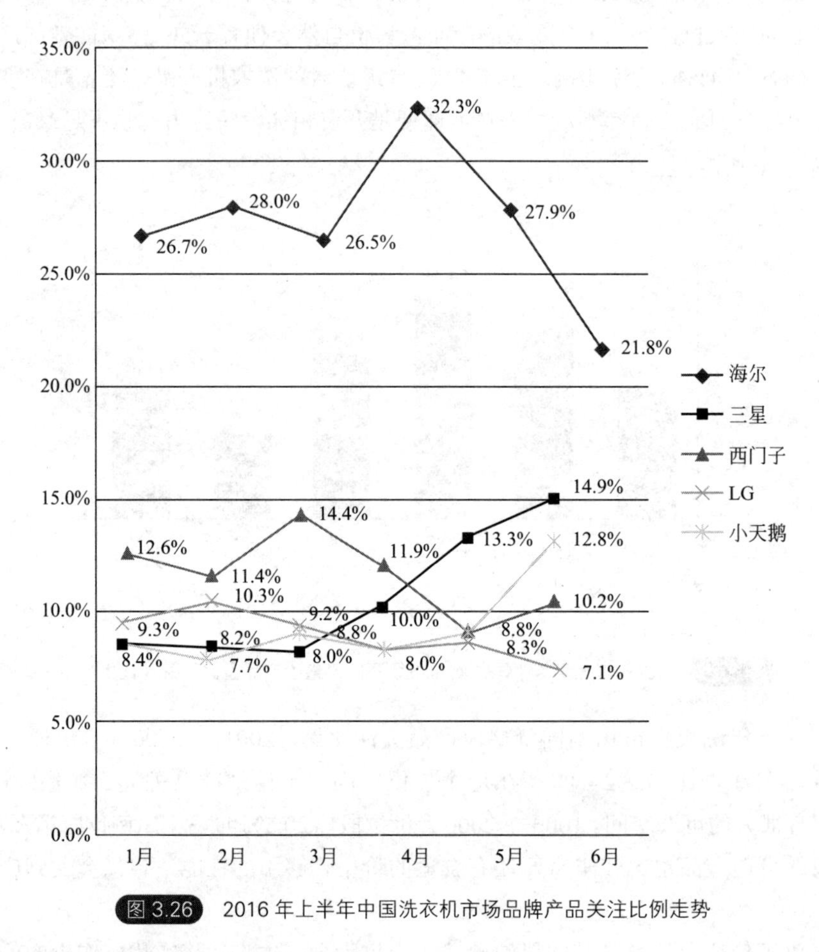

图 3.26　2016 年上半年中国洗衣机市场品牌产品关注比例走势

（2）市售产品数量对比（见图3.27）

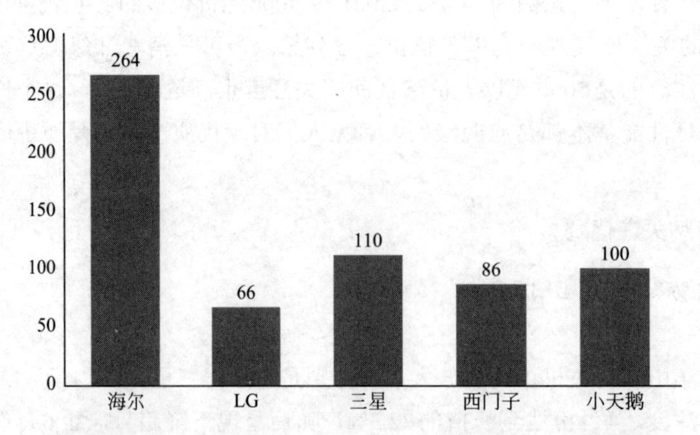

图 3.27　2016 年上半年中国洗衣机市场主流品牌市售产品数量对比

2016年上半年中国洗衣机市场前五大品牌在售产品数量，海尔占据绝对优势，拥有多达264款产品在售，位列第一，从这里也能看出海尔产品关注度居高不下的原因所在。三星以110款在售产品的数量位居第二，与此较为接近的是小天鹅，以100款在售产品数量排在第三名。而排在第三、第四位的西门子和LG，数量分别为86款和66款。产品数量多，产品线覆盖广，意味着给消费者更多可选余地，考虑到海尔品牌的关注度较高，与其拥有庞大的产品数量是分不开的。

（3）不同价格段产品数量对比（见图3.28）

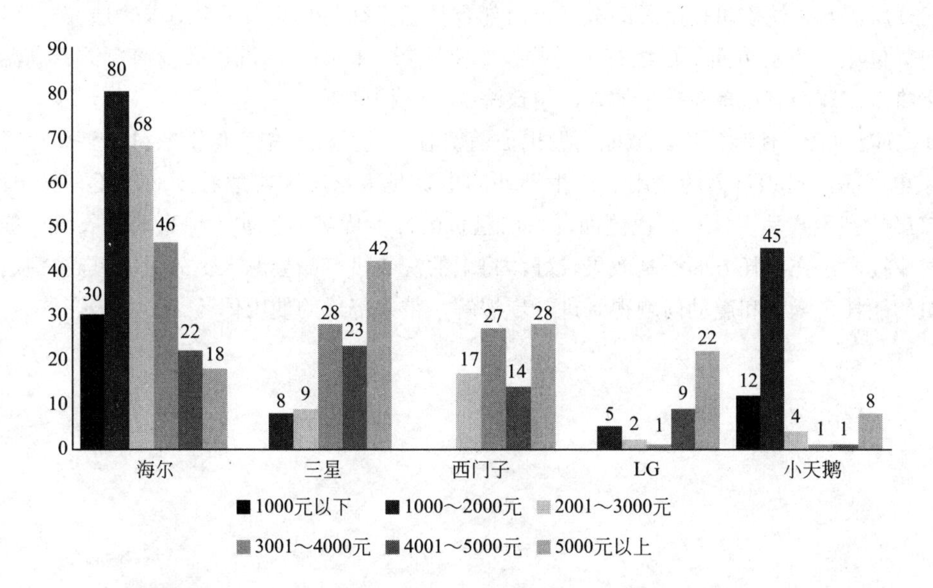

图3.28　2016年上半年中国洗衣机市场主流品牌不同价格段产品数量对比

接下来仔细剖析各个品牌旗下各个价位段的产品数量构成。

① 海尔。其拥有较大的产品基数，当然分布在各个价位段的产品数量也较多，在1000～2000元价位的产品数量有80款，这一数字就超过了LG产品总数。随着价格的升高，产品数量也相应减少。总体来说各个价位段均有大量产品，消费者拥有很多的可选余地。

② 三星。与海尔不同的是，三星的产品线数量，随价格的升高而递增，5000元以上价位的产品多达42款，位列第一。1000～2000元价位的产品只有17款，可见，三星主要是在高端产品上发力，强力占据高端市场份额。

③ 西门子。西门子没有2000元以下的洗衣机产品，产品线并没有完全覆盖，与三星类似，走中、高端产品线的姿态也较为明显，5000元以上价位的产品数量多达28款，位居第二。

④ LG。LG的产品线则兼有照顾，在2001～3000元价位段与5000元以上价位段均有大量产品可供选择，其中5000元以上的产品数量为22款，排名第三。总体来说，中端市场持续发力，高端市场也占据一席之地。

⑤ 小天鹅。小天鹅在各价位段的产品数量分布与“2016上半年中国洗衣机市场不同价位段产品关注比例”极为相似，即消费者关注度越高，其产品数量就越多，市场定位准确，产品线丰富，以便给大家更多可选余地。

（4）智能与健康是发展趋势

① 超大容量，轻松洗涤。大容量所带来的好处非常明显：即使衣物较多，也可一次收揽

洗净，特别是对于人口较多的家庭，不需进行两次洗涤，非常方便，并且对于较大的衣物，还有窗帘、沙发套、床上用品等大件也可以轻松洗涤。

② 智能控制，简单便捷。目前智能化大势所趋，越来越多的洗衣机产品也紧跟时代潮流，相继加入智能控制功能，尤其是中高端产品。仅需一部手机，即可进行远程操控洗衣机，监测机器运行状态，洗涤结束后还会发送消息通知到手机端进行提醒，非常人性化，带来全新的使用感受，简单又便捷。

③ 精致洗护，呵护健康。对于洗衣机产品，除了洗衣洁净效果，健康问题是人们非常关注的。众所周知，洗衣机使用时间久了，内部容易滋生细菌，洗涤时会对衣物造成二次污染，影响身体健康。目前市面上已经有了一些技术来应对，诸如免污洗、高温筒自洁、高温煮洗等等，将来，还会有更多新技术加入，精致洗护，呵护健康。

④ 节能静音，体验舒适。节能问题也被消费者广泛关注，毕竟像洗衣机这种使用频率较高的家电产品，日积月累的使用后产生不菲的电费是大家所不愿意看到的，还有噪声问题，它直接影响到用户使用体验，也侧面反映出整机的性能优劣。目前，中高端洗衣机一般采用变频直驱技术，在能耗方面控制效果较好，将来的洗衣机产品会融入更先进的减震降噪技术，让整机的能耗、噪声和震动问题得到进一步缓解，带来舒适的使用体验。

家电产品设计

Home Appliances

Product Design

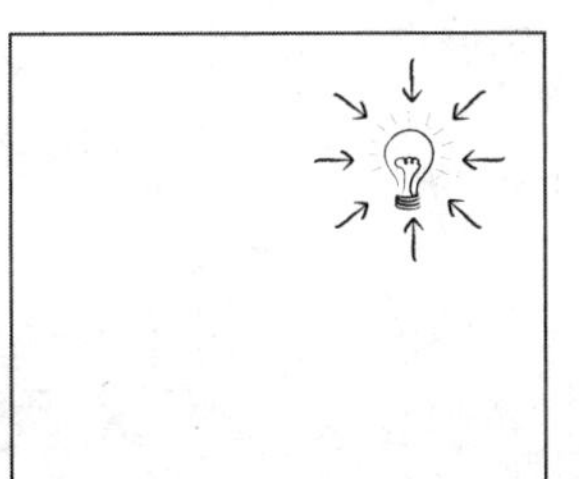

产品开发基础素质必修——外观设计、结构、工艺、技术技巧的掌握，为产品设计提供帮助

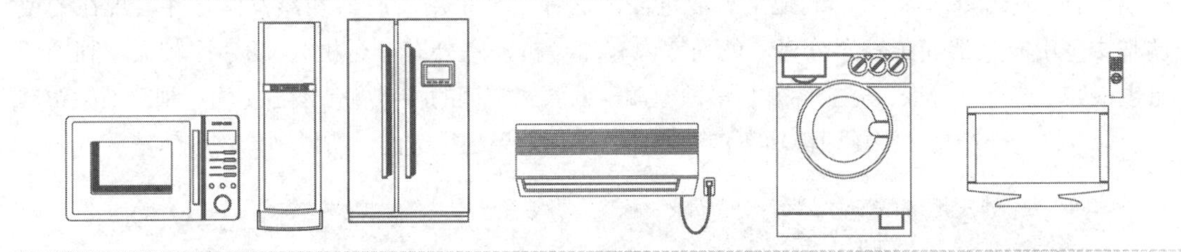

本篇是本书的重点章节，包括了4～9共6章，第4～8章分别对空调、电视机、冰箱、洗衣机及微波炉五大类别产品从外观、色彩、材质、结构、工艺、技术及发展趋势等方面进行了详细介绍，有助于对各类别产品形成明确的、系统的产品概念，掌握产品设计、结构、工艺、技术技巧等。第9章阐述的是智能家电，有助于对未来家电市场和产品趋势进行了解。

第4章 空调产品分析与设计

4.1 空调产品的外观分析与设计

空调即空气调节器（room air conditioner），是一种用于处理空间区域（一般为密闭）空气温度变化的机组。它的功能是对该房间（或封闭空间、区域）内空气的温度、湿度、洁净度和空气流速等参数进行调节，以满足人体舒适或工艺过程的要求。

4.1.1 空调外观设计发展历史分析

家用空调分为立式空调、挂式空调和嵌入式空调，立式空调一般放置于客厅中，而挂式空调一般置于卧室中（见图4.1）。

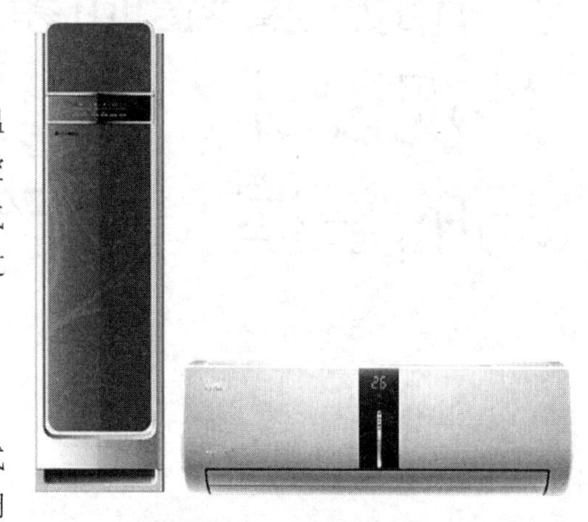

图 4.1 立式空调与挂式空调

嵌入式空调（见图4.2）不是立式也不是挂式空调，以前有一种窗式空调，安装方法就是在墙上打一个空调那么大的洞把空调放进去，这种空调采用冷凝器和蒸发器合并（现在的空调基本采用冷凝器和蒸发器分离，就是室内有一台机，室外有一台机），功率比较大，制冷效果也很好，还有一种嵌入式空调就是吊顶空调。嵌入式空调的特点就是不占空间，制冷效果跟其他空调一样，制冷量是跟压缩机功率、制冷剂、散热效果相挂钩的，所以制冷效果都差不多。

图 4.2 嵌入式空调

中国家用空调外观的发展，主要有下面几个阶段。

（1）第一代格栅式面板家用空调

1988年，第一台国产分体壁挂机KF-19G1A（见图4.3）在华宝空调器厂诞生，当时华宝还给它取了个很有诗意的名字——雪莲。雪莲的诞生开启了我国家用空调行业的一个新时代，此后，春兰也拥有了自己的挂机生产线。

华宝和春兰生产的空调统治了从20世纪80年代末到90年代中期近10年的时间，他们生产的空调在外观上极其相似，都是扁平的大长方体结构。也就在这时期，大量进口产品外观在90年代中期以前与此也大体相仿，所以，当时的空调特别是挂机，如果不看商标很难辨别出是哪个品牌（见图4.4）。

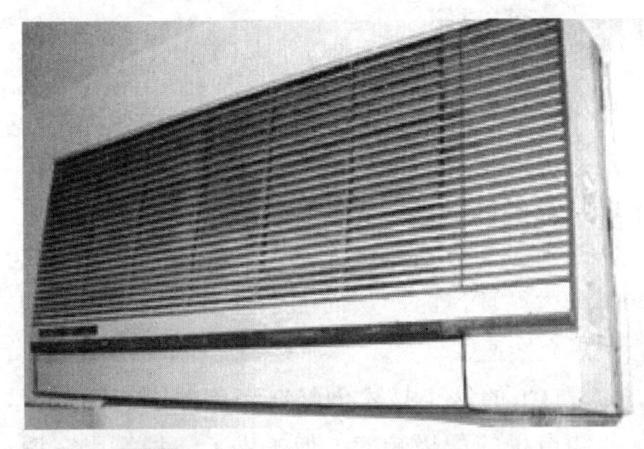

图4.3　第一台国产分体壁挂机 KF-19G1A

图4.4　春兰格栅式空调

直到1995年，春兰的KFR-22G依然是挂机市场的主导产品，这也说明了当时国产空调产品仍旧以格栅式面板为主流。

柜机的情况也类似，自从春兰在1987年开发出70DS新型柜机之后，许多品牌在柜机生产上只是对部分细节或色泽明暗进行微调，并没有形成核心技术的差异化。

（2）第二代格栅式面板家用空调器

当家用空调渐渐普及，其技术、外观、设计也在悄悄地发生着变化，这种变化首先是从进口机市场开始萌芽。

20世纪90年代中期，以三菱电机、日立、松下等为代表的进口空调出现了一种小型室内机（见图4.5），这种室内机改变了以往那种庞大厚实的形象，在外观上开始趋于精巧整洁，在美学上更多地融合了与家居环境相适应的元素，深受消费者的青睐。随着国内众多空调厂家对此类产品的普及生产，第二代格栅式面板空调主导了空调市场并流行至今。

从第一代格栅式面板到第二代格栅式面板是家用空调产品外观的一种进步，这种进步不仅表现在体积的小型化以及外观的美化上，更体现在对室内机蒸发器折式的改变和空调系统能力的提升上。

但是，从第一代格栅式面板到第二代格栅式面板在进风模式上并没有发生大的转变，依然采用正面进风下出风的循环风路。

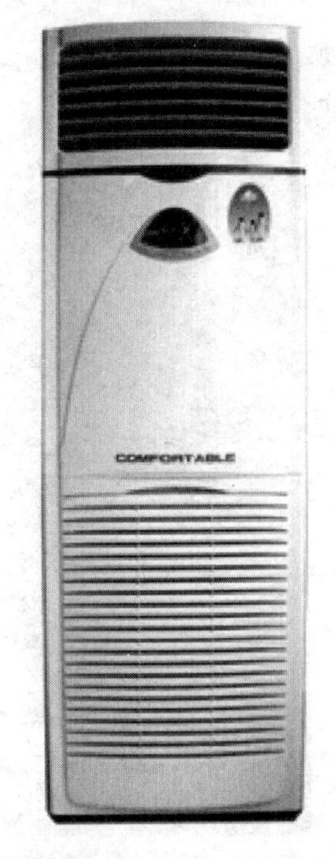

图4.5　第二代格栅式面板空调

（3）光面板系列空调

翻开2005年国内各个工厂的新产品彩页，一种崭新的气

图 4.6 光面板空调

象跃然纸上。与往年格栅式面板占主流相比，绝大多数品牌在2005年度推出了光面板系列的空调产品，如格力的天丽系列、海尔的高效氧吧系列、美的的Q2系列和V系列等（见图4.6）。

光面板系列的家用空调产品并非在2005年度首次出现，国内空调厂家最早推出光面板系列产品的是TCL。

2001年，TCL空调推出的“小风侠”系列挂机（见图4.7）首次将光面板和大循环风路作为卖点进行营销宣传。所宣传的大循环风路是指将室内机进风口设计在指定位置，采用上进风下出风的方式，增大气流循环的半径，形成一个大循环风路，从而加强室内空气对流，加快热交换速度。

图 4.7 TCL“小风侠”系列挂机

TCL的这个技术创新在当年并没有得到行业和市场的积极响应，但提供了一种家用空调产品的发展思路。在随后的几年中，部分空调厂家陆续推出了各自的光面板系列空调，LG、三星、夏普、美的、春兰等的光面板空调在2003年零零星星地上市，2004年这种现象愈演愈烈，到2005年便成为了一种潮流。而从2006年各工厂推出的新产品来看，光面板的空调已经成为一种主导。

与格栅式面板相比，光面板产品更加注重外观的时尚感和现代感。从格栅式面板向光面板的跨越，不仅是外观上的进步，更是产品技术上的升级。光面板挂机的上进风下出风取代了原来的正面进风下出风的循环风路，而光面板柜机的侧进风或进风口开合式设计也渐渐与原来传统的下进风上出风的循环风路共同主导柜机产品的设计趋势。

（4）彩色面板空调

在国内空调市场，将彩色引入空调面板设计并形成一种传统风格的不是国内厂家，而是韩国品牌三星和LG。

图 4.8 三星“气派”系列空调

三星2002年推出新品“气派”系列空调（见图4.8），该系列空调注重生活品位和品质的完美体现，采用巴洛克家具造型，豪华气派，多彩面板让整个空调行业为之眼前一亮，特别是在其他品牌一片“白色”的笼罩下，三星的彩色面板柜机格外引人注目。

在随后的几年中，三星和LG均有彩色面板家用空调新品面市，与此同时，其他厂家开始逐一效仿，而且面板的颜色种类也更多。其中多材质彩色面板产品堪称经典，如海尔的彩屏双新风、格力的天丽、志高的花好月圆、TCL的君兰系列和海蒂娜系列等（见图4.9），格兰仕甚至将彩色面板空调申请了专利。

图4.9　彩色面板空调

随着家用空调产品技术的不断创新所带来的产品外观设计的改变正成为一种不可阻挡的潮流，而这种潮流之所以能成为现实，与新时代的人们居住环境的改变和审美观念的变化有着必然的关系。况且，对于厂家来讲，改变产品外观所需的成本相对低廉。但是，从家用空调的技术发展趋势来看，外观的改变并非技术发展的主流，只不过是产品的技术改良过程。

志高空调2014年新推出V尊柜机（见图4.10）。志高V尊柜机采用钢化玻璃面板外加一体化钢琴烤漆喷涂，不管使用多长时间依旧光亮如新，并且硬度很高，十分耐磨耐划；受到强烈的物理撞击时，它会形成均匀的小颗粒，而不会像普通的玻璃那样形成尖锐的棱角割伤小孩。同时，志高V尊柜机采用触摸炫彩显示屏，搭配深咖啡色PC材质，空调运行状况一目了然。自动弹压式放置仓设计在机身旁侧，可以巧妙使用空间放置遥控器，使用遥控器之后，可以随后放回仓内，避免下次使用再次寻找。创新滑动式开关出风口设计，带给消费者耳目一新的视觉体验。

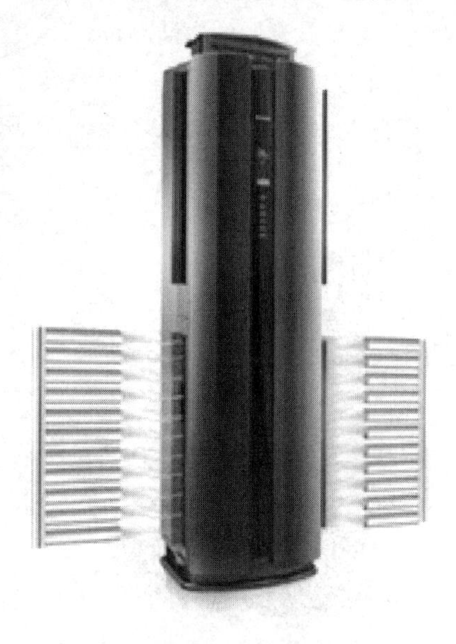

图4.10　V尊柜机

2015的志高“小馒头、小蛮腰”V系列（见图4.11），从外观设计来看，充分展现了温情、柔美、性感等时尚格调，先进的工艺将材质、色彩、造型进行了巧妙处理，实现了空间、产品和人的完美融合。

图 4.11 志高 V 系列空调

4.1.2 主流品牌空调产品设计分析

（1）主流品牌空调外观分析

21世纪是追求个性的时代，消费者对家庭装修和家电的选购更是有着独特的理解和创意。通过调研发现，如今的空调产品在设计上开始融入了更多艺术元素，在色彩应用上更加大胆、鲜艳，有些产品的外观还采用了具有特色的花纹图案，使得大家在购买产品时有了更多的选择空间。

① 格力玫瑰系列变频空调　2014年9月，格力推出首款新婚专属家用空调——“玫瑰”系列空调（见图4.12），包括挂机和柜机两种机型，一上市就吸引了众多消费者的关注。“玫瑰”空调在采用多项格力自主研发的核心技术同时，外观造型上也有惊艳表现，是当年空调市场上不可多得的“内外兼修”新典范。

众所周知，以往空调外观通常是白色面板，外观较为单一，无法满足消费者对时尚的需求。而格力花心思、下功夫在外观上进行创新，很好地满足了消费者对空调时尚的追求。

科技的提升已经让空调能够在制冷制热、控制湿度、换气除尘、抗菌抑菌、智能操控、静音运行、睡眠调节等众多使用功能上达到一定的高度时，人们必然会转向审美的要求。一款高品质的空调，首先在外观上必须是一款“美”空调，因为“美”从来就是“好”的题下之意。一款“美”空调，直接提升居室的布置氛围，带给人们愉快的心情体验，增加生活的亮色，彰显人们的生活品位。

格力“玫瑰”系列空调融合了玫瑰花的自然生态元素，打造出全无缝极致外观，水晶玫瑰造型，极尽雍容大气之美。“玫瑰”挂机机身侧面为花瓣造型，构件边缘设有镀铬边框，质感鲜明；机身正面，一体化无缝玫瑰红色面板上饰有大师手绘玫瑰图案，经由内覆膜工艺着色后更显立体，莹露欲滴、活色生香。柜机机身造型在传承格力全能王-i尊空调开创的汉服外形的同时予以局部改变，在机身上部融合了通过3D打印技术生成的硕大立体玫瑰花朵，看上去鲜艳欲滴。

图 4.12 格力“玫瑰”系列变频空调

作为格力2015年的重磅主题新品，“玫瑰”系列空调好评如潮。红色在中国文化中代表着喜庆吉祥、红红火火，同时也象征爱情的甜蜜美好，是中式婚礼中最常见的主色调，采用玫瑰红配色，不仅契合中国传统婚庆文化，同时也寄意新人的生活热火朝天、幸福甜蜜。玫瑰在西方文化中象征美好的爱情，是情侣们结婚时必不可少的装饰品。这融合了中西方爱情文化的“玫瑰”，可谓装扮新房的不二之选。

② 海信海信苹果云T系列“炫转”空调　2015年1月20日，海信空调发布苹果云T系列“炫转”空调（见图4.13），外观让人印象深刻的是它独特的山茶花镂空花纹。时尚镂空花纹是近几年的设计趋势，多见于建筑、服装、珠宝等行业。以山茶花为外观设计元素是这款空调的一大亮点，也体现了海信空调新品的极智奢华和优雅绽放之美。

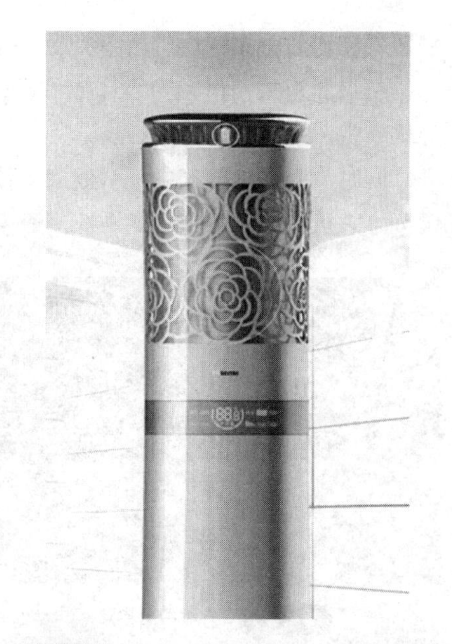

图4.13　海信苹果云T系列“炫转”空调

以往空调上的各种灯大多是装饰，但是对于海信苹果云T系列“炫转”空调来说，绝对不只是装饰这么简单，实际上，它就是一个智能显示灯，通过颜色的变化，显示空调出风口的位置，并且一直跟随，还可以显示空调的出风量大小。制冷、制热、送风、除湿模式下空调会显示不同颜色的灯光，真正地通过灯光感知冷暖。

③ 美的　美的空调极速英雄系列（见图4.14），可以说是2015年空调室内机设计的流行趋势。它的机身仅有215mm，超薄外形，同时，空调面板采用高亮纯白ABS面板，高光持久，易于养护打理、主打白色百搭风格，简约的设计让其可与任何风格的家装进行搭配。

图4.14　美的空调极速英雄系列

该系列空调采用大出风口设计，其独特一体化大导风带宽7.5cm，比普通空调增大90%，任何角度空调都能强劲送达、舒适控温，其送风距离可达19m，让空调冷暖气流开启以后便快速到达全屋各处。

④ 科龙空调定海神针系列　科龙江南风定海神针系列柜机空调（见图4.15）源自“金箍棒”的设计灵感，占地面积只有40cm^2，为客厅留出更多使用空间，结合竖琴式送风设计，双层导风板营造48种送风方式，完美解决空调直吹易感冒的行业瓶颈，真正做到“又高效，又健康”。

图4.15　科龙空调定海神针系列柜机空调

在外观上，千鸟纹图案（见图4.16）时尚灵动，与白色机身完美结合，优雅迷人。990mm超长送风带，超普通柜机3倍之多，无死角覆盖，全方位舒适体验。突破传统柜机正面出风的送风范围局限，采用创新性贯流风扇横向扫风设计，大范围广角送风，舒适气流均匀分布室内，循环流动，打造极致舒适。

空调面板采用滑动门设计，将开、关机噪声减至最小，在冷与暖的变化间用户只需要静静地欣赏，这就是新风尚的控温美学。

同时，为了保障家中儿童健康，该机特意设置了童锁功能（见图4.17），使用面板上的按键开、关机先必须解锁才能操控，避免误操作，非常人性化。

图 4.16 面板千鸟格纹图案特写

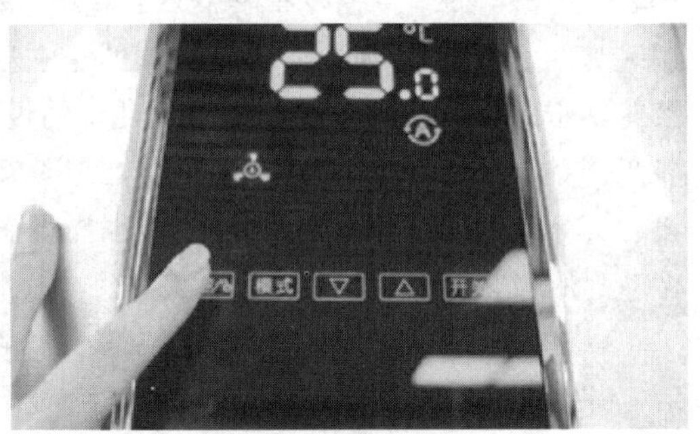

图 4.17 童锁功能

通过纵向单品牌年度产品外观对比和横向各品牌之间年度产品外观对比，结合各品牌典型产品外观分析，我们可以发现，空调的外观设计风格不断由传统向现代、模仿向创新、冷酷向亲切、呆板向活泼、复杂向简洁、方正向流线、理性向感性发展。

（2）空调外观发展趋势

随着消费者对居室环境重视程度的提升，已经有越来越多的消费者不满足将空调仅界定在“嘘寒问暖”的功能，空调融入家居环境，已经成为空调市场的大趋势。在工业设计潮流带动下，空调产品也一扫以往单调的造型设计，小巧纤薄的造型、秀气外观设计、环保材料等也逐渐成为潮流。

分析市场上的空调产品，可以发现空调外观有以下几个发展趋势。

① 融入中国传统文化　在格力专柜，其09款的外观设计让人眼前一亮：“喜庆”系列空调，融合了大红灯笼、金童玉女等极具中国特色的文化元素，将中华民族追求喜庆、平安的传统心态演绎得出神入化（见图4.18）。

博世激彩系列冰箱在色彩上大量运用了中国红，再配合上整体简约风格、大胆个性的把手设计，处处彰显了红色冰箱的浪漫特性。

② 让用户更加接近大自然　格力“韵”系列空调（见图4.19），首创将空调运行状况指示灯与兰花等面板上的自然景物融为一体的全新设计理念，当空调运行时，犹如兰花盛开或灯光点点，富有诗意又充满温馨。

③ 多样、亮丽的色彩　现在空调的工艺处理很具特色，许多新品面板都采用IMD面板处理技术，外观色泽更亮丽，表面更具质感，而且不会褪色（见图4.20）。

④ 与新技术的结合　LG盛唐纹新品在面板上玩的“光影艺术”让不少消费者惊喜不已，设计师们用目前最为先进的LED背光显像技术取代了原来的液晶显示面板，创造性地实现了“隐藏式”显示效果。在不开机的状态下，整个空调的正面面板就像一幅完美无瑕的画卷，充分展现LG独创第三代盛唐纹的飘逸之美（见图4.21）。

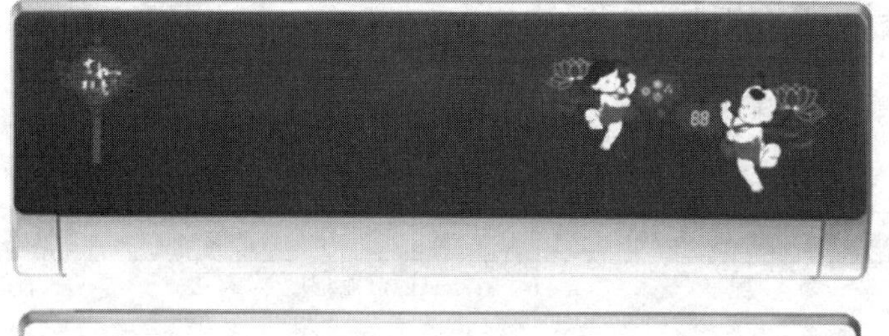

图4.18　格力“喜庆”系列空调——吉祥如意（红色）、一帆风顺（香槟金）

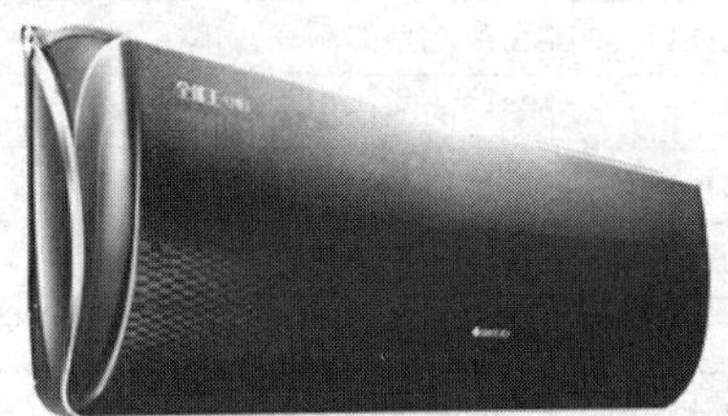

(a) 格力全能王——U尊Ⅱ空调　(b) 格力U铂空调

图4.20　采用IMD面板处理技术的新品

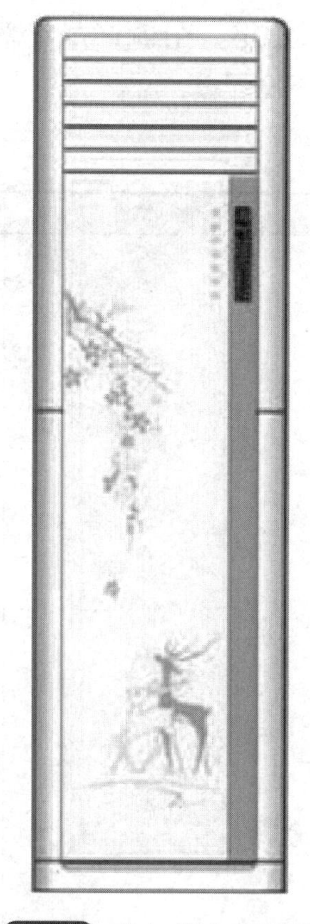

图4.19　格力“韵”系列空调

LG数码变频人体感知空调拥有数码变频系统，能效比高达5.0，为国家一级能效。人体感知技术根据人体散发的红外线，准确判断人体所在方位，随时根据人的动向来调整送风方向和风量。

产品还拥有完美空气净化系统，机器人清扫、多层净滤网和自动杀菌干燥，提供清新干净并且舒适的风；睡眠模式时，按照人体规律调节室内温度，并且控制风向和风量，维持舒适的睡眠环境，提高睡眠质量（见图4.22）。

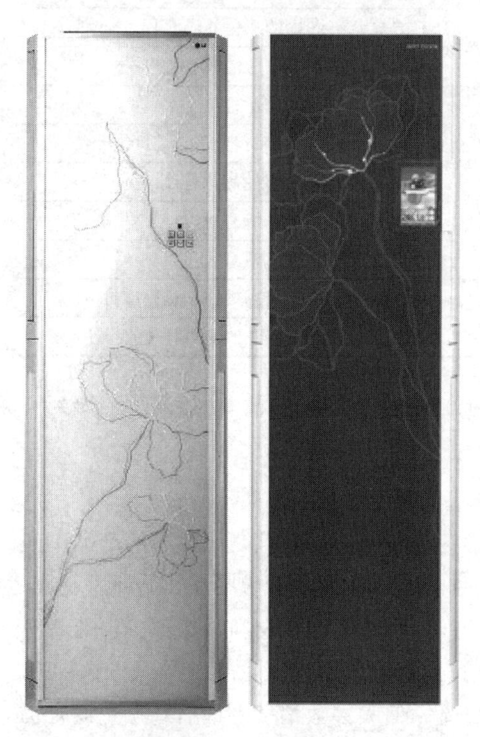

图4.21　LG盛唐纹空调

图4.22　LG数码变频人体感知空调

4.1.3 空调产品外观设计评价指标体系

空调产品外观评价指标体系见表4.1。

表4.1 空调产品外观评价指标体系

一级指标（隐变量）	二级指标（隐变量）	三级指标（显变量）
外观整体综合评价	A10尺寸大小综合评价	A11长的满意程度
		A12高的满意程度
		A13厚度的满意程度
		A14出风口大小的满意程度
		A15装饰条大小的满意程度
		A16显示屏大小的满意程度
		A17 LOGO大小的满意程度
	B10线条造型综合评价	B11图案花纹线条造型的满意程度
		B12装饰条线条造型的满意程度
		B13显示屏线条造型的满意程度
		B14显示屏图标的线条造型的满意程度
		B15 LOGO线条造型的满意程度
		B16风叶线条造型的满意程度
		B17出风口设计的满意程度
	C10 外观颜色综合评价	C11面板颜色的满意程度
		C12装饰条颜色的满意程度
		C13显示屏指示灯颜色的满意程度
		C14显示屏背景色的满意程度
		C15显示屏图标的颜色的满意程度
		C16花纹图案等颜色的满意程度
	D10 材料质感综合评价	D11面板材料的满意程度
		D12面板质感的满意程度
		D13花纹图案质感的满意程度
		D14装饰条质感的满意程度
		D15 LOGO质感的满意程度
	E10 面板打开状态综合评价	E11面板打开升降方式的满意程度打分
		E12面板打开后状态的满意程度打分

以下是实地调查案例，采用街头拦截定点访问的方式进行产品外观和功能测试，得到消费者对于产品外观各方面的需求。

（1）产品外观方面

① 尺寸大小：若仅从外观角度考虑的话，用户偏好尺寸小巧，尤其是比较薄的产品，但在提示厚度与循环风量相关后，大部分用户不再认为越薄越好，而是希望要保证循环风量。

② 面板材质：抗老化的亚克力板是当前主流空调产品所用的面板材料，大部分消费者对具体何种材质并不熟悉，他们关注的是材料的光泽度和抗老化效果。

③ 面板颜色：颜色鲜艳的产品能吸引消费者的目光，但大多数消费者最后选购空调时仍以传统的白色或其他浅色系的产品为主。部分用户对可换面板比较感兴趣，认为可以根据季

节的不同选择不同的颜色，也可以适时改变颜色，以增强家居的新鲜感。

④ 线条造型：大部分用户认可的是面板平整简洁的产品，面板上凹凸线条不宜过多；纯直角的边角接受度低，希望是小圆弧边角或梯形边框。

⑤ 面板底纹：纯色面板或简单浅色底纹更受大多数消费者接受，祥云图案、底纹设计较为成功。

⑥ 出风口设计：挂机的出风口设计当前没有新颖之作，导风叶延时关闭被消费者认为是必要的。各种出风口设计中，“自动滑盖”的接受度极高。

⑦ 显示屏位置：挂机面板下方居中位置是大多数用户偏好的位置。

⑧ ABS材料标识：ABS材料标识能有效增强消费者对产品质量的信任感。

（2）产品功能与人性化设计

① 睡眠功能：用户常用的功能之一，也是目前格力、美的等品牌的主卖点。两大品牌宣称产品（睡梦宝、梦静星）具有三种睡眠模式。从市场反应来看，多种睡眠模式能在购买时对消费者构成一定的吸引力，但实际使用情况如何，还有待确认。其中有些用户对睡眠功能抱怨较多（睡眠模式的噪声过大、温度变化不合理等）。

② 定时功能：用户常用功能之一。有用户建议开发定时开机功能，即能让用户回到家就能感受到舒适的环境。通常在使用季节中，空调是一直连着电源的，大部分用户（上班族）下班时间是相对固定的，用户对空调制冷（热）设定的温度也较为固定。

③ 出风方式：挂机卧室使用，出风不直吹人被多数用户认为是重要的人性化设计，如上下导风、左右摆风、广角送风等。

④ 一键到位开关：用户希望开机操作越简单越好，在遥控器上设置一个快捷键，能在开启空调时，把开电源、模式、温度、送风方式、风速等基本操作“一步到位”。

⑤ 显示屏：LED显示屏背景灯多种颜色（提供2～3种不同色调背景灯，制冷时为冷色调、制热时为暖色调），双温（室内温度与设定温度）显示，简单中文显示，显示灯独立关闭，时间显示等设计更能体现出产品的人性化。

⑥ 独立除湿：在南方梅雨季或闷热天气里，用户会使用除湿功能，但普遍对实际效果感觉不甚明显。

⑦ 换气功能：当前市场卖点之一，尤其是美的负压换气及海尔的双向换新风对消费者有一定的吸引力，相比而言，美的明示换气量（挂机30m^3/h）更能增强该功能的可信度。

⑧ 清洁功能：包括蒸发器清洁（智能清洗）和滤网清洁（自动清扫），它们的市场认可度较高，消费者认为在购买现场有实物演示工作原理能更好地提高此类功能的可信度。滤网清洁对挂机产品尤为重要，因为挂机的滤网清洁不方便。此外，室外机也是用户认为应当重点清洁的空调部件，但目前没有好的清洁方式和服务。

⑨ 健康功能：市场上各类健康功能名目繁多，如银离子、负离子、高压静电、去甲醛，消费者认为所有的产品都有这样或那样的健康功能，但可信度都不高，购买时要有健康功能，但实际上很少使用。

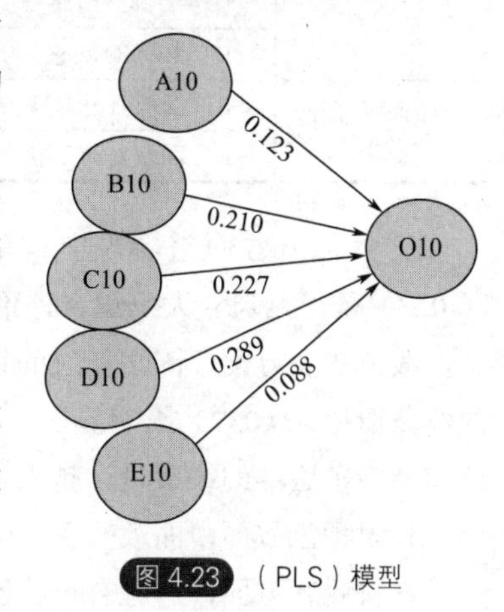

图4.23 （PLS）模型

从图4.23可见，对空调整体外观满意度影响较大的三个方面依次是：线条造型B10（0.210）、外观颜色C10（0.227）和面板材料D10（0.289）。随着人们生活水平的不断提高，人们越来越关注产品的材料质感、外观颜色和线条造型。

标准化后的负荷和权重见表4.2。

表4.2 标准化后的负荷和权重

构造	指标	平均值	标准值	负荷	残差	权重子项对整体标准化
外观整体	O10	7.9	0.75	1	0	
A10尺寸大小	A11长	7.48	1.25	0.77	0.4	0.018
	A12高	7.82	1.44	0.68	0.54	0.024
	A13厚度	7.38	1.68	0.66	0.57	0.023
	A14出风口大小	8	1.46	0.81	0.35	0.024
	A15装饰条大小	7.54	1.42	0.75	0.44	0.015
	A16显示屏大小	7.85	1.45	0.47	0.78	0.015
	A17 LOGO大小	7.76	1.47	0.56	0.68	0.012
B10线条造型	B11图案花纹线条造型	8.19	1.47	0.57	0.68	0.067
	B12装饰条线条造型	8.92	1.24	0.58	0.66	0.037
	B13显示屏线条造型	8	1.72	0.44	0.8	0.032
	B14显示屏图标线条造型	8.44	1.48	0.56	0.68	0.038
	B15 LOGO线条造型	8.3	1.6	0.46	0.79	0.032
	B16风叶线条造型	8.19	1.62	0.36	0.87	0.013
	B17出风口设计	8.54	1.48	0.16	0.97	0.006
C10外观颜色	C11面板颜色	7.6	1.5	0.85	0.28	0.089
	C12装饰条颜色	7.98	1.34	0.82	0.33	0.089
	C13显示屏指示灯颜色	7.62	1.58	0.1	0.99	0.000
	C14显示屏背景色	7.9	1.54	0.19	0.96	0.029
	C15显示屏图标颜色	8.27	1.51	0.16	0.97	0.017
	C16花纹图案颜色	8.28	1.05	0.11	0.99	0.019
D10面板材料	D11面板材料	7.88	1.68	0.88	0.22	0.152
	D12面板质感	6.76	1.67	0.31	0.91	0.051
	D13花纹图案质感	8.77	1.1	–0.05	1	0.006
	D14装饰条质感	8.56	1.41	0.39	0.85	0.057
	D15 LOGO质感	7.48	1.55	0.27	0.93	0.042
E10面板打开状态	E11面板打开升降方式	7.81	1.43	0.89	0.21	0.062
	E12面板打开后状态	7.62	1.45	0.46	0.78	0.032

尺寸大小方面来看，空调的出风口大小（0.024）、空调的高（0.024）和空调的厚度（0.023）是影响尺寸大小综合评价较大的子项，其次是空调的长（0.018）。

线条造型方面，图案花纹的线条造型（0.067）、显示屏图标的线条造型（0.038）、装饰条的线条造型（0.037）影响显著大于其余子项，图案花纹是给人最直接视觉影响的，显示屏图标和装饰条这样的细节设计越来越受到消费者重视，看来细节的设计需要多花心思研究。

外观颜色方面，面板颜色（0.089）和装饰条的颜色（0.089）的影响较大。

材料质感方面，对综合评价影响最大的就是面板材料（0.152）、装饰条材料质感（0.057）

和面板质感（0.051），人们对空调外观的要求越来越高，因此面板材料、装饰条材料质感、面板质感都是影响材料质感的综合评价的最直接影响子项。花纹和LOGO质感相对影响较小。

面板打开状态方面，面板打开升降方式的影响较大（0.062）。

表4.3　指标影响排序

序号	指标	均值	标准化影响系数	序号	指标	均值	标准化影响系数
1	D11面板材料	7.88	0.152	11	B13显示屏线条造型	8	0.032
2	C11面板颜色	7.6	0.089	12	B15 LOGO线条造型	8.3	0.032
3	C12装饰条颜色	7.98	0.089	13	E12面板打开后状态	7.62	0.032
4	B11图案花纹线条造型	8.19	0.067	14	C14显示屏背景色	7.9	0.029
5	E11面板打开升降方式	7.81	0.062	15	A14出风口大小	8	0.024
6	D14装饰条质感	8.56	0.057	16	A12高	7.82	0.024
7	D12面板质感	6.76	0.051	17	A13厚度	7.38	0.023
8	D15 LOGO质感	7.48	0.042	18	C16花纹颜色	8.28	0.019
9	B14显示屏图标线条造型	8.44	0.038	19	A11长	7.48	0.018
10	B12装饰条线条造型	8.92	0.037	20	C15图标颜色	8.27	0.017

根据表4.3得到指标影响大小的排序，可以发现对整体外观影响最大的五个指标依次是D11面板材料、C11面板颜色、C12装饰条颜色、B11图案花纹线条造型、E11面板打开升降方式，因此要想设计出畅销的空调，在外观方面要努力改进这些方面，让消费者对产品动心。随着消费水平的提高，人们对时尚的外观设计要求越来越高，家电产品新颖独特的外观设计，让家电不仅仅满足人们生活需要，更为生活增添美的元素。除了空调的色彩和材料之外，升降方式是排名第五的影响指标，近年来空调面板升降方式无疑成为空调销售的一大卖点，销售人员向顾客开机演示时，独特的面板升降方式着实吸引消费者的眼球。

详细来看影响最大的五个方面的得分，其中只有B11图案花纹线条造型比外观整体的得分略高，其余四项均比外观整体的得分要低，可喜的是样机设计的花纹受到消费者欢迎，但是面板颜色选择要更多地花心思，这项是影响较大的前五项中得分最低的指标，但是这一指标应该是相对容易改进的。

值得一提的是在影响较大的前十指标中，D12面板质感是得分最低的一项，消费者不再单纯地满足于外观美观，随着生活水平的不断提高，人们越来越重视生活品质、产品档次的提升，因此面板质感的期望值较高，需要引起厂商的足够重视。

排名前20的指标中B线条造型、C外观颜色这两个方面的指标最多，可见这两个方面的影响至关重要。特别是D11面板材料、C11面板颜色、C12装饰条颜色、B11图案花纹线条造型、E11面板打开升降方式这五个排在最前面的指标，消费者已经不仅仅是在挑选家电，更多是在购买一款既有空调功能又能够美化家居环境，点缀生活的艺术品。

通过KANO矩阵可以计算用户对各个测试功能感知状况，通过矩阵各个属性点的频次来判断各功能点属于什么属性，从而通过优先原则和组合原则来选定产品最优功能组合。

● 优先原则：M＞O＞A＞I。

● 组合原则：（M+O+A）1个有竞争力的产品，应该包括三个方面，必须满足所有必备属性，再加上比竞争对手表现更好的线性属性和差异化的魅力属性：M为必备属性；O为线性属性；A为魅力属性；I为无差异属性。

根据厂商的研究目的，要想设计出大众化热销机型就必须满足所有必备属性，再加上比竞争对手表现更好的线性属性和差异化的魅力属性。根据KANO数据分析的结果，总结了15个功能点的M+O+A的比重，并进行排序。自动清扫过滤网、独立换气、独立除湿、高压静电除尘、挂机300广角送风为排名前五的功能点，具体产品组合哪些功能点要各个企业结合成本和KANO结果来决定（见表4.4）。

表4.4 KANO数据分析小结

结论	被测属性	M＋O＋A	A	结论	被测属性	M＋O＋A	A
1	自动清扫过滤网	72.5	27.2	9	超大出风量	53.2	24.2
2	独立换气	71	26.4	10	快捷键	49.3	27.4
3	独立除湿	68.4	21.1	11	双温显示	49.3	24.5
4	高压静电除尘	68	24	12	可关闭显示屏	44.6	26
5	挂机300广角送风	67.3	29.7	13	时钟显示	41.8	23.1
6	个性化睡眠	64.4	28.7	14	定时开机	41.4	17.2
7	自动水洗蒸发器	62.4	26.4	15	可调多彩灯	28.4	17.9
8	高光泽抗老化面板	59.4	22.6				

4.2 空调产品的色彩分析与设计

如今空调的设计随着个性家装与面板新型材料的研发，突破了固有的白色，变得五彩缤纷。多种颜色不仅满足了不同消费人群的个性需求，也为传统的大家电市场增添了许多时尚的气息。

（1）黑色系

黑色代表神秘和性感。时尚的人说黑色代表神秘，前卫的人说黑色代表冷酷，成熟的人说黑色代表庄重。黑色给人的感觉是高贵、沉默、安静、高深莫测。

图4.24 海尔珐琅黑色 KFR-35GW/01QAF22除甲醛无氟变频系列空调

把黑色大胆地用在空调的设计之中是这款奥克斯空调（见图4.24）设计上的一大亮点，它是实用与美学的巧妙演绎，科技和气度的完美结合，让居家生活时刻散发出优雅而动人的气质。华美的印花面板和时尚的暗纹设计均出自韩国名家之手，显得大气、简约。

海尔珐琅黑色KFR-35GW/01QAF22除甲醛无氟变频系列空调（见图4.24），超薄的机身，黑色的一体化封闭式结构，时尚而防尘。机身尺寸860mm×285mm×175mm（最薄处158mm），体积43.5cm^3，内敛而恬静。黑色的外观和镶嵌于机身的闪亮水钻，通过它的线条柔美地展现出水流小石的恬静感。

（2）橙色系

橙色是欢快活泼的光辉色彩，是暖色系中最温暖的色，它使人联想到金色的秋天、丰硕的果实。橙色一般可作为喜庆的颜色，同时也可作富贵色，如皇宫里的许多装饰。橙色可作餐厅的布置色，在餐厅里多用橙色可以增加食欲。

三洋四季彩馆系列空调采用了时尚的外观设计，有七种颜色面板可供选择，独特的橙色应用，使人感觉更舒适，并且面板可以随意拆卸、更换。这款产品采用了UV喷漆工艺，完美地展现了四季丰富色彩的感觉，质感细腻，色泽自然柔和，非常吸引人。它的UC喷涂工艺还给予面板更高的耐磨、耐压性能和防静电等诸多优点。

（3）紫色系

在中国传统里，紫色代表高贵，常成为贵族所爱用的颜色。与黄色不同，紫色不能容纳许多色彩，但它可以容纳许多淡化的层次，一个暗的纯紫色只要加入少量的白色，就会成为一种十分优美、柔和的色彩。随着白色的不断加入，可产生出许多层次的淡紫色，而每一层次的淡紫色，都显得那样柔美、动人。

大金E-MAX幻彩紫空调经过色彩的调和显得十分妩媚动人。这款空调采用新型亚克力纤维材料，运用高精度制造工艺制造出精美的水晶面板。银光紫代表着高贵、浪漫、气质高雅而富有神秘气息，非常适合充满时尚魅力的都市人的居室，与温柔高雅的装修风格非常协调。

海信KFR-35GW/FZBP19-2空调（见图4.25）采用了具有浪漫气息的紫色作为面板的主色调，但同时，面板上象征自由的蒲公英却给了用户活力又可爱的视觉感受。空调显示屏采用影藏式设计，开启后就会自动显示。

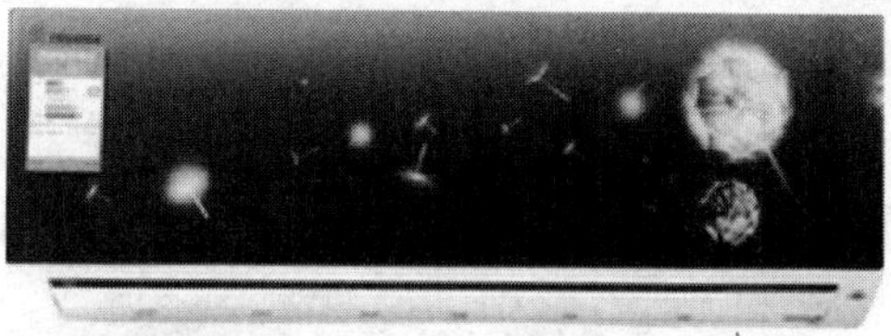

图4.25　海信KFR-35GW/FZBP19-2空调

（4）蓝色系

蓝色，被看作是代表理智的色彩，它象征着一种清新、明晰、合乎逻辑的态度，人们看到蓝色时会感到开阔、博大、深远、平稳、冷静。同时，蓝色也常被用做自由的象征。

志高为纪念北京奥运会而精心推出的这款珍藏版空调——“北奥之光”空调选用蓝色作为面板，受到了很多消费者的喜爱。它采用的是高档PC面板，不泛黄、不变色、不易划伤、不易磨损，其抗冲击强度是普通玻璃的60倍。它的透光性非常好，被誉为“透明金属”。

TCL钛金变频空调KFRd-35GW/DX12Bp采用深邃海蓝色面板，渐晕观感，彰显优雅高贵的气质，采用高档IML覆膜技术，不变形不褪色。该机采用超薄弧线形机身，时尚大方。机身采用超大LED显示屏，显示屏显示温度可以精确到0.5℃，清晰可见，采用当前最流行的隐藏式设计，有效保护产品设计的整体艺术造型，同时保证用户睡眠不会被干扰。

（5）红色系

红色代表着吉祥、喜气、热烈、奔放、激情、斗志。在许多国家和一些民族中，红色有驱逐邪恶的功能，比如在中国古代，许多宫殿和庙宇的墙壁都是红色的。红色传统上表示喜庆，比如在婚礼上和春节都喜欢用红色来装饰，在家居的装饰与家电的配置中，很多新婚夫妇选择红色作为家装中吉祥如意的象征。

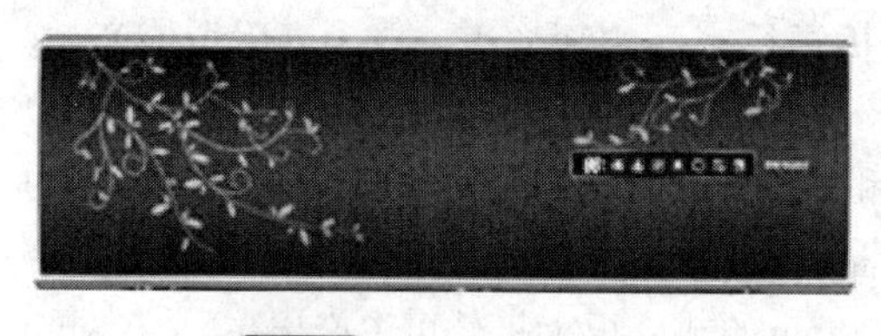

图4.26　海尔智慧风空调

海尔智慧风空调，采用酒红色面板，上面绘制的象征着和平的橄榄枝为整款空调的设计增添了些许动感（见图4.26）。整机采用薄型设计，优雅大方，安装方便同时节省空间。

格力的吉祥如意系列空调（见图4.27）采用高抛光珠光红色面板，图形为两个吉祥娃娃，

图 4.27 格力的吉祥如意系列空调

图 4.28 美的空调 KFR-26GW/DY-P（E2）

很有中国味道。

传统空调的白色格栅式设计已成为历史，如今空调的外观更加多样，除了上述五大色系的空调外，还有多款具有独特颜色和花纹的空调。

海尔KFR-28GW/E1（DBP）空调采用高光PS印花面板，将空调从传统的白色调中剥离了出来，形成了自己独特的装饰。它的高亮LED显示屏能够使用户对空调的运行状态一目了然。

美的KFR-26GW/DY-P（E2）空调采用红色外观，辅以暗色花纹，寓意为“蝶恋花”，浪漫意境外观让这款产品外观十分出彩，符合中国消费者的审美观，同时VLED的显示屏为产品增添了一抹异彩（见图4.28）。

4.3 空调产品的材质分析与设计

（1）空调常用材质

① 空调钣金材料　按钣金材料可分为热轧板、冷轧板、不锈钢板；按表面处理工艺可分为热镀锌板、电镀锌板、彩涂板以及高耐蚀钢板、锌-铝合金、锌铝镁稀土合金板等。

1）热轧板。用连铸板坯或初轧板坯作原料，经步进式加热炉加热，高压水除鳞后进入粗轧机，粗轧料经切头、切尾再进入精轧机，实施计算机控制轧制，终轧后即经过层流冷却（计算机控制冷却速率）和卷取机卷取成为直发卷。直发卷的头、尾往往呈舌状及鱼尾状，厚度、宽度精度较差，边部常存在浪形、折边、塔形等缺陷。其卷重较重，钢卷内径为760mm。将直发卷经切头、切尾、切边及多道次的矫直、平整等精整线处理后，再切板或里卷，即成为热轧钢板、平整热轧钢卷、纵切带等产品。热轧精整卷若经酸洗去除氧化皮并涂油后即成热轧酸洗板卷。该产品有局部替代冷轧板的趋向，价格适中，深受广大用户喜爱。

2）冷轧板。用热轧钢卷为原料，经酸洗去除氧化皮后进行冷连轧，其成品为轧硬卷，由于连续冷变形引起的冷作硬化使轧硬卷的强度、硬度上升、塑性指标下降，因此冲压性能将恶化，只能用于简单变形的零件。轧硬卷可作为热镀锌厂的原料，因为热镀锌机组均设置有退火线。轧硬卷重一般在6～13.5t，钢卷内径为610mm。

一般冷连轧板、卷均应经过连续退火（CAPL机组）或罩式炉退火消除冷作硬化及轧制应力，达到相应标准规定的力学性能指标。

冷轧钢板的表面质量、外观、尺寸精度均优于热轧板，且其产品厚度又轧薄至0.18mm左右，因此深受广大用户青睐。以冷轧钢卷为基板进行产品的深加工，成为高附加值产品，如电镀锌、热镀锌、耐指纹电镀锌、彩涂钢板卷及减振复合钢板、PVC复膜钢板。

冷轧产品和热轧产品薄板，其实是上道工序和下道工序的区别。热轧产品是冷轧产品的原料，冷轧是将经酸洗处理的热轧钢卷上机使用辊式轧机轧制。都是冷加工成形，主要是将厚规格的热轧板轧制成薄规格的冷轧板，通常如3.0mm的热轧板上机轧可生产出0.3～0.7mm的冷轧卷，主要原理是利用挤压原理强行变形。热轧钢板分为厚板（厚度大于4mm）和薄板

（厚度0.35～4mm）两种，冷轧钢板只有薄板（厚度为0.2～4mm）一种。

由于热轧工艺技术的发展提高，在精度要求不是那么严格的场合已经广泛地使用热轧板了。如热轧镀锌板是以热板为基板经过酸洗后直接镀锌，与传统镀锌板相比，由于少了冷轧这道工序而有着明显的成本优势，在建筑、汽车制造、钢板仓制造、铁路客车制造、高速公路护拦板、制造等行业有着良好的发展前景。

随着热轧工艺技术的发展，热轧产品质量不断提高，厚度逐渐减薄，采用热轧薄板为原料生产热轧镀锌板替代了原来传统的单张镀锌，不仅拓宽了热轧镀锌板的使用范围，而且也挤占了以冷轧板为基板的热镀锌板市场份额。在国际上，热轧镀锌板已经得到广泛的应用。

电镀锌板基本材料主要为冷轧板，表面采取电镀锌方式进行防腐处理，锌层厚度20～50g/m^2，有一定防腐蚀能力。电镀锌镀层均匀，表面光洁度好，涂装附着力强，焊接性能好。前几年在空调室外机外壳钣金件作为基材广泛应用，因锌层比较薄，耐腐蚀性能不如热镀锌板且电镀成本高，在热镀锌板涂装附着力及表面质量问题解决后，近几年已逐渐被热镀锌板材取代，只有在防腐蚀性能要求不高、对零部件表面质量要求比较高、需要焊接零部件上才有所使用。电脑机箱、小家电产品仍大量采用电镀锌板。

按锌液中铅的加入量镀锌表面形状又可分为大锌花、正常锌花、小锌花、无锌花。含铅量越多，则钢板锌花越大，表面质量越粗糙，而板金防腐蚀力较高。由于无锌板不含铅，符合环保要求，且表面质量好，近年来已得到广泛使用，目前空调钣金基本都使用无锌花板。

彩涂钢板也称为预涂钢板，与普通钣金件加工成形后进行涂装工艺（也称后涂）相反，预涂钢板是钢板成形前已在表面进行涂膜处理。基本材料一般为电镀锌板，表面涂装在冷轧后的生产线上完成，预涂钢板表面一般由底层膜（打底层）和表层膜（最上层）等两层涂膜构成，采用普通高分子聚酯树脂材料，涂膜厚度为20～30μm。与钣金后涂工艺相比，预涂板有较强耐腐蚀性能和很好的表面质量，具有减少环境污染、提高效率等优点。在国外家电企业已大量推广应用。在国内，预涂板在建筑外观板材上广泛应用。由于价格较贵以及模具加工特殊性在家电业尚未得到普遍应用，目前在空调面板、冰箱洗衣机外观钣金等需要高表面质量的部件上有较多使用。随着社会进步，预涂钢板大量替代钢板后涂工艺将成为必然趋势。

② 空调塑料材料　塑料是具有可塑性的高分子材料的通称。分成热固性塑料和热塑性塑料。塑料的种类繁多，工艺繁杂。

空调产品常用的塑料材料主要有ABS、PS、HIPS、PP、POM等。

1）ABS　ABS英文名称acrylonitrile-butadene-styrene，兼具韧、硬、刚相均衡的优良力学性能。ABS材料具有超强的易加工性、外观特性、低蠕变性和优异的尺寸稳定性以及很高的抗冲击强度，再加上其注塑成形的产品具有高光亮的优点，因此被广泛应用于外观件、高级玩具等的设计。设计时，缩水率一般在千分之四到千分之六，常取中间值千分之五。

2）PS　PS英文名称polystyrene，中文名称为聚苯乙烯，其生产工艺也已经较为完善。与其他塑料相比，PS的特点是有良好的透明性（透光率为88%～92%）和表面光泽、容易染色、硬度高、刚性好，此外还有良好的耐水性、耐化学腐蚀性和加工流动性能。其主要缺点是性脆、冲击强度低、易出现应力开裂、耐热性差等。家电产品中主要用于一些内饰件，如蜗壳。

3）HIPS　HIPS为PS的改性材料，它含有5%～15%橡胶，其韧性比PS提高了2倍左右，冲击强度大大提高，它具有PS的易成形加工、着色力强的优点。HIPS制品有不透明性，

HIPS吸水性低，加工时可不用预先干燥。

HIPS无法进行电镀，高光面也不如ABS，但某些牌号的某些力学性能，已经达到或超过ABS，同时HIPS相对ABS具有明显的价格优势，所以在一些场合，可以采用相对低价的HIPS代替ABS，譬如内部塑料件或对外观要求不高的塑料件等。

4）PP　PP英文名称polypropylene，中文名称为聚丙烯，与其他塑料相比，PP力学性能在常温下比PE、ABS、PS好，特别是温度超过80℃时，它的力学性能不至于下降很多。PP的表面硬度比不上PS、ABS，但比PE高，并有优良的表面光泽，因此，它可以做家电外壳等产品。

PP最大的特点是有良好的耐弯曲疲劳性。PP材料生产的活络铰链，能经受几十万次的开合弯曲而不损坏，因此，俗称为百折胶。

5)POM　POM英文名称polyoxymethylene，中文名称为聚甲醛。它是一种高结晶聚合物，具有表面光滑、有光泽、吸水性小、尺寸稳定、耐磨、强度高、自润滑性好、着色性好、耐油、耐过氧化物的优点。

POM具有较好的综合性能，在热塑性塑料中是最坚硬的，是塑料材料中力学性能最接近金属的品种之一。其抗张强度、弯曲强度、耐疲劳强度、耐磨性和电性能都十分优良，可在-40～100℃之间长期使用。广泛用于制造各种滑动、转动机械零件，如各种齿轮、杠杆、滑轮、链轮等。

③ 空调铜材料　铜具有良好的导电性、导热性、耐蚀性和延展性等。导电性能和导热性能仅次于银，纯铜可拉成很细的铜丝，制成很薄的铜箔。纯铜的新鲜断面是玫瑰红色的，但表面形成氧化铜膜后外观呈紫红色，故常称紫铜。

除了纯铜外，铜可以与锡、锌、镍等金属化合成具有不同特点的合金，即青铜、黄铜和白铜。在纯铜（99.99%）中加入锌，则称黄铜，如含铜量80%、含锌量20%的普通黄铜管用于发电厂的冷凝器和汽车散热器上。加入镍称为白铜，剩下的都称为青铜，除了锌和镍以外，加入其他金属元素的所有铜合金均称作青铜，青铜又分为锡磷青铜和铍青铜。如锡青铜在我国应用的历史非常悠久，用于铸造钟、鼎、乐器和祭器等。锡青铜也可用作轴承、轴套和耐磨零件等。

与纯铜的导电性有所不同，借助于合金化，可大大改善铜的强度和耐锈蚀性。这些合金有的耐磨，铸造性能好，有的具有较好的力学性能和耐蚀性能。

由于铜具有上述优良性能，所以在工业上有着广泛的用途，包括电气行业、机械制造、交通、建筑等方面。目前，铜在电气和电子行业这一领域中主要用于制造电线、通信电缆和其他成品如电动机、发电机转子及电子仪器、仪表等，这部分用量占工业总需求量的一半左右。铜及铜合金在计算机芯片、集成电路、晶体管、印制电路板等器材器件中都占有重要地位。

空调产品用铜主要有紫铜和黄铜。其中紫铜直接应用于换热器铜管、空调内部连接管（配管）及外部连接管、半圆管、三通、过滤器等铜配件。主要是由于紫铜管具备良好换热性、可延展性，便于加工等。间接应用于压缩机、电机、连接线组中电线。

黄铜因其良好机械强度以及良好的铸造、锻压、焊接、耐蚀性能，主要应用于空调产品阀体类、连接类零部件，如截止阀、分配器、管接头等。

④ 空调铝材料　“铝”最重要的特性是质轻，密度约为铁的1/3，而常用铝导线的导电性能约为铜的61%。

铝及其合金的优良特点是外观好、质轻、物理和力学性能好、耐蚀性好，使铝及铝合金在很多应用领域中被认为是最经济实用的。在大多数环境条件下，包括在空气、水（或盐水）、石油化学和很多化学体系中，铝能显示出优良的耐蚀性。

铝的表面具有高度的反射性，辐射能、可见光、辐射热和电波都能有效地被铝反射。而阳极氧化和深色阳极氧化的表面可以是反射性的，也可以是吸收性的，抛光后的铝在很宽波长范围内具有优良的反射性，因而具有各种装饰用途及具有反射功能性的用途。

由于铝具备良好的传热性以及延展性，在空调产品上主要应用于换热器以及电控散热片材料，另外在空调箱产品上铝型材应用于框架结构件上。铝密度只有铜的1/3，价格也只有铜的1/3，以铝代替铜将极大地降低成本。随着市场竞争的激烈，目前铝制连接管、铝线电机已开始得到应用。

（2）空调材质的应用

空调产品的时尚潮流正在迅速蔓延，放眼目前的空调市场，会发现众多空调产品在外观设计上非常突出，不但花纹图案各具特色，而且在材质上也有不同。目前来看采用钢化面板的空调越来越多，这种材质使得空调变得更坚固，而且在质感上也更显高贵。下面就介绍几款不同材质的空调产品。

① 工程塑料+钢化玻璃。海信KFR-26GW/97FZBP空调（见图4.29）的外壳使用的塑料粒子均为进口ABS工程塑料粒子，清洁起来非常方便，而且强度很高，不易老化，使用寿命是普通塑料的2倍。它还采用了高强度的钢化玻璃，具有不变形、不变色等特点，抗击强度是普通玻璃的5～10倍，耐急冷急热，加上特有的防爆膜设计，可有效地防止玻璃脱落，提高空调的使用安全性。

图4.29 海信 KFR-26GW/97FZBP 空调

② 工程塑料。空调面板虽然只采了简单的白色，但是面板所采用的这种工程塑料材质的运用让其极具质感（见图4.30）。

图4.30 三菱重工空调

③ 亚克力。美的KFR-26GW/BP2DN1Y-W空调面板（见图4.31）采用的是亚克力材料面板和背面丝印工艺，有效地提高了空调面板的光泽度和耐磨度，满足了用户对产品高品质的需求。

2015年年初，海尔首款3D打印空调（见图4.32）面世，由于尚未普及的3D打印技术无论在工艺还是原材料上，成本都非常高，这款空调的售价超乎想象，为6395美元。从外形上看，3D打印技术确实能帮助设计师在外观上轻松超越传统拼装组合的生产方法。正面看去，蓝白相间的流线型波纹占据了全部表面，下方的出风口为可拆卸的组件，现代感十足。

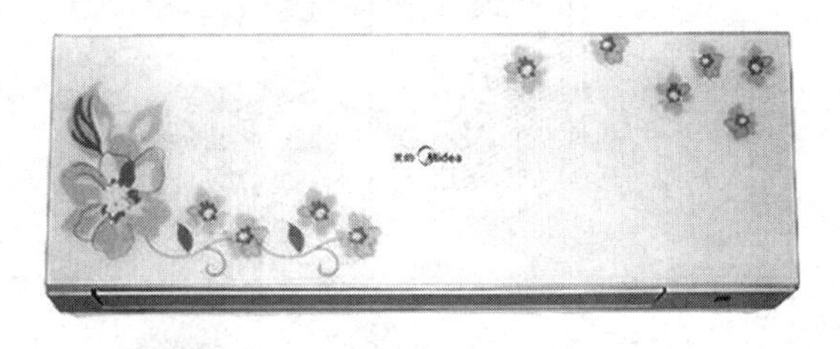

图4.31 美的 KFR-26GW/BP2DN1Y-W 空调

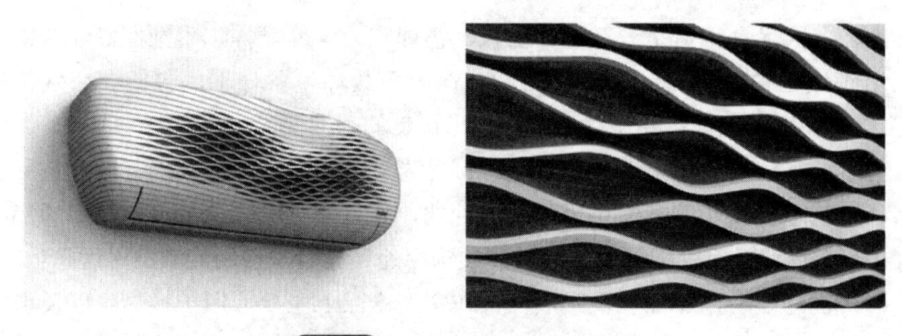

图 4.32 海尔首款 3D 打印空调

4.4 空调产品的结构分析与设计

空调大体分为室内机和室外机。室内机由过滤网、蒸发器和室内遥控主板组成；室外机由冷凝器、压缩机、室外主板组成，如图4.33 ～图4.35所示。

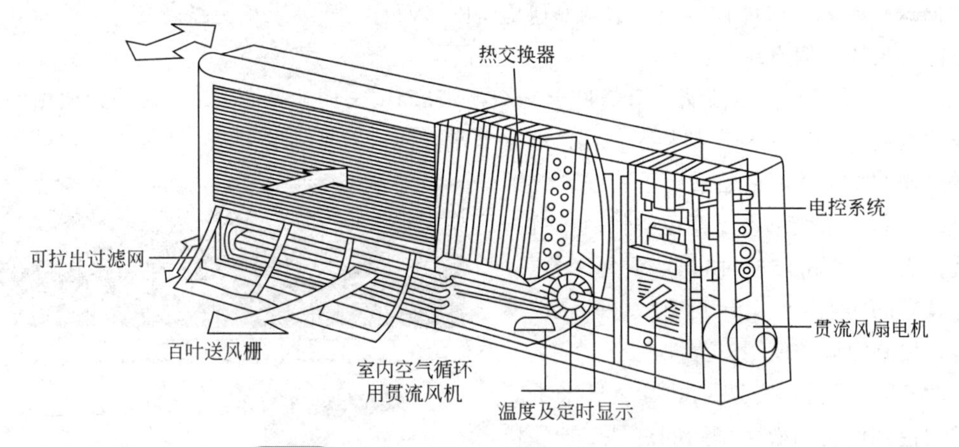

图 4.33 壁挂式分体空调的室内机组结构示意图

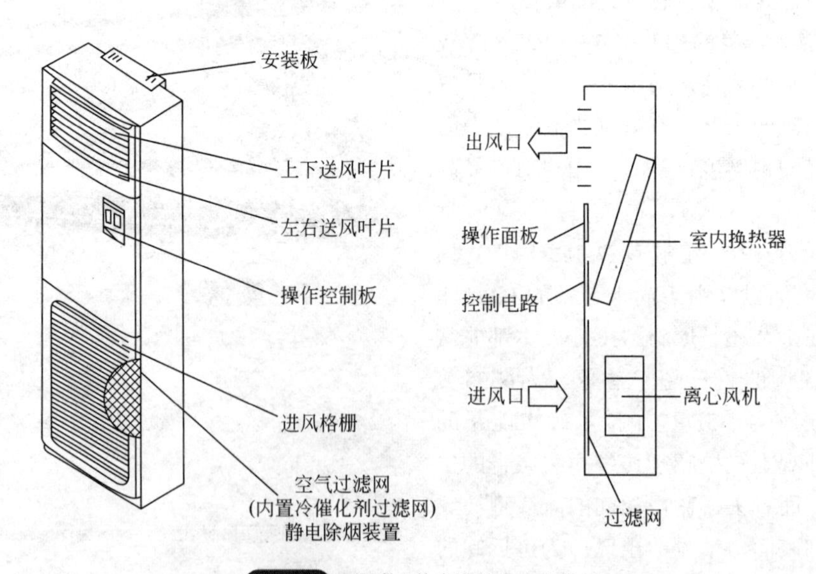

图 4.34 柜式分体空调的室内机组

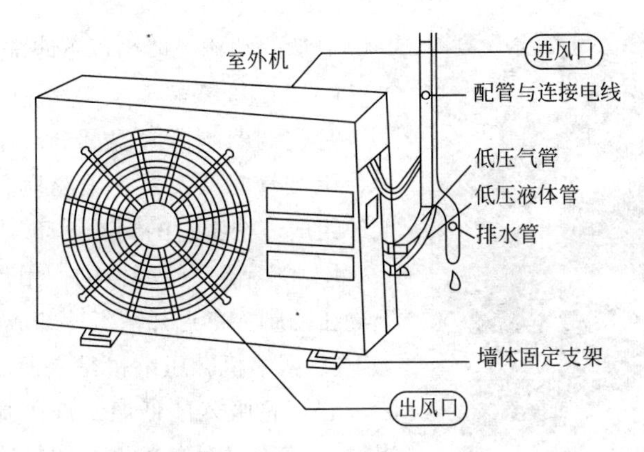

图 4.35　分体空调的室外机组结构示意图

分体式室外机和室外机的结构原理图如图4.36、图4.37所示。

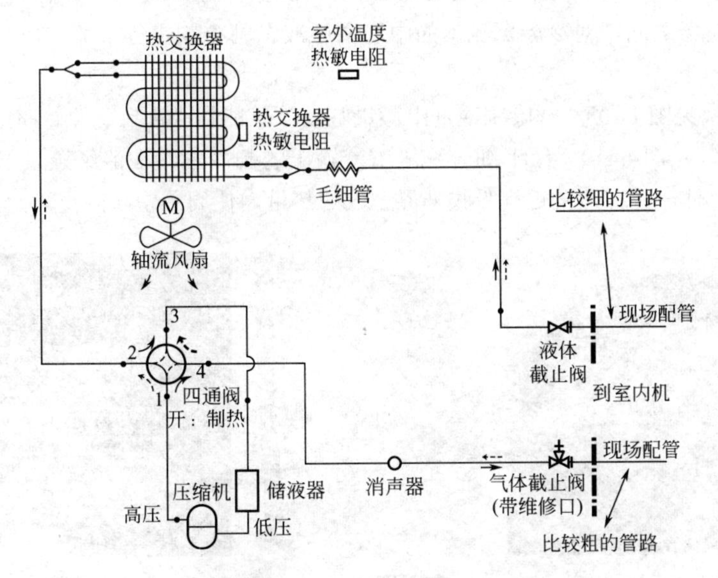

图 4.36　分体式室外机结构原理图

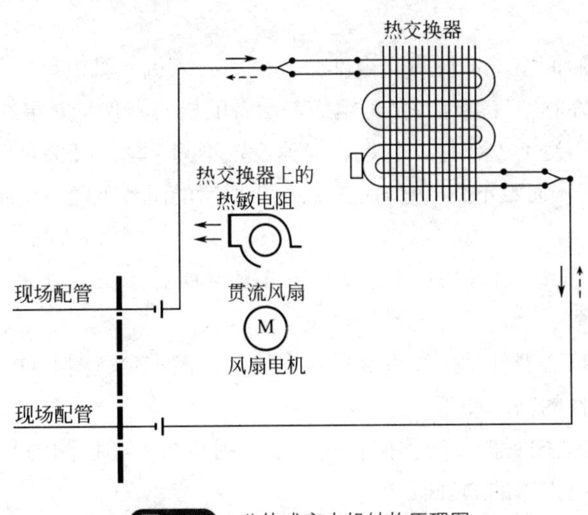

图 4.37　分体式室内机结构原理图

图 4.38 压缩机

空调的结构一般由以下四部分组成。

（1）制冷系统

是空调器制冷降温部分，由制冷压缩机、冷凝器、毛细管、蒸发器、电磁换向阀、过滤器和制冷剂等组成一个密封的制冷循环。

① 冷凝器。冷凝器的作用是将压缩机排出的高温高压的制冷剂过热蒸气冷却成液体或气液混合物。

② 压缩机。压缩机是空调器制冷系统的动力核心，它可将吸入的低温、低压制冷剂蒸气通过压缩提高温度和压力，让里面的制冷介质动起来，并通过热功转换达到制冷的目的（见图4.38）。

③ 毛细管（见图4.39）。是一根直径4mm、长1m左右的细铜管，接于过滤器（或冷暖机单向阀）与蒸发器之间，对冷凝器流出的中温高压液态制冷剂进行节流降压，使蒸发器中形成低压环境。

④ 过滤器（见图4.40） 滤除制冷剂中微量脏物，保证制冷剂在制冷管路中的循环流通。

⑤ 蒸发器（见图4.41） 经毛细管降压节流输出的制冷剂，在流经蒸发器管路过程中逐步沸腾蒸发为气体，并在蒸发过程吸收外界空气的热量，使周围空气降温。

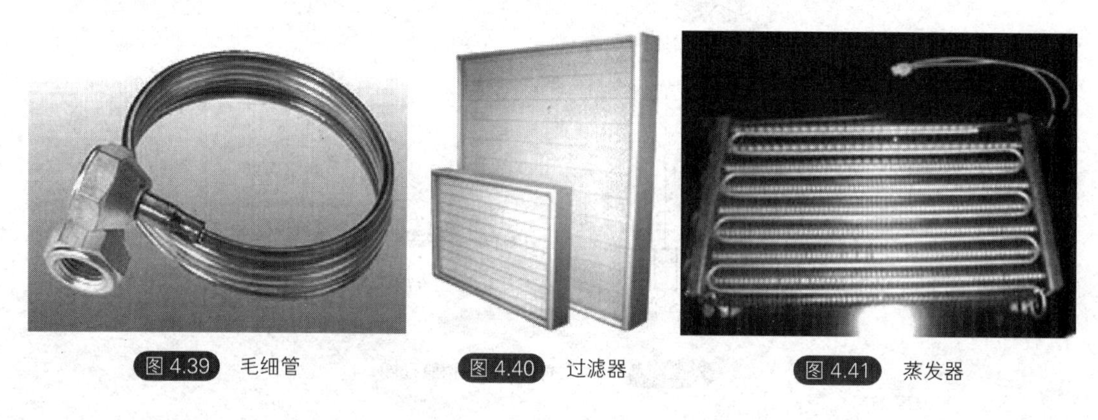

图 4.39 毛细管　　图 4.40 过滤器　　图 4.41 蒸发器

（2）风路系统

是空调器内促使房间空气加快热交换部分，由离心风机、轴流风机等设备组成。

它由室内侧、室外侧空气循环两部位组成。两者的核心器件均是多绕组风扇电机。风扇电机的转速受控于功能开关（又称主令开关），风速设置不同，功能开关对风扇电机调速绕组抽头供电不同，调速绕组线圈匝数不同，它与运转绕组串联后的匝数不同，从而使风扇转速不同。

（3）电气系统

是空调器内促使压缩机、风机安全运行和温度控制部分，由电动机、温控器、继电器、电容器和加热器等组成。

电气控制系统的核心器件是压缩机和风扇电机，见图4.42、图4.43。

电气系统主要器件的功能如下。

① 电脑板。又称主控制板，简称控制板，根据用户指令和检测的空调器工作情况，控制压缩机、风扇电机供电电路的通/断。

② 压缩机。在具备工作条件时即启动运转，把电能转换为机械能使制冷系统实施制冷。

图 4.42　压缩机

图 4.43　风扇电机

③ 启动电容。在加电瞬间，启动电容把交流220V电压全部加到压缩机启动绕组端，使启动绕组产生启动电流。

④ 过载保护器。简称保护器。它是一种双金属开关，正常时开关闭合，压缩机过流或过热时断开，切断压缩机工作电压，强迫压缩机停转。

⑤ 开关。窗机为主令开关，分体机则是电脑板上的继电器。

⑥ 温度控制器件。窗机多采用机械温度控制器，实际上是一个温度/压力控制开关。在常温或相对高的温度下，内部感温剂膨胀系数高、压力大，推动开关闭合，呈现“常通”状态；在相对低的温度下，感温剂膨胀系数低、压力小，推力不足，开关呈现“断开”状态。分体机则是电脑板上压缩机控制继电器和感温头。

（4）箱体与面板

是空调器的框架、各组成部件的支承座和气流的导向部分，由箱体、面板和百叶栅等组成。

4.5　空调产品的工艺分析与设计

（1）工艺分类

为提高金属防腐蚀能力，在金属材料表面需要进行防腐处理，特别是对钢材料这种容易腐蚀的金属，基本都要进行防腐处理。简单的防腐处理工艺有涂油和涂漆（喷漆）。在工业应用上，常用防腐处理工艺有磷化、钝化、发黑（发蓝）、电镀、热浸镀、静电喷涂、浸塑、喷漆、电泳等。

① 磷化　磷化是指被处理金属在与酸性的磷酸盐溶液接触时，在金属表面形成稳定的不溶性的金属磷酸盐化学转换膜的一种化学处理方法。被处理工件在与磷化处理液接触时，与磷化液中的游离磷酸作用，通过化学反应，结晶沉积在金属表面，随着磷化时间的进行，在金属表面生成连续的不溶于水的磷化膜。磷化主要是作为喷涂、喷漆前处理工序使用，提升后续喷涂层的附着力，另外也有一定的防腐蚀作用，防止产品库存阶段生锈。

② 发黑　钢制件的表面发黑处理，也称为发蓝。将制件放置于温度为135～155℃之间的氢氧化钠和亚硝酸钠发黑液一段时间后进行钝化，使金属表面形成一层氧化膜，以防止金属表面被腐蚀。钢材表面经“发黑”处理后所形成的氧化膜，其外层主要是四氧化三铁，内层为氧化亚铁。发黑工艺存在着附着力和耐磨性差的缺点，盐雾实验一般不超过12h，目前在电机轴等零部件上使用。

③ 电镀　电镀是指借助外界直流电的作用，在溶液中进行电解反应，使被电镀金属的表

面沉积上一层均匀、密集、结合良好的金属沉积层的过程。

电镀赋予制品特殊的表面性能，例如漂亮的外观、较强的耐蚀性或耐磨性、较大的硬度、反光性、导电性、磁性、可焊性等。工业上常用的电镀有镀锌、镀铬、镀镍、镀铜等。

电镀锌是钢材后加工最常用的一种防腐蚀处理工艺。它具有价格便宜、表面质量好、工艺简单等特点。但是电镀锌耐蚀性能不强，其盐雾实验一般不超过72h就生锈。镀锌后为提高防腐蚀能力，还需要进行后续处理，另外在镀锌过程中易产生氢脆。空调产品中除镀锌钢板（属于加工前）以外常见镀锌处理主要在紧固件，在连接轴、电机支架等也有少量应用。另外，镀锌还可应用于受损伤镀锌板修补处理。

铬镀层在大气中很稳定，不易变色和失去光泽，硬度高、耐磨性好，镀层一般是作为装饰作用。

④ 钝化　钝化是通过化学处理在金属表面形成一层酸性氧化物保护层，阻止金属被氧化的防腐处理工艺。钢材目前使用最广泛的是铬酸盐钝化处理。

⑤ 电泳　电泳涂装最基本的物理原理是指带电荷的涂料粒子和与它所带电荷相反的电极相吸。采用直流电源，将金属工件浸于电泳液中，通电后，阳离子涂料粒子向工件阴极部分移动，阴离子涂料粒子向工件阳极部分移动，继而沉积在工件上，在工件表面形成均匀、连续的涂膜。当涂膜达到一定厚度时，工件表面形成绝缘层，“异极相吸”停止，电泳涂装过程结束。电泳涂装按沉积性能可分为阳极电泳（工件是阳极，涂料是阴离子型）和阴极电泳（工件是阴极，涂料是阳离子型），阴极电泳附着力强，耐蚀性强，目前在汽车底漆、压缩机面漆等方面应用广泛。

⑥ 喷涂　运用高压电场感应效应，利用电场放电原理使雾化粉末涂料在高压电场的作用下带负电，被涂物件带相反的电荷，从而把粉末涂料吸附到被涂物件上，经固化后形成牢固涂层的一种涂装方法。静电粉末喷涂是空调室外机外观件最常见的表面涂装处理技术。

⑦ 浸塑　把粉末涂料装在底部有多孔板的槽中，压缩空气从槽底部通过多孔板，均匀地进入槽内，使粉末涂料成沸腾状态，然后把已预热到粉末涂料熔融温度以上的工件浸到沸腾状态的粉末涂料中，这时粉末涂料就被熔融而附着在工件上面。

（2）主要工艺应用

① 印花工艺　从市场上空调的发展趋势可看出，印花工艺在空调上的应用越来越广泛，见图4.44。

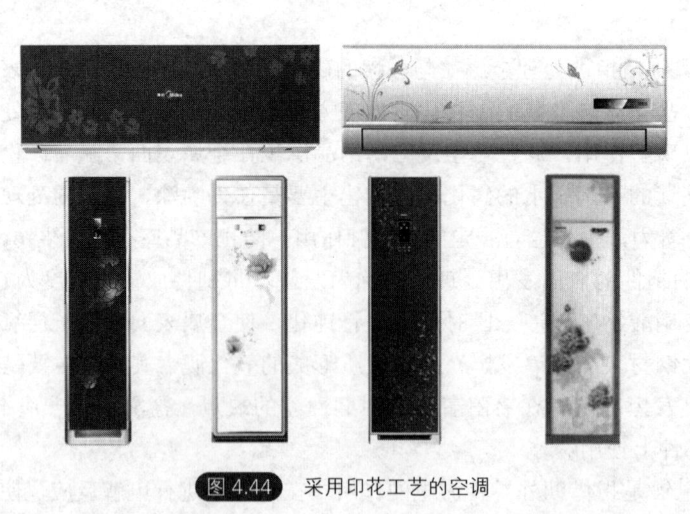

图4.44　采用印花工艺的空调

这里简单介绍几种现代常用印花工艺。

a.发泡印花工艺。发泡印花又称立体印花，是在胶浆印花工艺的基础上发展而来的。它的原理是在胶浆印花染料中加入几种一定比例的高膨胀系数的化学物质，所印花位经烘干后用150℃左右的温度起泡，实现类似“浮雕”的立体效果。发泡印花工艺（见图4.45）最大的优点是立体感很强，印刷面突出、膨胀，广泛地运用在棉布、尼龙布等材料上。

b.植绒印花工艺（见图4.46）。静电植绒印花工艺是立体印花工艺中的一种。其原理是将高强度的树脂黏合剂透过丝网印刷到承印物表面上，再让纤维绒毛通过数十万伏的高压静电场带电，使绒毛垂直均匀地飞速“撞”到黏合剂上，在面料表面“铺”上一层绒毛，再经温度固化成形。它被广泛应用于沙发面料、包装盒鞋面料、装饰装潢、玩具、工业电器件保护等方面。植绒工艺印制的产品立体感强，颜色鲜艳，手感柔和，不脱绒、耐摩擦。

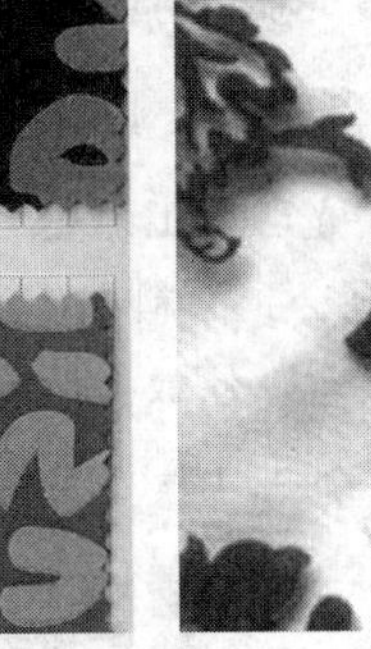

图4.45　发泡印花工艺

图4.46　植绒印花工艺

c.光变印花工艺。光变印花工艺是当今最流行、最时髦、最新潮的印花工艺。其原理是在染料中加入数种高科技的紫外光激发活性微胶粒，根据其光化学特性，使花位经阳光（紫外线）照射时，色彩瞬间发生变化，阳光越强，色彩变化越大。光变印花工艺与温变印花工艺相结合，加入设计之中，会使产品变化无穷，占领市场先机。

d.温变印花工艺（见图4.47）。温变印花工艺又称热敏或示温印花工艺。是根据光学和热学原理，使油墨在常温下是一种颜色或无色，当外界温度变化时，面料上所印的花位色彩瞬间发生变化，并可随着外界温度变化而变化，降温后，色彩即可恢复。

图4.47　温变印花工艺

e. 水变印花工艺（见图4.48）。水变印花工艺是一种最新的印花工艺。运用多种物理和光化学原理，用此种工艺制作出的产品，当面料入水时，面料上的原料与水发生瞬间的复杂变化，呈现预先设定的丰富图案，当面料表面的水蒸发后，又显现出原始的图案。晴天、阴天、雨天，遮阳伞能够撑出不同的效果，明明只有一把伞，却呈现出不同的面貌。

图4.48 水变印花工艺

f. 荧光印花工艺（见图4.49）。荧光印花工艺是一种新型的特种印花工艺。原理是运用特殊工艺，将光致蓄光型自发光材料融合到面料中，通过吸收各种可见光实现自动发光功能。其特点是可无限次循环使用，产品不含任何放射性元素，可做各种用途。荧光印花工艺制成的各种发光制品，相对安全地应用于各种日用消费品。

图4.49 荧光印花工艺

g. 反光印花工艺。反光印花工艺又称高光印花工艺，原理是运用特殊工艺，使得花位的部分区域或者全部区域具有高反光的特性，在夜间，花位本身不会发光，当有外界光源照射时，高反光物质发挥作用，将光线全部反射，使花位呈现高亮状态，耀眼清晰。

h. 香味印花工艺。香味印花工艺是运用特殊工艺，使其印制出的产品花位具有香味的特殊工艺。它不仅使人在视觉上获得美的享受，而且在嗅觉上得到愉快的满足。目前，香味印花的概念，随着时间的推移已发展为“气息印花”，其中也包含着产生多种大自然的气息，如森林气息、豌豆花的气息等。这些气息的特点是与大自然气息相似，令人产生回归大自然的感觉。

i. 烫金烫银工艺（见图4.50）。烫金烫银是传统的装帧美化手段，常常运用在许多纸张包装及服装上。而丝印烫金烫银却是另一种工艺，其原理是在印花浆中加入特殊的化学制剂，使花位呈现出特别靓丽的金、银色，并且色样持久、不褪色。

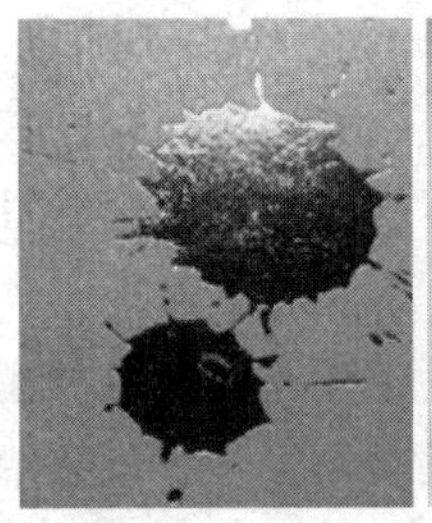

图 4.50　烫金烫银工艺

② 覆膜工艺　覆膜的特点是表面更加光亮、平滑、耐污，彩色图案印后更为鲜艳夺目，不易损坏。覆膜工艺加强了印刷品的耐磨、耐折、抗拉、耐湿性能，保护和提高了各类印刷品外观效果和使用寿命。

覆膜工艺在我国广泛用于各种档次的包装装潢印刷品及各种装法的书刊、本册、挂历、地图、书面、企业介绍、说明书、各种证件等的表面装饰加工，是一种很受欢迎的工艺技术。

覆膜根据设备和工艺不同分为两类。

a. 即涂膜工艺。即涂膜是一种利用即涂覆膜机随涂胶立即贴膜进行纸塑复合的工艺。它主要由即涂膜加工厂或加工车间根据需要将卷筒塑料薄膜涂敷黏合剂后经干燥（轻微）复合、加压后将纸膜黏附在一起形成覆膜产品。即涂膜设备有自动和半自动两种，其基本工作原理相同，工艺流程如图4.51所示。

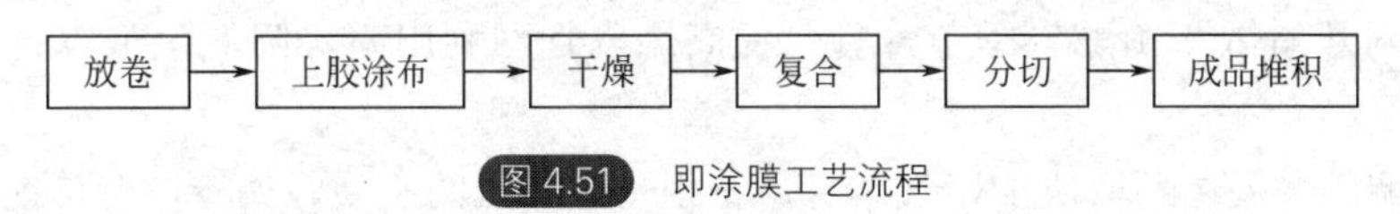

图 4.51　即涂膜工艺流程

b. 预涂膜工艺。预涂膜是一种预先将塑料薄膜上胶膜布复卷后，再与纸张印品进行复合的工艺。预涂膜是由预涂膜加工厂根据使用规格幅面的不同先将胶液涂布复卷后供使用厂选择，而后再与印刷品纸张进行复合。

预涂膜主要工艺流程如图4.52所示。

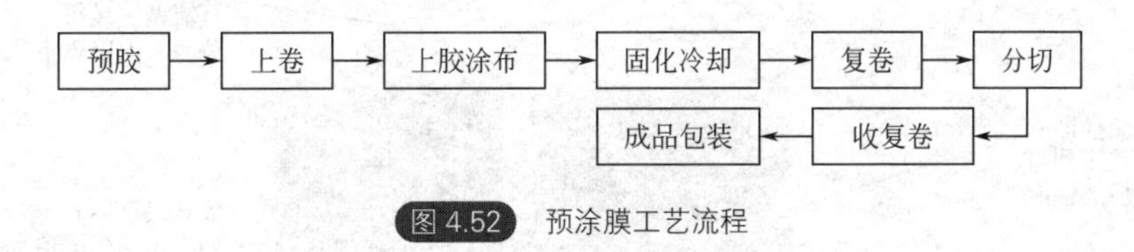

图 4.52　预涂膜工艺流程

4.6　空调产品的技术分析与设计

（1）主流技术空调

① 变频空调　与一般空调相比，变频空调有着高性能运转、舒适静音、节能环保、能耗低的显著特点，改善了人们的生活质量，提高了人们的生活水平。理论和实践证明，变频空调是一种高效的节能产品。

变频空调有如下优点：低频低压下的柔性启动，在交流150V下可以直接启动变频空调机；采用CPU模糊温控使温度波动小，稳定性好，人体舒适性提高。达到设定温度后的低转速、低压比运行使噪声下降10dB左右，晚间也不影响人睡眠。压缩机处于低负荷下的工作状态使运行可靠性与寿命大大增加。

变频空调对直流数字技术的应用是大势所趋。

近年来，家用空调的生产厂家为了在激烈竞争的市场上站稳脚跟，在变频空调器上附加了多种功能，如干燥防霉、智能抽湿、多重过滤、吸附异味、杀灭细菌、甲醛克星除臭、产生有利于健康的负离子、低温等离子消烟除尘、HEAP酶杀菌，还有光触媒和冷触媒等。这些附加技术在空调产品中的运用必将提高产品性能，满足人们对健康舒适的要求。随着世界科学技术的发展，尤其是网络与数字技术的飞速发展，变频空调技术将密切跟踪世界最新技术，研发出最新的变频空调技术。

② 燃气空调　燃气空调是以燃气为能源的空调设备。广义上的燃气空调有多种方式：燃气直燃机、燃气锅炉蒸汽吸收式制冷机、燃气锅炉+蒸汽驱动离心机、燃气吸收式热泵、CCHP（楼宇冷热电联产系统）等。

燃气直燃机是采用可燃气体直接燃烧提供制冷、采暖和卫生热水。燃气直燃机能源转换途径少、技术成熟且行业发展迅速，应用普及，因此，燃气直燃机普遍燃用天然气。

燃气空调与电力空调相比，具有如下优势：功能全、设备利用率高、综合投资省。设备能源利用率高、运行费用省。天然气为清洁能源，燃烧后产生的有害气体少，机械运动部件少、振动小、噪声低、磨损小、使用寿命长，制冷主体为溴化锂的水溶液，价格低廉且无公害。最为重要的是大量使用燃气空调不仅有利于改善供电紧张状况，而且对于提高电力负载率、改善电力峰谷平衡率都有十分可观的效果。这不仅能综合利用能源，减少资源浪费，还对于有效平衡燃气季节峰谷、提高燃气管网利用率、降低供气综合成本起到积极作用。

燃气空调的发展主要取决于燃气本身，特别是天然气的发展。如今，全球能源专家已充分认识到天然气将是21世纪的全球能源。随着燃气空调的巨大经济效益和社会效益逐渐被世人所了解和认识，燃气空调发展前景非常广阔。燃气空调的优势被全球能源专家和空调专家一致认同，许多国家已经或正准备实施一系列燃气空调推广措施（见图4.53、图4.54）。

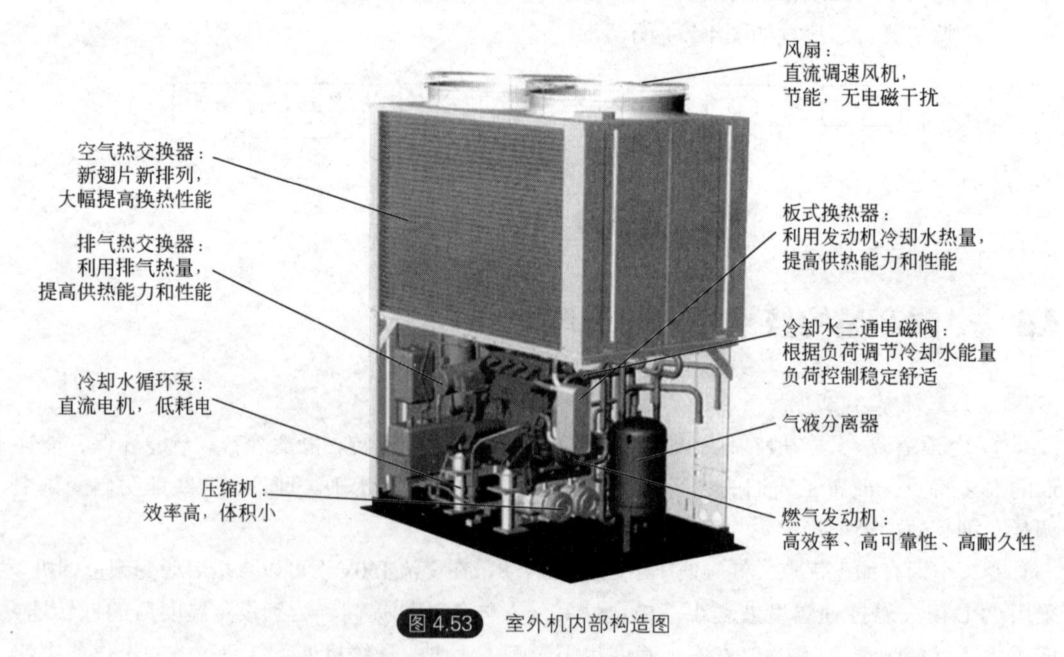

图4.53　室外机内部构造图

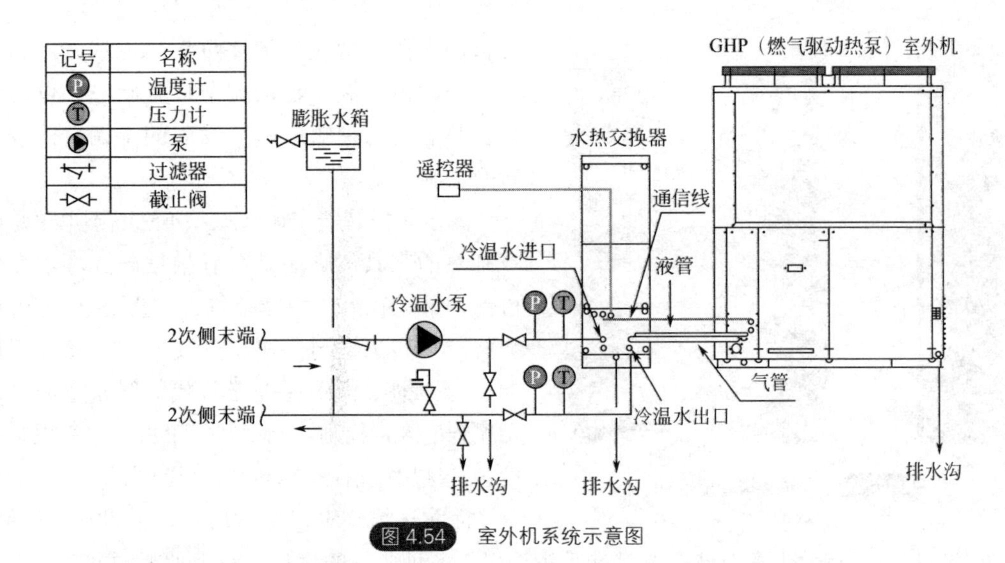

图4.54　室外机系统示意图

③ 太阳能空调　20世纪70年代后期，世界各国对太阳能利用的研究蓬勃发展，太阳能空调技术也随之出现。随着太阳能制冷空调关键技术的成熟，特别在太阳能集热器和制冷机方面取得了迅猛发展，太阳能空调也得到了快速发展。90年代真空管集热器和溴化锂吸收式制冷机大量进入了市场。

当前，大量使用的空调技术是一种以电能为动力，把室内热量加以吸收，排除到室外的循环系统。在世界能源日益紧张的今天，采用更为节能的空调系统是人类的共同需要。太阳能空调解决了这个问题，它基本不用电能，运行费用低（可无运行费用），无运动部件，寿命长，无噪声。而且利用太阳能作为能源的空调系统，越是太阳辐射强烈的时候，环境气温越高，太阳能空调的制冷能力就越强。使用太阳能空调既创造了室内宜人的温度，又能降低大气的环境温度，还减弱了城市中的热岛效应。更为可取的是，它既节约了能源，还不使用破坏大气层的氟利昂等有害物质，是名副其实的绿色空调，在节能和环保方面有很大的发展潜力。

为了深入贯彻节能环保的发展理念，美的空调将研发方向投注在对环境无负担的太阳能这一清洁能源上，并攻克一系列的技术瓶颈，在2011年成功研制出全球首台Q-HAP太阳能空调（见图4.55）。拥有13项发明专利，被权威机构鉴定为国际领先水平的太阳能空调技术，打破空调运用太阳能等清洁能源的技术“天花板”，让太阳能空调真正走出实验室，走向市场。

图4.55　美的Q-HAP太阳能空调

清洁能源占据未来能源结构的主导地位已是大势所趋，空调行业的绿色转型大幕早已开启。美的Q-HAP太阳能空调的面市，对空调行业节能低碳的发展具有里程碑式的重要意义。

从太阳能空调的特性和技术特点来看，太阳能空调技术有广阔的应用前景。此外，为了满足各阶层消费者的各种需要，出现了多种新型空调。

a. 智能空调。采用人性智能设计，不需人手操作即

图 4.56 海尔天樽智能空调

可自动开关。智能空调还可根据光线强弱、人员多少、内外温差自动调节运行状态，以达到最佳室温。这种顺应趋势发展的空调自然成为新的主流。

海尔天樽智能空调（见图4.56）不单单是制冷制热的工具，它还是可以根据外界环境变化自动调节运行的“智能空气管家”。同时，天樽智能空调带来送风颠覆、外观颠覆，还有无遥控设计，彻底告别遥控器时代，这款空调可以实现智能App控制，利用智能手机、平板电脑等设备直接用微信操控或者语音操控。

海尔天樽空调是一款用户自主设计的产品，在研发过程中，有六十多万名网友献计献策，提出各种各样的设想，对于外观的创意提出了花瓣形出风口、圆形出风口、孔状、分区域送风出风口等创意和“空穴来风”的设计概念。

这款空调能够智慧地管控用户家中的空气质量，自动检测家中的PM2.5含量，一旦发现超标会自动可视化提醒并去除。不仅如此，海尔天樽空调帮消费者解决了空调病的困扰，利用新型的送风模式，让冷热空气混合，吹出混合好的凉爽气流，给用户以更舒适的体验。

b.隐形空调。专为中国家庭设计，由于中国家庭的房间面积较小，房间的举架较矮，往往因为安空调占用空间较大而影响了居室的美观。生产专门为中国家庭设计的不占空间甚至能隐形的空调成为发展新的趋势。

c.双面出风空调。可以上下双面出风的变频空调改变了原有空调单一的送风方式。不直吹人体，不得“空调病”，为可以呼吸的具有双向换新风功能的柜式空调重新定义了健康的概念。

d.一拖多空调。如今一户多室的住房结构已经成为主要的户型。一台普通的空调不能满足多室要求，购买多台空调既增加了经济负担，又影响了房间的美观。一拖多空调的出现满足了消费者对住房新结构的新需求，变频一拖多空调已经成为消费者的首选产品。

由于传统空调的功能简单，各国空调厂家运用了多项人性化空调设计技术，推出了具有多种视窗显示（VFD点阵液晶、LED显示）的空调，使空调运行状态一目了然。同时，为了满足夜间使用空调，在多个系列产品中使用了具有夜光显示功能的遥控器，增加了背光功能。此外，还有一些产品具有语音声控功能。具有人性化设计功能的空调必将成为未来空调的发展方向之一。

另外，网络技术的发展也必将为空调带来一场全新的技术革命。传统空调的概念将发生质的改变，谁先掌握网络技术在空调上的应用，谁就会成为未来空调市场的引领者，空调网络信息时代的到来成为不可逆转的潮流。一些新型空调产品开始预留网络接口，实现网络开放，通过选配的网络控制器可实现千里之外的网络遥控。集中控制器可实现同时控制128台空调，为智能化小区物业管理提供便利。高技术、高附加值的特点把空调这种最初简单的舒适品推向了一个全新的智能概念，成为人们在工作和生活中必不可少的人性化智能家电。

（2）先进功能技术

随着科学技术的发展，空调产品越来越趋向于健康智能化。其先进功能技术见图4.57。

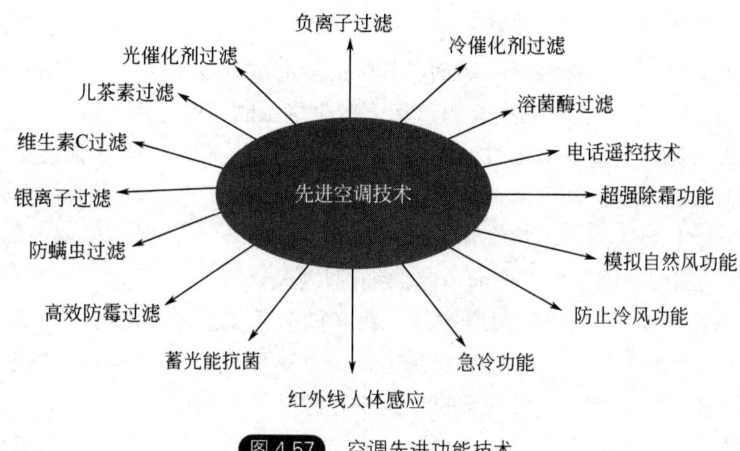

图4.57 空调先进功能技术

① 负离子过滤网　通过对空气中的水进行分解，增加空气中的负离子含量，缓解压力，提高免疫力，激活体内细胞，抑制对人体健康有害的活性氧的生成，使人感觉到头脑清醒，心情舒畅，精力充沛。同时具有除臭、除尘、防腐、抗菌、保鲜、分解烟雾和甲醛、净化空气等效果，据检测，使用后，每立方厘米每秒钟的负离子量达800个。

② 冷催化剂过滤网　是一种化学性过滤网，通过接触-催化原理，在常温下可直接与空气接触，将房子装修时所产生的甲硫醇、硫化氢等异味气体彻底分解，除臭率达99%以上，并能迅速有效地把甲醛及VOC等装修污染物质分解成CO_2和H_2O，从而实现人在空调环境中感觉干燥的现象，且可水洗，水洗后效果不劣化。

③ 光催化剂过滤网　光催化剂过滤网是一种化学性过滤网，主要由活性炭、酸化酞、陶瓷纤维等组成。光催化剂过滤网在一定波长的紫外线照射下，发挥催化作用，分解有害气体，具有广谱性，可以对空气中的绝缘材料、胶合板、地毯、油漆、黏合剂等散发出来的甲醛、苯、酮、氨、二氧化硫等有害气体进行吸附，并能清除室内的香烟雾、饭菜味、体臭等异味，其中氨气去除率达91.7%。

④ 儿茶素过滤网　儿茶素滤网具有三重过滤功能，能有效吸附房内灰尘，清除生活臭味，乙硫醇等，清洁居室空气，同时能杀灭空气中的金黄色葡萄球菌等多种细菌。

⑤ 溶菌酶过滤网　通过化学作用结合在过滤材料纤维上的溶菌酶可刺破细菌细胞膜，使其水分因渗透压作用流出，导致细菌死亡，防止细菌在过滤网上繁殖而造成的二次污染，解决了因使用有机或无机抗菌剂的过滤器而对环境造成的影响等问题。而且酶不是以表面散布的形式附着在滤材上，而是在滤材纤维上按分子水平均一的化学结合方式附着，所以不会被消耗而像催化剂一样可以半永久地维持其杀菌性能。

⑥ 维生素C过滤网　维生素C诱导体可使维生素C具有抗氧化性、耐水性、耐热性，并能使其缓慢释放。通过其抗氧化性可以阻止黑色素的形成，防止精神紧张，抑制胆固醇，并且还具有抗癌、提高免疫力、美化肌肤等效果。

⑦ 银离子过滤网　缓慢释放具有抗菌性的金属银离子，当金属银离子接触到细菌等微生物体的细胞膜时，因细胞膜带负电而与金属银离子相吸引，金属银离子穿透细胞膜进入微生物体内，与细菌等微生物体内的蛋白酶发生反应，使之丧失活性，并能干扰细菌等微生物体的DNA合成，造成细菌等微生物体丧失分裂繁殖能力而死亡，从而起到抗菌、杀菌的目的。当细菌等微生物体被杀死后，银离子又游离出来，与其他微生物体接触，发挥新一轮的抗菌、

杀菌作用。

⑧ 防螨虫过滤网　螨虫接触了防螨剂，其中的硼酸成分发生作用，产生脱水症状，让螨虫的背部和腹部凹下，使生殖行为变衰弱，从而减少螨虫的增殖行为。

⑨ 高效防霉过滤网　高效防霉过滤网是一种静电纤维滤网，能有效捕捉空气中浮游粒子和尘埃，保持室内空气清新。空调关机后，风扇延迟30s停止运转，吹干制冷或制热时残留在电加热器和翅片上凝结的水，将空调内部零部件上的水吹干，保持机体内部的清洁干爽，可以有效防止空调器内部因发生霉变而引起的细菌传播。

⑩ 背光抗菌遥控器/蓄光能抗菌遥控器　背光抗菌遥控器可以使用户在黑暗的夜晚只需按任意键，便将如宽屏手机显示屏上的空调运行状态尽收眼底，十分方便轻松。蓄光能抗菌遥控器是在遥控器上镀蓄光粉，在白天的时候将光源吸收并储藏，到了晚上再释放光源。蓄光能抗菌遥控器不仅是健康的保证，更能节约遥控器的电池，并且使用户在黑暗的夜晚寻找遥控器变得更加方便。

⑪ 红外线人体感应技术　智能红外线人体感应技术，可在10m范围内感应人体活动，并根据人体所处的房间位置，自动调节横/纵向导风板方向，做到风随人行，真正实现数码人机对话。当人劳累了一天回到家里，空调能感知人的归来，自动按照人体最舒适的温度和湿度来运行。白天30min感应不到人体活动时系统会自动关机，空调还可以通过光传感自动感应光线强弱，调节室内温度。当夜晚熄灯后光线变暗时，空调会自动转入健康睡眠模式。

⑫ 模拟自然风功能　自然风时强时弱，持续时间或长或短，其变化是没有规律的。当空调启动时，其环境感应器先对室内环境进行检测和评估，然后一个包含多种空气质量和气流运行状态数据和指标的数学模型自动快速运行。在制冷和制热的过程中，运用多种空气品质提高技术，确保室内空气清新自然。“自然风”空调具有多种送风模式，供不同身体素质、生活习惯的用户来选择。

⑬ 电话遥控技术　此技术确保用户即使身在户外，也可轻松对家中空调的开、关进行控制。PTC电辅助加热技术可在超低温条件下迅速制热，效力强劲，安全可靠，可长期使用。

4.7　空调产品的设计发展趋势

（1）未来空调开发的主题

人们对空调的认识和要求在不断变化，从单纯追求可供冷供热的低水平，向能够创造“健康、舒适”环境的高层次需求发展。随着市场需求的增加，空调产品的规格、品种和功能也在日益增多，设计者和制造者在提高产量和质量的同时，不断开发新的机种，追求节能和操作智能化。

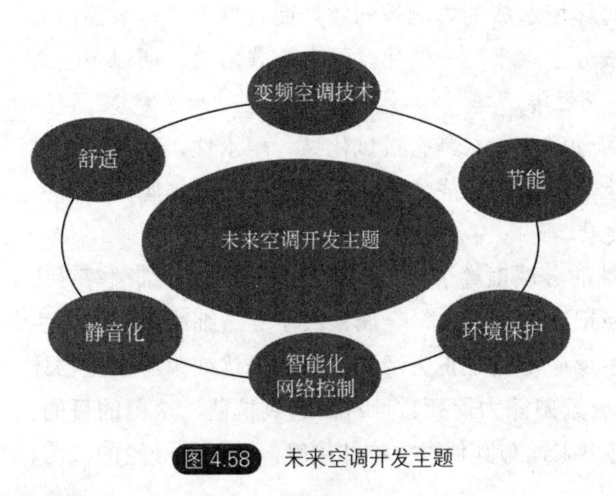

图4.58　未来空调开发主题

目前国际上家用空调的发展趋势为：采用新理论、新材料和新技术，制造低噪声、低能耗的机型并创造最舒适的环境。未来空调开发将主要围绕以下六个主题：变频空调技术、节能、环境保护、舒适、静音化、智能化网络控制，见图4.58。

① 变频空调技术　变频空调技术指通过空调变频器来控制和调整压缩机的转速，使之始终处于最佳的转速状态，从而提高空调能效比并保持室温的稳定。变频空调技术主要沿着如何降低最低使用频率以及如何保证空调在低频条件下的工作状态两个方面进行。

目前世界上普遍使用的变频空调最低频率在12Hz左右，在使用中停机的概率较大，未能将变频空调的节能技术优势充分发挥出来。同时在中高频段增加了能量的额外损耗，高频能力不足，这样就造成了低频能力不能充分发挥、高频运转频率受限的状况。国内企业如格力电器研发的G10变频引擎，采用定制专用控制芯片、自主研制压缩机及风扇电机，使得压缩机最低频率可实现1Hz稳定运转，代表了变频领域的国际先进水平。

变频空调低频控制技术主要是针对变频空调在维持房间温度恒定的前提下，运转频率越低，消耗功率就越小，温度波动也越小，从而使变频空调节能舒适的特征发挥得淋漓尽致。然而变频空调市场上应用最为广泛的单转子压缩机，在低频运行时由于负载波动较大，必须采取补偿措施。就像旋转的陀螺，在低速时必须施加外力，才能保证稳定运行。如何解决单转子压缩机低频振动的问题是空调行业的主要技术难题之一，格力电器研发的自适应转矩控制技术目前已解决了这一难题。

② 提高节能制冷效率　空调器制冷效率的提高主要通过三种措施实现：应用高效压缩机与采用压缩机的控制技术；强化换热效率；智能化的控制技术与空调制冷系统有机结合使空调器运行在最佳状态。

高效压缩机是使用直流变频技术或定频变容压缩机来提高空调的节能效率。涡旋压缩机通过对涡旋盘负载与卸载两种状态不同的周期时间组合实现制冷效率的提高，机械控制替代了变频技术复杂的电子控制，具有运行可靠、成本低的优点。强化换热效率技术主要体现在热交换器上，热交换器的高性能化和降低成本是行业的研究重点。目前业内一般从强化传热、换热系数与压损、压损与换热器分路设计、耐压强度等方面详细论证采用小管径换热器对普通换热器进行替代，从而达到热交换器高性能化与低成本化的和谐统一，节约大量的铜材和制冷介质，符合国家节能减排政策。

③ 环境保护和安全性　空调的制冷剂有氯氟烃（CFCS）、氢氯氟烃（HCFCS）和氢氟烃（HFCS）等，其中CFCS对臭氧层破坏严重，已禁止使用；HCFCS对臭氧层也有破坏，如R22；HFCS对臭氧层零破坏，更环保，如R407c、R410A。

目前业内普遍使用HFCS制冷剂，如R410A替代R22作为空调制冷剂，尽管R410A不破坏臭氧层，但其仍具有温室气体的排放效应，对环境仍有一定的影响。因此业内仍在研发新型制冷剂，力求做到既不破坏臭氧层，又不会造成气候变暖。

国内企业如格力电器积极开发环保制冷剂，比如用R290、R32等代替R22或R410A。考虑到此类制冷剂具备可燃可爆性质，安全问题是设计、生产、使用和维修必须考虑的首要问题，采用防爆元器件、隔离电子电气等各类元器件是一种解决此问题途径。

此外，该类制冷剂应用于家用空调时还需要面对制冷剂泄漏到室内时的安全问题。针对以上情况，格力电器还致力于研究新制冷剂冷热水机组，包括风冷冷热水热泵、热泵热水器等，此类机组可以避免制冷剂进入用户室内，避免制冷剂泄漏的危险。

④ 高舒适性和室内空气品质　提升产品舒适度围绕温度控制与湿度控制进行，优化室内气流组织，采用合理的控制模式，在满足人体热舒适度的同时，达到节能的目的。采用的功能包括舒适节能控制模式、新型导/扫风板结构、新型送风方式、有水/无水加湿等。

改善室内空气品质主要通过使用抗菌（防霉）材料、抗菌（防霉）过滤网、负/等离子发生器、静电除尘器、换气部件、增氧部件等，达到抗菌、除异味、去除室内有害污染物的目的。

⑤ 静音化　空调的静音设计是一个系统工程，不只是要设计出低噪声的发声部件压缩机、电机、风机风道、电加热管、进风部件、出风部件、配管系统、壳体结构，更要将这些可能的噪声源部件与换热系统的设计、控制技术、材料选用、工艺程序整合起来，使整机运转达到良好的匹配状态，实现静音化运行。

静音技术面临的挑战来自于室内机超薄化、光面板，以及室外机小型化、变频化的消费趋势。为达到静音效果，采用的技术有：CFD风道优化设计技术、基于舒适性研究的环境静音技术、基于两相分流研究的降噪技术和压缩机降噪技术等。相关研究已取得了比较明显的成果，国内卧室空调系列的静音性能达到了行业领先水平。

⑥ 智能化网络控制　通过手机短信、手机软件、电话遥控、互联网、电力线等远程手段操控空调，将空调运行状态、图像信息与安保关联，并将空调的运行状态通过网络、电力线、电磁波等回传至用户。家用空调未来朝向变频方向发展，功能上更细分，更关注健康，节能化、低碳化、绿色化仍将是空调厂家竞争的着力点。随着人们对生活品质要求不断提高，住宅面积不断扩大，家用中央空调将成为未来大众空调消费的主流，智能化将是空调技术未来的主要发展方向。

（2）空调创新设计

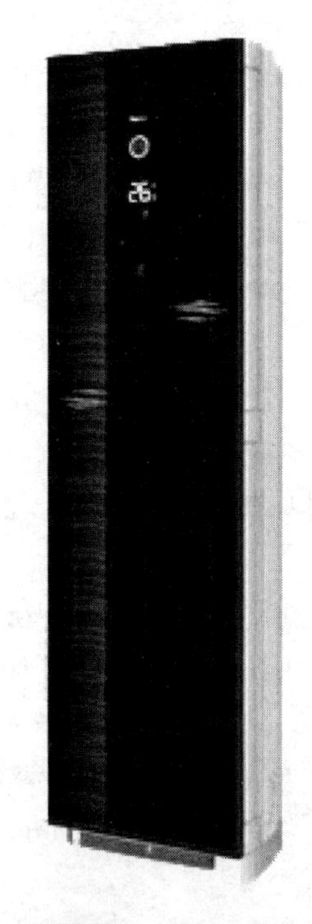

图4.59　海尔物联网宽带无氟变频柜式空调

海尔物联网宽带无氟变频柜式空调（见图4.59）采用六层机理高精工艺，神秘银河底纹水波在雅黑精致钢化面板之上泛起，如碧波荡漾般变幻莫测，引人遐思。

它的未来感与时尚感特点主要体现在以下几个方面。

① 独有高清摄像3G眼，可远程监护家居环境。时刻感知人体存在，12个夜景补光灯，实现24h全程监护。有人闯入时，自动对闯入者拍照并发送给用户，并给用户拨打视频电话。用户即使身处外地，只需一个电话即能3G视频互联，随时随地看到家中状况。房间内长时间无人时，自动关机，智能节电。

② 海尔无氟变频物联网空调，搭载空气智能优化系统，自动判断空气质量，调节空气达到最佳状态，吹出健康的清爽好风。用户不在家的时候，通过手机短信控制空调运行，到家就能享受舒适温度。

③ RCD催化分解技术，将空气中甲醛污染物分解成水和二氧化碳，有效去除室内甲醛。无催化剂消耗，机器寿命更持久。网状结构催化剂，有效减小送风阻力，提高催化剂与空气接触面积，将除甲醛的速度大大提高，确保高效净化力。除甲醛模块可独立工作，无须启动制冷、制热系统，送风状态下即可轻松去除甲醛。

④ 当空调出现故障时，能进行部件的自动检测诊断，并将诊断结果以短信形式发送给用户。

第5章 电视机产品分析与设计

电视机是“电视信号接收机”的通称，它由复杂的电子线路和喇叭、荧光屏等组成，其作用是通过天线接收电视台发射的全电视信号，再通过电子线路分离出视频信号和音频信号，分别通过荧光屏和喇叭还原为图像和声音。电视机可以分为黑白电视机和彩色电视机（简称彩电），彩色电视机还有还原色彩的功能。

5.1　电视机产品的外观分析与设计

5.1.1　电视机外观设计发展历史分析

随着核心技术的发展，在传统电视机的基础上，全新的背投、等离子、液晶大屏幕高清彩电面世，显现出新的设计符号并日益被消费者所理解并接受。没有什么媒体比电视更引人注目，它作为家庭和整个世界联系的纽带，深深地影响着人们的社会存在和生活行为。

图5.1为20世纪欧美地区电视机的演变过程。每个年代阶段列出极具时代特征的电视机，从古朴厚重的外观到现代独具时代感的外观设计，加之技术的不断进步引起材质、色彩、体积、结构等符号元素的变化，再现了不同历史阶段电视机造型符号的发展变化。

图5.1

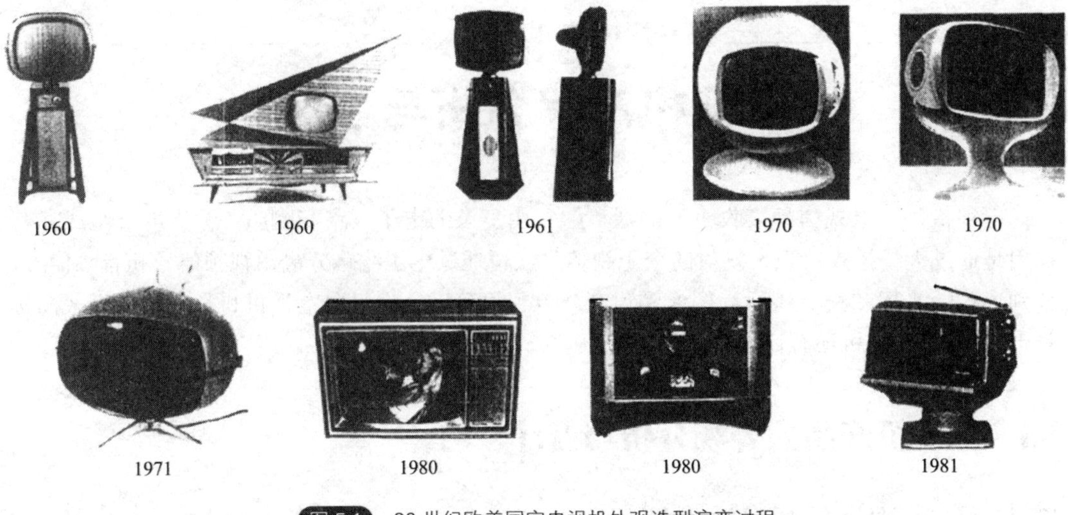

图 5.1 20 世纪欧美国家电视机外观造型演变过程

海尔纯平电视

海信液晶电视

日立背投电视

图 5.2 21 世纪亚洲现代高端彩电

从整体上看，欧美地区电视机符号设计的历史是一部波浪推进式的发展史。经过了数次的起伏演变，每一次推进都包含着对过去已有产品的延续、转化和突破。与图5.2所示21世纪亚洲高端彩电相比，这种推进发展从大的方面看，形成了四方面突破，见表5.1。

表 5.1 电视机发展的四个突破

显示器突破	圆形→圆角长方形→长方形（长宽比4 ： 3）→长方形（长宽比16 ： 9） 小屏幕→大屏幕 凸屏→纯平→平面直角 黑白→CRT彩色→等离子、液晶
机壳突破	材料：木材→有机玻璃亚克力、工程塑料 色彩：木纹→橙→黑、白、灰、银、金属蓝、金属绿 方便搬运装置在机壳两侧出现
人机结构突破	卧式→立式→超薄立式→超薄壁挂式 机身按键位置转移：位于正面机壳右上端、中下端、右下端→右侧机壳前端（隐蔽式按键，可减小机身体积） 机身按键数量日趋减少（采用一键多用）→遥控器问世 机身后侧背景灯使电视机与家居环境光线自然过渡→提高视觉舒适度
功能突破	（技术原理改进使电视机具备多种功能） 与录像机、VCD/DVD、游戏机结合使用 充当电脑显示器 具有画中画、画外画、高保真立体声等多种功能

总体说来，电视机的演变如表5.2所示。

表5.2　电视机的演变

黑白电视机（1925年）	彩色电视机（1951年）	背投彩电（20世纪80年代）
等离子彩电（1996年）	液晶彩电（1997年）	挂式彩电（1998年）
多媒体娱乐电视（2008年）	智能裸眼3D电视（2012年）	智能4K电视（2012年）

（1）液晶电视（见图5.3）

图5.3　液晶电视

目前，液晶电视和等离子电视正迅速成为消费者青睐的对象。

1888年，奥地利植物学家发现了一种白浊而有黏性的液体，后来德国物理学家发现了这是一种介于固态和液态之间，具有规则性分子排列的有机化合物，如果把它加热会呈现透明状的液体状态，把它冷却则会出现结晶颗粒的混浊固体状态，由此而取名为liquid crystal，即液晶。液晶显示设备也就是LCD（liquid crystal display）。液晶电视的基本原理是对两面玻璃之间的液晶施加电压，从而控制分子的排列变化和曲折变化，屏幕通过电子群的冲撞，制造画面并通过外部光线的透视反射来形成图像。世界上第一台液晶显示设备出现在20世纪70年代初，时至今日，液晶电视已经占据了平板电视市场的最大份额。

（2）等离子电视（见图5.4）

1964年7月，美国伊利诺伊州立大学的科学家们首次提出PDP等离子体显示的概念。PDP全称是plasma display panel，是一种利用惰性气体电离放电发光的显示装置。同LCD一样，PDP也属于矩阵模式显示设备，面板由一个一个规则排列的像素单元构成，每个像素单元对应一个内部充有氖、氙混合气体的等离子管密封小室来作为发光元件。当向等离子管电极间加上高压后，小室中的气体就会发生等离子体放电现象并产生紫外光，进而激发前面板内表面涂有的红、绿、蓝三基色荧光粉发出相应颜色的可见光来形成图像。

现代科技的发展速度超乎想象，人们对生活品质的追求是没有止境的，电视肯定会越来越满足越来越多不同的需求：智能的、便携的、超大的……想象是无穷无尽的，什么样的要求也不显过分（见图5.5～图5.7）。

图5.4 典型的等离子电视

图5.5 立体电视

图5.6 超大尺寸电视

图5.7 便携电视

而在可预见的时间里，电视将继续向着超大化、便携化、轻薄化、节能环保化等几个方向发展。目前非常有希望成为下一代显示标准的技术，当属OLED（organic light emitting display），即有机发光二极管。OLED属于主动发光，其阳极是一个薄而透明的铟锡氧化物，阴极为金属组合物，而将有机材料层（包括电洞传输层、发光层、电子传输层等）包夹在其中，形成一个“三明治”。接通电流，阳极的电洞与阴极的电荷就会在发光层中结合，产生光亮。包夹在其中的有机材料不同，会发出不同颜色的光。OLED电视具有厚度薄、对比度高、色彩丰富、分辨率高、视角宽广等特点（见图5.8）。

图5.8 LG OLED 电视

（3）多媒体娱乐电视（见图5.9）

多媒体娱乐电视可以看作智能电视的“雏形”，随着时代的发展，电视机的多媒体功能也越来越多样化。这类电视能够直接下载网络视频，并且具备“在家K歌”的功能，年轻用户群比较喜欢。

多媒体娱乐电视为消费者提供多元化的娱乐方式以及完整的多媒体娱乐体验，以多媒体系统为支持，通过多途径获取资源，多模式实现人机交互。因此，多媒体娱乐电视的产品价值更加完善。

图5.9　多媒体娱乐电视

5.1.2　主流品牌电视机产品外观设计分析

（1）主要品牌电视机外观设计分析

目前市场上基本由等离子电视和液晶电视主导。

① 三星　三星的电视一直以其华丽、高雅的工业设计著称，并因此吸引了很多忠实的用户，这里以三星近两年的几款新品对外观进行分析。

图5.10所示的是2011年三星推出的“幻彩晶虹”系列，在市场上引起了极大反响。

图5.10　三星“幻彩晶虹”系列

双重注塑技术首先是应用于高档轿车的零部件制造领域的，这种技术突破性地实现了透明和非透明色彩的自然融合，具有极佳的色彩表现力和质感。三星经过潜心研究，终于首创性地将这个技术运用于电视制造领域，创造出“幻彩晶虹”。

三星全新的幻彩晶虹设计，使电视机的边框制造摆脱了传统的喷漆工艺。电视机机身色彩完全是材质本身的特性，而不是通过后期喷色而成，因此透明材质和亮丽的色彩自然融合为一体。并且，它所呈现的色调随着环境的亮度和观赏角度的不同而呈现深浅变化。

图 5.11　三星 LA40N81B

图 5.12　三星 LA40A550P1R

图 5.13　三星 Smart TV 智能电视

三星液晶电视LA40N81B（见图5.11）给人的第一感觉就是异常精致，机身每个细节的处理都相当到位，机身结合处严丝合缝，丝毫没有塑料毛边出现。整机以黑色为主色调，表面施以高光钢琴漆，机身线条以硬朗的直线为主，只有在边角处趋于圆润；机身两侧的音箱采用隐藏式设计，极其纤细，但依然集成了SRS环绕音效，很是让人赞叹。

三星LA40A550P1R液晶电视（见图5.12）采用了最常见的亮黑色外观，配合窄边框设计加上银色背部和底部隐藏式音响，显得时尚大方。而小巧的黑色底座更与机身融为一同，整体的亮色表面闪烁着奢华之气。该机还采用了灵活的旋转底座，提供更丰富多样的电视放置方式，并可从多个角度观看节目。

2011年4月，三星发布Smart TV智能电视（见图5.13）。这是三星在中国首次全面介绍智能电视及其应用界面，Smart TV配置了智能应用中心（Smart Hub），它是三星推出的整合式电视节目界面，将网络内容、App应用程序、Allshare内容、传统电视频道列表等所有电视机相关的节目内容整合到一个使用界面中，同时带搜索功能，它将自动搜索电视机本地内容（App程序、Allshare连接的PC、USB连接的硬盘、HDMI连接的BD等），更深入的搜索就是在互联网上搜索（Google/MSN提供互联网搜索支持），同时带网络浏览器（Web Browser），支持Flash文件播放，可以登录土豆、优酷等视频网站观看网络视频；另外三星手机和平板还可以下载应用变成电视的遥控器。

从上可看出三星电视的整体造型特点是外观设计小巧，体积轻薄，多用亮黑色边框，注重时尚与新工艺的结合。

② 海信　LED背光源电视一经上市就受到了消费者的热情关注，这种新型背光源或是在背光亮度，或是在机身厚度，或是在节能方面相对于传统CCFL背光液晶电视有了不小的进步，成为消费者追逐的热门产品。

在外观方面，海信LED46T28GP液晶电视（见图5.14）做工精细，黑色高亮材料外加透明边框显得整机时尚靓丽，同时方形底座又提升了电视的稳重性。另外，2.99cm的厚度方便用户随意摆放电视。

图 5.14　海信 LED46T28GP 液晶电视

在接口方面，这款海信电视并没有因为超薄的机身而省略接口，HDMI接口、AV接口、VGA接口、色差分量接口、USB接口一应俱全，并且考虑到壁挂问题，大部分接口设计到侧面和下部，如图5.15所示。

在当今液晶电视市场上硬屏面板风靡的风潮下，海信的TLM46V69P（见图5.16）可以说是另类的风景线，因为它采用了PVA面板，46寸全高清的屏幕，加上中端价格的定位，一经上市就受到广大消费者的热捧。

此外，外观设计采用黑色高光工艺的面板，机身以及边框边缘采用了圆滑过渡，使其整体表现更为浑厚典雅。机身底部设计了蓝色的荧光效果，配以透明的底部边框条，在典雅中又不失时尚感。

图 5.15　海信 LED46T28GP 液晶电视接口

海信TLM47V88GP（见图5.17）的外观设计采用了黑色高亮屏幕，视界非常不错。黑色超窄边框采用高亮材质一次成形免喷涂注塑工艺，绿色环保。使用了有机玻璃装饰条，弧线设计显得灵动高贵。

与三星相比，海信比三星更多应用弧线设计，但同样注重新技术的应用，体积轻薄，外观时尚。

③ TCL　定位在中高端市场的TCL P10系列（见图5.18），融合时尚的外观设计与全新突破的制造工艺为一体，有“玛瑙红”“宝石蓝”“水晶黑”三种颜色的边框供消费者选择。另外还可以根据客户的喜好与需求制定个性时尚的边框，使得用户在外观选择上有很大的自由空间。

图 5.16　海信 TLM46V69P

图 5.17　海信 TLM47V88GP

TCL L46X10FDE液晶电视（见图5.19）最大的卖点就是LED背光源和分体式扬声器设计。在外观方面，黑色机身和银色底座的搭配颇具视觉冲击力。超薄的机身方便用户随意摆放电视，另外分体式扬声器设计也让人眼前一亮，同时也使得声音表现更出色。

图5.18 TCL P10系列

图5.19 TCL L46X10FDE液晶电视

在接口方面，配有各主流接口，HDMI接口、色差分量接口、LAN接口等都设置在了机身背部，同时在机身侧面提供了USB接口和拓展卡插槽，如图5.20所示，使用十分方便。

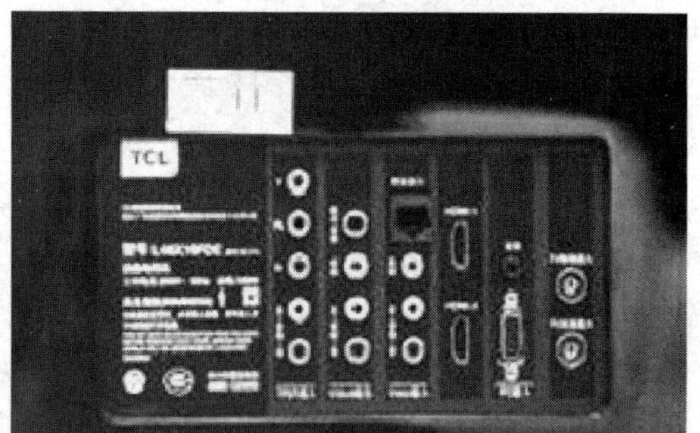

图5.20 TCL L46X10FDE液晶电视接口

外观上，TCL L37E9液晶电视（见图5.21）底部采用了酒红色温情弧线设计，豪华富丽充满了内涵。另外，TCL对它的卧式音响系统做了内凹式设计，整体感更强。另外还应用了DDHD3数字动态全高清芯片和在TCL中高端产品中普遍应用的亮艳色彩背光源（XWCG-CCFL）。

与三星和海信的电视机相比，TCL的外观设计同样十分注重轻薄与时尚，但造型更加多样化。

图5.21 TCL L37E9液晶电视

（2）电视机外观发展趋势

电视机外观的发展趋势如图5.22所示。

① 超薄化　平板电视超薄化具有超强的吸引力，主要原因有两个：一是占用空间小，这对于住房面积紧张的城市居民来说无疑是一大福音；二是超薄化带来产品的轻量化，液晶电视不再拘泥于固定摆放，消费者可以根据需要随时移动，方便性大大提高并增加了使用效率。

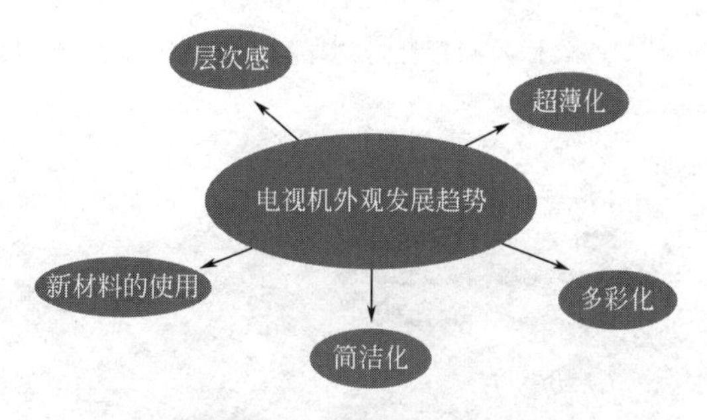

图5.22 电视机外观发展趋势

康佳i-sport68系列LC42DT68AC电视（见图5.23）因其不仅采用了集成式低功耗IC以及LGD超薄液晶屏等元器件，还整合了镶嵌式前置安装工艺、新型上下对穿孔型散热等新技术，创造性地实现了电路板、电源和整机的一体化，能够实现3.5cm机身厚度，是整体研发制造实力的最好体现。

它的前、后面板均采用无缝注塑一次成形，高光表面材质令机身熠熠生辉，超薄机身加上窄边框营造了出色的视觉效果。从侧面欣赏，该款液晶电视就如同一副壁画和一面超薄的镜子，无论是挂在墙上还是放置电视柜上，都体现出主人对时尚生活的追求。

图5.23 康佳 LC42DT68AC 电视

② 多彩化 随着电视越来越时尚化，已成为家居装饰之一，其色彩也越来越多样化，逐渐摆脱单一的黑色。不论是整机的颜色还是局部都有不一样的色彩，使人眼前一亮。

TCL P61系列多彩液晶电视色彩丰富，拥有香槟金、公主白、海洋蓝、糖果绿、樱桃红五种颜色，靓丽时尚。其中香槟金为黑色底座，公主白、海洋蓝、糖果绿、樱桃红为白色底座，个性化的五款不同色彩设计可以随心配合各种家居风格。

③ 简洁化 随着人们审美的变化，消费者更倾向于设计简洁而高贵的产品。

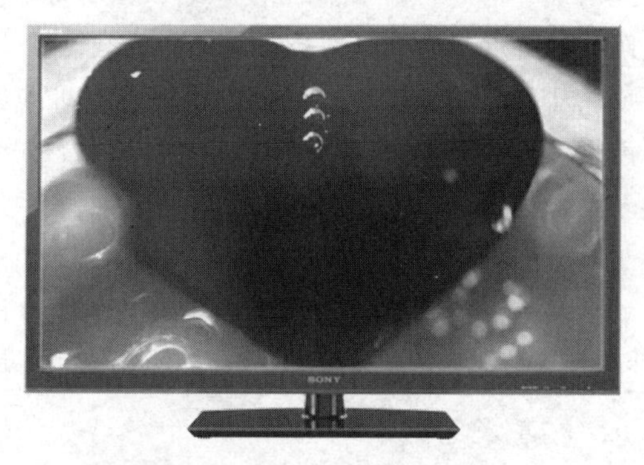

图5.24 索尼 KDL-46Z5599 液晶电视

索尼KDL-46Z5599液晶电视（见图5.24）外观上采用了全新的设计，整体风格以简洁为主，而屏幕边框均采用了超窄设计，配合直线条使电视机看起来更显硬朗。同时边框的四周采用了前后壳黏合式的相框式设计，让电视看起来显得更薄、更时尚。

④ 新材料的使用 如今新技术得到很多的发展，许多材质也可通过新技术用于电视机设计中，水晶、玻璃、木材、各种合金……给人带来焕然一新的感觉。

索尼HX920的正面液晶表面有着一层绚丽黑曜面板，这块经特殊处理的玻璃板给该电视带来了极致简约的外观，极具视觉震撼感。除了极致简约的正面平板造型，它的外观做工也十分精致，机身包括机身背后的盖板均采用了全金属的材质，非常有质感。

⑤ 层次感 电视机的设计既要简洁又要高贵，就得通过层次感来实现，有了层次感才不至于让用户感到产品的单调。

TCL L43V7300A-3D电视（见图5.25）设计极具吸引力。首先，比传统42寸电视大一寸的屏幕设计扩展了观看视野，采用的黄金比例极致窄边设计，让电视突破厚重边框的束缚；其次，黑水晶屏不仅有效防止反光问题，视觉感受上更显高档；另外，机身边框采用铂金色金属拉丝工艺，搭配上水晶银边底座，整机外观凸显时尚典雅的气息。

图 5.25 TCL L43V7300A-3D

5.2 电视机产品的色彩分析与设计

早期的家用电视机机身采用红褐色的桃花心木、胡桃木作为机壳材料。随着消费者心理需求提高和现代高端技术的发展，家用电视机机身正趋向银、浅灰、黑、金属蓝、金属绿等色彩方向发展。采用有机玻璃（亚克力）、工程塑料等材料使得电视机具有较好的可塑性、抗冲击性、透光性，具有回收率高、使用寿命长、维护方便等优点，并可呈现出高档、素雅、质朴等特点，给家居环境带来更多的装饰效果。

从前面的分析可知，目前平板电视机的色彩主要以黑色为主，其他颜色为辅，而辅助颜色越来越绚丽多彩，明亮的色彩比较适合放置于卧室。

（1）蓝色调

康佳P28FG298宽屏彩电整体选用高品质进口材料，外观色彩采用蓝色调设计，流线型的边框设计与独特的底座造型相得益彰，风格雅致清新。它的设计理念摆脱传统单纯的功能化设计理念，更多地符合了使用者在应用感受、审美情趣、文化品位等多个方面要求。

（2）灰色调

松下TH-42PV60C等离子电视外观小巧，42英寸的大屏幕的机身宽度只有1020mm。另外时尚的套色超窄边框采用曲线与直线相结合的设计，黑色的内框、银灰色的外框与卧式的伴音音箱完美结合，显得柔雅而不失简约。

（3）红色调

雅佳PDP42HAG等离子电视外边框和内边框红与黑的个性化运用倍显高雅大气。外壳采用纯木制作，在工艺上采用高档钢琴专用漆，并先后经过五道喷涂工艺。与普通塑料后壳比较，前者在散热时会产生有毒气体，而该机壳采用的木质钢琴面板质地细腻坚硬、不变形、耐腐、抗虫蛀，使用更安全，并极具收藏价值。

（4）半透明色

飞利浦42PF 9831电视机在外形设计上打破了飞利浦以往产品的设计风格，整体以黑色系为主，悬浮式的黑色前面板搭配宽大的银白色底板在颜色上产生强烈的对比，视觉上冲击力极强。卧式音箱采用棱角式的一体化风格设计，与机身整体的直线型设计相呼应。

5.3 电视机产品的材质分析与设计

（1）前壳材料的选择

平板电视与显像管电视结构不同，当放置在桌面时，平板电视自身的重量通过固定在屏上转接支架传递给底座来承受，外壳实际上只起到装饰的作用，显像管电视则是完全依靠外壳来承重。单纯从放置在桌面使用来考虑，平板电视的前壳完全可以采用以往显像管电视前壳的用料HIPS（高抗冲聚苯乙烯），不需要提高强度方面的要求，甚至还可以降低性能上的要求。但目前大多数的平板电视都是整机和底座分开包装，当运输和搬运时，由外壳承受电视机的重力。另外考虑到消费者在家中移动电视机时都是以外壳为承托，很少人会抓住底座来搬动电视机，从这些方面看，材料的性能不可以降低。因此，等离子电视的前壳用料还是选用HPS。

（2）后壳材料的运用

由于平板电视有辐射，为了屏蔽电磁波，平板电视的后壳应使用金属材料。以往，等离子后壳一般采用铝板制作，因为铝板轻，而且散热性能好。随着市场竞争加剧，产品利润下降，目前等离子后壳一般采用电解板来制作。虽然重量增加了，但成本降低了。为了在性能与成本间取得平衡，达到最好的性价比，各种尺寸等离子电视后壳的板厚可依据表5.3的经验数据来选取。

表5.3 各种尺寸平板电视机的后壳的板厚经验数据

等离子电视机尺寸	后壳板厚（钢板）/mm	等离子电视机尺寸	后壳板厚（钢板）/mm
32寸	0.6	50寸	0.8
37寸	0.6	63寸	1.0
42寸	0.8		

（3）其他金属材料的选择

除了后壳，平板电视还会使用到许多金属件。目前使用在平板电视上的钢板材一般有三种：SPCC、SGCC和SECC，表5.4列出了三者的特征和价格的比较，具体选取哪种材料，板厚多少，主要看零件在整机中的作用。

表5.4 三种钢板材的比较

名称	性能特征	价格
SPCC	又称冷轧板，硬度最低，表面一般需要喷涂处理（会增加成本）	价格低
SECC	又称电镀锌板，硬度中等，一般无须表面处理，切断面易生锈，一般板厚0.5～2.0mm	价格高
SGCC	又称热浸锌钢板，硬度最高，一般无须表面处理，韧性较差，抽深时易裂，一般板厚0.5～2.0mm	价格中等

这里以42寸等离子电视机为例来说明金属件材料选择的情况。

① 支撑架　主要功能是当电视机采用壁挂形式时，承担电视机的重量，因此其刚度和强度都要强，否则会产生变形，甚至断裂。42寸等离子电视重量约为31kg，以电视机的重量、支撑架的截面形状以及材料的弹性模量、抗剪强度等性能参数为基础，支撑架材料可选择价格较为便宜的SGCC，板厚2mm。

② 底座连接支架　主要功能是当电视机放置在桌面时，承担电视机的重量，其刚度和强度要求很高，否则当受外力作用时很容易摇晃，甚至倾倒。以电视机的重量、底座连接支架

的截面形状以及材料的弹性模量、抗剪强度等性能参数为基础，底座连接支架材料可选择板厚3mm的SPCC。因为板厚2.5mm以上的SGCC和SECC需要定做，价格很贵，且底座连接支架不是正面外观件，对外观要求不高，从成本的角度出发，选用3mm SPCC是合适的选择。

③ 顶部小支撑架　主要功能是阻止前壳和屏幕之间相互运动，但由于顶部小支撑架是和支撑架以及侧端小支撑架共同作用的，起决定作用的是支撑架，所以对顶部小支撑架的刚度和强度要求都不高。选择板厚1mm的SGCC是合适的。

5.4 电视机产品的结构分析与设计

（1）机前、机后结构与遥控器

遥控彩色电视机的外形如图5.26所示，由于电视机的开、关、节目选择、音量调节及各种功能设置均可用遥控器完成，因而遥控器成为电视机必不可少的外设部分。而电视机前面板上的控制键越来越少，唯有电源开关是必不可少的，因为只有当电源开关接通时，电视机才能进入待机状态，遥控器对电视机才能产生控制作用。在操作遥控器时，必须将遥控器对准前面板上的“红外线接收窗”，各种控制信息才能通过红外线传到电视机内。

电视机的后面结构如图5.26（b）所示，在机箱后盖上留有电源线、接收天线的引入孔及视频、音频输入端子。

（2）电视机的主要部件（见图5.27）

无论是彩色电视机还是黑白电视机，它的机箱一般都是由前面板（前框）、中框和后盖三个部分组成。在常规的维修工作中，前面板和中框不必拆开，仅需卸掉后盖即可进行一般的维修操作，所以有一部分电视机的前面板和中框做成一个整体。当将后盖卸掉后，即可看到电视机内的主要部件。

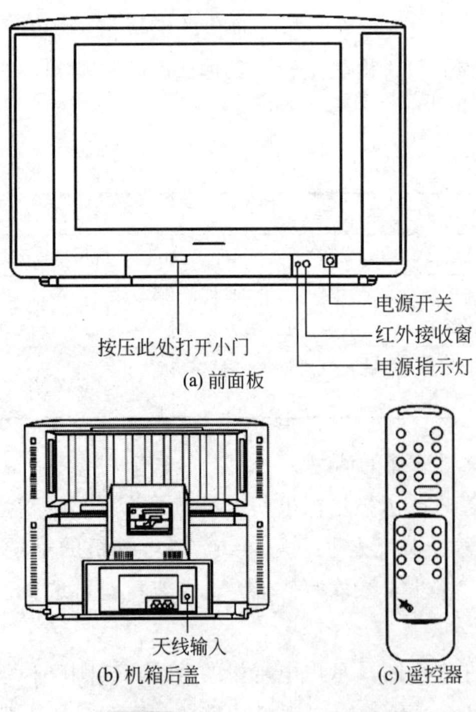

图5.26　遥控彩色电视机的外形

在拆卸后盖时，一定要先断开电视机电源，然后小心地将其放在工作台上。对于初学者，最好是先在工作台上放一块较厚的软垫，然后将电视机面板朝下，荧光屏置于软垫上。这样既可以保护荧光屏，又便于拆卸位于机箱底部的紧固螺钉，也比较安全。一般电视机的紧固螺钉为4～6颗，大屏幕彩色电视机的紧固螺钉可能多达6～8颗。为避免遗失，凡卸下的螺钉和其他小东西均应放在一个固定的地方或用小纸盒暂存，切不可随手乱丢。

在卸下紧固螺钉后，不可立即端起后盖，应先检查一下天线输入线和电源线与后盖之间的连接关系。彩色电视机的后盖上装有天线接线柱，它与机内的高频头连接，注意在卸下后盖前要将其用以固定的螺钉取下或将卡子松开。大部分电视机电源线的引入是直接由中框底部进入电视机内，但也有少数要穿过后盖，这时要注意将电源线由引入孔中退出。在提起后盖时，最好是先将箱体开一小缝，观察一下机内的主印制电路板是否与后盖脱开，因为有的电视机后盖上开有用以稳定主印制电路板的槽口或卡子，若卡得太紧，有可能在提起后盖的同时将主印制电路板带起。在卸下后盖后，千万不可将后盖置于中框上，因为后盖滑下很容易碰到显像管的尾部，致使显像管漏气而报废。

① 前框及中框上的主要部件　整个电视机中最突出的是彩色显像管，它安装在前框上，是整个电视机的主体和核心，电视机中的大部分电路都是为了让显像管能够正常发光和呈现图像而设置的。显像管要能正常发光，必须向它的各电极提供规定的电压值，使其内部的电子枪能够发射出很细的电子束，以很高的速度去轰击屏幕内壁上的荧光粉，激发荧光粉发光。其中专门向显像管各电极供电的电路称为显像管供电电路，其供电电压可以分为低、中、高三种。加热灯丝所需的低压可以直接取自稳压电源，也可以由行输出变压器的二次（低压）绕组供给。而其他电极所需要的高压和中压，一般是由行输出变压器的二次绕组高、中压产生电路供给。高压是由行输出变压器的顶部引出，通过高压帽加到显像管内部的高压阳极，而中压和低压的供给，均通过显像管尾部的显像管座板将电压加到内部电极。这一部分电路是电视机中容易出故障的部分，当电路出现故障时，显像管的个别电极或全部电极不能获得规定的电压值，显像管完全无光或亮度异常。

显像管各电极加上规定的电压后，荧光屏上仅能形成一个很小的亮点，这是因为此时电子束只能集中轰击荧光屏中心。只有当电子束按照一定的规律，以很高的速度上下左右周而复始地进行扫描运动时，荧光屏上才能形成光栅。控制电子束做这种扫描运动的部件就是安装在显像管颈椎部分的偏转线圈。它由两组线圈构成，一组是行偏转线圈，另一组是场偏转线圈。向行偏转线圈提供15625Hz的行频锯齿波电流，使电子束受到水平方向上偏转力的作

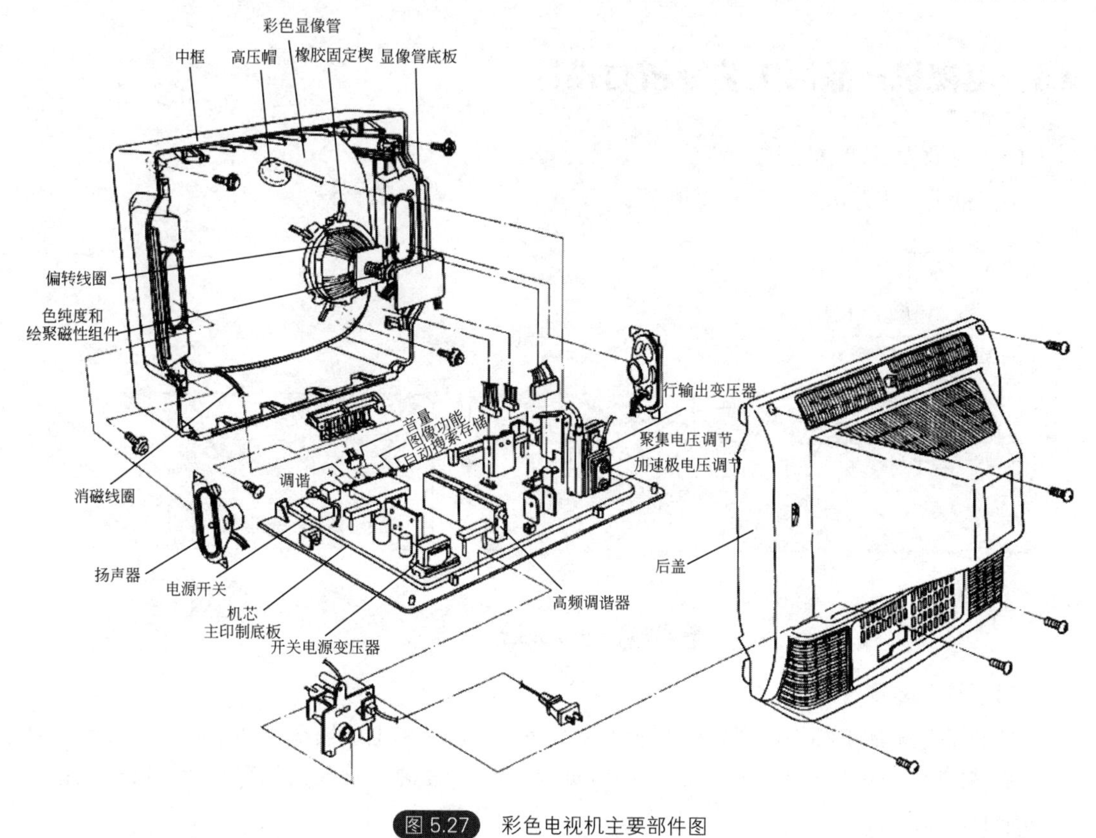

图 5.27　彩色电视机主要部件图

用，每秒钟沿水平方向扫描15625次，向场偏转线圈提供50Hz的场频锯齿波电流，使电子束受到垂直方向上偏转力的作用，每秒钟沿垂直方向扫描50次。将水平方向上的行扫描和垂直方向上的场扫描结合在一起，就形成了电视机正常工作所需的电子扫描运动，形成了光栅。

机箱中框的左右两边安装着扬声器，它们的作用是还原电视伴音，使用户在收看电视节目时，不仅能从荧光屏上看到五颜六色的活动图像，还能听到悦耳的伴音，有的还是立体声伴音。

② 机芯（主印制电路板）上的主要部件　电视机的电路及大部分电路元件安装在主印制电路板上，它处于电视机的中心位置，常简称为“机芯”。

机芯的主要任务是保证显像管正常工作，通过几组导线将所需电压与信号供给显像管。机芯与显像管之间的连接导线长度有一定的富余量，这是为了让机芯在检修过程中有一定的活动余地。大多数的机芯采取卧式安装，左右两边用滑槽或导轨支撑和固定。检测时一般只需将电视机侧面放置，让机芯的铜箔面对着自己，然后根据检测的需要拉出一部分即可。若拉出的部分比较多，滑槽或导轨已不能将机芯稳住，则要采取其他的方式使机芯暂时稳住，切不可在机芯晃动的情况下进行检测，这样容易出事故。若机芯已全部拉出滑槽，要设法暂时固定，但不可靠在显像管尾部的印制板上。因为显像管尾部某些电极工作电压较高，碰触到机芯上其他电路元件容易短路或放电。有时确实需要临时靠一下，便于检测机芯上某一点的电压，这时应注意采取隔离措施，防止短路或放电现象的发生。

在拆换机芯上某些元器件时，往往需要将机芯从电视机中取出，这时须取掉机芯与其他主要部件间的几组连接导线。大多数电视机是采用几对接插件，拔下或插上都比较方便，但也有少数电视机仅有接线柱，采用铰接或焊接方式，其优点是不容易出现接触不良的故障，但取下来比较麻烦。

5.5　电视机产品的工艺分析与设计

（1）电视机生产工艺流程

电视机生产工艺流程如图5.28所示：

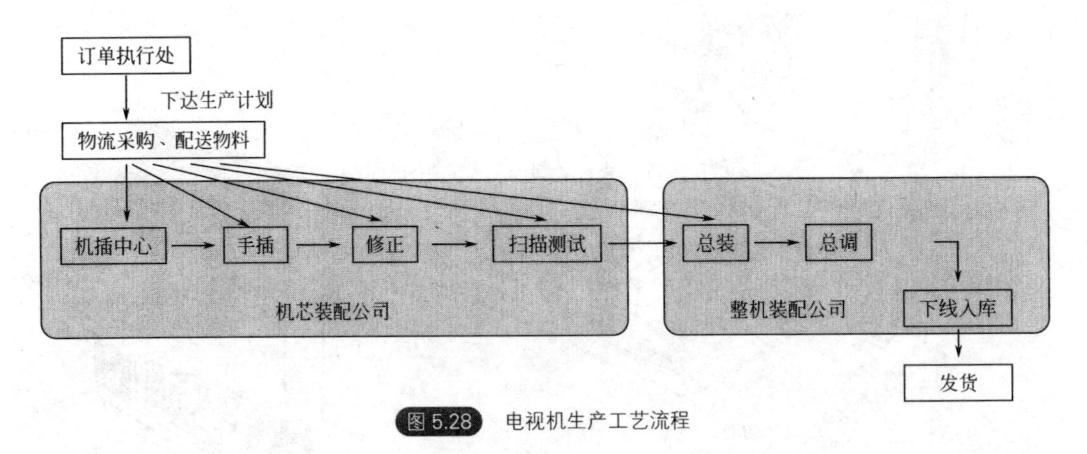

图5.28　电视机生产工艺流程

（2）机芯装配

① 机插　机插中心为电视机生产的头道工序，一块印制电路板在机插中心内必须经过铆钉（见图5.29）、跨线（见图5.30）、轴向（见图5.31）、径向元器件机插（见图5.32）四道工序的加工。

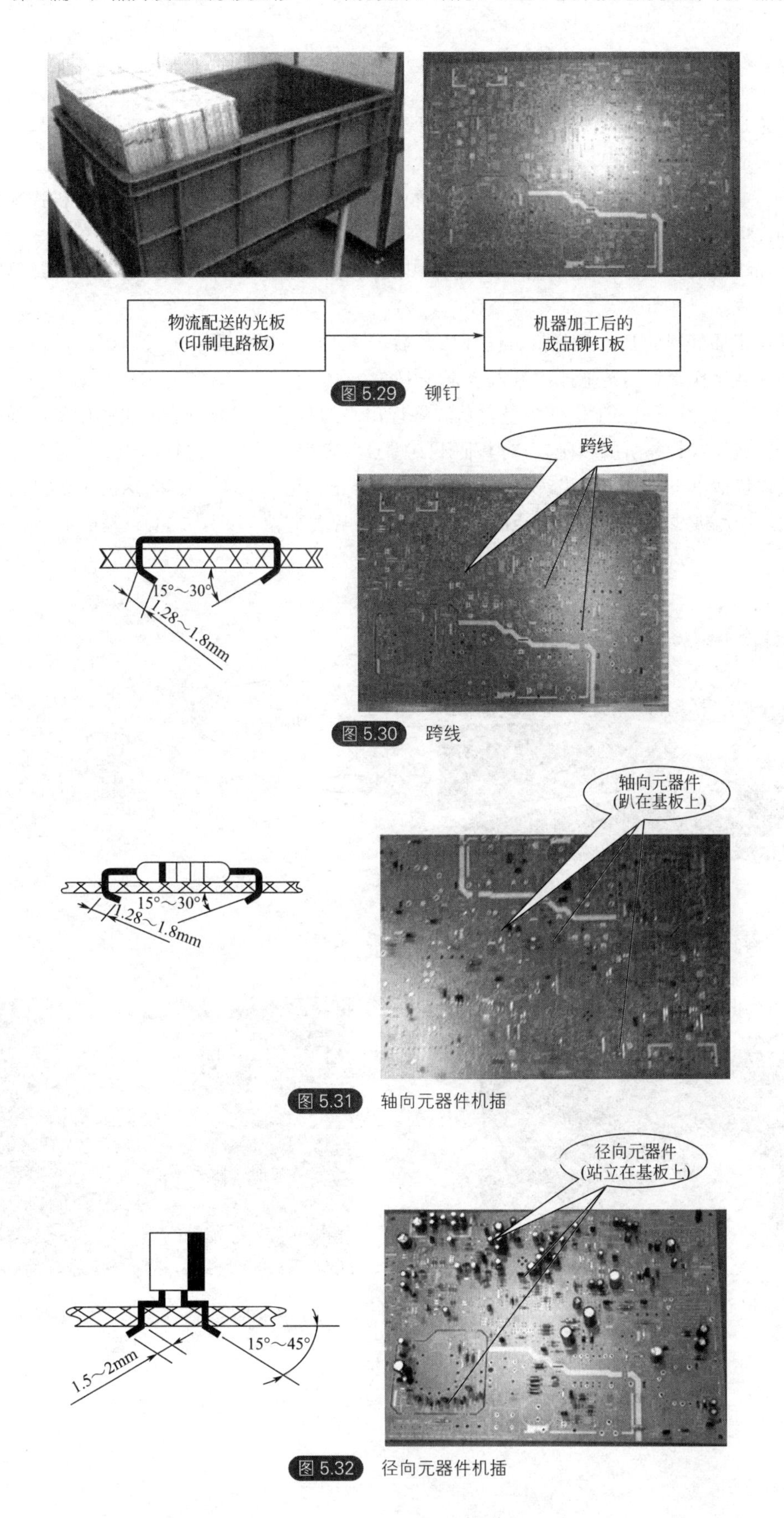

图 5.29 铆钉

图 5.30 跨线

图 5.31 轴向元器件机插

图 5.32 径向元器件机插

无论是跨线板、轴向板或是径向板都必须严格按工艺要求进行撇腿，以保证基板在过波峰焊后不造成批量的连焊。

② 手插　手插线主要是为那些不能机插的元器件而设立的，故手插来料与机插来料有明显区别，机插料基本为编带的，而手插料为零散的，因此需袋装或盒装。

手插线主要有三种工位，即插小料的（电阻、电容等）、插大料的（彩行、散热器等）及检验员岗位。

操作工插好料的基板经检验员仔细核对后，送入波峰焊机器中进行焊锡，从波峰焊出来后再由一名操作工将档条下掉，流入修正线中。

③ 修正　修正线的工作任务是对从波峰焊出来的基板，把其过长的引脚用气剪剪掉，并挑开一些连焊（相邻引脚相碰），对其他不良焊点（虚焊、脱焊）进行加锡，及检查是否少料等，具体包括以下工位：剪腿（见图5.33）、反面修正（见图5.34）、正面修正（见图5.35）、焊聚焦线及加速极线（见图5.36）、点胶（见图5.37）、贴号码票（见图5.38）、基板上车。

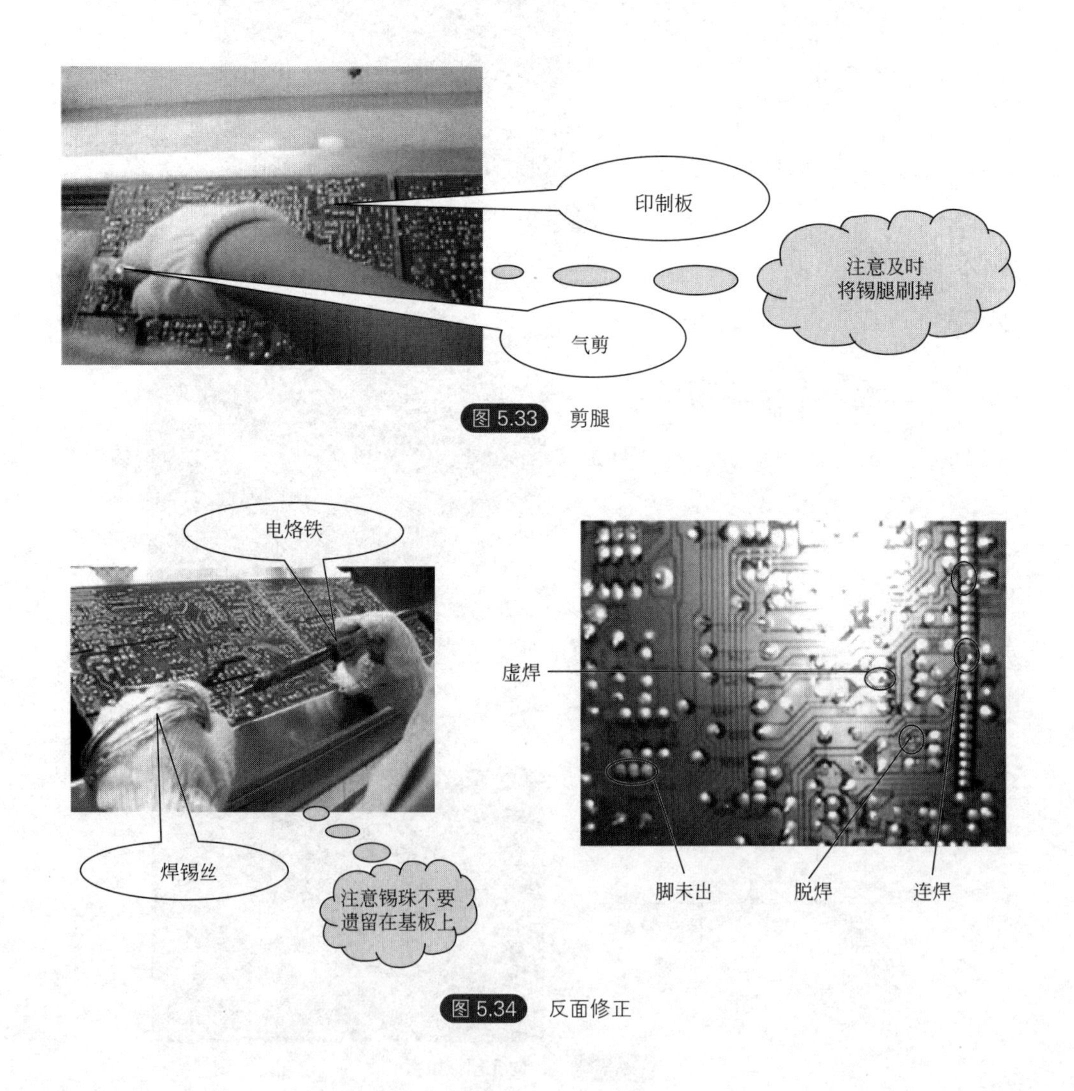

图 5.33　剪腿

图 5.34　反面修正

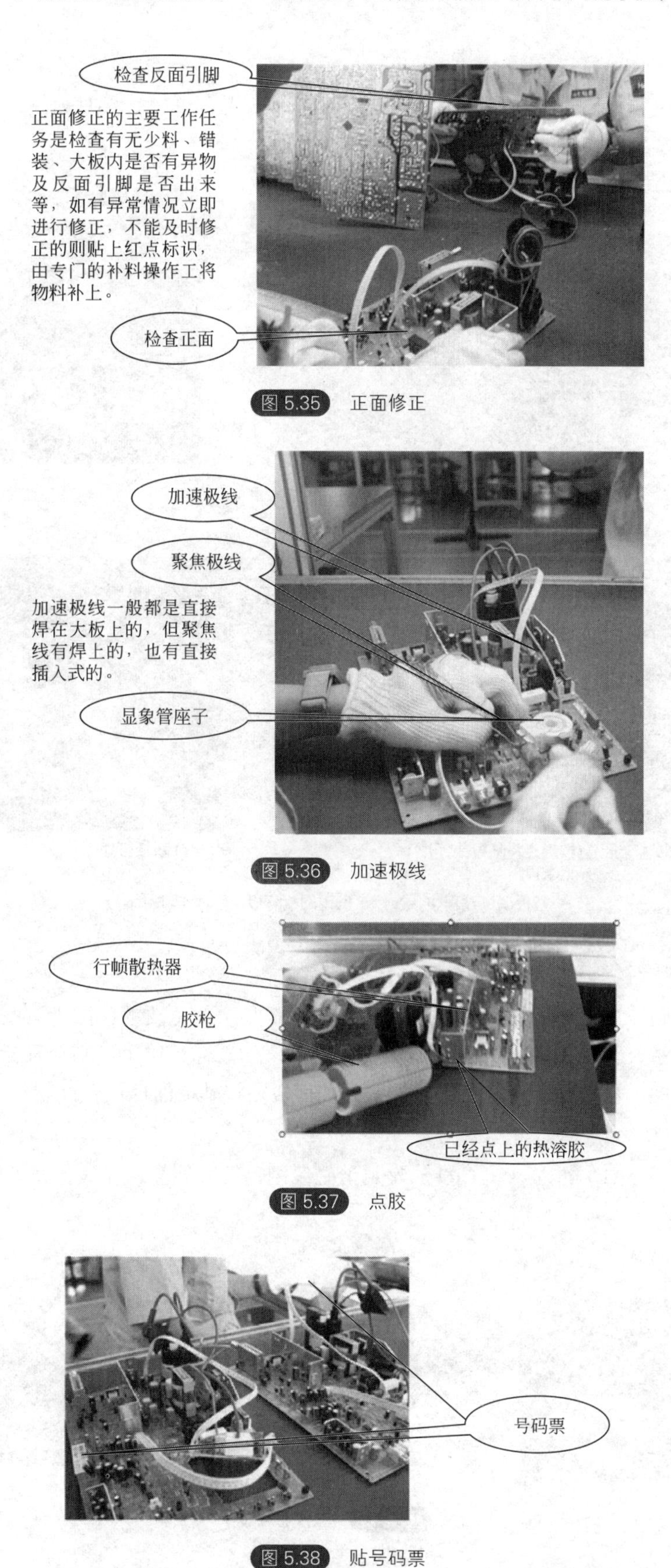

图 5.35　正面修正

图 5.36　加速极线

图 5.37　点胶

图 5.38　贴号码票

基板上车是指用专用的刷子将修正线流下的基板反面的锡腿、锡珠刷下，并放入周转车内，做上标识，拉到指定的库存区去，供扫描调试用。

④ 基板调试　见图5.39。

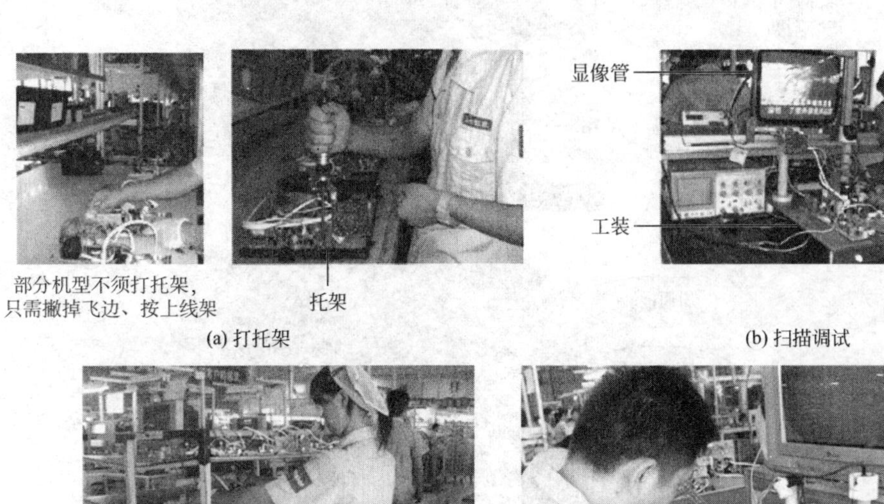

(a) 打托架　　(b) 扫描调试

(c) 基板上车配送(按规定将基板放好，并记录)　　(d) 基板修理

基板调试过程中，操作工发现的故障板由修理工进行维修

图 5.39　基板调试

不论是哪道工序，正确的“标识”在任何时候都是至关重要的，因为有些机型用的是同一种印制电路板，只是上面所插的元器件不同而已，如果标识错了，则会导致一些不必要的质量损失。因此，从机插开始一直到扫描调试，都必须将基板的标识做好。

（3）整机装配

① 显像管（CRT）准备（上CRT，安装消磁线圈、挂防波套、扎线扎）见图5.40。

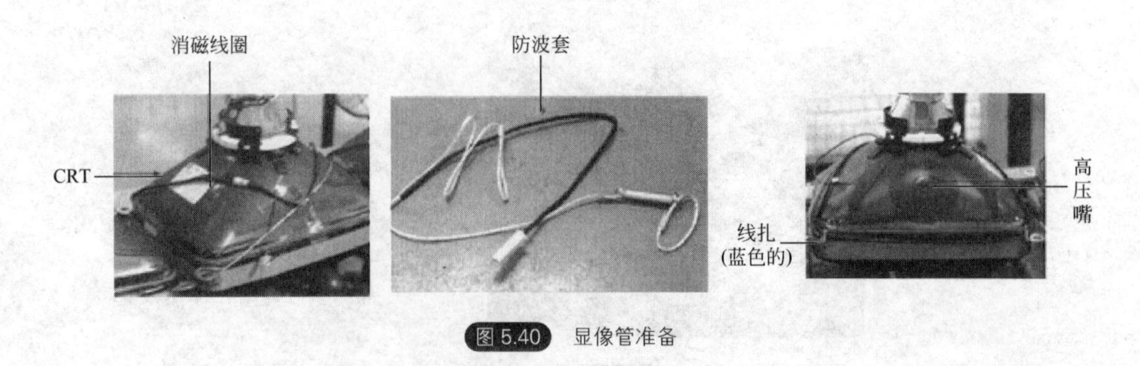

图 5.40　显像管准备

② 前框上线见图5.41。

图5.41　前框上线

③ 显像管（CRT）入框见图5.42。

14寸、2.1寸CRT一般由操作工搬至前框内

25寸以上的CRT由专用的设备放入前框内

图5.42　显像管（CRT）入框

④ 螺装（CRT）用专用的螺钉将CRT固定在前框上见图5.43。

图5.43　螺装CRT

⑤ 机芯合拢、插线（将基板放在规定的位置并将消磁线、喇叭线、高压线等线插上）。

⑥ 主电压调试、消磁检查。

⑦ 常温老化线见图5.44。

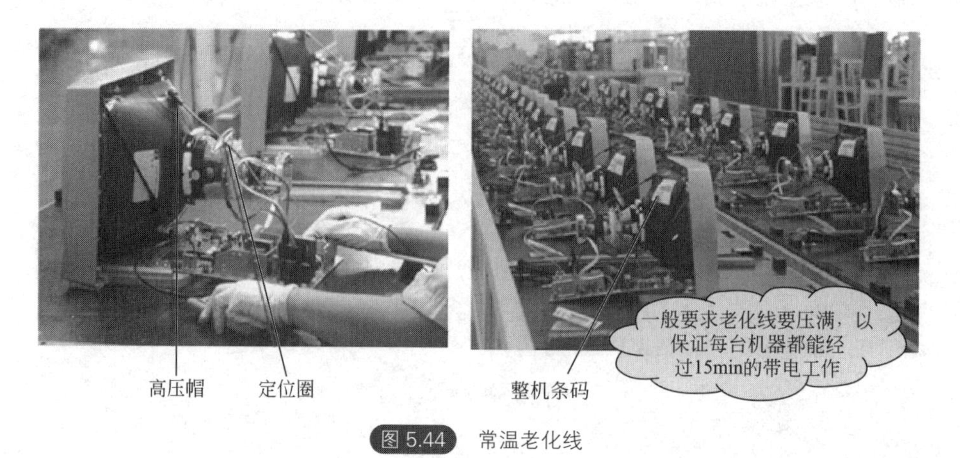

图 5.44 常温老化线

⑧ 暗平衡（在暗房中进行）。

⑨ 白平衡（在暗房中进行）见图5.45。

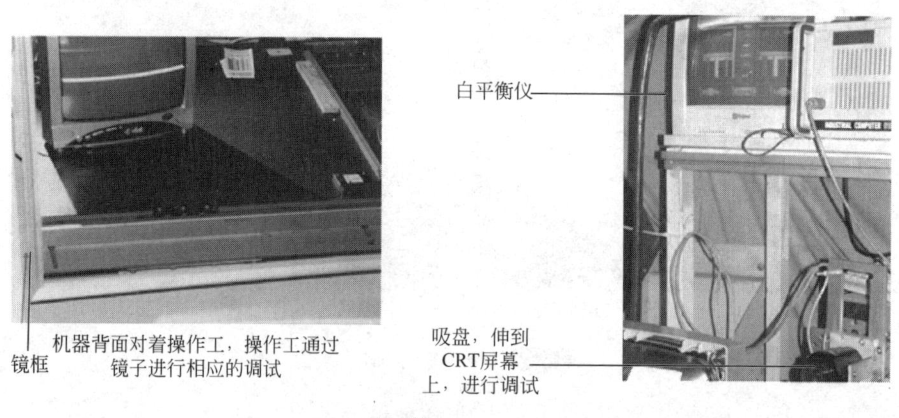

图 5.45 白平衡

⑩ 行帧调试（对CPU中存在的数据进行修改，以达到合格的状态）。

⑪ CCD检查（对客户要求的功能进行检查，保证产品是合格的）见图5.46。

图 5.46 CCD 检查

⑫ 内观检查、整理导线：即检查在生产过程中是否有异物落在大板上，并对较乱的线束进行整理，压入行帧散热器上的支架上。

⑬ 电检1：检查TV状态下的图像、声音、颜色是否正常。

⑭ 电检2：检查前框是否有掉漆现象、按键是否起作用等。

⑮ 上后盖，见图5.47。

⑯ 打螺钉（用专用的螺钉将后盖固定在前框上）。

⑰ AV检查：检查AV状态下的图像、声音、颜色是否正常。

图5.47　上后盖

⑱ 总检：检查图像、声音、颜色是否正常、按键是否起作用等。

⑲ 外观检：检查前框、后盖是否有划伤、掉漆等缺陷，并将整机清洁干净。

⑳ 电源线整理、放附件。

㉑ 打包：将整机放入整机袋中，并一齐将其放入包装箱内，保证显像管面与包装箱上的标识一致。

㉒ 放衬垫、贴条码、封箱。

㉓ 堆放、发成品库，见图5.48。

图5.48　堆放、发成品库

（4）工艺应用

新工艺被越来越多地运用到电视机设计中。

① 前后壳黏合　索尼Z5599跳脱出过往产品的一线描画设计理念，使用了顶级光滑材质、超薄的机壳和电源，在外观工艺上采用前后壳黏合式的相框式设计，使得电视机更像一件艺术品。出色的外观设计配合淡紫色的典雅机身，能融入不同的家居设计风格，体现灵动飘逸的独特视觉张力。

② 钢琴漆喷涂　松下TH-P46G10C电视在外观设计上采用了高亮钢琴漆喷涂边框，

LOGO下方运用了大弧度银白色装饰条装饰，机身转角部分采用了圆滑设计，另外大方得体的方形底座也很有时尚感。

③ 高光　LG 42LF30FD外观设计稳重得体，机身线条平直清爽。机身表面经过了高光工艺处理显得质地细腻，光泽度良好。可以进行多角度旋转的底座也方便了多人观看。

④ TOC双重注塑　三星UA46B6000VF的外观设计沿用了幻彩晶虹外观的设计，利用了红黑两色过渡效果、钢化玻璃底座和水晶支撑单轴、"TOC双重注塑"二代技术将"水晶设计"升级为"流动水晶设计"。整机感觉相当时尚，适合各种家居设计。

⑤ 双色无痕注塑　TCL L46P10FBE液晶电视屏幕边框采用了很有特色的"双色无痕注塑"生产工艺，应用了高档特种塑料，除了更加健康环保外，边框的质感及耐磨性都超过传统钢琴烤漆和普通高光面板。这一工艺使得它的屏幕边框具有独特的半透明渐变效果，在不同的光照条件下呈现出不一样的光泽。

5.6 电视机产品的技术分析与设计

5.6.1 整体技术

（1）大屏幕彩色电视机的画质提高技术

新型大屏幕彩色电视机在提高图像画面质量方面狠下功夫，推出多种新电路、新工艺，有的电路效果十分突出。

① 无闪烁画面（场倍频）电路　现行的广播电视制式（如PAL-D/K制）是将一幅画面分作两场，采用隔行扫描方式，场频为50Hz、帧频为25Hz，即每秒钟可重现25帧完整的画面，每一帧由奇数场和偶数场组成。

首先推出的是场频100Hz电路。它是通过数码处理电路，将PAL制场频数由50Hz提高到100Hz（对于NTSC制则是由60Hz提高到120Hz）。此后又推出更加先进的100帧扫描系统，每秒钟内画面出现的频率进一步加快，画面之间的空白时间更短，从而进一步消除扫描线间的细微闪烁情况，达到清晰无瑕的完美影像。

② 图像清晰度、对比度提高电路

a.轮廓（边缘）校正电路　它用于对大幅度亮度信号进行波形校正，形成动态亮度瞬态增强，克服图像在明暗变化分界处的模糊感。还有动态彩色锐度增强电路，用于改善彩色图像的轮廓边缘，使彩色更艳丽。

b.人工智能对比度控制电路　这种电路采用了一种"模糊控制"的方式实现对电视画面的动态对比度控制，它根据输入图像的灰度变化进行动态校正，使画面得到悦目的灰度层次，提高视觉效果。

c.噪波抑制电路　为了进一步提高画面的信噪比，使图像画面干净、细腻，有的电视机中采用了动态噪波抑制电路，用以消除暗画面中显眼的杂波干扰。有的电视机中则采用了数码式梳状滤波器，利用此电路可以动态地、精确地分离开亮度信号Y和色度信号C，防止两者发生串色干扰和色斑，确保画面的信噪比。

（2）大屏幕彩电的伴音系统新技术

新型大屏幕彩电中采用了许多伴音新技术，使电视机具有专业音响的声音效果。

① 立体声、环绕声和超强重低音系统　中、小屏幕的彩色电视机机箱较小，音响效果相

对较差。为了改善大屏幕彩色电视机的伴音效果，许多电视机厂家将高保真音响技术应用到电视机中，利用大屏幕彩色电视机机箱较大的优势，精心设计制成了性能优良的扬声系统，还特别强调了超重低音和现场感音响效果。目前大屏幕彩色电视机的伴音电路都设计有立体声或环绕立体声（简称环绕声）处理电路，有的还带有杜比环绕声解码器，伴音功放的输出功率一般都在20W以上，频响可达30Hz ～ 16kHz甚至20kHz。

② 数字多伴音系统和丽音立体声技术　丽音接收系统的框图如图5.49所示。

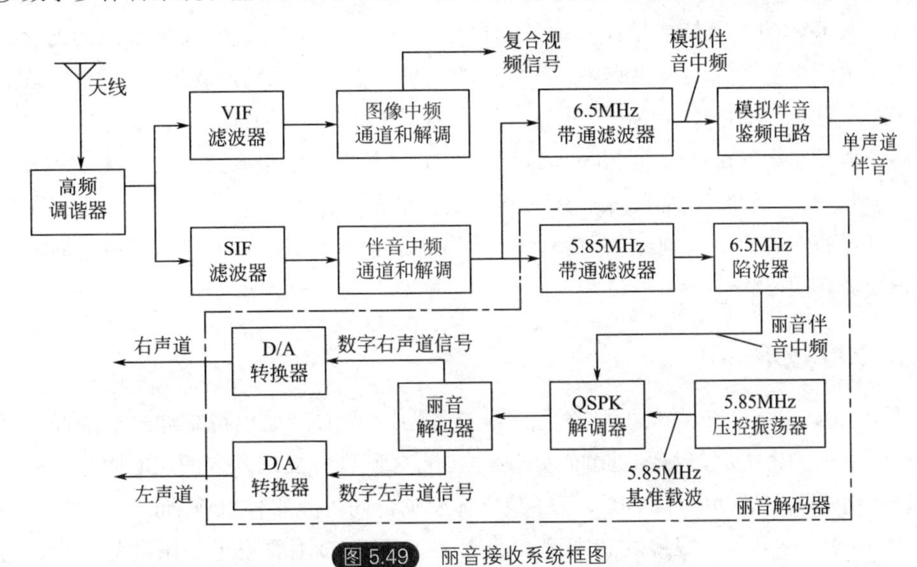

图5.49　丽音接收系统框图

（3）大屏幕彩色电视机的多功能化

① 图文电视接收　在现有彩色电视机电路的基础上增加“图文电视解码器”，即可将载于电视信号逆程的图文电视数据提取出来，经过解码处理后在电视机的屏幕上进行显示，使电视机成为一本随时可以“翻阅”的百科全书，查阅由图文电视广播系统提供的新闻、天气预报、股市行情、体育消息、市场动态、科普教育等各种丰富的图文节目。

② 用于计算机的大屏幕显示　在数字技术大量应用于电视机后，为电视机的功能扩展提供了更大的空间，为电视机配上计算机显示器（VGA）接口电路，使电视机不仅能显示空中或有线电视网络传输的各频道电视节目，还可以作为计算机的大屏幕显示终端，通过有线电视网络上网、查询资料、浏览网页、玩互动游戏等。

③ 画中画及画外画功能　在新型大屏幕彩色电视机中常设有画中画及画外画功能。通常屏幕尺寸为4 ∶ 3的彩色电视机设置画中画，而屏幕尺寸为16 ∶ 9的彩色电视机设置画外画，有的屏幕尺寸为16 ∶ 9的彩色电视机推出双视窗模式。具有画中画功能的彩色电视机可按输入信号的来源不同，分为视频画中画和射频画中画。视频画中画的信号源为录像机、摄像机、VCD或DVD等外接设备的视频信号，通过电视机的音/视频接口（AV端子）或S端子输入电视机的画中画处理电路，进行处理和控制。

（4）彩电显示器件的新技术

传统彩色电视的显像采用阴极射线显像管（CRT）作为显示器件，它利用电子束逐点扫描轰击荧光粉发光来显示图像，存在体积大、耗能多、需高压大电流驱动和不易平面化等缺点。当前显示器的新技术主要有：CRT的大屏化与平面化、液晶显示、等离子体显示。

① CRT的大屏化与平面化　大屏是指屏幕对角线尺寸大于63cm（25in，1in=2.54cm），

目前25～40in之间的大屏仍沿用传统的直视型方式，通过采用新型的玻璃成形技术、动态自会聚技术和几何失真校正技术实现大屏化和准平面化，因此其耗电大、寿命短，2005年以后已被液晶显示器和等离子体显示器逐步取代而退出市场。

② 液晶显示技术　液晶显示技术是指采用液晶显示板作为显示器的技术。液晶显示板（LCD）由一个一个排列整齐的液晶像素单元构成，一块液晶显示板有几百万个像素单元，每个像素单元由R、G、B三个小单元构成。小单元的核心部分是液晶体（液晶材料）及半导体控制器件，液晶体的主要特点是在外加控制电压的作用下，透光性会发生很大的变化。如果使控制电压按照电视图像的规律变化，在背部光源的照射下，从前面观看就会有电视图像。

③ 等离子体显示技术　等离子体显示技术是指采用等离子体显示板作为显示器件的技术。等离子体显示板（plasma display panel，PDP）由几百万个整齐排列的等离子体发光单元（像素）构成，每个像素包括R、G、B三个发光小单元，每个小单元类似于一个微小的荧光灯管，内部涂有荧光层并充有惰性气体，在外加电压的作用下，内部气体呈离子状态，并且放出电子使荧光层发光。

5.6.2　3D技术

3D是three-dimensional的缩写，意为三维立体图形。3D液晶电视是通过在液晶面板上加上特殊的精密柱面透镜屏，将经过编码处理的3D视频影像独立送入人的左右眼来产生立体效果，可以使用户不需借助立体眼镜即可体验立体感觉，同时能兼容2D画面。

3D显示技术可以分为眼镜式和裸眼式两大类。裸眼3D主要用于公用商务场合，将来还会应用到手机等便携式设备上。而在家用消费领域，无论是显示器、投影机或者电视，大都还是需要配合3D眼镜，才能收看3D影像。

（1）眼镜式3D技术

在眼镜式3D技术中，可以细分出三种主要的类型：色差式、偏光式（不闪式）和主动快门式，也就是平常所说的色分法、光分法和时分法。

① 色差式3D技术　色差式3D技术，英文为anaglyphic 3D，配合使用的是被动式红-蓝（或者红-绿、红-青）滤色3D眼镜。这种技术历史最为悠久，成像原理简单，实现成本相当低廉，眼镜成本仅为几块钱，但是3D画面效果也是最差的。色差式3D先由旋转的滤光轮分出光谱信息，使用不同颜色的滤光片进行画面滤光，使得一个图片能产生出两幅图像，人的每只眼睛都看见不同的图像。这样的方法容易使画面边缘产生偏色。由于效果较差，色差式3D技术没有广泛使用。

② 不闪式3D技术　也称为偏光式3D技术或偏振式3D技术，英文为polarization 3D，配合使用的是被动式偏光眼镜，价格比较便宜，很多影院都是采用这种技术。偏振式3D是利用光线有“振动方向”的原理来分解原始图像的，先通过把图像分为垂直向偏振光和水平向偏振光两组画面，然后3D眼镜左右分别采用不同偏振方向的偏光镜片，这样人的左右眼就能接收两组画面，再经过大脑合成立体影像。这种技术对辅助设备的要求较高，需要画面具有240Hz或者480Hz以上的刷新率。

但是，人两只眼睛分别接收两个在屏幕上占一半的画面导致清晰度减半，3D效果也随之减半。

在偏光式3D系统中，市场中较为主流的有reald 3D、masterImage 3D、杜比3D三种，

reald 3D技术市占率最高，且不受面板类型的影响，可以使任何支持3D功能的电视还原出3D影像。在液晶电视上，应用偏光式3D技术要求电视具备240Hz以上刷新率，LG、康佳、TCL、海信、创维等品牌采用偏光式3D技术。

不闪式3D技术有如下优势。

a.没有闪烁，能体现让眼睛非常舒适的3D影像。不闪式3D没有电力驱动，可舒适佩戴眼镜并且全然没有闪烁感，因此可以尽情享受让眼睛非常舒适的3D影像。

b.可视角度广，观看不闪式3D电视时只要是在推荐距离内，在任何角度观看，都不影响其画面效果、色彩表现力，可以在没有角度限制的情况下去享受完美震撼的3D影像。

c.能够用轻便舒适的眼镜享受3D影像。不闪式3D眼镜轻便、价格合理，还可以使用夹套眼镜让配戴眼镜的人也能舒服使用。

d.体现没有重叠画面的3D影像。画面重叠现象是因为右侧影像进入左侧眼睛或左侧影像进入右侧眼睛而发生的。不闪式3D所使用的特殊薄膜分离左右影像后体现3D影像，所以不会发生画面重叠现象。

e.体现没有画面拖拉现象的高清晰3D影像。不闪式3D能够在1s体现240张3D合成影像。所以在相同的时间里，不闪式3D能表现更多的画面情报而体现没有拖拉的高清晰立体影像。但是，不闪式3D电视在画面表现能力上逊于偏振式3D技术。

③ 快门式3D技术　主动快门式3D技术，英文为active shutter 3D，需要配合主动式快门3D眼镜使用。这种3D技术的原理是根据人眼对影像频率的刷新时间来实现的，通过提高画面的快速刷新率（至少要达到120Hz），左眼和右眼各以60Hz的频率快速刷新图像才会让人对图像不产生抖动感，并且保持与2D视像相同的帧数，观众的两只眼睛看到快速切换的不同画面，并且在大脑中产生错觉，便观看到全高清的立体影像。

主动快门式3D技术有残影少、3D效果突出的优点，而且该技术实现起来比较容易，屏幕成本较低，不论是电视、电脑屏幕还是投影机，只要更新频率能达到要求，就能导入这个技术，市面上大部分的3D产品都采用这个技术。但是快门式3D技术的缺点有以下几个。

a.亮度大打折扣。带上这种加入黑膜的3D眼镜后，实际亮度降低很多。再者主动式快门眼镜受到液晶层的限制，镜片面积也不能做得太大，对部分人来说，特别是戴眼镜的朋友会很容易看到四周粗粗的黑框。

b.主动快门式3D眼镜一直处于高速的开闭状态，长时间观看很容易造成人眼的疲劳。另外因为我国的日光灯等发光设备频率跟3D眼镜开合频率不同，灯光设备对观看3D画面影响很大。

c.限于3D眼镜的工作原理，还会引起“crosstalk现象”。即“串扰现象”，即眼镜快门的开合与左右图像是否完全同步，如果不能够完全同步将产生两幅影像之间的叠加，造成影像模糊，严重影响观看。

d.观看角度问题。由于液晶电视面板和3D眼镜都是采用液晶分子材质，因为偏转角透光的特性，佩戴3D眼镜观看3D影像时只能水平观看，不能倾斜，否则就欣赏不到3D效果，甚至会因为液晶屏幕和3D眼镜液晶分子偏转角透光冲突造成全黑现象。

e.眼镜成本太高。市场上的主动快门式3D眼镜的价格基本都在1000元人民币以上，而且各个厂商推出的3D眼镜并不能通用。3D眼镜无论是信号的接收，还是两边液晶的闪动都是要耗费电力的，因此主动式快门眼镜还要不时地充电。

另外，3D眼镜的辐射问题也不能不关注，因为快门式3D眼镜为电子设备，镜片更是由液晶层做成，虽然功率都不大，但也肯定会产生辐射，再加上眼镜紧贴着眼睛，长时间佩戴可能对人眼造成伤害。

（2）裸眼式3D

裸眼式3D可分为光屏障式（barrier）、柱状透镜（lenticular lens）技术和指向光源（directional backlight）三种。裸眼式3D技术最大的优势便是摆脱了眼镜的束缚，但是分辨率、可视角度和可视距离等方面还存在很多不足。

在观看的时候，观众需要和显示设备保持一定的位置才能看到3D效果的图像（3D效果受视角影响较大），3D画面和常见的偏光式3D技术和快门式3D技术尚有一定的差距。

① 光屏障式　光屏障式3D技术也称为视差屏障或视差障栅技术，其原理和偏振式3D较为类似。光屏障式3D产品与既有的LCD液晶工艺兼容，因此在量产性和成本上较具优势，但采用此种技术的产品影像分辨率和亮度会下降。

优点：与LCD液晶工艺兼容，因此在量产性和成本上较具优势。

缺点：画面亮度低，分辨率会随着显示器在同一时间播出影像的增加呈反比降低。

② 柱状透镜　柱状透镜（lenticular lens）技术也称为双凸透镜或微柱透镜3D技术，其最大的优势便是其亮度不会受到影响。柱状透镜3D技术的原理是在液晶显示屏的前面加上一层柱状透镜，使液晶屏的像平面位于透镜的焦平面上，这样在每个柱透镜下面的图像的像素被分成几个子像素，这样透镜就能以不同的方向投影每个子像素。于是双眼从不同的角度观看显示屏，就看到不同的子像素。不过像素间的间隙也会被放大，因此不能简单地叠加子像素。让柱透镜与像素列成一定的角度，这样就可以使每一组子像素重复投射视区，而不是只投射一组视差图像。

它的显示亮度不会受到影响，是因为柱状透镜不会阻挡背光，因此画面亮度能够得到很好的保障。不过由于它的3D显示基本原理仍与视差障壁技术有异曲同工之处，所以分辨率仍是一个比较难解决的问题。

优点：3D技术显示效果更好，亮度不受到影响。

缺点：相关制造与现有LCD液晶工艺不兼容，需要投资新的设备和生产线。

③ 指向光源　对指向光源（directional backlight）3D技术投入较大精力的主要是3M公司，指向光源3D技术搭配两组LED，配合快速反应的LCD面板和驱动方法，让3D内容以排序方式进入观看者的左、右眼互换影像产生视差，进而让人眼感受到3D效果。前不久，3M公司刚刚展示了其研发成功的3D光学膜，该产品的面世实现了不需佩戴3D眼镜，就可以在手机、游戏机及其他手持设备中显示真正的三维立体影像，极大地增强了基于移动设备的交流和互动。

图5.50　东芝“裸眼3D+4倍全高清”超解像电视

优点：分辨率、透光率方面能保证，不会影响既有的设计架构，3D显示效果出色

缺点：技术尚在开发，产品不成熟。

日本东芝的“裸眼3D+4倍全高清”超解像电视（见图5.50）分辨率最高可达3840×2160，是普通全高清电视分辨率的4倍，并且提供裸眼

3D功能，不需佩戴眼镜即可欣赏身临其境的3D影像。另外这款电视采用LED背光技术，同时支持2D和3D模式，通过遥控器即可轻松实现2D和3D的自由切换。

这款裸眼3D电视运用了东芝独有的完整成像技术，能向不同位置和角度同时放映出复数影像，使得观看者不需佩戴特殊眼镜即可看到不同的画面，并在大脑中形成立体影像。

5.6.3　曲面电视

电视行业的发展史不仅是显示技术的持续提升，更是在外形设计上的不断突破。当年，平面直角的液晶电视取代了CRT，标志着电视行业进入了一个全新的阶段，平板和大屏也成为一种发展趋势。而2013年LG全球首款曲面OLED电视（见图5.51）的横空出世，不仅刷新了液晶电视的画质体验，更是掀起了电视从平板到曲面过渡的新篇章。

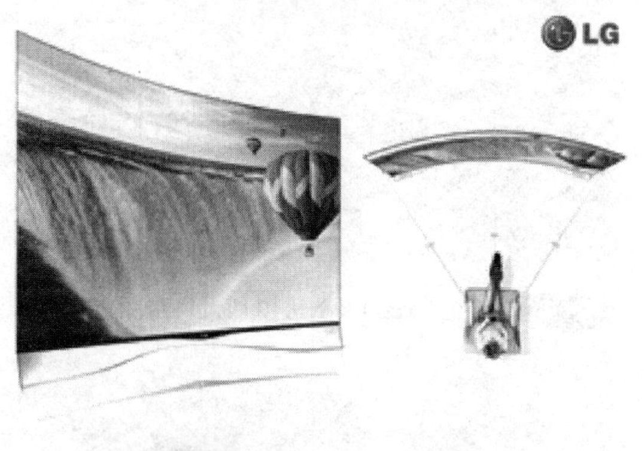

图5.51　LG曲面OLED电视

曲面电视从2013年进入中国市场，不仅增长势头迅猛，而且被认为是未来几年最具市场前景的产品。曲面电视不仅是对电视外观形态的颠覆，更是对观看舒适度的显著改善。曲面电视不仅有着弧形优美外观，而且更符合人眼的球面视觉特征，使屏幕上每一点到达眼睛的距离相等，消除了屏幕边缘的视觉变形，曲面电视还打破平面180°视角极限，它的视角更广，用户可以体验到更逼真的画面临场感。

（1）OLED显示技术

OLED电视实现了屏幕的自发光，不再需要背光源等光学组件，因此大大缩减了屏幕的厚度。LG曲面OLED电视的屏幕更是达到了4.33mm，仅为市场上同类产品的三分之一。也正是得益于此，纸般纤薄的OLED屏幕在弯曲的时候不会造成因像素点变形而产生对画质的削弱。

同时，LG曲面OLED电视的屏幕弯曲角度也是经过精密的测算，以保证在合理观看距离上，屏幕的每一点到达观看者眼睛的距离都是相等的，全方位的观赏视角带来最真实的环绕感与临场感，并且使得眼睛更加舒适。

革命性的OLED技术拥有得天独厚的优势。例如，在展现纯黑画面时，OLED电视的像素点可以直接完全关闭，从而展现出纯粹而深邃的黑色，也带来了趋于无限的对比度。此外LG独有的WRGB四色技术则进一步放大了LG OLED电视的画质优势。区别于传统的RGB技术，WRGB四色技术在红、绿、蓝三原色之外加入白光，可以呈现不同灰度和明暗反差，让颜色更加准确、生动，真正做到了色彩表现上的无懈可击。这不仅让LG曲面OLED电视呈现出令人惊艳的画质，也从根本上解决了液晶面板不能显示纯正黑色、容易漏光偏色等问题。同时，LG OLED电视快于液晶电视1000倍的响应速度向观看者鲜活地展现无拖影的极速运动画面，从而让观看者得到“如临其境”的舒适、真实的观影感受。

此外，在纤薄曲面屏幕的基础上，透明的水晶底座设计使得LG曲面OLED电视宛如在空中悬浮，为观看体验锦上添花，营造出更加幻化的身临其境感。电视一经推出便斩获国际创意设计大奖——德国红点奖的至尊奖，主办方表示：“这款革命性电视可提供更加舒适、引人

图 5.52 海信 XT800 和 XT810 两大系列曲面电视

图 5.53 海信 100 寸旗舰版激光影院电视

入胜的观看体验和超清晰的图像。曲面的革新设计大胆地改变了人们对显示的传统认识。”

海信是最早推出曲面电视的中国品牌，海信XT800和XT810两大系列曲面电视（见图5.52）很好地解决了侧边画面的准确还原问题，使每个角落的画面都能与中央视觉效果保持一致，同时解决了过度曝光及偏色问题，画面均匀透亮，观看自然舒适。海信这两大系列曲面电视采用源自正弦曲线的设计灵感，听觉享受和科学音效完美融合，结合丹麦顶级音响的铝合金工艺设计，打造环绕逼真、低音浑厚、高音靓丽的声效系统。平滑的锥形边缘让每个扬声器从侧面看来显得极其轻薄小巧，而整个音柱大气稳重，弯曲的外形轮廓仍为实现卓越声学性能提供了必要空间，为曲面电视配备真正美观雅致的音响设备。

（2）激光显示技术

经历CRT时代、平板时代二十年发展的彩电业，今后十年如何发展？已跃居全球彩电销量三强的海信率先给出回答。2015年12月9日，海信在北京隆重发布了自主研发的新一代激光影院电视，产品扩展为85寸、100寸（见图5.53）和120寸三个规格段，其70寸激光拼接商业显示屏也首次亮相，强大产品阵容彰显了海信推动电视进入影院时代的决心。

海信从2007年开始布局激光显示技术，目前已取得141项核心专利技术，核心的激光光学引擎100%自主研发设计，整机研发、设计、制造完全自主运营，掌控了70%的产品成本。2013年12月，海信推动国际电工委员会成立了激光显示标准组（T C110/W G10），并成为组长单位，并在2015年9月牵头成立了全国平板显示标准技术委员会激光显示标准组。海信凭借在激光显示技术及产品上取得的突出成就获得中国彩电行业的技术成就大奖。

5.6.4 4K技术

4K，具有新一代好莱坞大片的分辨率标准。它不同于我们在家里看的高清电视（1080P，分辨率1920×1080），也不同于传统数字影院的2K分辨率的大屏幕（分辨率2048×1080），而是具有4096×2160分辨率的超精细画面。传统高清电视是207万像素的画面，而在传统数字影院里看到的是221万像素的画面，在4K影院里，能看到885万像素的高清晰画面。

在数字技术领域，通常采用二进制运算，而且用构成图像的像素来描述数字图像的大小。由于构成数字图像的像素数量巨大，通常以K来表示2的10次方，即1024，因此：1K：2^{10}=1024，2K：2^{11}=2048，4K：2^{12}=4096。

影院如果分辨率4096×2160的画面，无论在影院的哪个位置，观众都可以清楚地看到画面的每一个细节，影片色彩鲜艳、文字清晰锐丽，再配合超真实音效，这种感觉真的是一种难以言传的享受。

因为国内的4K片源比较少，4K电视无用武之地，怎样观看4K影片就成了一个比较重要的话题了，LG采用了至真4K图像处理引擎，该引擎可以通过自适应优化画质提升技术，对普通清晰度画面进行复杂运算、分析和优化，使画面更接近超高清画质，让4K电视摆脱片源滞后、不足的困境。

图5.54　东芝55寸4K电视

根据现阶段我国彩电市场的统计，4K超高清电视约9个品牌，包括三星、TCL、LG、长虹、创维、康佳、索尼、海尔、海信，产品超过15个系列，已经在市场开卖的4K超高清电视接近百余款，产品尺寸覆盖39～84寸。市场上第一款4K电视是2011年年底东芝推出的55寸产品（见图5.54）。

（1）创维4K电视

2015年5月，创维发布GLEDSlimE6200系列（见图5.55），其精湛的工艺和至高的性价比，成为4K电视业内的一匹亮眼黑马。

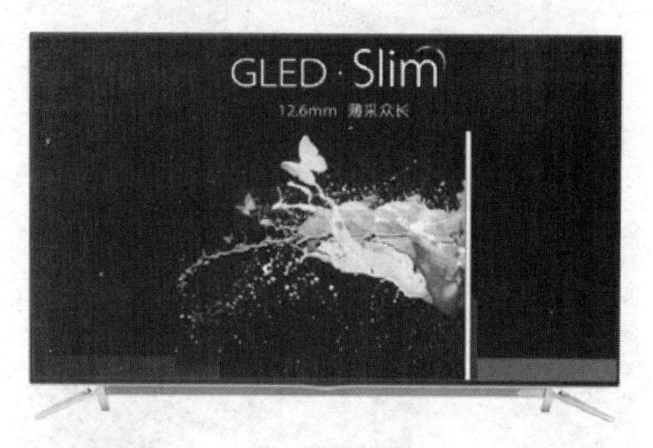

图5.55　创维GLEDSlimE6200系列4K电视

创维推出的4K超高清产品4K极清系列，是基于4K极清屏，搭载4K全时系统，通过4K HDMI/4K USB、4K图强引擎、云技术实现影像内容全兼容、全无损、全分享的健康云电视。创维4K极清系列是国内最先量产的超高清电视，与720P高清标准和1080P全高清标准FULLHD相对应，创维4K×2K超高清拥有3840×2160的物理分辨率，其显示设备的总像素数量达到800万以上，是全高清的4倍、高清的8倍，电视机更轻薄、画面更细腻。

除此之外还搭载了创维的全时4K技术，通过4K多通道（HDMI、USB、网络）传输、无损解码和超清显示，实现内容的全兼容、全无损、全分享的完整4K解决方案。即4K液晶面板和realtek的单芯片解决方案，不光能显示4K级别的画面，还能通过USB接口连接存储设备，直接播放4K分辨率超高清视频文件。此外，通过内置的4K单芯片，创维新款4K极清系列电视采用4K图强引擎，实现4K影像点对点还原，通过MRIT影像微重组技术，对影像细节重组及精密显像处理，1080P/1080i画质智能提升2.89倍。同时采用3840×2160超高清屏体，搭载高亮LED灯管、增亮膜、第三代六基色、超级矩阵背光等技术，实现画面亮度、色彩增强提升。细节更精细，超越临场感。还采用了目前创维独有的4K图强引擎，采用芯片自适应视频编码算法，通过运动估算和运动补偿，进行场内插帧，刷新频率提升4倍，有效解决传统4K电视运动画面抖动、拖尾的问题。

4K极清系列还搭载了拥有云相册、面部识别、多屏互动、语音博士等功能的强大智能系统。此外，创维与权威机构合作，在电视上率先实现脂肪、体重、血压等人体健康检测，对历史检测数据在云端进行管理，提供专业健康指导、健康饮食建议和量身定制的健康运动解决方案。

（2）康佳4K电视

2012年8月7日，康佳电视领先行业，率先推出国内第一款4K电视——9600系列（见图5.56）。

图5.56 康佳LED50X9600UE 4K电视

康佳作为超高清第一品牌，着力提升用户体验和降低接纳门槛，推动UD超高清电视的普及，锁定UD超高清电视时代市场首选品牌地位。凭借敏锐的市场嗅觉和创新技术优势，康佳UD超高清已有40寸、50寸、55寸、58寸、65寸、84寸最全最强阵容，实现了大尺寸屏幕的系列化和全覆盖，满足了不同消费者客厅的最佳观赏需求。

2013年6月，全球第一台8核电视在康佳诞生。康佳8核9500系列4K电视（见图5.57），是拥有8核芯片的4K电视，高效利用4核CPU+4核GPU，运算性能大大提升，图像处理性也得到极大的提升。

图5.57 康佳8核9500系列4K电视

康佳强劲的8核“芯”动力，以及独特的“适时4K技术”，能够做到智能识别信号、全格式兼容、完美点对点和全屏幕显示，带来4K完美显示。

2013年12月，康佳全球首发了10核极智4Ks系列产品（见图5.58），以硬件的10核超芯力、软件的极智超实力、显示的4Ks超视力，珠联璧合打造出“一芯二翼”新一代4K电视技术，开创彩电极清极智新视纪。

图5.58 康佳10核极智4Ks系列电视

（3）LG 4K电视

在2012年于柏林举办的IFA贸易展示会中，世界首台84寸超高清4K电视向世人展示。

LG家庭娱乐总裁兼CEO Havis Kwon表示：“我们很高兴能在IFA2012中，让欧洲的消费者有机会首次体验到我们的UD3D电视是多么的出色。此次推出的UD3D电视是一款无与伦比的产品，它带来突破性的电视技术，并为整个行业树立了全新的标准。尽管超高清是此款产品最显著的特性，但我们同时相信消费者也会对LGCinema不闪式3D技术和智能体验所带来的多种好处产生浓厚的兴趣。”每帧800万像素的画面品质是最值得LG4K电视引以为豪的。这一标准超过了现有全高清电视的分辨率（3840×2160）。如此优异的画面表现，在很大程度上要归功于LG先进的三重引擎。同时，resolution upscaler plus功能让LG4K电视外接的多媒体资源，包括移动硬盘、手机以及网路资源中的影像细节得到超高品质的渲染，这完美解决了在大屏幕上看外接多媒体影像时画质丢失的难题。尽管LG4K电视相当于4台42寸电视的大小，但画面的图像细节仍能被处理和渲染得非常出色。LG还把Cinema不闪式3D技术引入此款产品，将4K电视带入3D娱乐世界。Cinema不闪式3D技术保证4K电视那巨大的屏幕能够呈现出最身临其境的3D画面。例如，3D景深控制功能能够调节屏幕中虚拟影像的距离，从而营造更加真实的3D视界。同时，3D sound zooming这一功能能够智能分析屏幕中影像的景深，并根据屏幕影像的位置和移动生成立体的音响效果。

发布世界首台84寸LG ULTRAHD电视LM9600（见图5.59）后，在2013年10月，LG又推出了55寸和65寸ULTRAHD电视LA9700（见图5.60）。凭借3840×2160超高分辨率与LG IPS硬屏的金字招牌，55寸和65寸ULTRAHD电视在画质表现上与84寸ULTRAHD电视一脉相承，不仅在清晰度与细节表现上出类拔萃，更兼具纯正的色彩还原与极致对比度，为消费者打开了一扇通向未曾体验过的真实世界的超高清之门。LG LA9700搭载全新true ULTRAHD引擎，可通过智能像素补偿计算将全高清分辨率的画面提升为超高清画面品质，一举攻克超高清片源不足的难题。

图5.59　84寸LG ULTRAHD电视LM9600

LG55寸和65寸ULTRAHD电视将四个可滑动扬声器巧妙地隐藏在屏幕下方。开启时，原本隐蔽在机身中的扬声器将从屏幕下缘伸出，配合机身后部搭载的低音炮，组成4.1声道音响系统，打造四声道环绕立体声效果，其全方位还原真实声场的能力大大超越普通2.1声道双环绕立体声音响系统，低音浑厚饱满，高音清澈圆润，声音层次丰富真实，细节呈现淋漓尽致，创造完美临场。

图5.60　LG ULTRAHD电视LA9700

5.6.5　量子点技术

2013年，索尼公布了Bravia电视新技术“特丽魅彩（Triluminos）”，这是一项应用于液晶电视中发光板部分的新技术。它可以让液晶电视屏幕显示的色域覆盖率达到NTSC标准的111.97%。这项技术的原理就是量子点技术。

（1）什么是量子点技术

量子点是极小的半导体晶体，大小约为3～12nm（nanometer，为10亿分之一米），仅由少数原子构成，所以其活动局限于有限范围之内，而丧失原有的半导体特性。也正因为其只能活动于狭小的空间，因此影响其能量状态就容易促使其发光（目前一般通过电子或光子激发量子点，产生带色彩的光子），科学家实验的结果是，可依据其内部结构与大小的不同，发出不同颜色的光，量子点尺寸越大越偏向光谱中的紫色域，越小则越偏向红色域，如果计算足够精确，就可如图5.61所指示发出鲜艳的红绿蓝光，正好用作显示器的RGB原色光源。

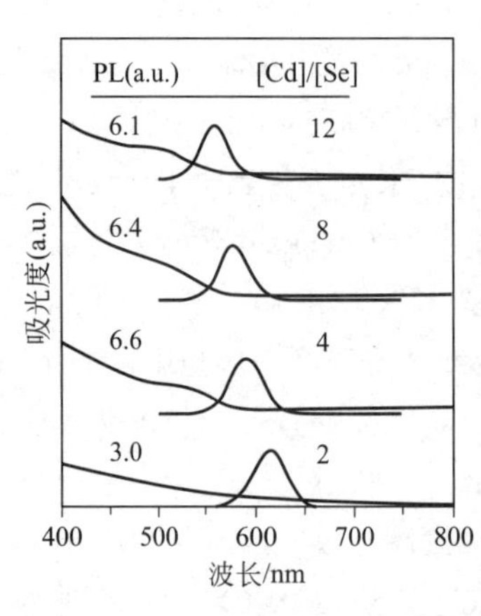

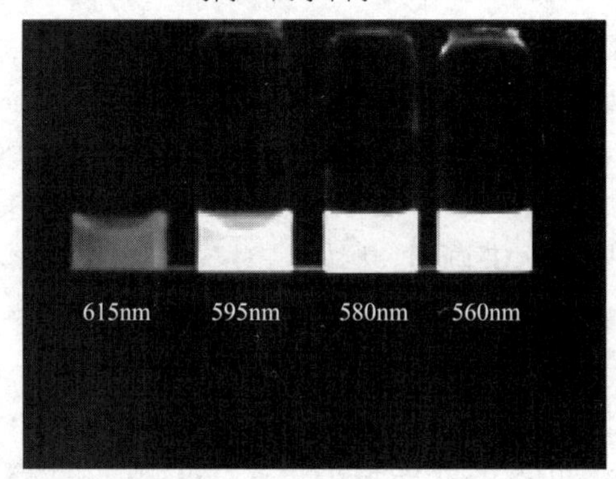

图5.61 量子点技术发光

(2) 量子点技术如何应用于液晶面板

图5.62 量子点技术应用于液晶面板

量子点是发光材料，原则上可以铺在平面上，然后用控制电路显示画面，但“铺”却是大技术。最初的做法是运用溶液，将溶液涂抹到平面，溶液蒸发以后量子点便附着在基板表面，但问题是仅能用一种量子点，也就是仅能显示一种颜色，溶液没有办法同时含有RGB三色的量子点，即使可以，各色也无法均匀排列。麻省理工学院的科学家，想出了用印刷的办法，把量子点用橡皮章的方式印到面板上（见图5.62）。

平版印刷转印技术是这样的，印版先不直接与纸张接触，先把影像转印到橡皮滚筒，滚筒再把影像转印到纸上，由于橡皮比较软，印到纸上较为贴实，因此效果比直接用印版印上去更好。量子点显示屏就是这么做的，用一个刻好纹路的橡皮章，把含有一色量子点的溶液涂抹在纹路上，溶液蒸发之后，把留在橡皮章上的量子点盖在面板上，完成一色，如法炮制第二色、第三色，这样就可以把RGB三色安排成彼此相邻的规则模式，每一色精细到25微米（micron，百万分之一米），合乎目前高分辨率面板的要求。

(3) 量子点技术的特点

① 量子点技术屏的色域覆盖更宽广。在CIE 1931色度图上，此次展示的TCL量子点电视H9700在红色上的x、y坐标达到了0.6901与0.2979，绿色的x、y坐标0.2091与0.7415，蓝色的x、y坐标达到0.1468及0.0708，经过计算，H9700的成绩大致为110%NTSC色域。目前普通LED背光色域为72%NTSC色域，备受关注的OLED色域原理上可达到100%NTSC色域左右。

② 色彩控制更精确。目前业界在显示技术上普遍采用的是光致发光（PL）原理，传统的荧光粉是多级能级结构，当蓝光激发荧光粉时，荧光粉发出的光的频谱不是单一的，除了显像需要的红/绿/蓝光外，还有其他杂色光，这些杂色光严重影响了色彩还原的纯净度与精确度；而量子点是单能级结构，每个固定大小的量子点受激发发出的光的频谱是唯一的，也就是说色彩是唯一的，是纯色的。因此，通过调节量子点晶粒尺寸，就可以方便、精确地调节

其产生的光波波长，产生不同颜色的发光，从而可以更精准地控制色彩，达到精确的色彩还原显示效果。

（4）量子点技术PK OLED及传统显示技术

麻省理工学院电机教授Vladimir Bulovic一直负责量子点的技术研究，他认为量子技术有望让液晶的显示性能超过OLED，OLED还需要滤光才能生成需要的色彩，所以其色纯受到滤光板性能的限制。但量子点发出光谱极为狭窄，因此色纯度更高，能产生更丰富的色彩。

此外，量子点晶体是非有机物，不像OLED采用有机物制作二极发光体，所以其工作时更为稳定，寿命也更长。此外，相对于现有的液晶技术，量子点背光板的发光效率更高，因此也更为节能。

而除了节能、彩色艳丽以外，量子点的应用还可以令面板增加明暗对比度与清晰度。普通液晶显示技术采用高强度的背光板，然后通过滤光生成不同的色彩，因此很难显示微光下的暗部细节，量子点技术的发光类似等离子电视的显示原理，也更高效，因此，在生成黑暗环境的画面时，其细节显示的性能也比传统电视更高。

图5.63　H 9700

2015年12月，TCL高端旗舰机型量子点曲面Q55 H 8800S-CUDS获选2015“中国好电视”。自2014年率先发布国内首台量子点电视H 9700（见图5.63）以来，TCL一直致力于行业公认的下一代电视显示技术之一的量子点技术、产品的研发。此次入围中国好电视高端旗舰机型的量子点曲面电视H 8800（见图5.64）就是TCL在量子点产品布局上的又一力作。

图5.64　H 8800

量子点曲面电视H 8800率先打通量子点显示技术与曲面技术，使曲面电视达到110% N TSC的色域覆盖率，在色彩表达、对比度、观影舒适度上都有重大的突破，真正满足用户对曲面临场感与色彩临场感的双重极致体验。TCL为曲面电视量身打造了量子点增强膜，首次将量子点色彩增强材料和曲面显示屏进行精准匹配，并结合精准局域背光技术，一举实现更佳的成像画质。这也是行业打通量子点与曲面技术的最佳解决方案之一。

三星2015年CES带来了诸多新品，其中包括了新一代的SUHD电视，依然保留了曲面4K屏，搭载Tizen系统，不同之处是新款SUHD电视都支持HDR技术，能够带来更高的亮度和更加生动的色彩表现。三星全新的量子点SUHD TV（见图5.65）外观上采用了极窄边框、360度设计，整体非常看上去时尚、轻盈。

图5.65　88寸三星SUHD量子点电视：窄边框+曲面屏

功能上，全新的三星量子点SUHD TV的屏幕部分采用了10Bit量子点技术，亮度达到了1000尼特，支持HDR技术，标称整体效果较之前有了明显提升，能够给用户带来更加逼真的视觉体验。

全新电视依旧是Tizen操作系统，但是“Smart Hub”的UI界面进行了更新，常用的应用，包括Netflix、Youtube、HBO等，还新增了Play Station。升级后配合内置的物联网设备，只需一个遥控器就能在同一界面轻松访问。

在软件方面，三星也较之前有所升级，不仅能够通过内置软件让电视与手机互联，而且还能够在看电视节目时，尤其是体育比赛时，实时查看现场动态信息。

三星还推出了一款智能家居USB接收器，可通过电视控制你的智能家居，如调节灯泡亮度、开关窗帘等，如果购买高端的三星新款电视的话，该USB接收器可免费赠送。

5.6.6 HDR技术

HDR的全称是high-dynamic range，即高动态范围处理技术。常用智能手机拍照的人对这个名词并不陌生，当用户使用智能手机HDR模式拍照时，能够提升暗处以及过亮处的细节表现，使暗处和亮处都看得很清楚。现在，这种HDR模式在电视上能够发挥更大作用，它可以通过控制电视不同区域图像的明暗程度，为电视观众提供更多的动态范围和图像细节，同时也能更好地反映出真实环境中的视觉效果。

2015年年底，长虹CHiQ电视推出了一项隐性功能，当Q2EU、Q2N机型的用户开机后，屏幕会显示系统升级提醒，用户根据指令操作可以一键升级到HDR状态，电视显示画质大幅提升。

2015年，电视产业呈现出OLED、ULED、量子点等多种技术轮番交锋的场面。几大厂商阵营都认为自己是下一代显示技术，一度针锋相对互不相容。在2016年9月举行的德国IFA展上，长虹、三星、夏普等主流电视厂商都对亮相的新品搭载了HDR技术。业内人士认为，随着主流品牌厂商的集中布局，HDR技术在未来两年将有很大的市场提升空间。

目前，4K愈加成为客厅电视标配，各大厂商也都在通过技术叠加让电视画质再次进阶。作为显示技术新宠，HDR正是几大主流品牌集中发力的对象。

5.7 产业发展趋势

（1）经济场景

没有人可以预测纽约股市未来具体走势，但是几乎没有人质疑影响经济的两大定数——全球经济不景气和动荡的欧洲。

① 紧盯美国。美国相对于欧洲更具有活力，加之美国刚刚显露出经济复苏的迹象，所以欧美市场的彩电企业关注好美国就可以了。

② 中国、日本、韩国、俄罗斯构成亚太地区主力。即使经济放缓，中国仍是苹果手机的消费大国。

因此推测，电视产品如何迎合美国与亚太地区的需求成为市场竞争力的关键。由此不难理解近几年三星逐步替代日本企业成为彩电行业霸主的原因：不同定位的全产品线，可以兼顾发达地区与发展中地区市场；全行业链，拥有技术上的自我把控、经济上的成本竞争优势。

可以看到，中国彩电行业要想取得与三星这样庞然大物的对抗能力，要想成为手机业的华为、小米那样的国际领先者，必须在芯片等核心部件、系统软件等领域获得核心竞争力并完成产业链整合。

（2）技术场景

移动市场蓬勃发展，媒体碎片化进一步加剧，这将造成电视作为媒体的属性进一步下降。

从我们身处的中国市场可以看到，随着智能手机的普及，手机网民的数量将超过6亿（2015年7月，中国互联网信息中心（CNNIC）发布《第36次中国互联网络发展状况统计报告》）。常识告诉我们，50岁以下用户通过电视获取新闻的比例越来越小，电视打开率逐年下降。然而娱乐化高质量电视节目的普及率仍然很高。因此可以认为，电视作为媒体传播渠道的价值在下降（直播属性仍强有力保留着），娱乐属性比重在提升。这就造成了电视产品“部分去媒体化”的发展特征。

部分去媒体化的电视产品将有两大趋势。

① 满足老龄化群体的低端产品：简洁化、低价产品需求。低端电视产品，要么简单地为机顶盒服务，要么操作简捷傻瓜。因为低端产品除了满足快捷酒店等公共场所的价格需求，更多定位于老年人市场。华而不实、花里胡哨的新功能是成本的大敌也是老年人的大敌，简单就好是低端产品的核心精髓。

② 定位于富裕阶层的中高端产品：大而美、强调品质生活享受。从泰禾院子这类产品全国流行，从各大中心城市高端住宅产品逆势风行，我们看到了新兴中国富裕阶层的需求。这也是三星推出价格贵族化的曲面SUHD系列产品的重要原因。

所以，所谓技术场景，其实就是电视产品必须高端产品娱乐化、品质化；低端产品简捷化（假如做好减法，去除不必要的垃圾功能，中国电视产品将具有较强的竞争力）。

从上述发展场景出发，电视市场将有哪些变化呢？

2016年电视产品将有如下几个趋势。

① 产品变现能力，例如曲面技术普及。

谈起IT产品，大家会津津乐道“黑科技”，不过，黑科技不一定能当饭吃，而产品定位可以。

为什么我们经常听到著名的日本家电企业的病危消息？为什么今天领导世界电视产品潮流的不是SONY、日立，而是韩国的三星、LG？ 除了日本老龄化更严重，恐怕就是企业的变现能力了。

财报显示，新兴国家货币贬值所带来的汇率动荡在第一季度曾经使得三星等企业出现亏损。三星电视通过加大对北美市场的出货，减少对东欧等国出货，这才扭转财务局面，恢复彩电行业的业绩。这种快速调整能力对于庞大如帝国的巨型企业而言，实属不易。相对年轻的三星正是凭借应变能力躲避了紧急灾难，稳固了市场地位。而日本企业已经开始衰老，难以适应快速变化的经济局势，以至频频处于危机的边缘。

前面已经说了产品的重点是美国和亚太，经济环境逼着企业学会快速变现，那么，从市场角度可以明白，中高端市场才有利润。于是可以推测，曲面的成本和无边框设计是流行趋势。

② VR技术与电视的结合有可能让电视在游戏应用方面焕发青春。

只要提起2016年CES，满世界都是关于VR（虚拟现实技术）的主题词。据说三星与facebook达成联盟，甚至让谷歌都有点坐立不安。那么，三星的VR是否能够与电视产品相结合值得期待。可以想象，VR是否可以让我们告别那种插播15min的生硬的广告，而取代以虚拟的场景体验式广告呢？

③ 手机发展带来的操控界面革命，互联网的发展，电视在操作系统方面的升级势在必行。

不得不再次说，现在的智能电视的操作系统，连DOS都不如。我们必须关注谷歌、苹果会不会推出适合电视的操作系统；微软是否东山再起（因为2015年微软在平板电脑操作系统上的建树卓越）；或者干脆看三星自己能不能通过Tizen的升级优化，率先搞定电视的操作系统。

第6章 冰箱产品分析与设计

冰箱是保持恒定低温的一种制冷设备。箱体内有压缩机、制冰机、用以结冰的柜或箱、带有制冷装置的储藏箱。家用电冰箱的容积通常为20 ～ 500L。

6.1　冰箱产品的外观设计分析

6.1.1　冰箱外观设计因素分析

这里以海尔品牌的一款冰箱为例进行分析。

（1）尺度与比例

① 尺度分析。尺度是指在产品设计中，以人身体的某些尺寸作为设计的参考依据。

通过实际测量，测得冰箱总高为160cm（见图6.1）。

根据2000年国民体质监测公报，中国人平均身高，男性170cm，女159cm，该冰箱高度基本符合人尺寸。

② 特征矩形分析。冰箱冷藏部分高95cm，宽55cm，97/55=1.76363…≈ $\sqrt{3}$ （见图6.2）。

通过对冷藏部分外部形状尺寸的分析，可以知道这是一个特征矩形，给人以美感。

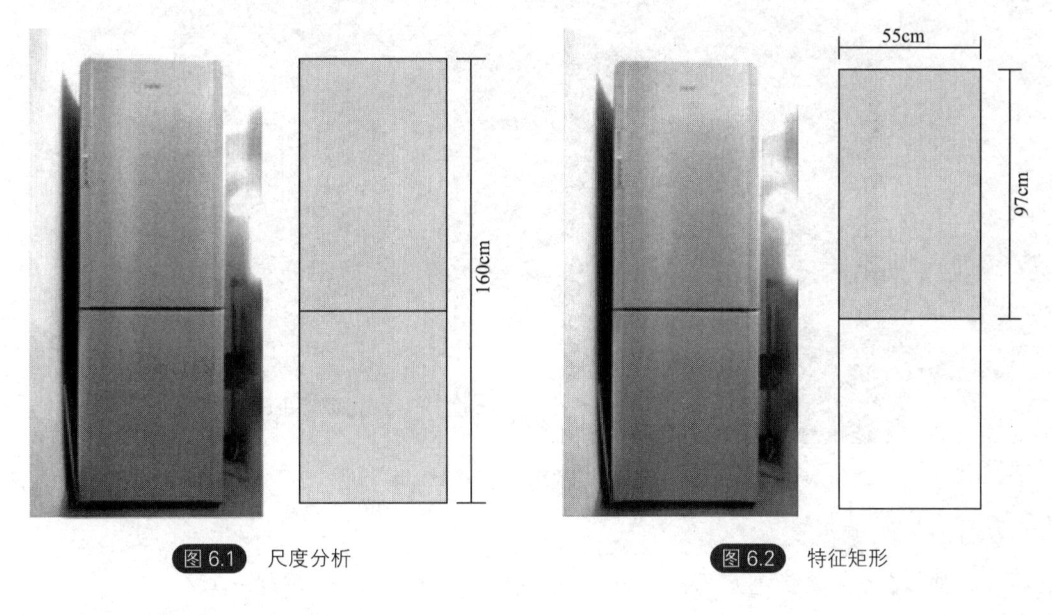

图6.1　尺度分析　　图6.2　特征矩形

③ 黄金分割分析。黄金分割的含义：A　　C　B

$AB/AC=AC/CB$

冰箱的冷藏区与冷冻区，在整体中从中下段分开，分割线的位置符合黄金分割：160/97≈97/63。按此比例设计的外观十分美丽（见图6.3）。

（2）均衡与稳定

① 均衡分析。均衡是指产品造型前后左右方向上的轻重关系是否和谐。

冰箱宽55cm，厚60cm。前后统一又不呆板，给人以稳重、可靠的感觉（见图6.4）。

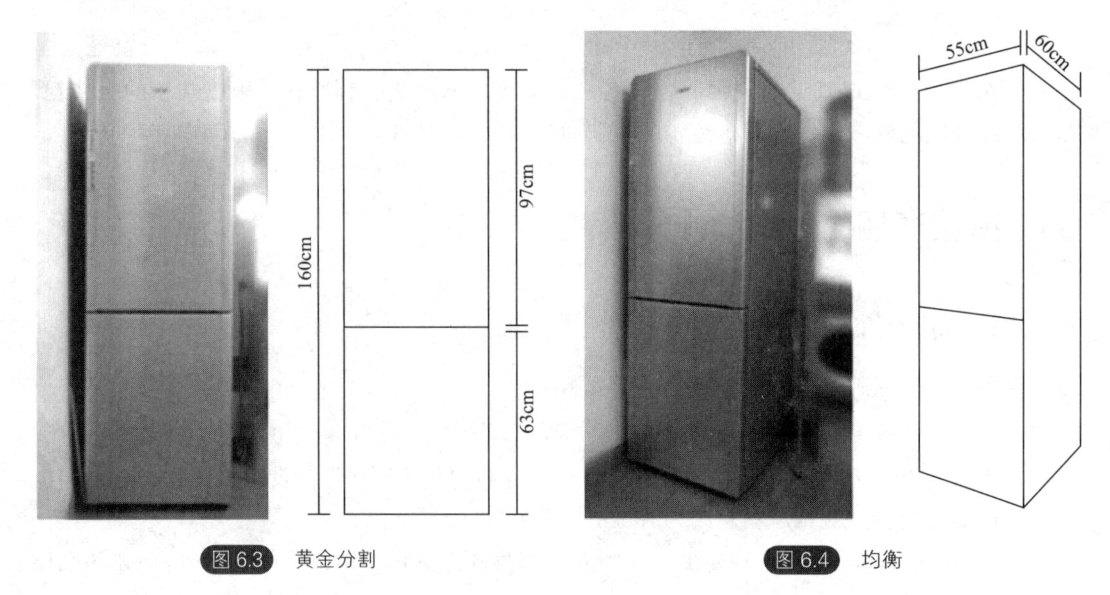

图6.3 黄金分割　　图6.4 均衡

② 稳定分析。稳定是指产品上下的轻重关系是否和谐。在这里是指在视觉上，上下各部分应该符合人们的心理感受。给人以稳重、可靠的感觉（见图6.5）。

图6.5 稳定

（3）统一与变化

统一强调在形状、颜色方面的一致性，是规整、简洁、力量的展现。

冰箱的外形是特征矩形，上下两部分为黄金分割，造型规整，没有烦琐的装饰，简洁大方。虽然整体形状是规整的矩形，但是细节处理很好地避免了单调、呆板的感觉，比如圆角的处理。

在颜色上，整体银灰色，配蓝色荧光屏和电镀按键，完美结合统一与变化。材质上，金属拉丝效果丰富产品质感（见图6.6）。

图6.6　统一与变化

（4）存放物品

① 取放行为分析。鸡蛋易碎，所以为了符合人的心理，放置鸡蛋的区域安排在冷藏区最下层。鸡蛋怕压，单独放置，不与其他物品混在一起。这部分区域在高度上大约可以容纳三个鸡蛋，避免鸡蛋层叠过度，造成挤压。

盒子与储物盒的高度和宽度非常合适，其原因不是巧合。储物盒的长宽高三个方向的尺寸一定是根据多方面的调研之后设定的。既符合人机尺寸也符合常用盒子的尺寸（见图6.7）。

图6.7　取放行为分析（一）

冰箱门上的隔板通常盛放罐装物品。通过对饮料瓶取放行为的分析可以看出上下两个隔板的距离和深度的设定也需要特别的设计。如果两隔板的距离过大会浪费空间，过小会导致物品取放的时候与冰箱发生碰撞，甚至放不下物体，如果隔板的深度过大物品同样放不进去，深度过小则导致不稳定。

冷冻区通常由几个抽屉构成。这个冰箱的弊端在于，若抽屉全部拉出，则抽屉和物体的重量全都集中在一只手上，否则抽屉会掉落，若抽屉不完全拉出，则最里面的物品不容易拿取。应该考虑改良抽屉，使其全部拉出时，可以自助固定在冰箱上，并承受一定重量（见图6.8）。

② 可移动空间分析。除了抽屉，冰箱里的所有隔板都可以随意改变位置，根据实际情况安排空间（见图6.9）。

图 6.8 取放行为分析（二）

图 6.9 可移动空间分析

（5）操作空间分析

通过对冰箱水平面人机数据分析可以得出：最大进深为455mm，冰箱操作空间水平范围为400 ～ 900mm（见图6.10 ～图6.13）。

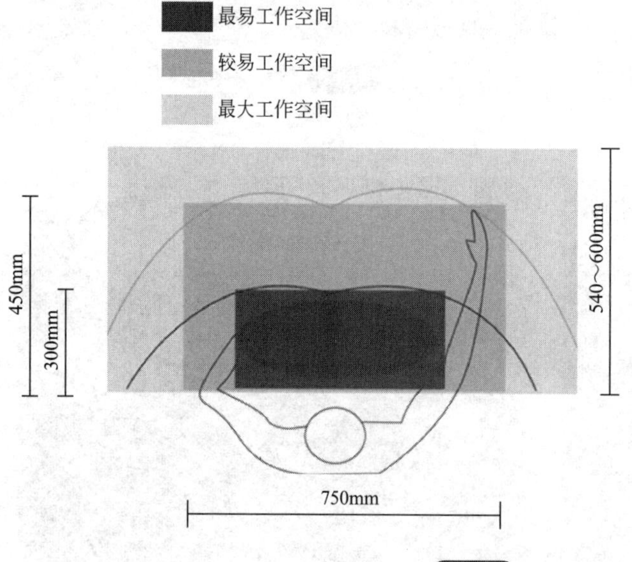

图 6.10 工作空间

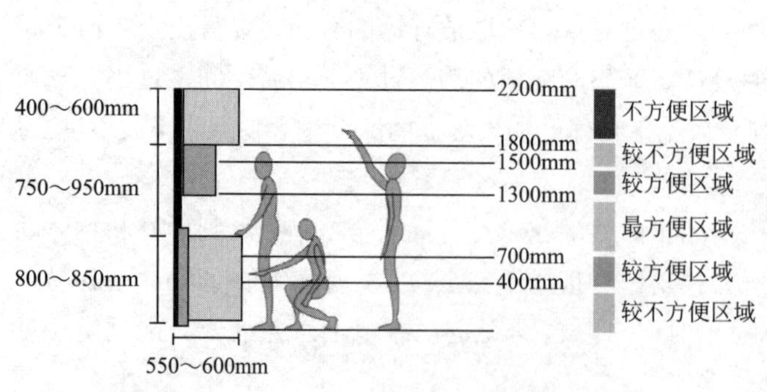

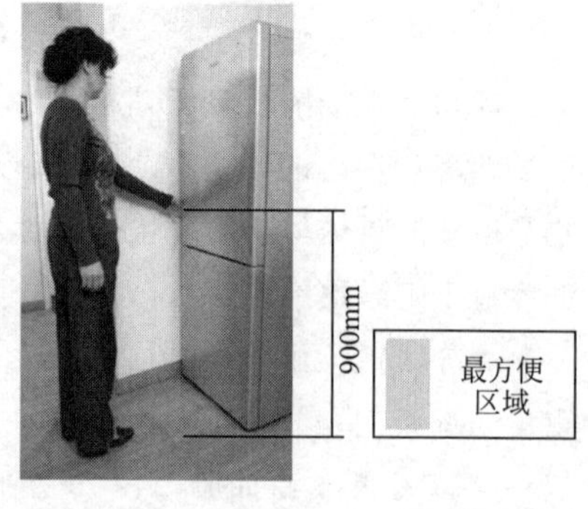

图 6.11 最方便区域（一）

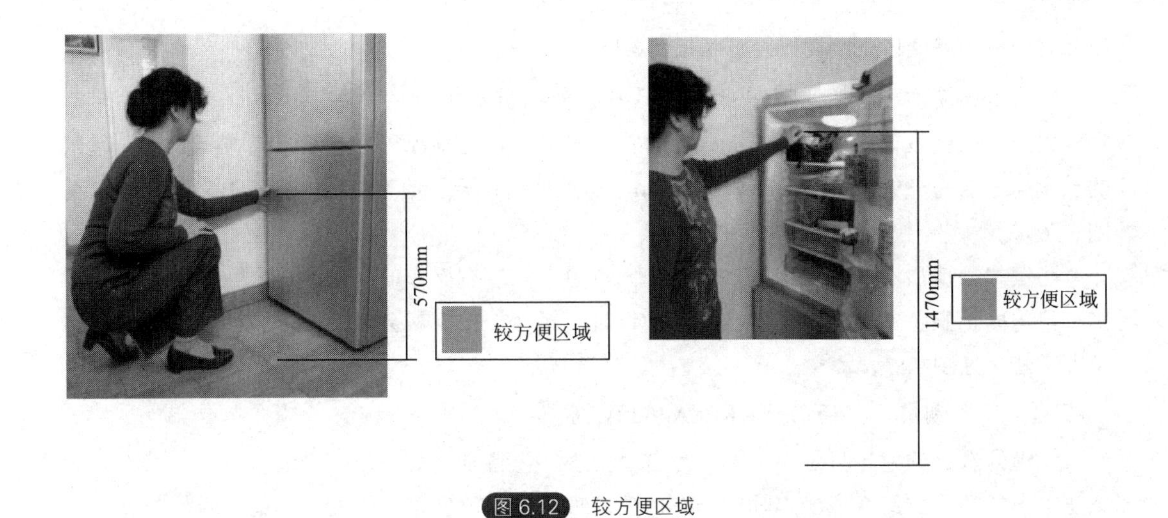

图 6.12 较方便区域

（6）显示与控制

界面图示清晰，符号、标识含义准确，不会产生误解。文字阐述方式较为正规，易于用户理解。颜色的对比度、亮度适宜（见图6.14）。

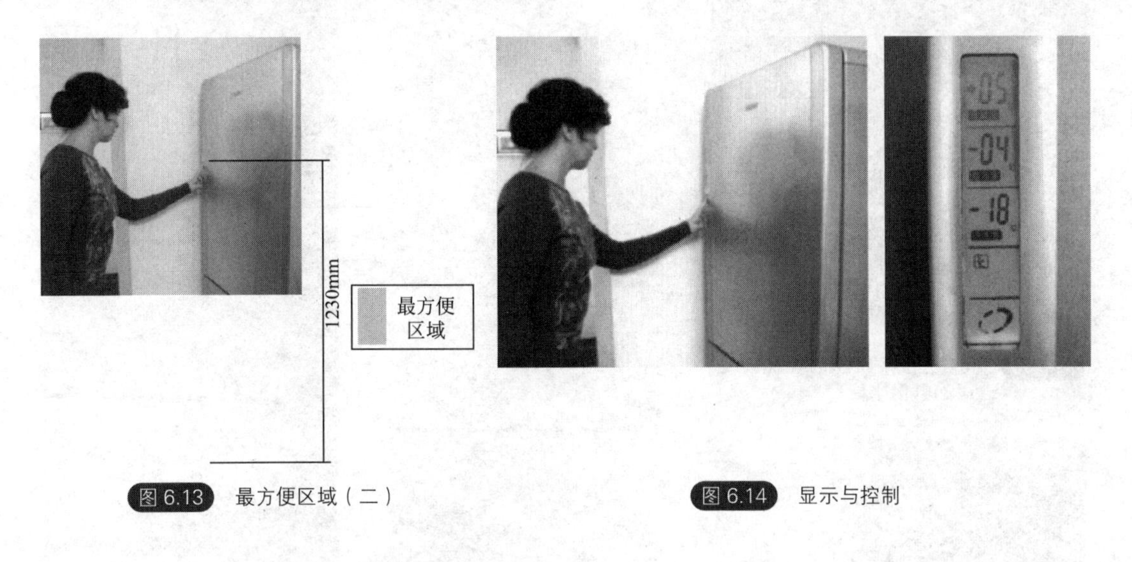

图 6.13 最方便区域（二）

图 6.14 显示与控制

6.1.2 主流品牌冰箱产品外观设计分析

越来越多的厂家已经认识到，空调这种家用电器性能是无法单独决定销量的，消费者在选择空调的同时，外观是一个很重要的条件。纵观现在的市场，空调面板比前几年发生了翻天覆地的变化，彩晶面板、拓印花纹、多彩的颜色都成为空调家族中的新贵。靓丽外观、缤纷色彩是空调外观设计的一大趋势，一直沿用至今的白色外观，会有更多花纹来点缀。

（1）城市剪影——美菱天成系列BCD-560WPB对开门冰箱

外观采用全新的艺术设计，加入了都市生活、摩天大楼剪影的设计元素。面板采用先进的高低温油墨分层立体印刷技术，整体看起来浑然天成。

这款对开门冰箱宽高深分别为912mm、1777mm、695mm，这种体形较大的外形就要求用户家中在装修时必须要留出足够的空间来摆放。不过，一般人使用起来没有什么障碍，一般家庭预留的高度也完全摆放得下（见图6.15）。

（2）盛唐花纹——LG GR-D29NFZB冰箱全无霜冰箱

采用三开门设计，白色加第五代盛唐花纹设计，使这款冰箱看起来既经典又大气。冰箱的长宽高分别为629mm、650mm、1855mm，这种规格符合一般家庭为冰箱留下来的空间（见图6.16）。

隐藏式触摸显示屏也是这款冰箱的一大特色。在没有操作的时候，整个操作区完全看不出来，与冰箱整体完美融合。而当需要操作时，轻轻一按，就会像变魔术一样显示出来，感觉非常炫（见图6.17）。

（3）日光湖影——西门子KK28A4620W冰箱

从远处看这款冰箱只是简单的白色玻璃外观，无特别之处，但当走近看时，给人不同的感觉：黑色的小点组合成的点阵糅合在白色的玻璃上，就像是日光湖影，让人眼前一亮。这种设计据说是来自于设计师在德国博登湖游玩时，看到湖影而产生的灵感（见图6.18）。

图6.15 美菱天成系列BCD-560WPB对开门冰箱

图6.17 隐藏式触摸显示屏

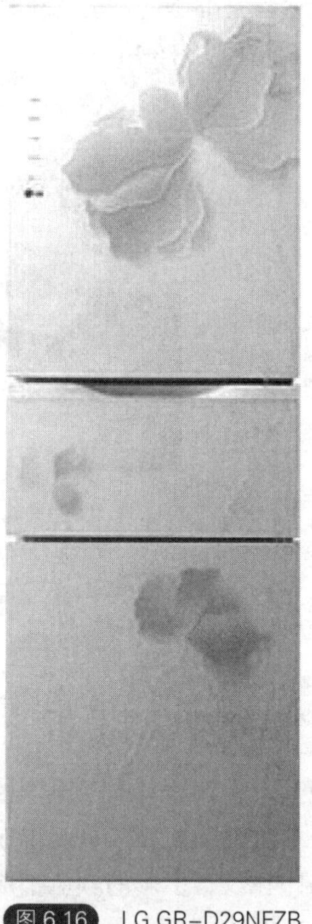
图6.16 LG GR-D29NFZB全无霜冰箱

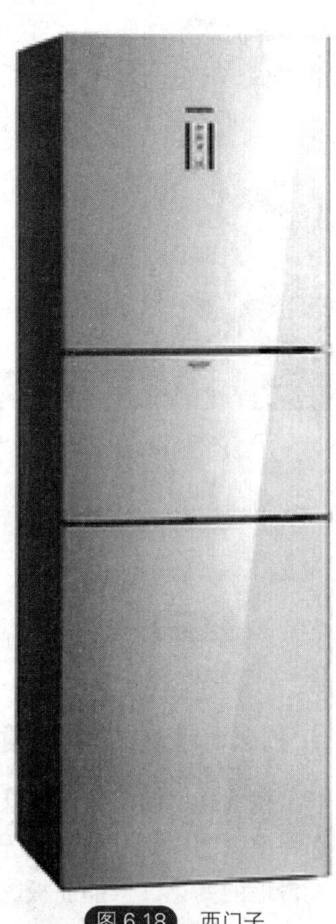
图6.18 西门子KK28A4620W冰箱

另外，操作面板采用触摸感应式按键设计，同时搭配一个宽大的LCD液晶显示屏，通过操作面板就可以轻松调节各个储藏室的温度以及速冷速冻状态。在这个显示屏上，用户还可以设定日期以及时间，而且内置的温度感应器也可以让用户清晰地观察到实时室温，方便用户根据室温调整冰箱的运行状态（见图6.19）。

（4）全镜面设计——容声BCD-316WYMB冰箱

现在有不少其他家电产品采用纯镜面外观设计，给人的感觉是非常具有现代色彩和科技感，不过这种设计风格在冰箱产品中却是很少见。容声BCD-316WYMB冰箱则采用了此种外观设计：无包边的全镜面设计，置于家中尽显主人的别样品味，整体效果非常出色（见图6.20）。

该冰箱的控制面板采用感应交互界面，尽显高级雅致与科技感，精确控温每一度。全新的数字显示保证了使用者对冰箱的工作状态能够一目了然（见图6.21）。

图 6.19　触摸感应式按键设计　　图 6.20　容声 BCD-316WYMB 冰箱　　图 6.21　感应交互界面设计

此外，门把手设计也十分独特：采用隐藏式设计，使冰箱整体看起来更具整体性。下层储藏抽屉则采用弯弓式门把手设计，既美观又方便了用户开关冰箱门（见图6.22）。

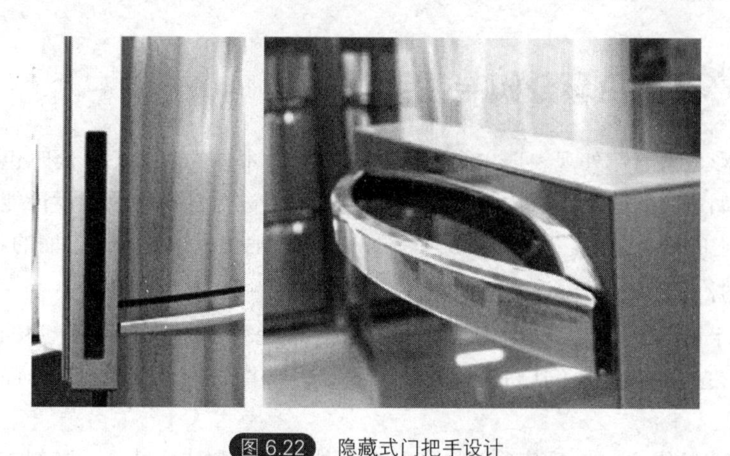

图 6.22　隐藏式门把手设计

（5）超大容量——三星RF28HMELBSR冰箱

这款三星智能冰箱在外观设计上与我们所见过的510L RF24FSEDBX3非常类似，同样采用了四门设计，最上面是对开门的冷藏室，中间是变温室，而最下面是一个非常宽大的冷冻室，拥有500L以上的超大的容量（见图6.23）。

三星RF28HMELBSR拥有一块超大触控显示屏，其采用的智能系统能够给用户带来全新的智能体验，包括与手机进行物联，从而了解冰箱运行状况和冰箱内部食物种类，为用户提供合理的食物采购计划；根据冰箱食物种类为用户推送健康的食谱以及便签、视频等（见图6.24）。

作为旗舰冰箱，该机配置有全自动的制冰机，位于智能触控显示屏下方，用户可以根据自身需求，选择“冰块”“冰水”“碎冰”等多种功能，实用性非常不错。

冰箱采用了金属材质的表面，金属拉丝质感仍然能够给人一种非常高端大气的感觉。在细节设计上，这款三星智能冰箱延续了之前高端四门冰箱的所有特点，上部对开门中间位置的宽大门封、宽带变温室和下部的冷冻室的横向助力门把手等细节全部到位，在实际应用体验上保持绝对高端的水准（见图6.25）。

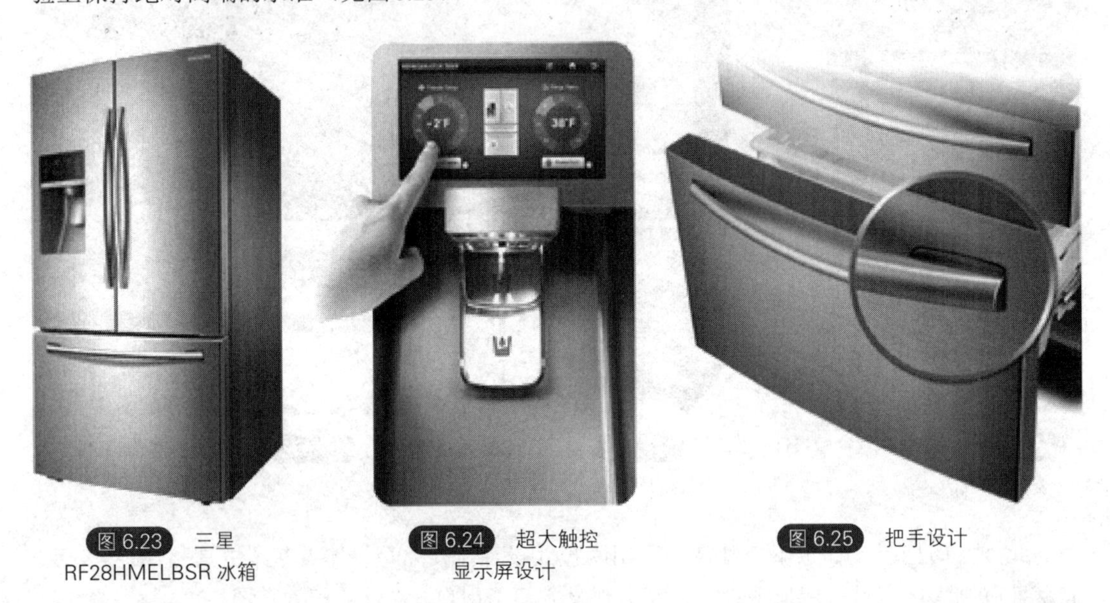

图6.23 三星RF28HMELBSR冰箱

图6.24 超大触控显示屏设计

图6.25 把手设计

6.2 冰箱产品的色彩分析与设计

冰箱的色彩是指冰箱外观表现出来的颜色，即冰箱本体的固有色，同时也包括材质本身的质感，如玻璃透明的感觉、金属电镀的色泽。对冰箱进行良好的色彩设计能使它的造型更加完美，提升它的外在魅力，展示其内在品质，并最快地传递视觉传达方面的各类信息。

（1）影响冰箱色彩设计的三个要素

在现代，冰箱已经成了家居生活必不可少的装饰品之一。所以，在冰箱的造型中，色彩设计是一项至关重要的工作。在进行冰箱色彩设计时，首先应对下面三个方面的因素进行分析研究。

① 冰箱本身的因素。包括其功能特点、产品外部形态和线型特征、各组成部分的动态和静态状况、外观形式的复杂程度以及各构成部分所占面积、体量比例大小、重量、精度、档次、产品的生产批量、成本、经济价值和社会价值等。通过对其本质内容的分析、理解，选择合适的主色调和色彩配制方案，推进形式对内容的完美表现。

冰箱是一种高科技产品，对于家用冰箱，往往体积比较大，而且是高度远大于其他两个方向的狭长形长方体，摆放位置一般固定。对色彩的基本要求是稳定、舒适。如果选用鲜艳的高纯度色彩，容易对人产生过分刺激，将色彩的纯度较低，能使人有一种稳定、宁静和放松的感觉。色彩的明度高，能弥补室内采光条件的不足，使人获得明快开朗的视觉心理效果。因此，冰箱的整体色彩设计应当选用一些高明度低纯度的色彩。

传统冰箱的色彩是以接近白色的浅色调为主，以使人产生一种洁白干净的联想与心理与暗示，所以被称为白色家电。现在家用冰箱的流行色彩是将白、灰等中性色做相应的调整，符合冰箱本身的高科技特点，也符合对色彩的基本要求。

当然，这样就会出现单调雷同的问题，不能满足消费者对产品个性化的要求。因此，可以尝试其他色彩，例如淡雅中展露着不凡的个性，时尚中蕴含着前卫和科技的翡翠色冰箱；更适合于独具慧眼的中产阶级男士的金属绿色；体现出追求浪漫主义生活的白领小资们的温馨和幸福的柠檬黄色；让朝九晚五生活的人们从沉闷的心情中嗅到一点快乐童年的回忆的粉红色冰箱；还有轻柔的紫色、热情的红色、畅想的蓝色、清澈的天青色均可以采用。根据调查显示，12%的消费者希望冰箱是彩色的。

② 使用产品的人的因素。重点在于研究使用产品的人群范围及其生理心理特征。如果产品的使用人群范围十分广泛，是无论男女老少都要使用的普及品，那么对其色彩设计可以采用两种方法来解决：

a. 设计不带明显倾向性的颜色，以适应各种人群的一般要求；

b. 针对各种人群范围设计各种花色样式，满足各种范围人群的特殊爱好和要求。

一般来说，青年女性与儿童大都喜欢单纯、鲜艳的色彩；职业女性最喜欢的是有清洁感的色彩；青年男子喜欢原色等较淡的色彩，可以强调青春魅力；而成年男性与老年人多喜欢沉着的灰色、蓝色、褐色等深色系列。不过，性格的不同也会影响对颜色的喜好。对于性格内敛、内向者多半喜欢青、灰、黑等沉静的色彩；而性格活泼开朗、乐观好动者则会更中意红、橙、黄、绿、紫等相对鲜艳、醒目的色彩等。

另外，如果产品是针对某一地区的人群设计的，在色彩设计时应该考虑到当地人对颜色的传统习惯和禁忌要求。要充分考虑到不同民族对色彩喜爱的差异存在，做到既要注意时代特色，合乎时代潮流，又要合乎民族特色，同时还要做到在性别差异、年龄差异和文化修养差异等方面上体现色彩的价值，实现色彩与受众之间的良性交流。

③ 冰箱的使用环境。产品的色彩要与它的使用环境相协调，强烈对比的色彩环境会让人感到紧张与疲劳，因此和谐的色彩一直是设计师追求的最佳状态。现实的世界中的每一个物体都有它自己的色彩，产品的配色必须要考虑到它的使用环境。时尚的家装设计中，冰箱的选择也可以是一种艺术品的陈列，而不再是破坏房间整体效果的“败笔”。不同格调的居室装修，需要选择不同款式的冰箱搭配，而时尚的款式和高质量的冰箱更能衬托出房间装修的格调。

（2）代表性冰箱色彩分析

① 荣事达彩色冰箱

荣事达是最先打破以前多以单色为主传统的冰箱品牌，推出了彩色系列冰箱。无论是开朗大方的天蓝、崇尚自然的木纹、柔情似水的雪青还是热情奔放的明黄，消费者的真我个性，都会在荣事达彩色冰箱的完美色彩中得到诠释。这些绚丽色彩的使用，表现了设计师对现代科技产品设计语言的理解，增加了冰箱的美观度，凸显个性，契合现代人们个性多样化的生活，丰富了用户的选择空间。

② 西门子冰雪皇族

西门子推出的S智系列冰箱中有一款时尚的明黄色冰箱，名称为“冰雪皇族”。它突破传统的亮丽外观，配合卓越的功能表现和闪烁时尚和品位的靓色，再次证明了人性化设计的成功魅力。

最引人注目的是“冰雪皇族”全新的形象（见图6.26）：充满现代感的银色面板和门把手设计，开门方向可自由选择，摆放不受限制；时尚的明黄色外观，彰显皇族尊贵，内部搁架与外观采用一样的亮丽明黄，光彩夺目，相映生辉；钢化玻璃的材质承受力强，落地不碎，彰显安全美观；底层做特别防漏设计。设计细节周到使原本冷峻的冰箱变得富有品位和人情味。

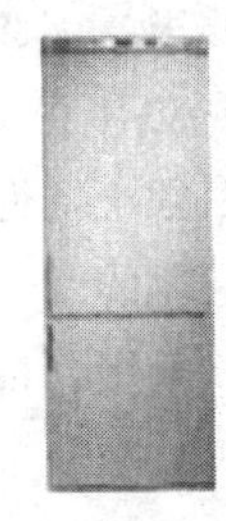
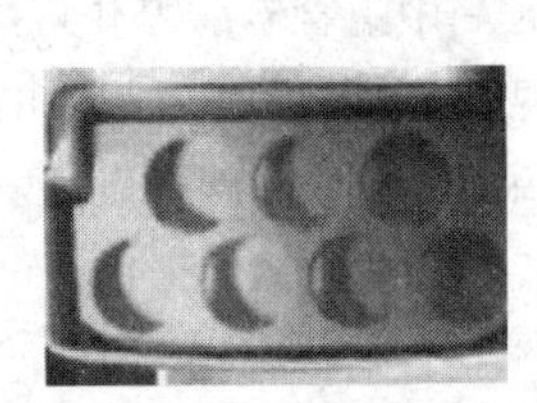

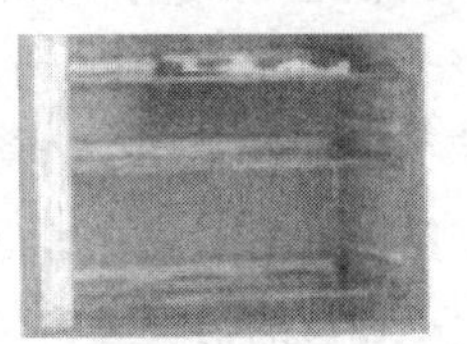

图6.26 冰雪皇族

③ 酒红——三星BCD-288MMGR三门光合保鲜冰箱

采用酒红色面板设计，整体上具有一种成熟的韵味，同时，面板上布满的横向纹路为这款冰箱增添了一些老式家具的味道，却不乏时尚大气。纤巧身材与厨房完美切合，简洁外观传递时尚品位（见图6.27）。

④ 白色——海尔BCD-268WBCS三开门冰箱

采用三开门设计，纯白的彩晶玻璃面板外加淡雅的花纹，给这款冰箱增添了不少的艺术气息。冰箱的长宽高分别为640mm、630mm、1804mm，这种规格比较符合一般家庭为冰箱留下来的空间，1804mm的高度一般人使用起来也不会费劲（见图6.28）。

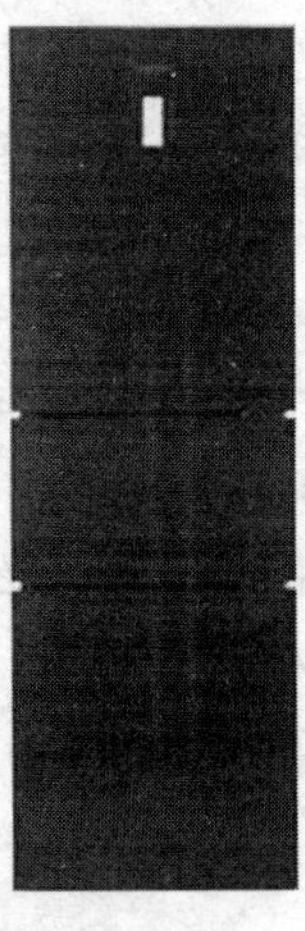

图6.27 三星BCD-288MMGR三门光合保鲜冰箱

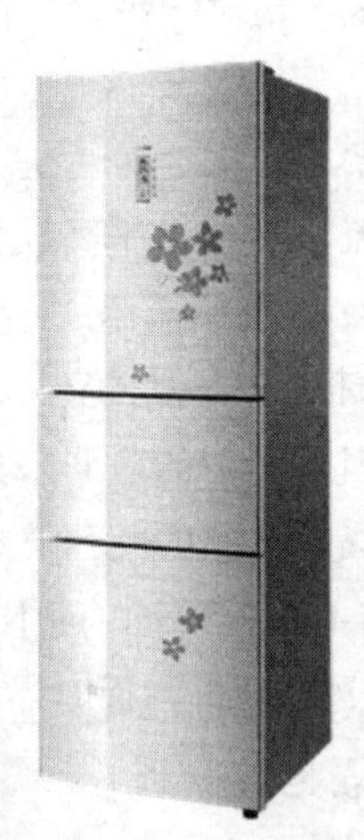

图6.28 海尔BCD-268WBCS三开门冰箱

⑤ 灰色——美菱雅典娜BCD-272HE3BF冰箱

采用灰色钢化玻璃面板、冰山雪莲花纹、隐藏把手设计，不但非常时尚耐用，也凸显了时尚与优雅，为厨房增添了光彩（见图6.29）。

⑥ 黑色——博世KAD62S50TI对开门冰箱

外观非常神秘而且大气，采用纯黑色玻璃门面板设计，整体给人一种稳重的感觉，无框玻璃门设计，突破边框束缚，炫银色的金属门把手金属质感十足，方便用户开关冰箱（见图6.30）。

⑦ 淡蓝色——海信阿波罗太空舱系列BCD-316WG冰箱

淡蓝色外观设计，整体来说极具欧式风格，给人一种清新和干净的感觉，带来浪漫的法式情调。作为海信阿波罗太空舱系列冰箱的一款三开门冰箱新品，这个系列还有多种颜色可以选择（见图6.31）。

图6.29　美菱雅典娜BCD-272HE3BF冰箱

图6.30　博世KAD62S50TI对开门冰箱

图6.31　海信阿波罗太空舱系列BCD-316WG冰箱

⑧ 小吉（MINIJ）迷你单门小型冰箱

MINIJ冰箱并不是简单意义上的一台冷藏家电，小吉科技不希望以传统去固化它们的属性。设计中除了优化内外部构件的装配，尽量做到简洁，还定制了极具美感的色彩。另外，采用进口烤漆工艺镀膜冰箱表面，在开启包装之时就会带给使用者难以抑制的惊喜。

6.3　冰箱产品的材质分析与设计

对于冰箱企业而言，生产过程中所涉及的材料和部件主要包括四大类：塑料类、钣金类、制冷系统类和电气控制类。而一般情况下，塑料所参与制造的部件数量最多。以某型号中等容积的主流冰箱为例，塑料材质的部件占整个冰箱部件的近70%，塑料总质量占冰箱总重的40%左右，见表6.1。

表6.1　某型号冰箱主要原材料

材料种类	部件数量比例	部件数量比例
塑料类	68%	39%
钣金类	19%	43%
制冷系统类	9%	17%
电气控制类	4%	1%
合计	100%	100%

通过调查了解，现今市面上冰箱所使用的外观面板材料主要有以下几种。

（1）PVC塑料板

年份较早的单门家用冰箱的面板多采用此材料。

冰箱生产中主要选用的塑料品种包括：聚氨酯（PU）、聚苯乙烯（PS）、聚丙烯（PP）、苯乙烯-丁二烯-丙烯腈共聚物（ABS）以及聚乙烯（PE）。这五大类塑料几乎涵盖了90%的冰箱用塑料部件。

① 聚氨酯（PU） 在聚氨酯产品中，聚氨酯发泡材料约占总量的80%以上，它具有热导率低和加工性能好的特点，非常适合用于隔热保温，因此被广泛用于冰箱门体和箱体的隔热层。

隔热层是冰箱的关键部件，冰箱生产厂家大多采用现场发泡的工艺，以多元醇、异氰酸酯及环戊烷为主要原料，填充至冰箱的门体和箱体隔热层，在一定的高温下发泡成形，并通过调节原料间的不同配比控制发泡的速度和泡孔效果，以获得理想的保温效果。作为产品关键部件的制造材料，冰箱企业对PU材料的要求较高，在所需的塑料成本中，PU大约占了40%～50%的成本比重。

② 聚苯乙烯（PS） 聚苯乙烯是由苯乙烯单体为主要原料经聚合而成的通用型塑料。冰箱生产中常用的聚苯乙烯包括通用型聚苯乙烯（GPPS）、高抗冲聚苯乙烯（HIPS）及可发性聚苯乙烯（EPS）。聚苯乙烯是冰箱生产中用量最大的塑料品种，其用量占冰箱塑料总用量的60%以上。

GPPS的特点在于尺寸稳定性好、收缩率低，在冰箱生产中主要用于注塑成形制造冰箱中透明、硬质的部件，如果菜盒、瓶座等部件。由于这些部件将直接面对消费者，因此冰箱企业要求GPPS制造出的制品要具有光亮、平整的外观。

HIPS是一种增韧改性的聚苯乙烯，因此它不仅保留了聚苯乙烯的高强度、易加工的优点，而且具有良好的抗冲击性能，同时加热后延展性能良好。在冰箱生产中，HIPS主要用于制造冰箱的内胆和门衬，所采取的加工工艺是真空吸附成形法。

EPS的发泡结构使其具有良好的减震性能，主要用于制造冰箱成品包装和运输过程中的减震辅助材料。

③ 聚丙烯（PP） 聚丙烯是一种发展速度最快的塑料品种。聚丙烯是热塑性通用型塑料中力学性能最好的塑料品种，生产工艺简单、价格低廉，注塑制品具有较高的韧性和表面光洁度，同时具备良好的耐化学腐蚀性能，在冰箱生产中主要用于制造冰箱抽屉。

④ 苯乙烯-丁二烯-丙烯腈共聚物（ABS） 具有强度高、光泽度好、易加工、制品收缩率低等优异的综合性能，是一种用途广泛的工程塑料。在冰箱中，ABS主要用于加工外观零部件，如门把手和各类装饰条。

⑤ 聚乙烯（PE） 聚乙烯是塑料中产量最大的品种，约占世界塑料总产量的三分之一。它的特点是无臭、无味、无毒，具有良好的抗冲击性能和耐化学品性，透水率低。在冰箱生产中，企业通常采用吹塑成形的工艺来进行加工，主要用于各种管材的制造。

⑥ 其他塑料 除了上述5种材料外，聚氯乙烯、聚碳酸酯、聚甲醛、聚甲基丙烯酸甲酯以及聚酰胺也是冰箱生产中常见的塑料，主要用于门封条、灯罩、铰链、显示面板及轴套等部件。

随着家电行业的发展，未来的冰箱将不断地对塑料提出更高的要求。

① 安全环保 塑料制品在大规模生产和应用的同时也产生了大量塑料废弃物。采取填埋

和焚烧的方式污染环境、危害人类健康，全降解塑料是未来家电行业的首选材料。

② 外观愉悦　随着经济的发展和人民生活水平的改善，除了基本的使用功能外，外形美观、个性化等因素逐渐成为人们选择家电的重要标准。尤其是对于冰箱这类核心技术相对成熟的家电产品而言，令人愉悦的外观不仅有利于提高产品的竞争力，更有助于提升品牌形象，引领市场的发展方向。塑料作为外观件的主要原料之一，在外观上有所突破，实现特殊的视觉效果，是其在家电行业持续发展的另一关键。

③ 功能多样　冰箱产品功能特性的改善，很大程度上依赖于原料性能的提升。随着消费者健康意识的增强，具有阻燃、抗菌抑菌功能的家电将日益受到关注，这也对塑料的阻燃、抗菌性能提出更高的要求。目前，抗菌塑料、阻燃塑料的合成研究越来越被重视。

（2）不锈钢面板

其中含碳不锈钢和铂金不锈钢最为常见，具体有金属拉丝面板、花纹钢板。据有关资料显示，这种材料的大量使用开始于2004年。

（3）玻璃钢面板

多用于镜面设计，如LG和三星的某些机型。2005年起此材料开始广泛运用。

（4）磨砂皮纹、木纹面板

拥有这种外观的冰箱面板其内部材质还是钢板，只是在外面采用特定工艺和技术人为地制造出类似于皮革和木头材质的效果。三星的几款对开门冰箱采用这两种材质形式。

（5）透明材质

这种“透明玻璃门”材质在市面上还比较少见，主要为透明PC材料和透明ABS。美国的Sub-Zero公司和日本的松下电子曾推出过透明玻璃门冰箱。

以下为运用各种面板材料的家用冰箱，可以更直观地说明各种材质的使用（见图6.32）。

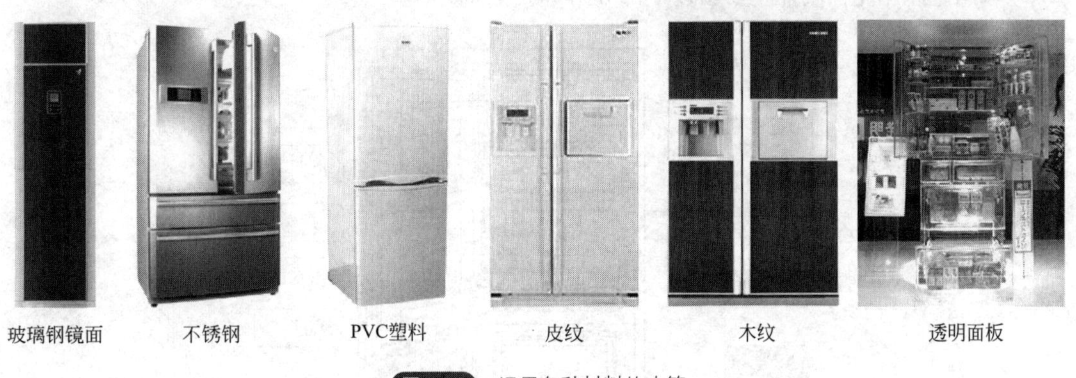

图6.32　运用各种材料的冰箱

6.4　冰箱产品的结构分析与设计

家用电冰箱由箱体、制冷系统、温度控制装置三部分组成。

（1）箱体

箱体基本由外壳、内衬、绝热层、台面构成（见图6.33）。

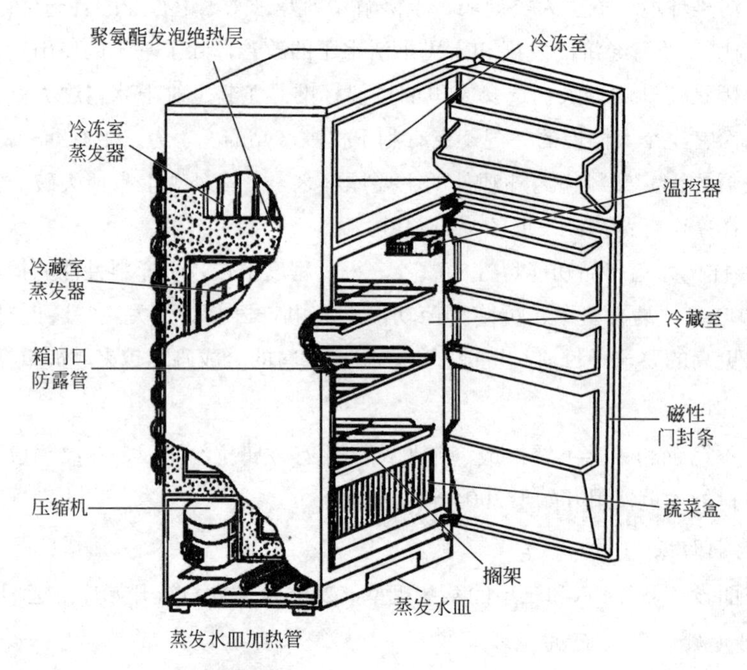

图 6.33 双门直冷式电冰箱结构和名称

箱体的基本作用是绝热，绝热性能的优劣直接关系到箱体的保温性能。隔热功能主要是从以下几个方面来实现的：

① 外壳与内衬之间填充绝热材料；

② 箱门装有磁性密封条防止冷气外漏和热空气侵入；

③ 箱顶的顶板下面垫有高密度聚苯乙烯泡沫板，起隔热作用。

家用电冰箱箱体功能主要由以下部分组成（见图6.34）。

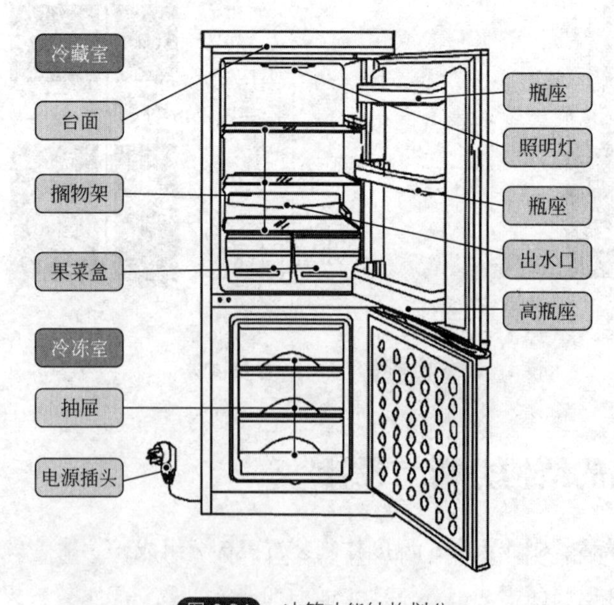

图 6.34 冰箱功能结构划分

（2）制冷系统

电冰箱制冷系统中，主要组成有压缩机、冷凝器、蒸发器和毛细管四部分，自成一个封闭的循环系统（见图6.35）。其中蒸发器安装在电冰箱内部的上方，其他部件安装在电冰箱的背面。系统里充灌了一种叫“氟利昂12（CF2C12，国际符号R12）”的物质作为制冷剂。

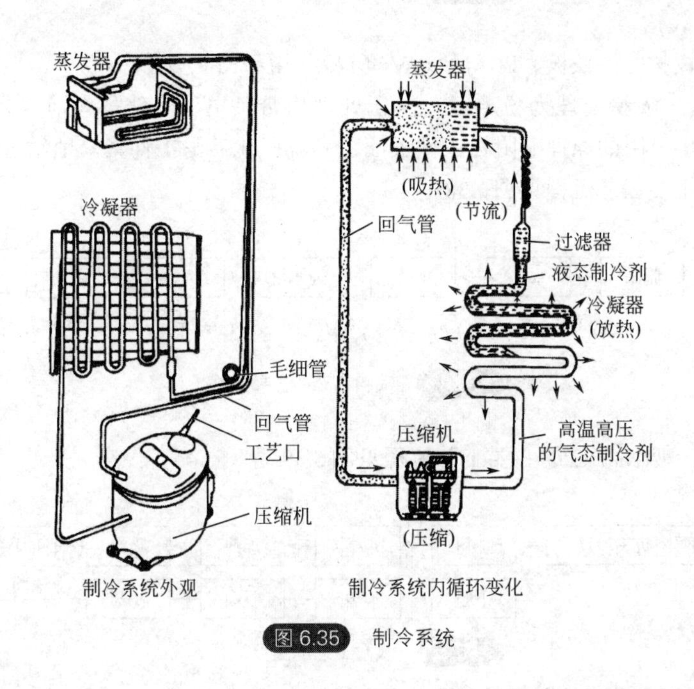

图6.35　制冷系统

冰箱的制冷过程为：氟利昂12在蒸发器里由低压液体汽化为气体，吸收冰箱内的热量，使箱内温度降低。变成气态的氟利昂12被压缩机吸入，靠压缩机把它压缩成高温高压的气体，再排入冷凝器。在冷凝器中气态的氟利昂12不断向周围空间放热，逐步液化成液体。这些高压液体必须流经毛细管节流降压才能缓慢流入蒸发器，维持在蒸发器里持续不断地汽化，吸热降温。就这样，冰箱利用电能做功，借助制冷剂的物态变化，把箱内蒸发器周围的热量输送到箱后冷凝器里放出，如此周而复始不断地循环，以达到制冷目的（见图6.36）。

图6.36　制冷过程

（3）温度控制装置

冰箱的温度控制装置叫温度控制器。它的主要作用是当箱内温度过高时接通压缩机，使制冷系统工作，从而使箱温降下来，当箱温降至要求的温度时，使压缩机断电。

6.5　冰箱产品的工艺分析与设计

（1）生产工艺

电冰箱的主要工艺流程见图6.37。

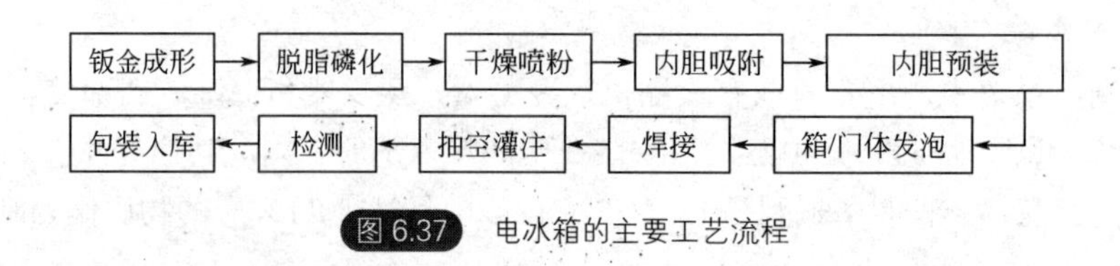

图 6.37 电冰箱的主要工艺流程

使用的钣金板材有黑铁板、PCM板、VCM板（用于门壳成形）。

① 喷粉工艺　喷粉原理为粉末经过高压处理后带负电，工件与大地连为一体形成电压差，粉末通过静电吸附的原理贴附在工件表面，高温固化后与工件紧紧地结合在一起。

喷粉工艺的主要工艺流程见图6.38。

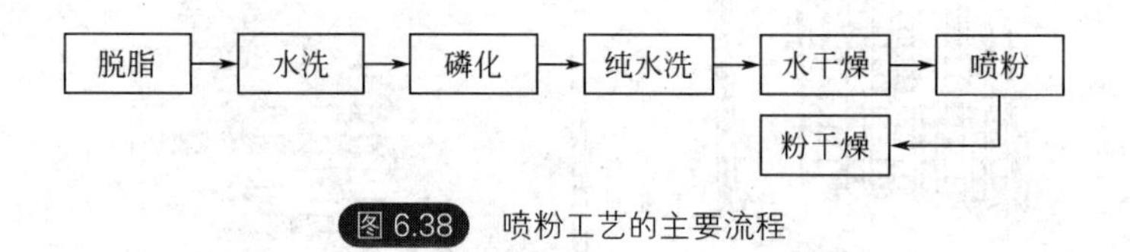

图 6.38 喷粉工艺的主要流程

② 吸附工艺　吸附工艺的主要工艺流程见图6.39。

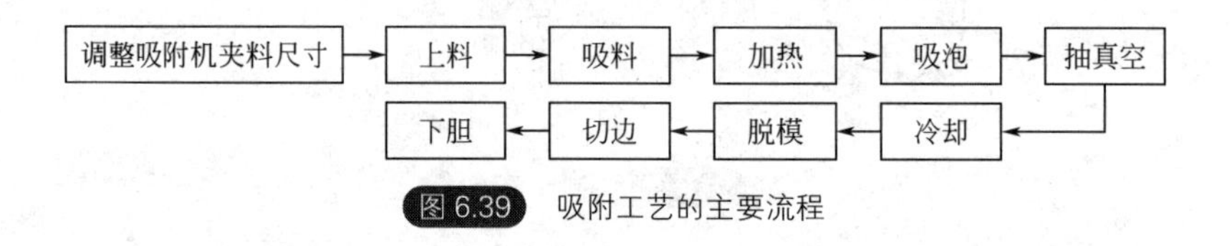

图 6.39 吸附工艺的主要流程

吸附所需板材有HIPS板、ABS板、PE/PS即复合板。

③ 发泡工艺

1）内胆预装工艺的主要流程见图6.40。

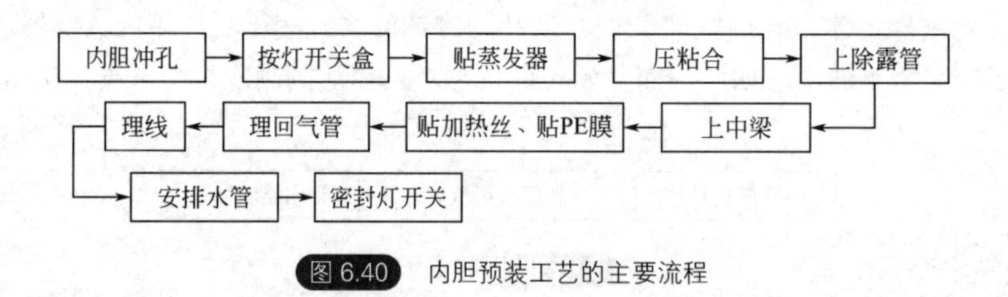

图 6.40 内胆预装工艺的主要流程

2）箱体预装工艺的主要流程见图6.41。

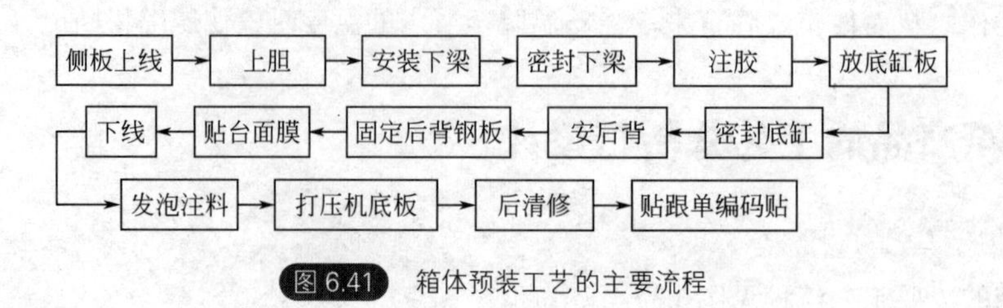

图 6.41 箱体预装工艺的主要流程

④ 总装工艺

总装配是将各种冰箱材料及半成品用螺钉固定及焊接的方式连接在一起，使之成为一台完整的冰箱。总装配中的焊接、抽空灌注两工序是冰箱制造中两个重要质量控制点，主要控制焊接质量（焊漏焊堵）和制冷剂灌注量。

总装工艺流程包括了总装前预装工艺流程、总装工艺流程、门体予装工艺流程及检测包装线工艺流程。

1）装前预装工艺流程

前排的主要工艺流程见图6.42。

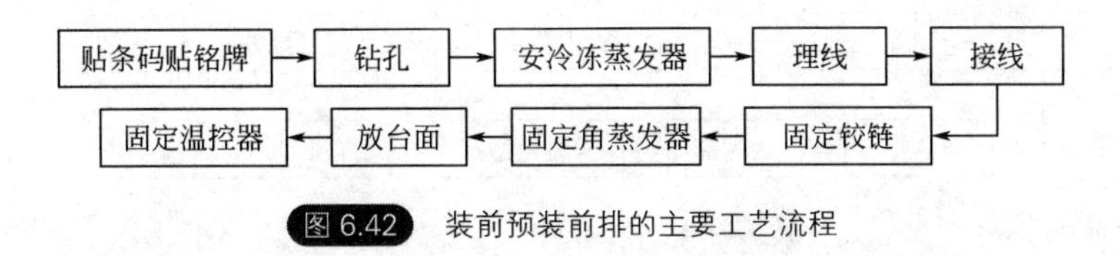

图 6.42　装前预装前排的主要工艺流程

后排的主要工艺流程见图6.43。

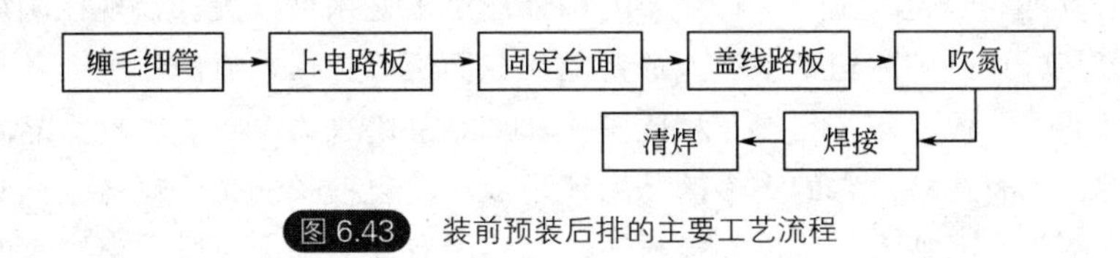

图 6.43　装前预装后排的主要工艺流程

2）总装工艺流程

前排的主要工艺流程见图6.44。

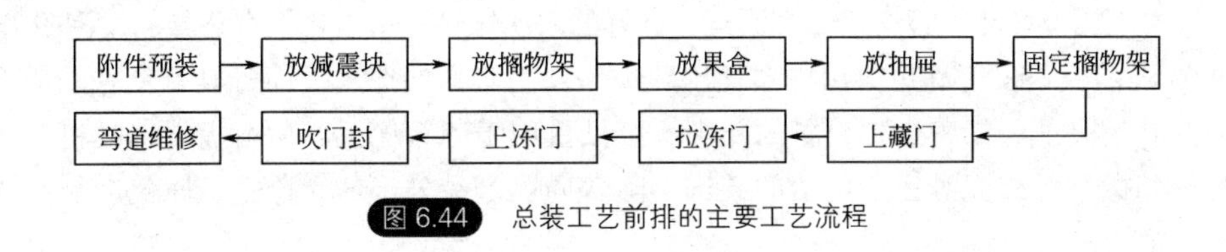

图 6.44　总装工艺前排的主要工艺流程

后排的主要工艺流程见图6.45。

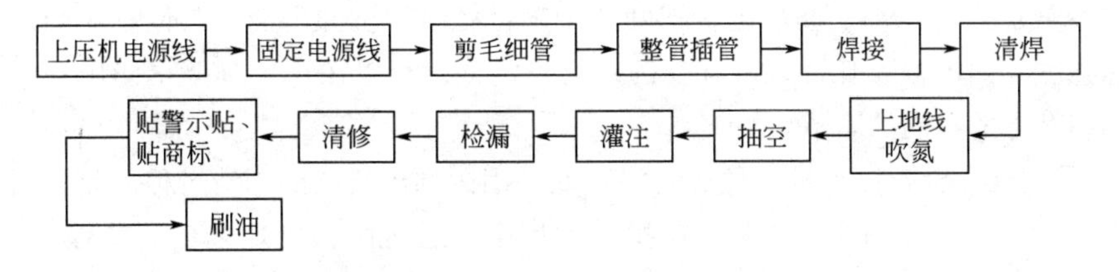

图 6.45　总装工艺后排的主要工艺流程

3）门体安装工艺流程

门体安装的主要工艺流程见图6.46。

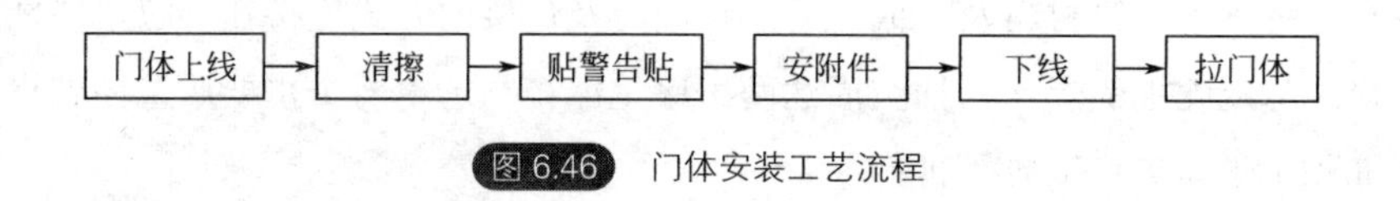

图6.46 门体安装工艺流程

4）检测包装线工艺流程

检测包装线主要工艺流程见图6.47。

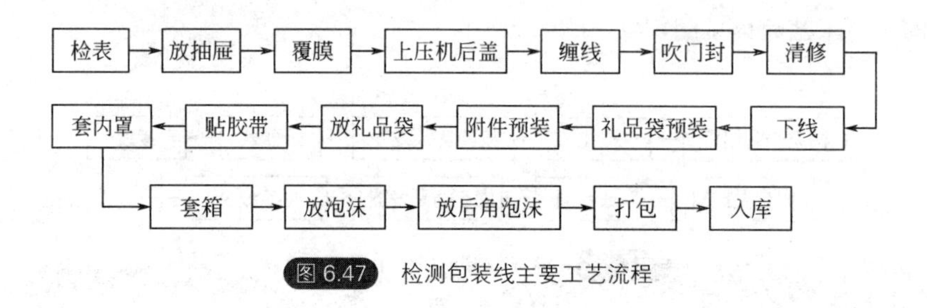

图6.47 检测包装线主要工艺流程

（2）工艺应用

除了颜色以外，印花、拉丝这种赋予冰箱外形更多艺术性的设计，现在同样也被各厂家争相效仿。自某韩系品牌冰箱带来让人惊艳的印花面板设计后，近两年国内各品牌推出的新品可以说是掀起了一股“印花”热。相比国内和韩系品牌来说，欧美和日系品牌似乎对印花这种花哨的设计没有在意，它们更多的精力还是放在自己擅长的传统烤漆工艺和不锈钢面板材质上。在这两年，又加入了玻璃面板材质，虽然没有印花那么风骚，但给人的科技感和质感却更强。

① PCM彩钢板　正面一般选用高分子线性无油聚酯树脂系涂料，添加特殊设计的氨基树脂及催化剂，以获得足够的弯曲性和固化性；并具有良好的耐洗涤性、耐污染性及较高的铅笔硬度。背面采用改性环氧背漆，一方面具有良好的耐腐蚀性，另外也具有优异的发泡附着力。

PCM彩钢板不仅可满足家用电器使用环境和使用寿命的要求，而且具有良好的成形加工性，能够满足高速、精密加工设备的要求，可批量用于冰箱侧板、后背板、洗衣机箱体、热水器外桶和微波炉外壳等家用电器的装饰。除普通色产品外，珠光色、金属色产品已成为家电外壳装饰的流行趋势。

② VCM覆膜钢板　VCM覆膜钢板是一种金属覆膜板，就是在金属板表面覆上PVC薄膜。PVC其实是一种乙烯基的聚合物质，其构成的材料是一种非结晶性材料。PVC材料在实际使用中经常加入稳定剂、润滑剂、辅助加工剂、色料、抗冲击剂及其他添加剂，具有不易燃性、高强度、耐气候变化性以及优良的几何稳定性。可以在PVC薄膜上印出许多花色，再分出亚光和高光的不同的质感。

③ 金属拉丝　金属拉丝是一种反复用砂纸将铝板刮出线条的制造过程，其工艺主要流程分为脱脂、沙磨机、水洗3个部分。在拉丝制程中，通过阳极处理之后的特殊的皮膜技术，可以使金属表面生成一种含有该金属成分的皮膜层，清晰显现每一根细微丝痕，从而使金属哑光中泛出细密的发丝光泽。近年来，越来越多的产品的金属外壳都使用了金属拉丝工艺，

来起到美观和抗侵蚀的作用，使产品兼备时尚和科技的元素，这也是该工艺倍受欢迎的原因之一。

④ 烤漆玻璃　烤漆玻璃是一种极富表现力的装饰玻璃品种，可以通过喷涂、滚涂、丝网印刷或者淋涂等方式来体现。烤漆玻璃在业内也叫背漆玻璃，分平面烤漆玻璃和磨砂烤漆玻璃。是在玻璃的背面喷漆，然后在30 ～ 45℃的烤箱中烤8 ～ 12h，在很多制作烤漆玻璃的地方一般采用自然晾干，不过自然晾干的漆面附着力比较小，在潮湿的环境下容易脱落。众所周知，涂料对人体具有一定的危害，为了保证现代的环保的要求和人的健康安全需求，在烤漆玻璃制作时要注意采用环保的原料和涂料。

以美的冰箱产品为例，美的BCD-216TSM采用的是钛银拉丝材质，清新雅致。美的BCD-220TGSM是弧面玻璃门材质，美的BCD-216GSM和BCD-215GSMA呈现的是花语彩晶玻璃，将印花和玻璃材质结合在一起彰显尊贵、时尚、科技（见图6.48）。

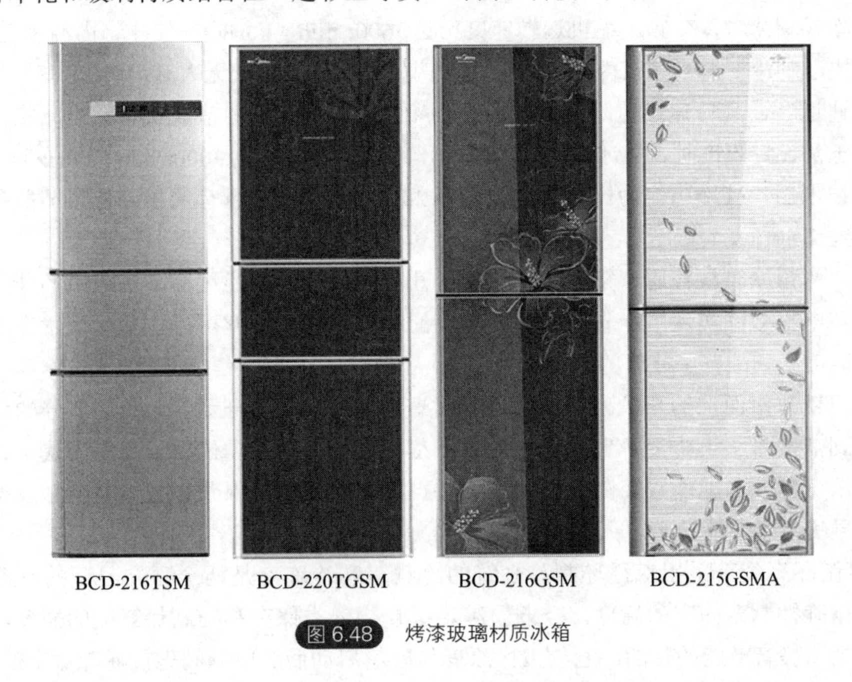

图 6.48　烤漆玻璃材质冰箱

6.6　冰箱产品的技术分析与设计

（1）冰箱技术总览

① 箱体保温层技术　对于家用冰箱，箱体的漏热和压缩机运行能耗对整机的能耗高低起着决定性作用。因此研究者在不断改进压缩机性能、提高压缩机效率的同时，对提高冰箱箱体的隔热性能也做了不懈的努力，设计人员一般通过增加壁厚来提高冰箱保温性能和节能指标。在环境温度相同的情况下，冰箱壁越厚，绝热效果越好，冷量挥发越慢，反之冷量挥发越快。要保持一定的冷量压缩机的工作频率就要加大，能源消耗也就越多。因此，目前绝大部分冰箱均选用环戊烷作发泡剂，并适当加大发泡空间，绝热效果有较大的提高。再利用微孔发泡技术合理增加保温层厚度，根据冰箱各部位的箱内外温差不同来确定保温层厚度，使冰箱内各间室温度均匀，并采用了强力门封条，控制冷气外泄，节能效果进一步加强。

然而，通过增加壁厚来提高冰箱保温性能和节能指标也并不是完全没有缺陷的。其存在的缺点是：冰箱壁厚度的增加会降低发泡层的密度。因此，德国拜尔公司的首席科学家曾说："我们建议制造商们在试图以低成本达到新能耗标准的同时，一定要非常留意厚度对聚氨酯保温材料各项性能指标的影响。"

② 电脑温控技术　电脑温控技术，是指通过微电脑芯片，利用多路传感器对冰箱内的各种状态和不同温度进行跟踪检测、分析，将得到的各种数据传送给微电脑芯片，微电脑芯片对收集到的信息进行综合思维和判断，从而得出精确数字，再像大脑一样发出运行命令，将冷冻、冷藏设定在最佳状态。它的最大好处是能够根据需要分别对冷藏室和冷冻室进行温度设定，从而调节压缩机的运行频率，以达到静音和省电的功效。

③ 变频技术　生产节能冰箱最速成的方法莫过于运用变频技术，变频冰箱与普通冰箱相比，其魅力在于极大地提高了冰箱的制冷效率而且节能。其机理在于采用专用变频压缩机和驱动器来调节压缩机的转速，使压缩机的转速在2000～4000r/min之间变化。当冰箱内食品需要深冷冻或制冰时，变频压缩机运转速度可达3600r/min（60Hz），使冰箱内温度迅速降低，从而保证快速制冷；而当冰箱内温度较低时（例如在夜间或白天无人开门时），变频压缩机又可实现低速运转，其转速迅速降至2700r/min（45Hz），进入超静节能状态；当冰箱内的食物温度达到正常设定温度时，该冰箱所用的制冷压缩机的转速则为3000r/min（50Hz）。据了解，采用变频技术后，其冷冻能力比普通冰箱提高20%，其日耗电量有明显降低，节能效率则比普通冰箱提高60%左右。

因此，变频冰箱与普通冰箱相比，减少了开停过程，同时通过提高压缩机的能耗效率和机械效率及电机效率实现节能省电和提高冰箱的制冷效率。由此可见，变频技术在冰箱上的应用极大地提高和改善了冰箱的节能水平。

但是，目前市面上的变频冰箱售价均相对普通冰箱要高600元以上，这部分的价格最终还是转嫁到消费者头上。消费者为了这0.25度左右的省电功能，付出了高昂的代价。所以必须开发不用变频技术就能减轻消费者的经济负担，同时又能确保获得类似甚至超过变频技术的节能效果的冰箱节能技术。

④ 多循环系统　采用双循环制冷系统的冷藏室和冷冻室是两个独立分开的制冷循环系统。它能精确控制各间室的温度，一方面满足了食物分类保存和提高保鲜度的需要，另一方面，也达到了静音节能的目的。它的工作原理是冰箱启动后，电磁阀先接通冷藏室的毛细管，使冷藏室的温度迅速下降。冷藏室温度达到设定温度时，电磁阀再接通冷冻室毛细管，进行集中制冷。当冷冻室的温度达到设定温度时，压缩机停止运转，以后无论哪个间室温度高于设定温度，压缩机均会开机并接通对应的毛细管进行制冷，确保冷量的合理分配，制冷效率更高，保鲜效果更好。采用计算机仿真技术设计冷冻系统使冰箱的制冷性能达到最优化。

⑤ 转换阀技术　有些冰箱生产厂家采用了一些自行开发的节能技术，比如配备了二阀系统，即在原有冷媒流量可变阀的基础上增加一个转换阀，能够最大限度地利用冷却系统中的冷媒，比如在冷凝器出口采用一项高压停机保持阀技术，具有一定的节能效果。

⑥ 真空绝热板技术　真空隔热材料（U—VACUA）是由铝合金制薄膜和微细玻璃纤维芯材构成。通过提高内部真空度，隔热性能与以往的真空隔热材料（例如S—VIP）相比提高大约两倍，其创新之处是它改变了仅靠加厚发泡层实现保温的方式，在发泡层中添加单独的真空层，最大限度地锁住冰箱内的冷量，最终达到节能的目的。

但是，目前的真空绝热板最大的问题在于其长期真空保持问题。因为一旦真空绝热板中的真空度达不到应有的要求，其绝热效果就会变得很差，用户使用的冰箱的耗电量会显著增加。

⑦ 智能冰箱新技术　20世纪末，市场上就已出现了智能冰箱的身影。代表企业是伊莱克斯和海尔：2000年，伊莱克斯推出了网络冰箱，消费者可通过网络远程获知冰箱的情况，并可通过冰箱上的屏幕查询公共电话等信息；同时期，海尔也试图与国际公司共建技术联盟，加大资金投入，确保公司在冰箱智能化领域超过竞争对手，达到国际水平。

之后还有众多公司加入到智能冰箱的推广中，但这种“智能”只是企业自我认定的“智能”，我国有关智能家电的标准，直到2011年才制定完毕，2012年9月1日起才正式实施。

《智能家用电器的智能化技术通则》，即GB/T 28219—2011，是我国制定的首个智能家电行业统一标准，在引导我国智能家电的发展方向上具有重要意义，但出人意料的是，该标准在实施初期就遭到了社会各界的广泛质疑。首先，标准推出的“天时”不对，虽然2011年家电智能化已经在中华大地遍地开花，但真正意义上的智能家电尚处于起步阶段，未来变数太大，此时出台标准为时过早，很难服众；其次，该标准并非强制性标准，而是推荐性标准，厂商自愿实施，遗憾的是，积极参与的企业并不多。

因此，真正意义上的“智能冰箱”标准、智能家电标准仍未出现。

没有标准的智能就一定不是真的智能吗？事实上，企业的创新超前于标准是合理而且应该的，虽然标准并不具备，但2014年以来众多的家电企业智能冰箱革新确实可圈可点。

长虹、海尔、海信、LG等企业相继推出了智能冰箱产品，长虹的ChiQ冰箱具有云图像识别技术，可以对食品进行智能化管理，提醒用户及时使用以防止食品过期；海尔的智能云冰箱搭载智能云技术，不仅能够远程操控，而且实现了与用户的全方位主动沟通；海信的SMART物联云智能冰箱，采用海信独立研发的处理芯片，可实现食品管理、健康管家、远程操作监控、娱乐等多种功能；LG的智能冰箱产品具有智能检测功能，通过内置摄像头，消费者可以通过手机或者平板电脑对冰箱内部进行监测，“智能管家系统”还能追踪存放物的保质期。

以上述几家企业的表现来看，近年来业界对智能冰箱的定义基本都满足了。2010年英国科学家预测，智能冰箱应该具备智能化和个性化：它可以实时监控库存，可以告诉用户晚餐吃什么，可以主动给超市下单，可以扫描餐前餐后盘碟中的食物创建调查报告，可以根据不同的地区与时节创建个性化菜单……

仅仅四年后，这些当时看起来颇为超前的设想，目前已经基本实现了，食品管理、食品检测、远程控制、语音控制、主动沟通、大数据、与其他产品的互联……虽然目前的冰箱新品还不能满足消费者对智能的全部要求，但与四年前的噱头炒作相比，这些真真实实的技术创新确实实现了质的超越，并为大众的生活带来了前所未有的便利。而且随着互联网企业、IT企业的介入，冰箱的智能化正在展现出全新的发展思路，虽然还没有一家企业通过智能重新定义冰箱，但通过2014年的智能潮，冰箱的固有印象已经开始扭转，改变正在发生，而变革，也预期不远。

（2）技术的应用

从第一台冰箱问世到现在，历经了近一个世纪的发展，从两门到三门、从对开门到多门，冰箱经历了一次次的升级与发展，每一次的发展都会对冰箱行业有很大的推动作用。近几年，冰箱市场从简单的门体改变变成了技术层面的创新，冰箱产业发展速度也得到了提升，相关高保鲜产品的出现不仅冲击了目前的市场，而且强大而良好的操作系统也给用户带来了全新的感受。

图 6.49 风冷无霜技术

① 风冷无霜技术——海尔

1）风冷无霜技术：无霜技术不仅冷冻速度快，而且达到食材由内到外均匀冻透。无霜的存储环境，可以保证蔬果具有较为新鲜的口感，更能锁住营养成分。同时还具有一个不可忽视的优势，那就是免去除霜的烦恼（见图6.49）。

2）中门全温区变温（见图6.50）：海尔采用目前业内最宽变温技术：–18 ～ 10℃全温区变温，29挡温度选择，精准实现控温到每一度；中门变温区可单据关闭，冷藏冷冻随需而变；可分别扩充冷冻或冷藏的容积，还可作为零度保鲜和软冻使用。一台冰箱多台用，引领行业趋势。

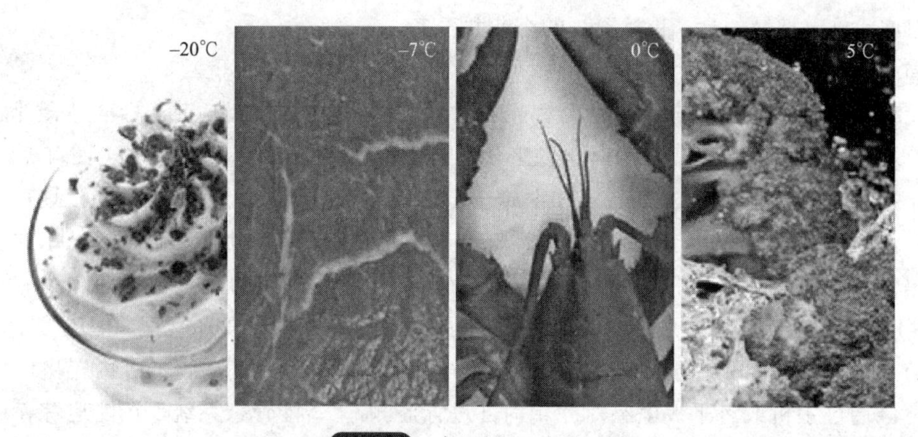

图 6.50 中门全温区变温

3）自动低温补偿（见图6.51）：海尔的自动低温补偿技术，可以根据外部温度变化自动调节制冷温度，例如夏天自动补偿低温，避免食物腐烂变质。冰箱自动适应季节变换，省心省事省电。

4）光波增鲜：光波增鲜器不断释放5种仿自然波长的光波，令存放在冰箱内的果蔬继续进行光合作用，保持更自然的新鲜和养分（见图6.51）。

5）VC诱导保鲜：高浓缩VC使蔬果长久保鲜。活性酶溶菌，让冰箱四季新鲜净爽（见图6.51）。

图 6.51 自动低温补偿、光波增鲜、VC 诱导保鲜

6）无极变频压机：采用恩布拉科变频压缩机的无极变频技术，根据食物量及预设温度，自动选择压缩机转速，节能静音又保鲜（见图6.52）。

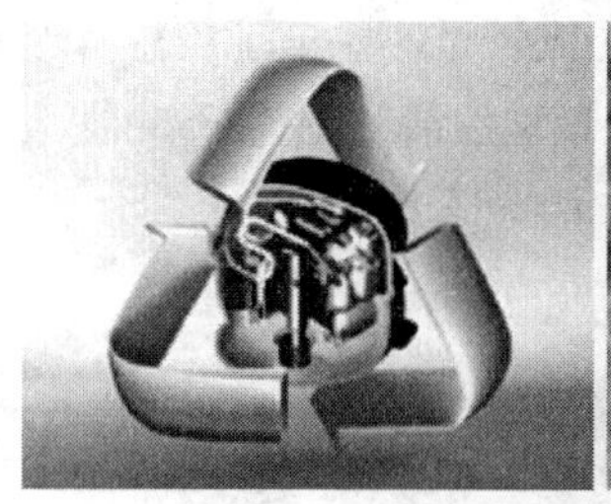
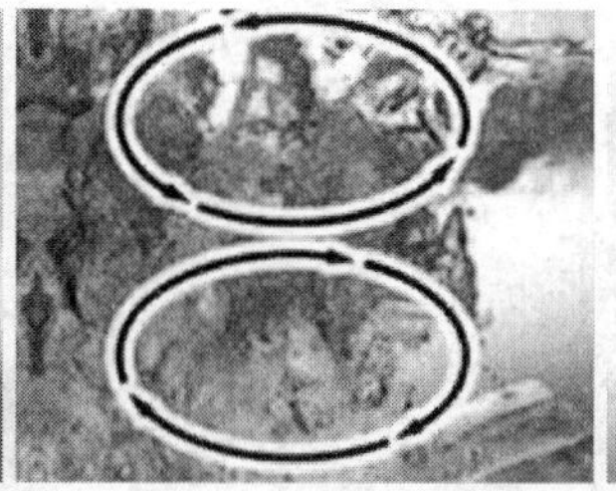

图6.52　无极变频压机、中门宽幅变温、多温多循环

7）007变温：单独调整进风量，控制抽屉内温度。–7℃肉类无须解冻，保证新鲜可口，营养不流失（见图6.53）。

图6.53　007变温、深冷速冻

② 掠菌宝技术——美菱

美菱BCD-310WPB，冰晶睿菱创新花纹，雅典娜意式三门，纯净钢化玻璃面板，具有防划伤、抗腐蚀和易于清洁等优点，美观实用（见图6.54）。

掠菌宝技术主要通过以下几个方面的创新改变来实现。

1）名牌变频压缩机：采用名牌高效压缩机，运行更平稳，节能更低耗，使用户远离噪声烦恼；

2）全风冷无霜设计：冰箱内冷气循环流动，制冷速冻更快，箱内温度更均匀，解决了常规冰箱结霜的现象，极大限度保证了食物的营养不流失；

3）电脑精确控温，LED液晶显示：电脑智能控制，精确控温每一度，轻触感应式按键，指点之间可实现冷藏关闭、速冷速冻、开门提示报警等多种便捷功能；

4）左右开关门设计：冰箱采用左右开关门设计，可以通过更换铰链满足您左右手开关门的习惯。意式三门设计，匹配高触感把手，尊贵气息油然而发。

图6.54　掠菌宝技术——美菱 BCD-310WPB

③ 零度维他保鲜技术——博世

博世KKF25986TI（见图6.55）可变换中门的设计具有特色，在内部技术上，除了具备电脑

智能温控软件、多循环制冷系统以外，还具有速冷系统与均流风道，保证了箱内每个角落的温度都均匀恒定。另外还使用了变频技术，多重技术保证了新鲜生活（见图6.56）。

图 6.55 零度维他保鲜技术——博世 KKF25986TI

图 6.56 内置电脑智能温控软件

内部具有精确的电脑智能温控软件，持久保持食品温度波动与设定温度相差小于1℃，达到基本恒定，保证营养不流失。顶端具有调控按键，可有效地防止小孩子的错误操作，但是，对于身高较矮的人来说，此按键的位置操作起来着实不太方便（见图6.57）。

图 6.57 多循环制冷系统

多循环制冷系统，将箱内冷藏室、零度维他保鲜室、冷冻室分开控温，互不影响。冷量更集中，制冷更高效和快速，让食物与零度状态更亲密接触。

④ 360°矢量变频技术——海信

360°矢量变频技术是在保证冰箱平稳运行的前提下保证冰箱保鲜、冷冻功能超强发挥。在保鲜方面还采用健康“钛立方”杀菌除味技术，食物的环境得到很好的改善，同时生态光养鲜技术可以保证食物的新鲜水润。

海信BCD-262VBP/AX（见图6.58）虽然没有唯美的外观，但是节能的变频技术使其更具内涵，除菌保鲜的技术保证了完善的冰箱功能。

⑤ 真空零度保鲜技术——西门子

西门子KK28A2620W（见图6.59）是一款主打真空零度保鲜的三门冰箱，在外观上也有了较大的突破，削弱了工业设计的成分，更大程度上提升了可观赏性，提升厨房的整体气质，让您置身厨房却有一种回归自然的感受。内部设计突出人性化感觉，无论是LCD点触显示屏还是自由保鲜盒都最大限度地方便了使用者的生活。

图6.58　海信 BCD-262VBP/AX

图6.59　西门子 KK28A2620W

门体存储格局被分为三个部分，顶层为蛋架，蛋架可以自由移动；中层为自由存储盒，适合存放一些牛奶或是女孩子的面膜；底部存放饮料或是酒类。中门保鲜室上层为零度生物保鲜室而底层则为真空保鲜室。前者达到高保湿效果，避免营养和水分的流失，后者具有抽真空程序，食物完全脱离氧气，真空状态下，新鲜营养更丰富。

⑥ 四层净滤系统——LG

LG GR-D29NFZB（见图6.60）冰箱有着唯美的面板设计，大气的面板印花更加凸显出了品质家电的特色。

在结构上，冰箱的中门设计比较特殊，打破了传统设计的模式，抽拉设计保证冰箱内食物被便捷地拿取。在内部格局上，隔板

图6.60　LG GR-D29NFZB

可以自由抽拉，即使是三层的蛋糕也可以被安置起来，便于存放食物。冷藏室内部具有全新的99.99%净味抗菌效果，源自四层革新净滤系统，实现99.99%净味抗菌效果，为食物提供纯净储存空间。

在技术上，冰箱是全风冷设计，冰箱在制冷的过程中不产生霜，更加洁净，食物不粘连。

⑦ 加湿保鲜技术——三星

一直以来“食品安全问题”都是全球广泛关注和讨论的话题。近几年，针对这个问题，世界上每一个国家都在积极地采取有力措施，加强食品的安全和管理，让人们吃得更放心。相应的，在解决“食品安全问题”的同时，人们也希望饮食能够更加健康。三星作为全球最大的家电生产商之一，一直致力于冰箱创新技术的研究。

鉴于一般冰箱冷藏室与果蔬室只能满足蔬果的温度保存条件，尚无法满足湿度条件，KHAN系列多门冰箱BCD-400DNTS（见图6.61）通过特色的辐射式制冷以及超微粒子雾化加湿技术，利用风扇将水雾扩散到空气中，均匀加湿果蔬室内的空气湿度，确保水分不被冷风带走。同时，冰箱还保留了三星传统的光合保鲜技术，通过模拟太阳光释放光合作用所需要的光波，让蔬果在冰箱内仍然可以继续进行光合作用，这样一来不仅大大延长了蔬果的保鲜时间，还保持了其天然味道。

除此之外，KHAN系列多门冰箱还具有多重气流功能，每层搁板都有冷气供给，维持均匀的温度，门关闭后快速达到设定温度。强大的–7 ～ 18℃的宽带变温室，轻轻一按就能为不同食物提供最适宜的储藏环境。内部特有的可调节式分区设计，更可根据存储物品的体积自动调节空间大小。这一系列内外兼修的设计创新，让KHAN系列多门冰箱为使用者打造了人性化的智慧生活“鲜”境界。

图6.61 三星 KHAN 系列多门冰箱 BCD-400DNTS

与以往传统的多门冰箱不同的是，KHAN系列多门冰箱更适合亚洲家庭的使用习惯。特别是在中国，果蔬室的使用频率远高于冷冻室，三星多门冰箱突破性地将果蔬室上移。通过人体工程学的设计原理，大大减少了亚洲用户在日常使用中的弯腰次数。不仅如此，果蔬室内还配备了可移动式托盘，水果可以单独摆放，避免受挤压。

科技，让生活更美好。打开三星KHAN系列多门冰箱，倾斜式大容量鸡蛋盒、奶品盒、双排饮料瓶架、防溢漏钢化玻璃隔板、隐藏式出风口、双层冷冻抽屉以及分类冷冻挂钩，一系列令人耳目一新的设计，体现出三星研发人员对于用户使用习惯和需求的细致研究。在目前同质化越来越严重的冰箱市场，相信这一款产品会让中国消费者眼前一亮。

⑧ 云图像识别技术——长虹ChiQ冰箱

美菱电器新款CHiQ冰箱（见图6.62），它搭载了美菱全球首创的云图像识别技术，在对云计算、物联网、大数据、变频等多种技术进行整合的同时，实现了智能化食品管理、远程订购蔬菜，让冰箱真正做到智能化。

与传统智能冰箱不同，美菱CHiQ智能冰箱是基于“以人为中心”的智能战略。美菱独创的云图像识别技术通过图像采集系统得到食品图片上传云端，运用美菱独有的专利图像识别算法，转化成食品的信息列表。同时，结合美菱保鲜期数据库，实现食物保质期的提醒功能，最终实现端云一体化，从云端分享至手机端和产品终端。

图6.62　长虹ChiQ冰箱

围绕云图像识别技术，基于食物识别和管理，长虹美菱CHiQ智能冰箱完成从终端数据采集、结构到云端存储、识别算法、食物保鲜、数据通信、多终端协同等方向的专利布局。一举突破以往智能识别技术对冰箱智能化的限制，解决近年来全球智能冰箱市场呈现出“叫好不叫座”走势这一现象。

此外，用户除了在手机、Pad等智能移动终端上安装远程控制软件，实现远程视察同时，还可以通过手机端的“自动比价”功能（见图6.63），自动搜索你所在位置附近超市、批发市场里所须购买食材的价格，为用户找到物美价廉的食物提供依据。

更值得一提的是，美菱新款CHiQ智能冰箱采用了最新Android操作系统，用户只需要手指滑动，就可以实现所有的功能操作。同时还增加能够智能地区分食品的种类，并对保质期加以分析的人性化功能的设计，以此对用户进行相应的提醒。

图6.63　“自动比价”功能

家电行业分析指出，随着冰箱市场开始饱和，政策红利终止，转型压力加剧，如何抓住白电智能化拐点是所有企业面临的严峻挑战。美菱CHiQ冰箱的诞生，对传统的冰箱产品进行颠覆式创新，不仅成功抓住了白电智能化机遇，为中国白电产业率先在全球市场上构建了“智能化新拐点”，还成功激活长虹旗下子公司美菱在中国冰箱市场的差异化竞争优势，通过刷新和抬高智能冰箱进入门槛实现“弯道超车”。

⑨ 智能云技术——海尔卡萨帝朗度智能云冰箱

2014年3月，海尔发布了全新的U+智慧生活操作系统。据悉，该系统涵盖了全套智能家居解决方案，通过三大平台的技术支撑，只需12s就可以实现与所有智能家居终端的互联互通。与此同时，搭载着全新的智能云技术，全球首台智能云冰箱——朗度（见图6.64）也首次公开亮相。

图6.64　海尔卡萨帝朗度智能云冰箱

“传统家电与互联网的融合是一种新型的商业模

式，此次海尔集团推出的朗度智能云冰箱，既是其网络化战略的直观表现，也是符合时代潮流的产物。”中国社科院副研究员万军日前向记者表示道。据了解，针对用户普遍抱怨的智能家电操作难的问题，朗度智能云冰箱创新的采用了微信控制模块，一个微信号可代替四个App程序，家中的冰箱可以在这个微信服务号内进行远程移动操控，不但规避了每个模块都需要专门下载安装一个App的复杂性，而且实现了家电企业的战略转型与消费者智能化需求之间的完美对接。与此同时，朗度还为用户精心打造了一个智慧饮食社区，真正实现了与用户的全方位交互。

通过智能移动控制、智能售后、动态智能电商和社区交互四大功能模块，海尔真正引领着智能冰箱进入了自主通讯时代，不但实现了自主“思考”、环境自适应等功能，更彻底改变了用户的通讯方式和生活方式。此外，通过微信服务平台，用户还可以“一键查杀”冰箱，通过对冰箱进行深度杀菌，从而达到对食品健康的智能化管理。另外，这款朗度智能云冰箱还可以主动为用户推荐养生菜谱，而一旦发现缺少某些食材时，会自动生成一张购物单，用户一键到电商网站就可以实现购买。即使遇到不擅长的料理，在朗度开辟的交互社区里，还能与其他朋友一起交流、学习，共同分享健康饮食心得。

随着产品上市、用户体验的增多，卡萨帝朗度冰箱还将持续跟进用户需求、实时进行产品更新、完善产品功能。据了解，目前卡萨帝朗度冰箱已把未来食品管理、针对用户的养生菜单等功能列入研发计划，继续创新用户体验。

在网络化时代，用户从单纯的产品购买者和使用者变成了全流程的参与者，而海尔就在与用户的持续交互中实时捕捉用户需求进行产品创新。目前，海尔已经推出智能冰箱以及其他系列智能产品，成功打造全球首个智慧家庭，并构建了“一云N端”的产业架构，将每一类产品都变成互联网终端，给用户提供网络时代最佳的智慧生活体验。

从一台台智能家电到一个个智慧家庭，再到智慧社区，海尔通过成套的智能家电正在努力向着智慧城市、智慧星球的未来目标迈进。

图 6.65 LG 智能冰箱

⑩ 智能检测功能——LG智能冰箱

智能冰箱诞生十几年来，由于在核心技术——食物自动识别方面未有革命性突破，其距离大规模市场化应用仍有很长一段距离。从全球范围来看，无论是图像识别、条码识别还是气味识别，目前都无法保证百分之百的识别准确率。

对于当前食物识别技术的发展现状，LG相关负责人表示目前食物识别仍然处于起步阶段，任何能够完全辨识出食物种类的冰箱都未在全球范围推出。“主要难点在于如何区分外表相似的食物，例如猪肉和牛肉，因为就算人类的肉眼都很难区分出这两种肉。”上述负责人说。为此，很多企业都试图在冰箱中安装一个内置摄像头，如此一来，用户无须打开冰箱门，就可以在任何地方通过智能手机对冰箱里的食物进行监控和管理。但目前这种图像识别技术也有局限，即无法有效识别被压在下面或位于角落里的食物。

在2014年家博会上，大热的LG Home Chat（智能家庭系统应用）便推出了在图像识别方面拥有突破性创新科技的LG智能冰箱（见图6.65）。据LG相关负责人介绍，LG智能冰箱的突破主要体现在其具备了智能监测功能。通过安置在主机箱内部上方的内置摄像头，用户可以通过手机或者平板电脑对冰箱内部进行监测。广角摄像头则让用户不仅能看到上方的架子，就连最底端的储物盒也能一览无余。内置的摄像头也可以探测到冰箱的开关，捕捉到食物最近一次存放进来的图片。通过Home Chat，用户在杂货店或超市的时候就可以立刻知道家里有什么东西需要购买。

当前智能家电由于功能繁多，使用起来往往比较复杂。而这款LG智能冰箱在简单易用性方面的表现也可圈可点。据了解，Home Chat可以在NLP和LINE这两款流行的手机社交应用上使用，目前这两款应用拥有超过3亿用户。通过一个直观性界面，用户只需要向软件下达语音命令就可以与LG智能冰箱进行交流互动，并通过手机控制、监控以及分享使用心得。而快捷按键的设计也使得用户可以更快速简便地使用冰箱最常用的功能。据了解，Home Chat为用户提供了3个不同的选择模式：度假、外出和回家。LG的这项新服务甚至也为家电使用带来了更多乐趣，它提供了40多个独特的LINE标签，使用户与家电间的对话更加愉悦也更加私人。

除了食物自动识别技术的突破，LG智能冰箱的智能管家功能还让冰箱成为一个彻底的食物管理系统。通过内置的液晶显示屏或者LG智能冰箱应用，用户可以在冰箱关闭时查看冰箱内部的情况。智能管家新鲜追踪器让存放大量食物和酒水以及时刻提醒保质期成为可能。智能管家同样可以依靠分析冰箱内的食材对用餐选择进行推荐。

⑪ PLC远程控制技术——海信PLC智能冰箱

在2014年3月18日的上海家电展上，海信推出新一代智能冰箱，成为国内首次应用PLC远程控制技术的冰箱产品（见图6.66）。

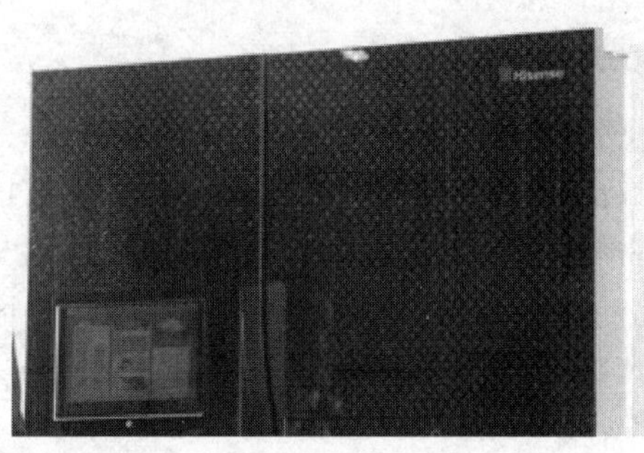

图6.66　海信PLC智能冰箱

随着物联网、传感技术的快速发展，使得触网、智能应用、人机交互等渐成为诸多家电的标配。在近期发布的智能家电产品上不难看出，物联网已成一种流行的技术趋势。随之而来，家用智能设备对Wi-Fi信号的依赖越来越大，但普通无线路由器存在诸多限制，如离无线路由器远了信号便弱得厉害，每穿过一堵墙信号就会降低不少，这个问题困扰了许多用户。而且Wi-Fi安全问题也随之日渐突出。

海信新产品是国内首台搭载了PLC智能远程控制技术的智能冰箱，可以在电力信号上搭载网络信号，实现冰箱与互联网的连接，使用户通过手机、Pad等移动终端轻松控制冰箱。相较于传统的网络信号，电力信号可随家庭中已有的电路设计覆盖至每个角度，信号稳定，不受家具、家电、墙壁等阻隔，穿透力强、极速稳定且传输更安全。

6.7 冰箱产品的设计发展趋势

随着新技术、新材料、新工艺的不断出现，家用冰箱的性能、质量、款式和品种正在迅速发展。当前，家用冰箱发展的新趋势是厨房化、大型（大容积）化、小型化、多门多温室化、多功能化、节能化、电子（微电脑化）化、绿色化，以及开发各种能源的冰箱和形形色色用途的冰箱等等。

（1）厨房化

随着住房结构的变化，近年来国外开发了一种可与其他厨房用具配套使用的组台式冰箱。例如台柜式冰箱，冰箱顶部可作台板使用，也可与组合式厨具配套；炊具组合式冰箱，上部左侧为单孔煤气灶或电磁灶，右侧是一个洗涤池，下部为冰箱，三件组合一体，适用于人口少、厨房面积小的家庭，具有一物多用的特点。

（2）小型化

容积为50～70L的单门冷藏箱或冰柜，将逐步走进办公室、宾馆客房和交通工具里。最近，美国开发的库拉特龙系列小型冰箱，其最大规格型号的净重也只有约5千克。扬子集团也开发了一种外形似床头柜的小型冰箱，问世后受到市场青睐。

（3）多门多温室化

前几年，日本出现了“三门”冰箱，即将双门冰箱原果菜盒部分制成一个独立的、用于贮藏蔬菜的蔬菜室。因多吃蔬菜和水果有益于健康和美容，带有50～60L蔬菜室的三门冰箱深受用户欢迎。据统计，近两年日本销售的三门冰箱已占冰箱产量的一半。最近，国外还出现了一种带有“冰温室”的四门冰箱，冰温室的温度在0～1℃间，食品处于将冻而未冻状态，即处于最佳“保鲜”状态。有的冰箱还带有“解冻室”，用于冷冻食品解冻和解冻后保存，提高冻结食品保鲜质量。

（4）多功能化

新技术的应用提高和扩展了冰箱的使用性能和功能。例如，应用“快速冷冻”技术，提高食品的冷冻质量；箱内使用多用途组合式搁架，可充分利用箱内、门胆的空间，食品存取方便，且有多种用途。美国库拉特龙公司生产的一种新型多功能冰箱，不仅可以制冷，还可以作为食品的保温器和加热器，可用来炒菜、烘面包或热牛奶等。此外，无霜冷冻、温度切换、可调温保鲜、自动除臭等新技术已在冰箱中应用。

（5）节能化

当前，节能型冰箱的开发已成为家用冰箱发展的一个重要方向。例如，采用旋转式压缩机代替原来的往复式压缩机，耗电量可减少10%～20%；采用新型隔热材料，可增加冰箱的容积和提高制冷效率；采用多重式结构门封条，提高密封性能，减少冷气外逸；采用电子控制技术，根据环境温度高低自动调节压缩机运行时间，达到“节能”运行，可省10%～15%的电量。日本在冰箱节能方面采用多项新技术达到了明显的经济效果，如容积为270～300L冰箱的耗电量已下降到23～25度/月，约为10年前耗电量的40%～50%。

（6）绿色化

目前，世界各国正在大力推行“双绿色”冰箱，即在冰箱制造和使用中不使用氟利昂。由于氟利昂会破坏大气臭氧层，威胁整个地球的生态平衡和人类的健康和生命，联合国早在1989年5月就通过了《赫尔辛基宣言》，把公元2000年确定为禁止使用氟利昂的最终时间，并于1990年1月1日起正式实施。日本、美国等国已全面推行无氟冰箱。我国的海尔集团、华意集团也率先推出无氟“双绿色”冰箱。无氟冰箱将是未来冰箱发展的必然趋势。

此外，使用各种能源的冰箱也相继问世，如太阳能冰箱、风力冰箱、煤气冰箱等；以及形形色色的其他冰箱，如冷藏和加热两用冰箱、手提式软体冰箱、停电不解冻冰箱、供应热水冰箱、会“说话”的冰箱等，使冰箱家族日趋丰富多彩。

6.8　冰箱市场的发展趋势

冰箱行业竞争依然非常激烈，因为整个行业仍将处于残酷的洗牌期，行业规模增长相对低迷，品牌之间的竞争将加剧。在市场规模低迷和品牌竞争加剧的双重压力之下，冰箱市场的价格竞争将变得愈发激烈。大品牌凭借规模经济优势尚能支撑，但是中小品牌随着行业价格竞争的加剧将面临严峻的生存考验。

在这种严峻的考验之下，抓住行业发展趋势才是赢得市场的关键。冰箱市场的发展趋势主要有以下四个方面。

（1）整体市场规模趋势小幅上涨

冰箱市场销售形势依然严峻，随着宏观经济的逐步软着陆，冰箱市场将实现小幅的增长。

（2）结构调整势如破竹

① 风冷将进一步压缩直冷的生存空间，在风冷进攻市场的主要产品形态，风冷两门将打破2500元红线，成为直冷的强劲对手。

② 多门冰箱将延续高速增长，市场份额有望超越三门成为冰箱市场最大门体。

③ 十字冰箱将呈现系列化的发展态势。

随着十字冰箱的持续火爆，目前尚未参与十字市场的冰箱品牌将会加入战斗，其十字产品将呈现系列化的发展态势。高端十字将集中在10000元以上，中高端将集中在8000～9000元区间，中端十字将集中在6000～7000元区间，中低端十字将集中在4500～5500元区间，低端十字将集中在4500元以下。在这几个大的价格区间主力品牌会陆续实现全覆盖，在参与的品牌内部，十字产品将实现系列化的发展态势。

④ 智能冰箱将崭露头角，有望拉开冰箱市场发展的新篇章。

高端冰箱的智能化将逐步拉开序幕，人机交互功能将逐步成为高端冰箱的标配。随着带有人机交互功能的高端冰箱被消费者逐步接受，冰箱市场将拉开智能机向非智能机逐步替代的序幕。

（3）品牌竞争加剧，中小品牌面临洗牌

由原材料价格下跌及国际原油价格下跌带来的成本下降空间将不复存在，中小品牌难以承受激烈的价格竞争。

（4）电商进入精耕细作，平台效应扩展

① 电商将进入精耕细作阶段，电商产品必须有清晰的定位。电商经过连续几年的狂飙式增长，在发展初期鱼龙混杂，平台更多讲求的是有产品卖，制造厂家更多追求的是先布局，尚未“因地制宜”地深度研制适合电商平台销售的精品。

② 电商将不仅仅是销售渠道，而是一个综合性的平台。随着电商平台的逐步成熟，其平台效应带来的生态链效应将给电商操作带来一些新的思路。首先，电商将是一个很好的传播

平台，京东、天猫等电商平台本身就具有很高的关注度，本身就是很好的媒体。其次，将会有更多的主力品牌参与到平台的生态链中，比如主流品牌的电商产品推广可能用的是众筹的形式，传统的家电产品会与平台的金融业务产生合作，家电产品可能变为平台的一种融资方式。在电商平台日臻成熟的背景下，类似这样的操作方式将会不断出现。

除以上四个发展趋势之外，中国冰箱行业的机会主要有以下三个方面。

（1）产品机会

① 冰箱企业须加强风冷产品的布局和提升，风冷冰箱将会以风冷两门产品为拳头，向直冷冰箱发起猛烈的进攻，直冷在此形势之下将节节败退，一旦风冷冰箱攻下2000～2500元市场，以直冷冰箱为主的企业将面临有产品无市场的尴尬局面。

② 十字产品需要重点打造差异化，市场上十字产品将会逐步增多，产品也将呈现同质化的现象，因此须充分发挥本平台产品的优势，把分类存储的概念落实到针对某一部分具体的消费者身上，比如，针对儿童市场可以将十字的存储空间当中的变温室区域打造成儿童专区，类似这样的操作方法更能在市场上形成品牌和产品的差异化。

③ 十字冰箱的互补品——五门冰箱需要重点关注。随着十字产品的日益火爆，十字产品不能储存大件冷冻物品的劣势将有可能会被放大。所以十字产品越火爆冰箱企业越要注意用五门产品形成互补。

④ 将会有更多的冰箱企业借势于智能产品。随着智能概念的日臻成熟，顺势借助这一成熟概念推广智能冰箱产品，将会事半功倍。目前智能冰箱大多叫好不叫座，一方面是没有划时代的智能产品面世，另一方面带有基础人机交互功能的冰箱大多价格偏高。智能冰箱将崭露头角，谁能在完成智能冰箱产品部分人机交互功能的基础配置，将会引起市场极大的关注，也会在这个智能的时代掀起一阵风暴。

（2）市场机会——新“家电下乡”

距2008年开始的家电下乡已经有近十年的时间，在家电下乡时期销售的低端产品相继将迎来更新换代需求，有这种更新换代需求的消费者，将更加倾向于购买大容积性价比高的冰箱。而顺势而为推出差异化的多门、对开等大容积冰箱进入三、四级市场，将是一个重大机会。

（3）政策机会

冰箱能效新标准给高能效技术储备强的企业将带来发展良机。在国家整个产业结构升级的大浪潮下，冰箱制造业将呈现同样的发展趋势。很多企业在现有技术储备上如果要开发新的一级能效冰箱将带来成本的大幅上升，如果迫于技术和成本的综合考虑退而求其次的生产二级能效的冰箱，将是企业的灾难。因为消费者被国家、企业教育了这么多年节能概念，一级能效的产品早已牢固地植入了他们内心深处，他们之前的购买习惯难以改变，所以他们还是会倾向于购买一级能效的产品，而这时如果企业不能推出在性价比上贴合市场的一级能效产品，该企业在竞争中将会处处碰壁。

第7章 洗衣机产品分析与设计

7.1　洗衣机产品的外观分析与设计

7.1.1　洗衣机整体外观设计分析

（1）洗衣机的分类

洗衣机按照洗衣方式的不同，可以分为波轮式洗衣机、滚筒式洗衣机、搅拌式洗衣机、喷流式洗衣机、喷射式洗衣机和振动式洗衣机等（见表7.1）。

表7.1　洗衣机的分类

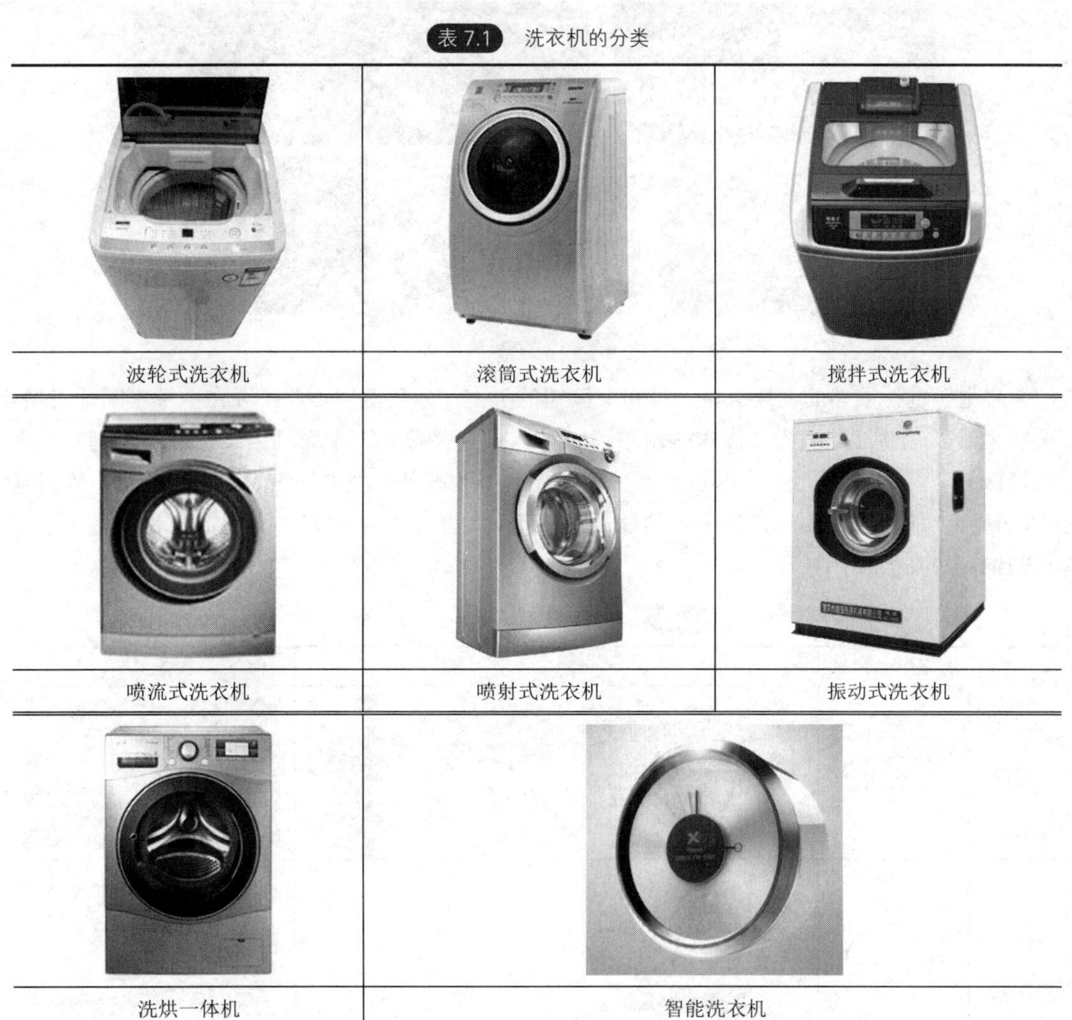

波轮式洗衣机	滚筒式洗衣机	搅拌式洗衣机
喷流式洗衣机	喷射式洗衣机	振动式洗衣机
洗烘一体机	智能洗衣机	

（2）洗衣机的洗衣盖

洗衣机的洗衣盖有半透明、全透明和不透明，既有方形的也有圆形的，既有向上开的翻盖，也有侧面翻盖（见图7.1）。

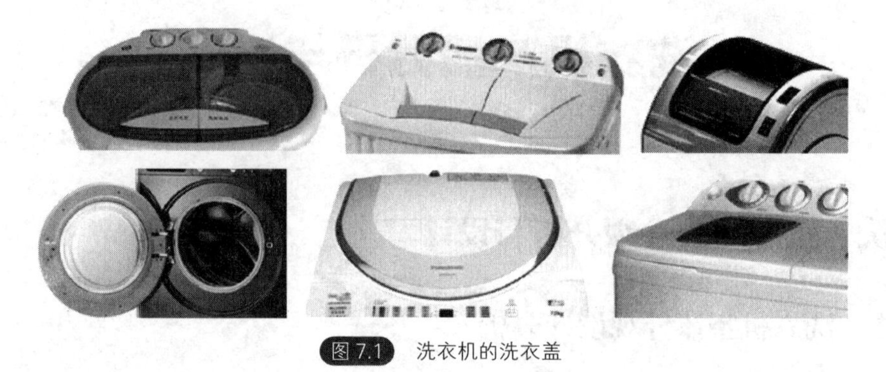

图7.1 洗衣机的洗衣盖

（3）洗衣机的按键

洗衣机的按键基本为方形与圆形按键，有触屏式、按压式和扭转式（见图7.2）。

图7.2 洗衣机的按键

轻型触觉控制器的主要类型是按钮。按钮的类型和应用范围很广，并在继续不断地发展。按钮之所以受欢迎是因为在操作时用手指触按，无须多费心力，而且由于明确意识到只要做出轻微的动作（轻轻一按），即可实现很多功能而得到某种心理上的满足，在操作中，人只需作出精神上的努力和关注，而所耗的体力是微不足道的。对洗衣机界面上的按钮造型做了比较归纳，如表7.2所示。

表7.2 洗衣机界面按钮形态特征比较

名称		圆	椭圆	矩形
弧凸				
圆凸				

续表

名称		圆	椭圆	矩形
弧凹	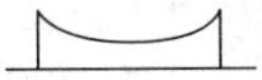			
纯平		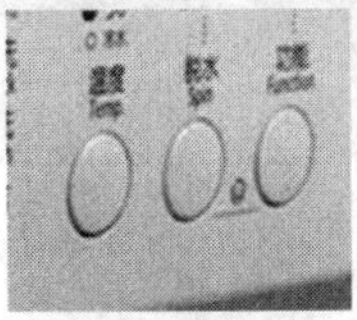	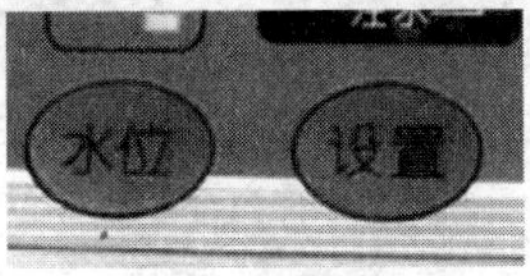	
平凸	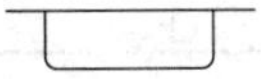			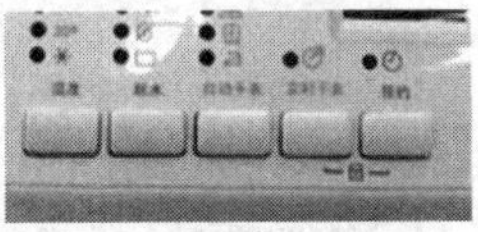

洗衣机的按钮同样在不妨碍其使用功能和象征识别功能的前提下，其形式可以是多种多样的。洗衣机界面上的按钮，虽然造型较为多变，但是从用户操作使用的角度出发，需要考虑的主要人机设计因素是基本相同的。其按钮外形以圆形和矩形为主，有的还带有信号灯，以便让用户更清楚地了解显示状态。为方便操作，按钮表面宜设计成凹形，符合手指的形状，从产品语意学的角度来看，提供了一定的操作含义。

（4）洗衣机的旋钮

旋钮的样式较多，一般按其外观主要可以分为多位旋钮、分级旋钮和爪式旋钮。采用不宜打滑的表面纹理，可以方便精细操作，采用爪式旋钮，方便观察旋转位置。对洗衣机的旋钮造型以及对应的功能做了简单的归纳统计，如表7.3所示。

目前洗衣机的旋钮以这三类造型为主，洗衣机的旋钮在不妨碍其使用功能和象征识别功能的前提下，其形式可以是多种多样的。对于旋钮的旋转方向和旋转弧度要有明确的提示和控制，是能360° 旋转还是只能180° 旋转。如果是只能180° 旋转，最好有相应的限制控制，考虑旋钮是否方便维修和清洁。例如，凹陷的旋钮在清洁时候可能相对困难些。

表7.3 洗衣机界面旋钮形态特征比较

名称		图例	示意图	旋钮特征
指针式旋钮	带把手式旋钮	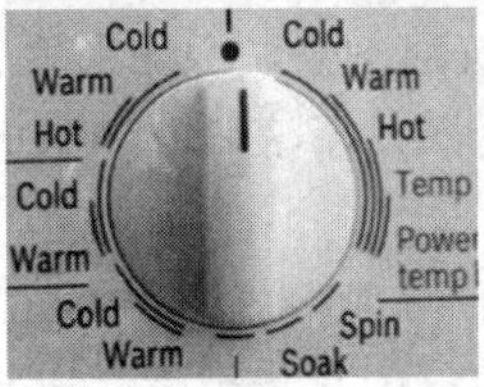 		旋钮控制点不宜超过24个，间距不小于15°，有利于视觉对指示值的监视，指针尽可能靠近标尺刻度
	内陷式旋钮	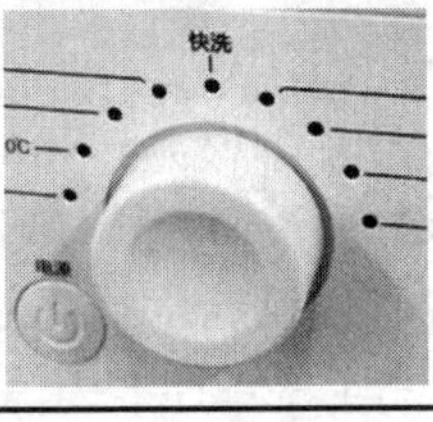	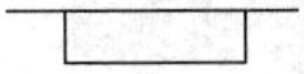	

续表

名称	图例	示意图	旋钮特征
圆柱式旋钮			钮帽边缘一般有各种槽纹，常用于需要旋转需要一周或一周以上、定位不精确的情况
多位旋钮			用于不需要连续旋转、定位不精确、定位范围不足一圈的情况

（5）显示器

洗衣机的显示分为三种方式：一是电子显示，二是液晶显示，三是文字说明显示（见图7.3）。

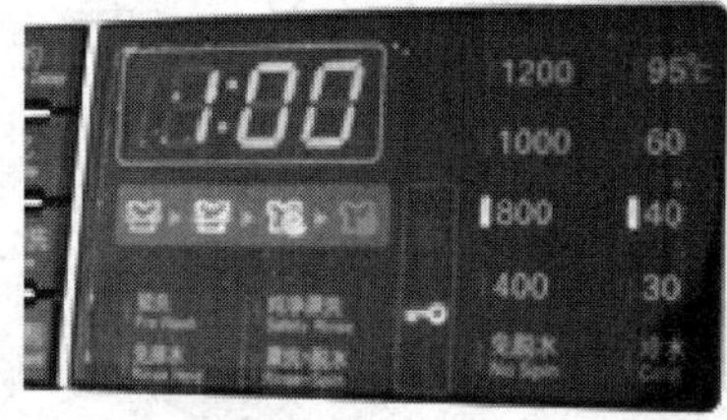

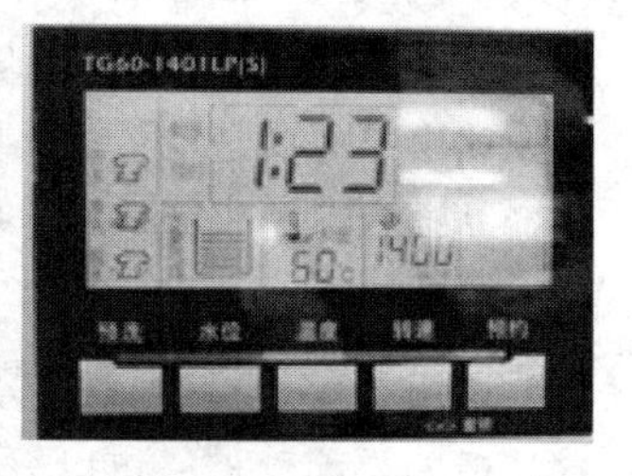

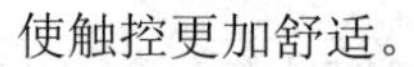
图7.3 显示器

合理的文字规划有助于用户对界面的认知，现以小天鹅TG70-1401LP（S）型洗衣机的文字规划为例进行分析（见图7.4）。

洗衣机采用了15°黄金倾角控制面板，在自然站姿下即可尽收眼底。另外，配备了炫光导航旋钮，在选择该程序时，会有镭射光提示，方便夜间操作。并且22mm×12mm的大按键使触控更加舒适。

图7.4 小天鹅TG70-1401LP（S）

① 在洗涤程序方面，配备了高达15种的洗涤程序，有针对特定人群的“童装洗”、针对夏季的“快洗”、独特的“活性酶”等程序。洗涤剂盒贴心地采用了中文注释，使操作更加简单。适合初次使用滚筒洗衣机的消费者和老年人（见图7.5）。

② 在显示屏方面，配备了5英寸的LCD液晶显示屏，笔者比较中意的是小图标的显示个性化十足且十分方便（见图7.6）。

③ 洗涤程序详细说明：快洗程序专门为夏季或者是脏物程序较低的衣物而准备，洗涤时间为24min；内衣程序专门为内衣等贴身衣物设计，60℃高温消毒，800r/min转速，有效呵护衣物；羊毛洗程序专为羊毛等较轻柔衣物设计，转速

较低，并且使用适中的40℃水温洗涤，洗涤时间为45min（见图7.7）。

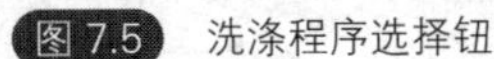

图7.5　洗涤程序选择钮

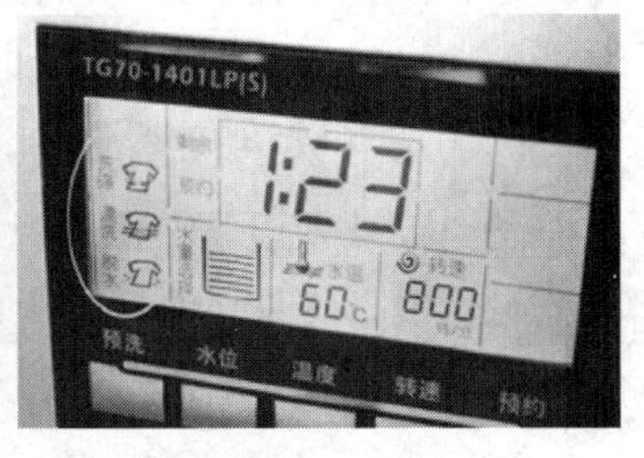

图7.6　LCD显示屏及小图标显示

图7.7　洗涤程序详细说明

另外，在很多洗衣机上都出现大量的警告用语，如松下的某款洗衣机的界面上就有大段的警告语出现：

1）使用本机前请仔细阅读使用说明书，特别是安全和注意事项；

2）请勿安装在潮湿、水淋的环境中，以免电器件进水、零部件腐蚀，造成意外伤害；

3）为了您的安全，洗衣机必须使用可靠接地的单独插座，以免发生意外；

4）请勿在洗衣机上放置燃着的蜡烛、蚊香、香烟等易燃品和电热炉、电热风机等发热源以及指甲油、摩丝（定型剂）等化妆品；

5）脱水桶没有完全停止转动前，请勿将手伸入桶内取衣物，以免扭伤手臂；

6）洗衣结束后，关闭洗衣机电源开关，拔下电源线插头，关闭进水龙头。

7.1.2　主流品牌洗衣机产品外观分析

随着家电产品不断个性化、时尚化，外形也呈现出多样化。目前的滚筒洗衣机市场，从外形来看，有四四方方的“稳重型”，也有圆圆的“可爱系”。

（1）美的MG60-1201LPC

外观方面，美的的这款洗衣机的设计非常新颖，将靓丽的绿色融入整体白色的外观中，看起来浑然天成。采用了双层舱门的设计，很好地保障了机身的整体一致性。另外，采用了隐藏式门把手设计，同样保证了机身圆润的外观（见图7.8）。

图7.8　美的MG60-1201LPC

在操作面板设计上，美的MG60-1201LPC洗衣机表现得十分出色，配备了超大液晶显示屏及标识清楚的按键，可以预约洗涤、调节水温、转速、水位，并且提供了防皱洗和强力洗功能的选择，使洗涤过程更加容易掌控。

（2）东芝洗衣机XQG75-ESE

整个机身采用乳白色外观，特别是突出的舱门设计，使得整个机身憨态十足，圆润的外观十分可爱（见图7.9）。采用混合型洗涤模式，具有拍打洗+手搓洗功能。极为简洁的操作区域，体现出日式电器一贯的人性化设计（见图7.10）。

（3）西门子洗衣机WD15H569TI

采用香槟金色面板、黑色超大舱门设计（见图7.11）。

图7.9 东芝洗衣机XQG75-ESE

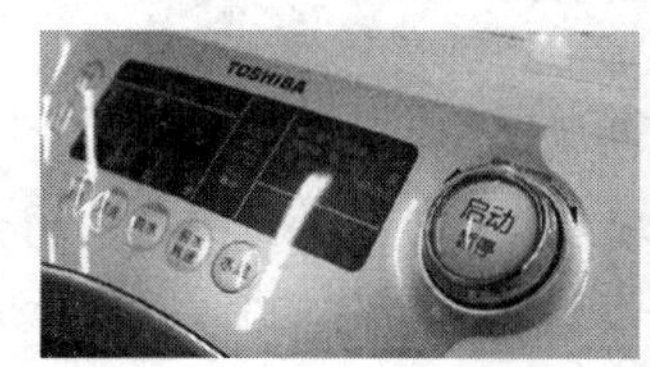

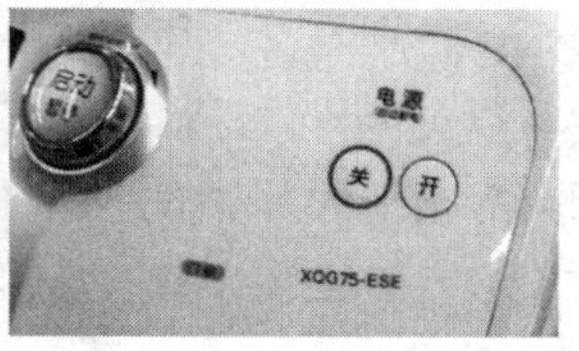

图7.10 细节设计

图7.11 西门子洗衣机WD15H569TI

设有超大LED显示屏，可以显示水温、转速、预约时间、功能选择、功能确定、烘干等6项内容，按键方面均采用超大方形按键，有效避免误操作。

功能设计上，西门子WD15H569TI洗衣机采用旋钮设计，操作更惬意，设有13项不同的洗涤功能，分类洗涤十分方便。外加中途添衣功能，即使大如床单、窗帘等大物件也能轻松放入（见图7.12）。

在内筒方面，该产品采用雨滴型内筒，在每个雨滴周围专门设计五个注水孔，均匀注水，轻托衣物不会变形。而S形不对称提举筋可以很好地控制衣物的摔落点和翻滚状态，带来细致入微的均匀洗涤呵护（见图7.12）。

（4）LG WD-R1028UDS

LG WD-R1028UDS采用了珍珠白色面板，印花外观高雅美观。整体舱门，一键式开门，童锁功能，使用起来非常安全、漂亮（见图7.13）。

在操作面板的设计上，LG WD-R1028UDS洗衣机设有超大LCD显示屏，洗涤任务一目了然；单独的洗涤、漂洗、脱水、温度、烘干五个程序选择钮，使用起来非常方便（见图7.14）。

图 7.12　细节设计

图 7.13　LG WD-R1028UDS

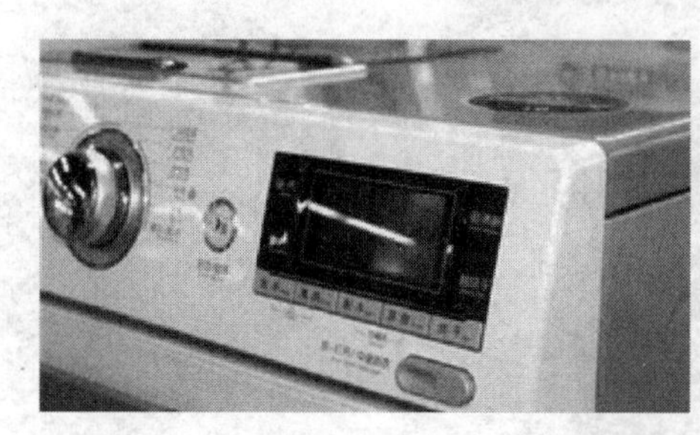

图 7.14　细节设计

在内筒设计上，LG WD-R1028UDS洗衣机采用了珍珠型按摩内筒，在增加衣物揉搓面、按摩衣物的同时，有效减少磨损，洗护二合一。仿生鱼尾提升器，洗涤时会以鱼尾形态游梭于衣物之间，在深层洁净衣物的同时，有效提升衣物摔打高度，防止缠绕。而内部蒸汽发生器产生高温蒸汽，可渗透到衣物的每个角落，使衣物纤维自然舒展，有效杀菌、除皱，令衣物洁净柔软（见图7.14）。

（5）博世WVG24566TI

整体黑色设计，沉稳大气。程序选择的旋钮手感非常好，而且操作简单，只需轻轻旋转即可调到您想要的程序。另外操作面板上的橘红色LCD显示屏字体清晰，即使在夜间也可以轻松操作，清晰调节程序（见图7.15）。

图 7.15　博世 WVG24566TI

7.2 洗衣机产品的色彩分析与设计

目前，洗衣机产品已经告别单一的白色或者银色设计，多彩靓丽的外观十分抓人眼球，蓝色、红色、黑色等色彩的运用，令洗衣机更具吸引力。

（1）白色——西门子 WM12S461TI

源于欧洲的西门子家电，不论品牌渊源还是设计风格，都秉承了欧式的简约、务实的设计思路。秉承了博西家电一贯的简约外观设计风格，箱体线条简单直接。白色的箱体色调搭配舱门处的银色点缀，显得整个机身品质感十足且不失灵气（见图7.16）。

（2）黑色系——松下 NA-VD100L

机身通体采用冷酷、个性的黑色，筒圈小面积的白色起到了点缀作用。产品主要面向公寓小户型住户，整体结构经过合理化设计，机身小巧，便于安装。决定洗衣烘干性能的滚筒直径保持不变，通过搭载全新形状的热交换器和3D监控传感器，实现了与2010年推出的NA-V1700L（洗衣容量9kg，烘干容量6kg）相比主体体积约减小1/4的小型化（见图7.17）。

（3）灰色系——LG WD-A12345D

LG WD-A12345D在外观上延续了韩系家电一贯的精致创新风格，简洁的灰色机身凸显主人追求精致生活的独特品位（见图7.18）。

图7.16 西门子 WM12S461TI

图7.17 松下 NA-VD100L

图7.18 LG WD-A12345D

（4）彩色系——美的凡帝罗系列、三洋XQG55-L832G、小吉（MINIJ）迷你全自动DD变频滚筒洗衣机

① 美的凡帝罗系列按颜色分共有深海蓝、极光绿、水晶紫、松露黑四款机型，对于消费者而言，按颜色分更直观、更好记。其中深海蓝和极光绿的产品电机转速为1200r/min，不支持蒸汽洗和烘干，但具备快洗和单洗功能。而水晶紫、松露黑两款机型电机最高转速为1400r/min，支持蒸汽洗和烘干，但不具备快洗和单洗功能，与前两者互为补充。

② 三洋XQG55-L832G外观造型采用了与之前倾芯系列相同的设计，色彩方面采用了多种跳眼色彩，例如香槟色、灰色、红色和蓝色。

③ 小吉（MINIJ）迷你全自动DD变频滚筒洗衣机。MINIJ来自于吉德电器，是起草洗衣机国家标准、行业排名第五的电器公司，自主研发过“净静平衡”“揉净科技”“DD变频”三大核心科技。

随着中国家电行业的飞速发展，中国家电市场需求日益饱和，发掘用户的潜在需求，为家电行业发展找到新的契机日益迫切。苏宁通过大数据研究发现，有很大一部分消费者有购买家庭第二台洗衣机的需求，主要用来洗涤内衣、儿童衣物。还有一部分单身白领，居住的单身公寓面积较小，对小型洗衣机的需求也比较迫切。所以针对目前市场需求，苏宁携手MINIJ为中国消费者量身订制，推出2.8kg DD变频迷你滚筒洗衣机MINIJ系列，并获得中国好设计——红星奖。

该款MINIJ滚筒洗衣机，设计时尚新颖，做到机身和UI界面无色差，重新漫入珠光粉覆膜，重新定制钢化玻璃的材质和厚度，区别于其他洗衣机普通玻璃喷色。产品拥有鸢尾兰、甜心粉、云漫白、米兰黄、迷禁紫五种颜色，为消费者提供更多选择空间。

(5) 银色系——西门子Silver4108

西门子Silver4108在外观上依旧采用了西门子最经典的外观设计。另外，银色的箱体颜色，极富科技感的同时又极易搭配各种不同的家居风格。

(6) 混搭色系——东芝XQG90-ESE、海尔XQG70-Q1286、小天鹅TB70-5088IDCL (S)、松下XQB60-Q660U

东芝XQG90-ESE全身采用了乳白色的箱体设计，香槟色操作面板。在舱门的选择方面，特别搭配了棕色设计，可谓是整个机身的点睛之笔。而且通过半透明的舱门还可以随时观察内筒的洗涤状态，人性化十足（见图7.19）。

图7.19 东芝XQG90-ESE

海尔XQG70-Q1286无论外观还是做工方面均采用了之前采用的美学滚筒的设计，银色机箱+蓝色操作面板、旋转式按钮、超大显示屏，都带有明显的海尔特征（见图7.20）。

小天鹅TB70-5088IDCL（S）洗衣机采用了银色机身，搭配上流线型的酒红色操作区，整机显得动感十足，干净简洁，能够很好地与家居环境融为一体（见图7.21）。

松下XQB60-Q660U外观设计运用了不少弧形线条，整体造型显得圆润厚实，平面的机顶设计简洁大方。乳白色的外观非常简约，而机顶盖则采用了黑色面板，对比强烈，鲜明的对比也增添几分时尚感（见图7.22）。

图7.20 海尔XQG70-Q1286

图7.21 小天鹅TB70-5088IDCL (S)

图7.22 松下XQB60-Q660U

7.3 洗衣机产品的材质分析与设计

（1）不锈钢

不锈钢是指耐空气、蒸汽、水等弱腐蚀介质和酸、碱、盐等化学浸蚀性介质腐蚀的钢，又称不锈耐酸钢。实际应用中，常将耐弱腐蚀介质腐蚀的钢称为不锈钢，而将耐化学介质腐蚀的钢称为耐酸钢。由于两者在化学成分上的差异，前者不一定耐化学介质腐蚀，而后者则一般均具有不锈性，不锈钢的耐蚀性取决于钢中所含的合金元素。不锈钢基本合金元素还有镍、钼、钛、铌、铜、氮等，以满足各种用途对不锈钢组织和性能的要求。

其中不锈钢材质又分为一体式和非一体式，相对来说一体式不锈钢内筒不易生锈，易于保养。

（2）塑料

在洗衣机上所用的塑料和冰箱上使用的基本上是统一的。所使用的塑料零件主要有内桶、底座、盖板、脱水桶盖、内盖、喷淋管、排水阀、电钮板、开关盒、辅助翼、波轮、变速机齿轮、行星齿轮程控系统的大凸轮、卡爪、齿轮、上凸轮、下凸轮及皮带轮等。

波轮式洗衣机对塑料材料的性能要求如下：

① 满足使用温度，洗衣机的洗涤温度为60℃，注水温度最高为100℃；

② 耐化学药品性，须耐各类洗剂、润滑油、油污等接触试剂的腐蚀作用；

③ 耐冲击性，可耐操作过程的撞击等作用。

PP（聚丙烯）和改性PP基本可满足上述需要，因而成为洗衣机的首选材料，目前还开发出了具有抗菌功能的塑料材料。

（3）钢化玻璃

钢化玻璃是一种预应力玻璃。为提高玻璃的强度，通常使用化学或物理的方法，在玻璃表面形成压应力，玻璃承受外力时首先抵消表层应力，从而提高了承载能力，增强玻璃自身抗风压性、抗寒暑性、抗冲击性等。

（4）尼龙

尼龙就是聚酰胺66，它具有优良的机械性能和热性能，耐磨和自润滑性优异，低温性能良好，可自熄。优点在于启动容易，寿命长，采用高分子内桶的洗衣机的故障率低。

（5）纳米材料

纳米级结构材料简称为纳米材料（nanometer material），是指其结构单元的尺寸介于1～100nm之间。由于它的尺寸已经接近电子的相干长度，它的性质因为强相干所带来的自组织发生很大变化，并且，其尺度已接近光的波长，加上其具有大表面的特殊效应，因此，表现出例如熔点、磁性、光学、导热、导电等方面的特性，往往不同于该物质在整体状态时所表现的性质。

7.4 洗衣机产品的结构分析与设计

全自动洗衣机按控制方式不同可分为机电式和微电脑式两类：机电式全自动洗衣机是由机电程控器控制触点的开关来完成洗涤、漂洗和脱水全过程；微电脑式全自动洗衣机是由微电脑式程控器输出控制信号，来实现对洗涤、漂洗和脱水全过程的自动控制。

机电式和微电脑式全自动套筒洗衣机的主要区别在于电气控制部分，其总体结构基本相同，如图7.23所示，主要由机械支撑系统、洗涤脱水系统、传动系统、电气控制系统、进水排水系统等组成。

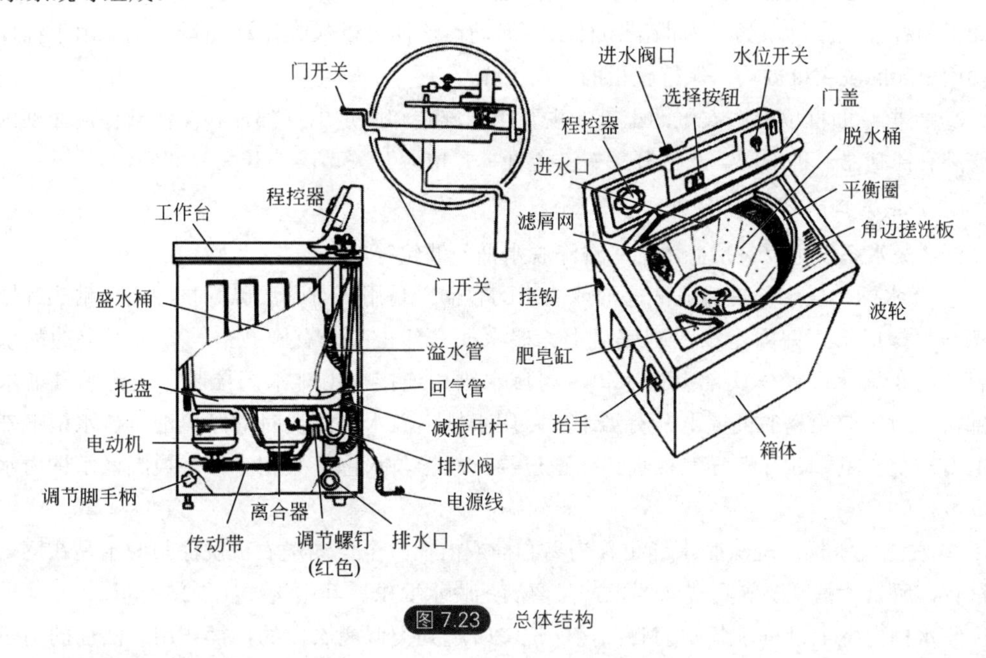

图7.23 总体结构

（1）机械支撑系统

机械支撑系统包括外箱体、弹性支承结构、面框等部分。

① 外箱体　外箱体是洗衣机的外壳，主要是对箱体内部零部件起保护及支撑、紧固的作用。箱体正前方右下角装有调整脚，保证洗衣机安放平稳。箱体内壁上贴有泡沫塑料衬垫，用以保护箱体。箱体上部的四角处装有吊板，用于安装吊杆，电容器通过固定夹固定在箱体的后侧内壁上，电源线、排水口盖、后盖板等也固定在箱体上。

② 弹性支承结构　全自动洗衣机脱水时，由于洗涤物的分布不均匀是不可避免的，高速离心脱水将使内外桶产生剧烈的振动和晃动，为此，常采用将外桶吊挂在机箱壳上的一种弹性支承结构来减振，即采用四根柔性吊杆将外桶吊挂在机箱的四个角上。全自动洗衣机采用的一种弹性支承结构如图7.24所示，吊板固定在箱体上部四角处，外桶吊耳与盛水桶下部相连，吊杆穿过吊板及外桶吊耳将两者连在一起。吊杆为钢丝，上部挂在吊杆挂头上，吊杆挂头可以转动，吊杆下部套着阻尼筒，阻尼筒内装有减振弹簧和阻尼胶碗，如图7.25所示，阻尼筒挂在外桶吊耳上，四根吊杆通过阻尼筒承受桶体

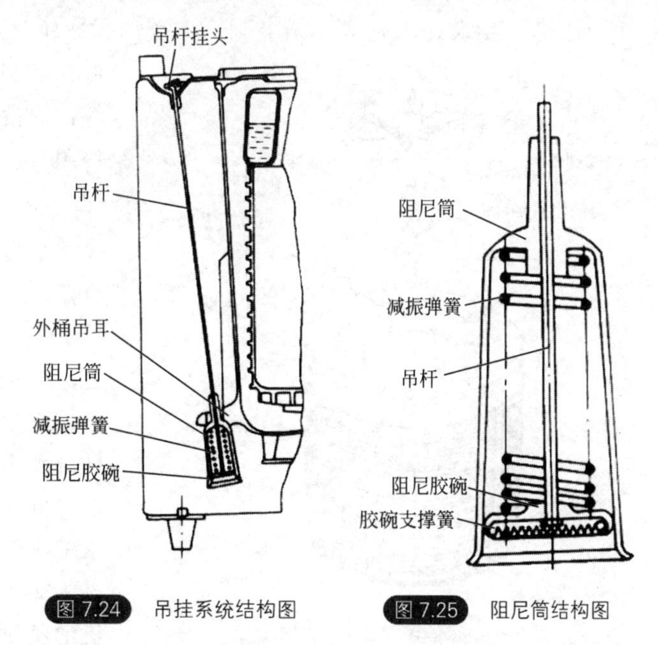

图7.24 吊挂系统结构图

图7.25 阻尼筒结构图

的全部重量，而桶体的重量则将阻尼筒内的减振弹簧压缩。工作时，由于桶内水的多少不同使减振弹簧的压缩量也不同，桶体的高低位置也不同。当洗涤、脱水发生振动时，阻尼筒一方面沿吊杆挂头摆动，另一方面沿吊杆上下滑动，这样可以吸收振动能量，减少由于桶体的振动而引起的洗衣机振动，保持整机的平稳工作。

③ 面框　面框位于洗衣机的上部，主要用于安装和固定电气部件和操作部件，面框内一般安装有控制器、进水阀、水位开关、安全开关、电源开关、操作开关等部件。

（2）洗涤脱水系统

洗涤脱水系统主要包括盛水桶、洗涤脱水桶、波轮等部件。

① 盛水桶　盛水桶是盛放洗涤液或清水的容器，是用具有耐酸碱、抗冲击、耐热等性能的塑料注塑成形，并固定在钢制底盘上。盛水桶底部正中开有圆孔，与离合器上的大水封配合，防止漏水。桶体底部有排水口，与排水阀相连接，由排水阀控制排放污水。盛水桶上部离桶口一定距离的桶壁上开有溢水口，用于排出溢水和漂洗时的肥皂泡。盛水桶下部侧壁上有一空气室，并开有导气接嘴口，通过导气软管与水位开关相连接，控制盛水桶内水位的高度。

② 洗涤脱水桶　洗涤脱水桶也称为离心桶或内桶，全自动洗衣机洗涤与脱水是在同一桶内进行，所以该桶既要满足洗涤要求，又要满足脱水要求。其结构如图7.26所示。

脱水桶内壁上设有多条凸筋和凹槽，洗涤时起到类似搓衣板的搓揉作用。凸筋的另一作用是增强洗涤液的涡旋。

洗涤脱水桶的凹槽内钻有许多小孔，脱水时，水从小孔中甩出，进入盛水桶内而排出。洗涤脱水桶的内壁上还嵌有回水管，回水管的底部与波轮相配合。洗涤时，随着波轮的旋转，洗涤液被波轮泵出，沿着回水管上升，从回水管上部的出口处吐出，重新回到桶内，这样周而复始地不断循环，洗涤液中的绒毛、线屑等被滤网袋收集。洗涤脱水桶的上口装有平衡圈，其作用是减少脱水时由于不平衡而产生的振动。

③ 波轮　波轮安装在洗涤脱水桶内，并固定在离合器的波轮轴上。波轮一般由塑料注塑成形，要求外表光滑、无毛刺、不变形。波轮是产生水流的主要部件，其形状、高低、大小、安装位置、转速及运转方式等，对洗衣机的洗净比和磨损率起着重要的作用。

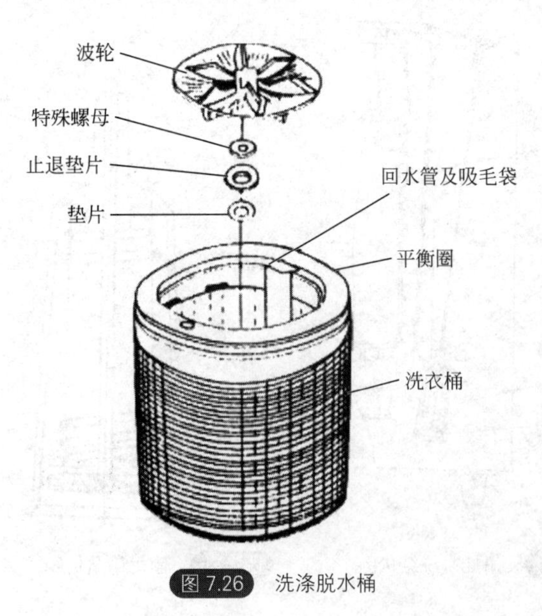

图7.26　洗涤脱水桶

（3）传动系统

全自动洗衣机的传动系统由电动机、离合器、三角皮带和电容器组成（见图7.27）。

① 电动机　电动机是洗衣机的重要部件之一。洗涤时，电动机在程序控制器的控制下，产生的运转状态是短时的正转一停一反转。脱水时，通过电动机侧的皮带轮和离合器侧的皮带轮进行减速，带动离合器中的脱水轴作单方向的高速旋转。

② 离合器　离合器是波轮式全自动洗衣机的关键部件，主要作用是实现洗涤和漂洗

时的低速旋转和脱水时的高速旋转，并执行脱水结束时的刹车制动的动作。目前大波轮新水流全自动洗衣机通常使用减速离合器，减速离合器主要由波轮轴、脱水轴、扭簧、行星减速器、刹车带、拨叉、离合杆、棘轮、棘爪、抱簧、离合套、外套轴以及齿轮轴等组成。减速离合器的动作受排水电磁铁的控制，有洗涤和脱水两种状态。洗涤时，通过减速离合器降低转速带动波轮间歇正反转，此时洗涤脱水桶不转动；脱水时，通过离合器，不减速（即高速）带动洗涤脱水桶顺时针方向（从洗衣机上方向下看，下同）运转，进行脱水，此时波轮也随着洗涤脱水桶一起运转。

③ 电容器　洗衣机采用的是单相异步电容运转式电动机，电容器是其中一个重要组成部分。单相异步电容运转式电动机使用的电容器通常为金属化纸介质或聚丙烯薄膜介质电容器，容量为12～15μF，耐压400V以上（交流），外形有圆柱体形的，也有长方体形的。

（4）进水、排水系统

全自动洗衣机的进水、排水系统主要由进水电磁阀、排水电磁阀和水位开关等组成。

① 进水电磁阀　进水电磁阀称为进水阀或注水阀，其作用是实现对洗衣机自动注水和自动停止注水。进水阀由电磁线圈、可动铁心、橡皮膜、弹簧等组成（见图7.28）。

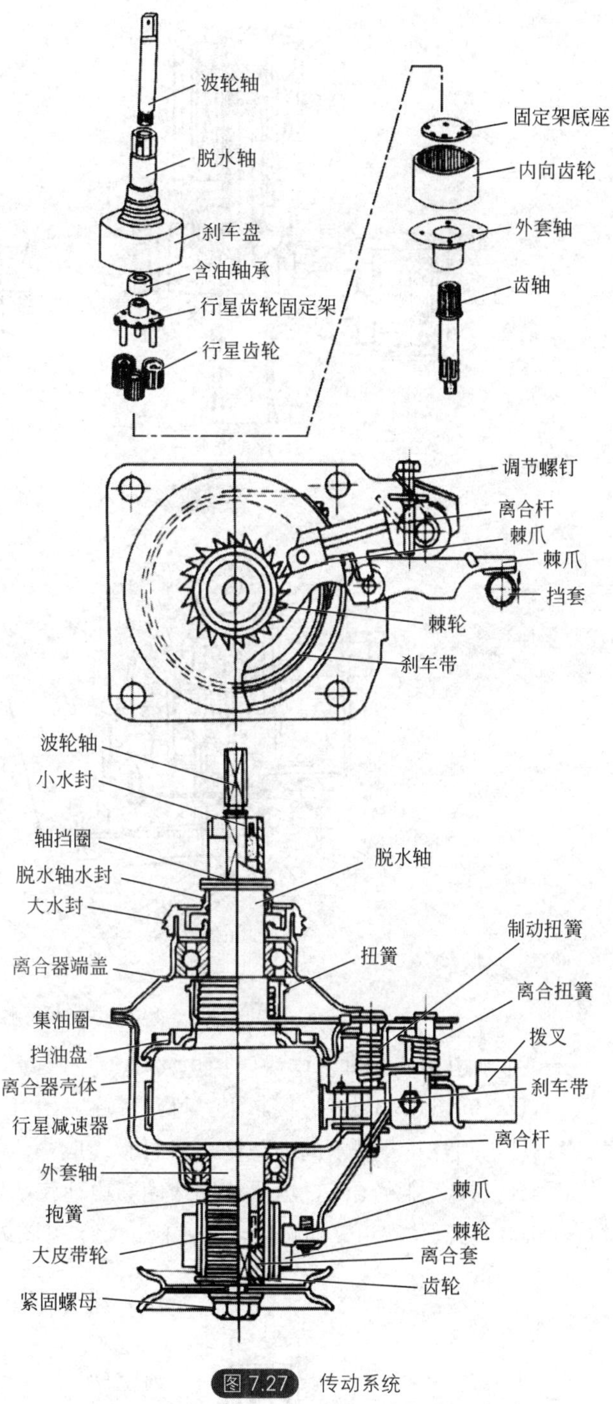

图7.27　传动系统

② 水位开关　水位开关又叫水位压力开关，它是利用洗衣桶内水位所产生的压力来控制触点开关的通断。水位开关与进水电磁阀配合，根据洗衣桶内水位的高低，控制进水电磁阀的关闭或开启。水位开关与程控器配合，根据洗衣程序与洗衣桶内水位的高低，控制洗涤电动机的通断，是实现进水、洗涤、脱水以至排水的必经之路（见图7.29）。

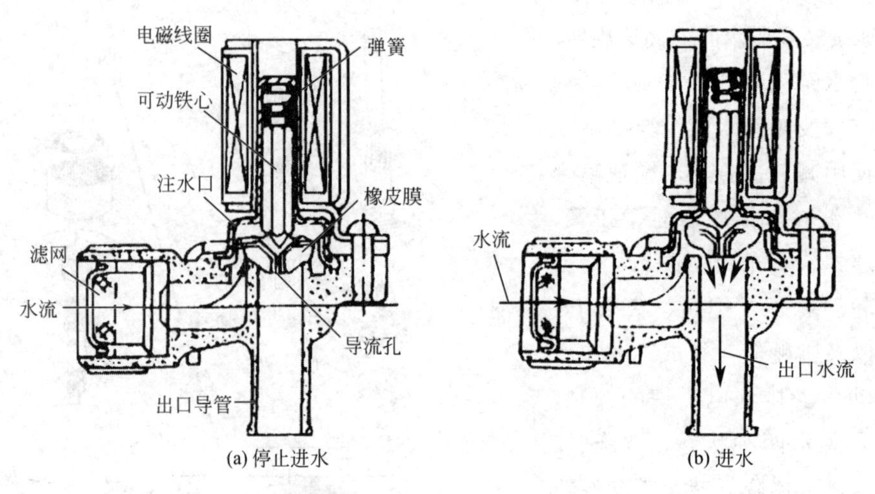

图7.28 进水电磁阀结构与原理

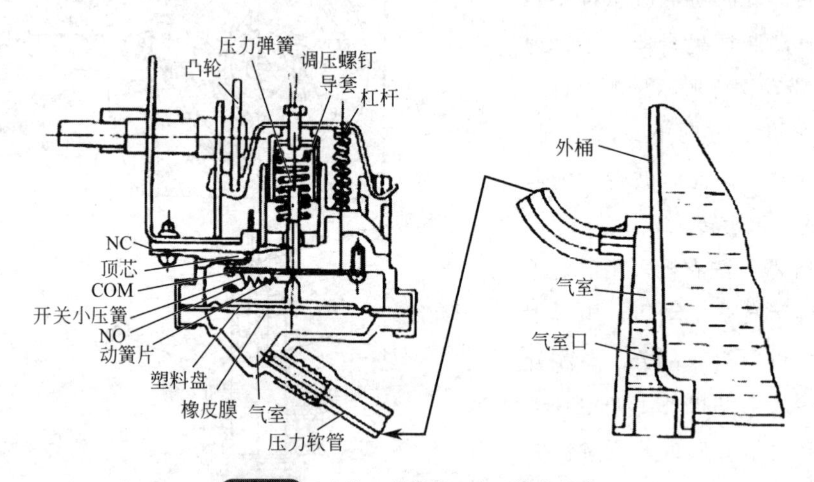

图7.29 水位开关结构及水压传递系统

③ 排水电磁阀　排水电磁阀由电磁铁与排水阀组成，电磁铁和排水阀是两个独立的部件，两者之间以排水阀杆连接起来。排水程序开始时，电磁铁由于线圈通电而吸合衔铁，衔铁通过排水阀杆拉开排水阀中与橡皮密封膜连成一体的阀门，从洗涤桶中来的污水因阀门开放而排到机外。排水结束，电磁铁因线圈断电而将衔铁释放，阀中的压缩弹簧推动橡皮密封膜，使阀门与阀体端口平面贴紧，排水阀关闭（见图7.30）。

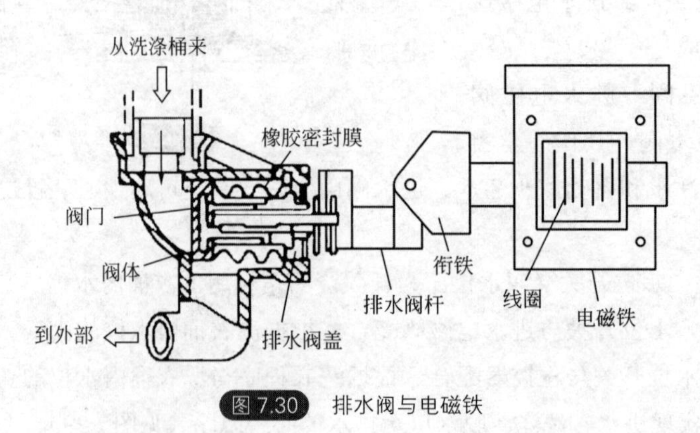

图7.30 排水阀与电磁铁

（5）电气控制系统

全自动洗衣机的电气控制系统主要包括程序控制器（程控器）、水位开关、安全开关、其他功能选择开关等。

① 程序控制器 程控器用来对各洗衣工序进行时间安排和控制，水位开关和安全开关对洗衣机进行工序条件控制，即只有在条件具备时，才能进入下一道运转工序，可防止洗衣机发生误动作。

全自动洗衣机的程控器有两大类：机电式程控器、微电脑式程控器。程控器是全自动洗衣机的控制中枢，它接收指令、发出指令、控制着洗衣机的整个工作过程。

② 安全开关 图7.31为一种防振型安全开关，它比普通洗衣机脱水桶的盖开关多了一种功能，当洗衣机桶出现异常振动时，能自动切断电源。安全开关串联于脱水电路中，脱水时打开洗衣机盖，微动开关断开，电源断开而使电动机断电，同时由于电磁铁也断电，使离合器转换为洗涤状态，制动装置制动而使脱水桶迅速停转。当洗衣桶异常振动时，撞击到调节螺钉，并带动杠杆使微动开关断开，电源断开，洗涤桶停转。

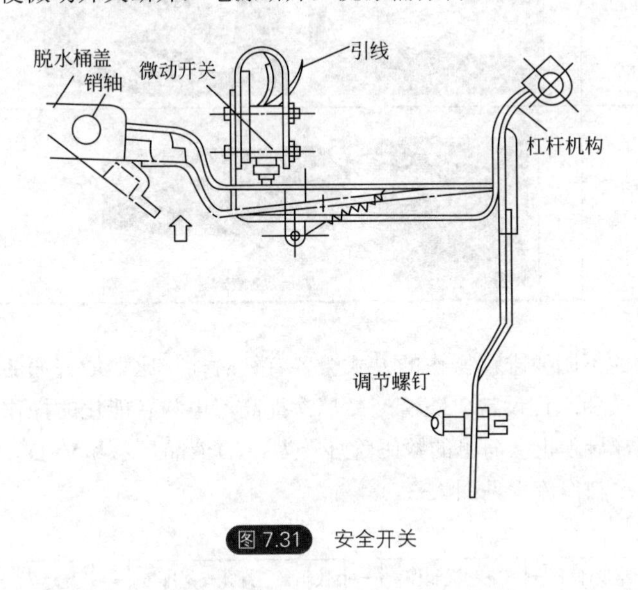

图7.31 安全开关

7.5 洗衣机产品的工艺分析与设计

（1）基础工艺

① 操作控制板的实现工艺

操作板胶膜设计主要工艺流程见图7.32。

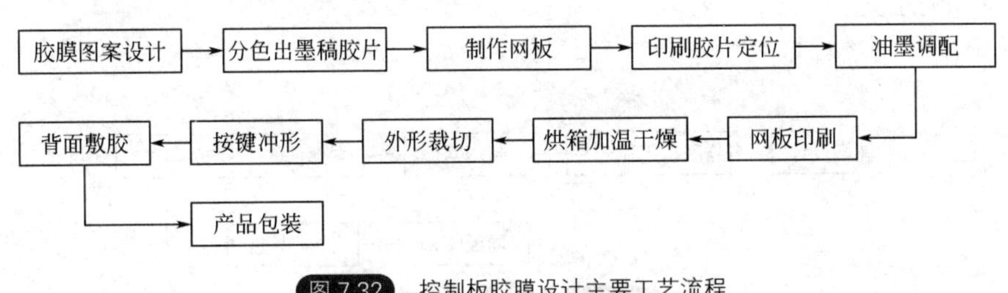

图7.32 控制板胶膜设计主要工艺流程

波轮洗衣机的电脑控制面板操作和显示主要包括四部分：

1）电源，启动开关；

2）功能选择（包括洗衣的类型：标准洗、轻柔洗、牛仔洗等）；

3）洗涤状态的设置（包括浸泡、洗涤、漂洗、脱水等）；

4）水位洗衣机粉剂量的设置（不同水位段的设置）。

显示屏设计常用的种类见表7.4。

表7.4 洗衣机电脑控制板显示屏的种类

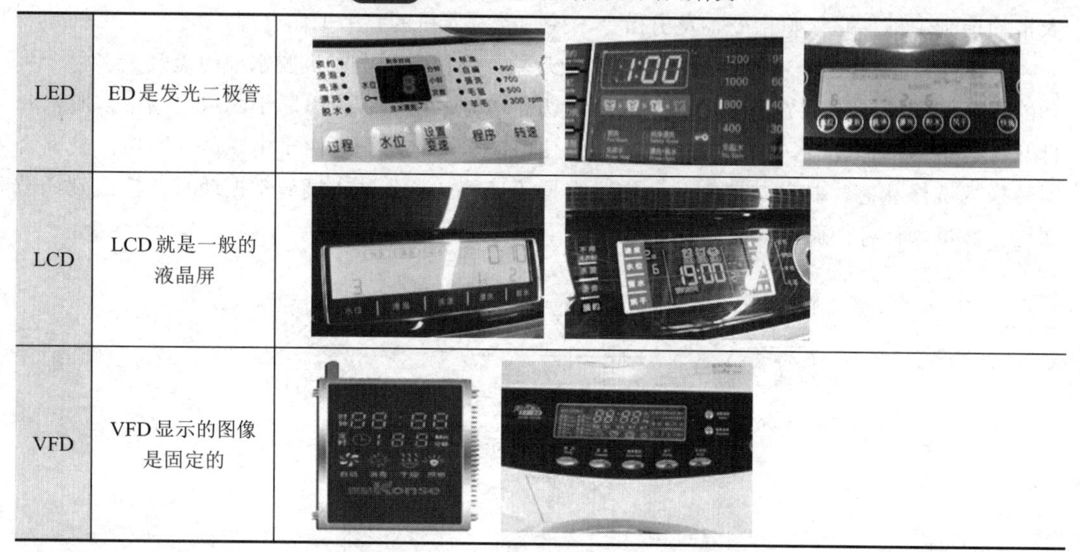

类型	说明	图例
LED	ED是发光二极管	
LCD	LCD就是一般的液晶屏	
VFD	VFD显示的图像是固定的	

随着产品定位的不同要求，操作的方式会各有针对性，比如最普通的情况，洗衣机会采用机械式的电源开关和水位设定。随着产品档次提高，电脑智能化的操作就逐步增加，机械化转为电脑板控制，显示也从简单的数码管灯转为LCD液晶显示和VFD真空荧光显示。

电脑控板的基本制作流程见图7.33。

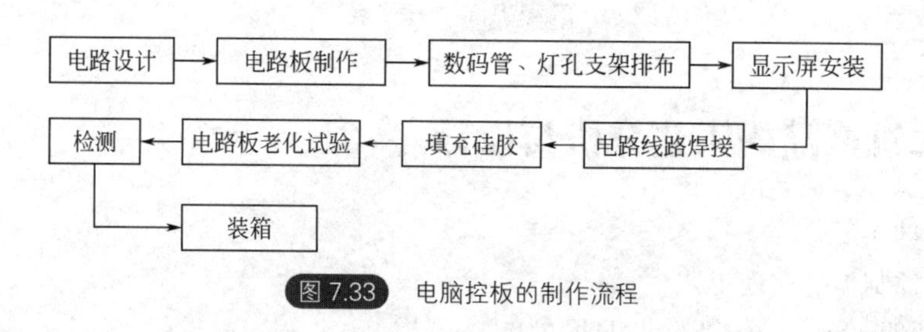

图7.33 电脑控板的制作流程

② 丝印的工艺

丝印制作主要流程见图7.34。

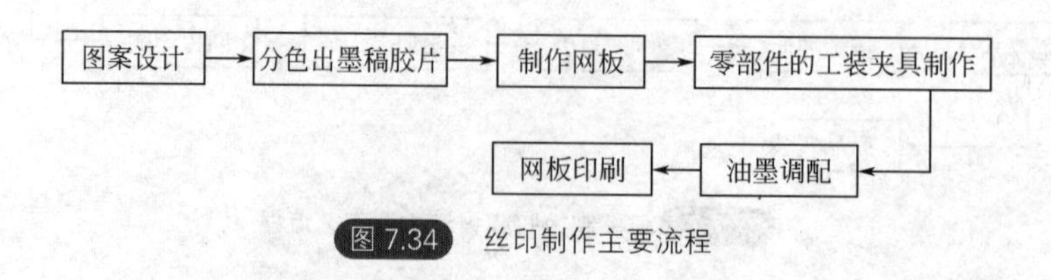

图7.34 丝印制作主要流程

在丝印时要关注图案和网点的关系，在布网时因为点数的疏密差异，会影响图案的表达。

③ 标牌、标识的工艺

标牌表明了产品的品牌，是关键的一环，如果处理粗糙，直接影响购买者对该品牌的信任度。种类主要有立体标牌、高光铝标牌和水晶标牌等。

标志虽然就是简单的几个字或字母，但同样蕴涵各类丰富的表达，标志效果的运用需要与产品整体的效果相匹配，各类的工艺都是为了支撑且突出品牌的形象（见图7.35）。

图7.35　金属薄铝标牌

（2）工艺应用

① 高光镜面——美的MG60-1201LPC

美的MG60-1201LPC洗衣机内筒采用高光镜面制造工艺，无毛刺现象，有效避免甩干时的衣服磨损（见图7.36）。

② 覆膜印花（同空调等产品的工艺相同）——LG XQB70-17SG

现在家庭装修都流行贴壁纸，这和传统白色面板的洗衣机并不搭配。LG XQB70-17SG波轮洗衣机采用香槟金色花纹外观，特别搭配常见家装壁纸风格（见图7.37）。

图7.36　高光镜面——美的 MG60-1201LPC

图7.37　覆膜印花——LG XQB70-17SG

③ 钻石内筒——三星XQB60-Q85S

三星XQB60-Q85S钻石内筒的凸起设计，有效减少了衣物与内筒壁之间的摩擦面积，大大降低了衣物与内筒的磨损度。与三星传统内筒相比，钻石型内筒脱水孔直径降至2.4mm，脱水孔数量也大大减少，令洗涤更深入、更彻底。柔和细腻的筒壁触感觉，再也不必担心心爱的衣服会损坏。经中国家用电器研究院检测，相比三星传统内筒，钻石型内筒对衣物磨损率大大降低（见图7.38）。

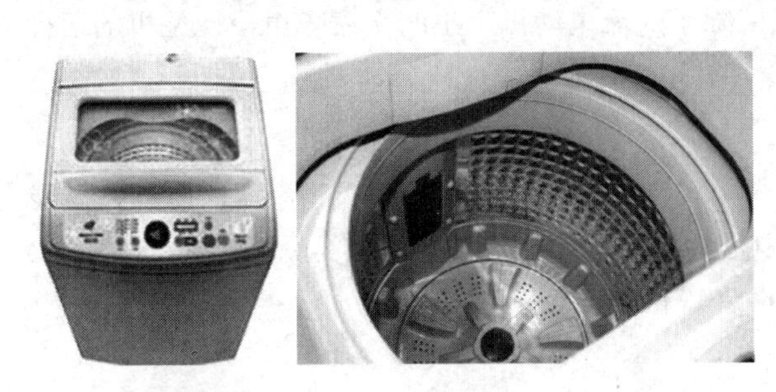

图7.38　钻石内筒——三星 XQB60-Q85S

7.6 洗衣机产品的技术分析与设计

7.6.1 常规技术

（1）磁化技术和臭氧技术的应用

磁化技术是利用磁场来破坏洗涤水的缔合状态，使缔合水分子变小，从而激发水的活性，便于洗涤剂作用的充分发挥，提高了去污能力；利用臭氧发生器向洗涤过程中的洗涤液注入臭氧气体，使洗涤液中的臭氧浓度达到洗涤衣服的适用值，臭氧与水分子作用形成臭氧水，臭氧水可以消除衣服上的细菌、病毒，并净化衣服上洗涤剂的残留量。

（2）模糊控制技术的应用

模糊控制洗衣机通过设置的布量布质传感器、水位传感器、温度传感器、脏污度传感器，自动判断衣服的重量、质地、脏污度以及洗涤水的温度，并自动选择水位、洗涤、脱水时间和水流作用的强度，明显改善了洗涤效果，同时相应地减少了耗电量。

（3）变频技术的应用

洗衣机的控制方法已发展到变频控制，它利用先进的变频技术将电源电压经过交流-直流-交流，或交流-直流逆变后再施加到电动机（如无刷直流电动机、开关磁阻电动机）上，可方便地通过调节电压的波形来调节电动机的转速。因此，变频洗衣机可根据洗涤物的种类和质地来选择洗涤水流、洗涤时间和脱水转速、脱水时间，在保证最佳洗涤效果的前提下，节约能源。

（4）纳米技术

纳米技术是把具有抗菌杀菌功能的纳米材料添加在洗衣机的内外桶制作材料内，也有的将纳米材料涂敷在内外桶的表面，使细菌无法在桶壁上存活，从而达到杀菌抗菌的目的。

（5）静音平衡技术

噪声是洗衣机的重要指标，静音平衡技术主要从以下3个方面来降低噪声：

① 在洗衣机的旋转部位配置腔体内封装盐水的塑料平衡环，平衡环的轴线与洗涤桶的轴线重合，当洗涤桶旋转时，液态盐水的惯性对旋转桶的惯性起到缓冲作用，从而调整洗衣桶的偏转量，降低洗衣机的运转噪声。

② 改变电动机的传动方式，即由间接（带）传动改为直接（电动机轴与转动部位直接连接在一起）传动，使洗衣机噪声大大降低。

③ 改交流电动机为直流电动机，彻底消除了交流电动机产生的交流噪声，使整机的运行噪声大大降低。

（6）“妙手六重洗”技术

模拟人手洗涤方式，采用最合适的洗涤模式减少洗涤剂的溶解和衣物浸湿的时间，智能判断最科学的洗衣时间和洗衣模式，通过电流的精准控制，形成效仿人类洗衣时的“敲、搓、挤、揉、摇、解”等动作，达到洗衣护衣的完美平衡。

（7）3D正负洗、3D空气冷凝

3D正负洗利是用高频率正反双方向旋转内筒，令衣物的摔打高度不断改变，从而达到高摔打增加洗净、低摔打减少磨损的目的。3D空气冷凝就是利用无处不在的常温空气来冷却干湿交换器，以提高烘干效率，从而节约了大量的水和电。

7.6.2　智能技术

（1）智感自添加系统

自动侦测洗衣量和脏污程度，并通过智能控制中心精准调配适当比例的洗涤液或柔顺剂用量，自动投剂。

西门子i-Dos洗涤液自添加洗衣机——西门子洗衣机WM16S880TI（见图7.39）全新搭载的“智感自添加系统”，配备最先进的传感技术和电脑控制系统，自动侦测洗衣量和脏污程度，并通过智能控制中心精准调配适当比例的洗涤液或柔顺剂用量，自动投剂。该机搭载了西门子最先进的3D正负洗系统，能根据衣物不同面料和大小随时选择最合适的洗涤路径和程序，无论是脆弱小洋装，还是颜色艳丽的针织衫，i-Dos都能提供贴心礼遇。

完美实现一次添加洗涤液，轻松享受多次洗涤，按一周洗两次衣服计算，一年可以省去约100次注入洗衣液的重复劳动，真正省心省力。以高端材质塑造硬朗外形，将全新智感科技注入其中，让智能平台不拘泥于功能。

（2）NF全模糊控制技术

模仿人的感觉、思维、判断力，通过多种传感器判断衣物重量、布质和衣物的洗涤状态等，通过收集的信息，决定洗衣粉量、水位高低、洗涤时间和方式，选择最佳洗涤方式，全程监控调整洗衣过程。

图7.39　西门子洗衣机WM16S880TI

三洋DG-F7526BCS 7.5kg全模糊控制变频空气洗滚筒洗衣机是国家一级能效产品（见图7.40），欧式滚筒符合中国传统家庭需求。DD直驱变频电机较普通电机更节能、更静音、使用寿命更长。空气洗涤，灭菌祛味更彻底，洗涤范围更广泛。人性化设计，更多考虑用户使用体验，PCM彩板箱体永久不生锈，美观耐用。7.5kg洗涤容量适合三口之家使用，为幸福生活增添美丽色彩。

这款洗衣机搭载的全球领先的NF全模糊控制技术，模仿人的感觉、思维、判断力，通过多种传感器判断衣物重量、布质和衣物的洗涤状态等，通过收集的信息，决定洗衣粉量、水位高低、洗涤时间和方式，选择最佳洗涤方式，全程监控调整洗衣过程，故称“全模糊”。普通模糊技术只能自动设定水位，无法中途监测改变衣物的洗涤状态，故称“半模糊”。

另外，这款洗衣机配有世界领先的空气洗技术，源源不断地将空气中的氧气电离成三原子氧，进行灭菌祛味，有效灭菌率高达99.9%。更能结合水洗，在漂洗时注入三原子氧，不仅能洗净肉眼可见的污渍，还能去除看不见的细菌，让衣物获得真正的洁净。多种洗涤模式满足您日常生活中的所有

图7.40　三洋DG-F7526BCS变频洗衣机

图 7.41 日立滚筒洗衣机 BD-A6000C

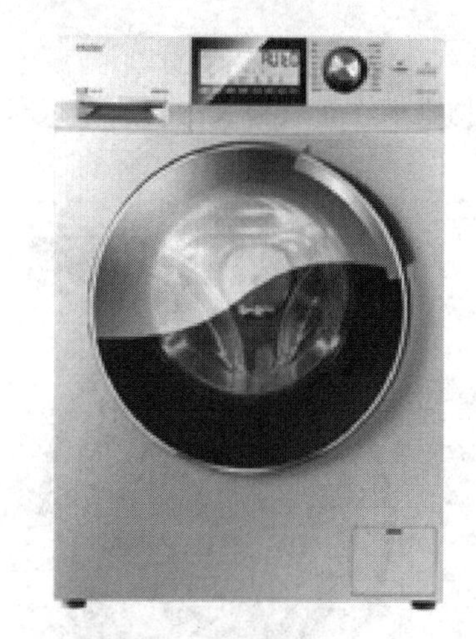

图 7.42 海尔 XQG80-HBD1426 滚筒洗衣机

图 7.43 小天鹅 TD70-1202LPID（L）滚筒洗衣机

洗涤需求。

（3）感测智控科技

通过3个感测器多方位感知衣物的质和量、智能控制滚筒转速等，充分发挥滚筒的高效拍打力，同时根据衣物量和水温来调节用水量及洗涤时间。

日立滚筒洗衣机BD-A6000C（见图7.41）采用业界领先直径61cm超大科技内筒及感测智控科技等实现高效洗净，在烘干时能创造时速约300km的高速风，在内径61cm超大滚筒中衣物充分舒展翻滚烘干，通过超高速马达产生的高速风吹拂衣物，抚平皱褶。实现高效节能烘干，开创节能高效烘干新纪元。

（4）智能感知自动添加系统

可根据衣物的多少同时添加洗衣液、消毒液，智能控制最佳投放量，另有洗衣粉分配器盒，随需添加，自由省心。

海尔XQG80-HBD1426滚筒洗衣机（见图7.42）采用了非常前沿的设计，看起来显得十分大气。8kg的洗涤容量，可以轻松应对家居生活中的大件衣物。采用I-touch TFT触控面板，时尚与实用兼备，超大屏幕显示，简约气派，操作更加简单人性化。

洗衣机拥有智能感知自动添加系统，可根据衣物的多少同时添加洗衣液、消毒液，智能控制最佳投放量，另有洗衣粉分配器盒，随需添加，自由省心。系统自带洗涤剂不足报警功能，提醒您及时添加，轻松坐享惬意。

这款洗衣机还搭载了S-D plus芯变频电机，使洗衣变得更洁净更安静。此外配备了V6蒸汽熨，集合蒸汽烘干与无水干衣优势，蒸汽深透6层织物纤维，抚平褶皱，令衣服如肌肤般娇美。烘干效果均匀舒展，穿着更舒适，配合JIT衣干即停，智能变频烘干，快速又高效。

（5）自动投放系统

能在洗涤过程中，根据衣物重量、洗衣程序等因素，自动添加相应剂量的液体洗涤剂和柔顺剂，在有效解决因洗涤剂过度使用造成衣物损伤的同时，减少了污水排放，将洗衣机的智能化升级到一个全新标准。

小天鹅自动投放洗涤剂洗衣机TD70-1202LPID（L）通过采用自动投放技术，做到了洗涤剂的科学精准投放，避免了用户误投导致多次漂洗而浪费水资源，并减少洗涤剂的浪费，同时减少了水资源的二次污染（见图7.43）。

这款洗衣机设有全智能化的控制面板，有多种洗涤程序可供选择，满足了您洗衣的全部需求。安全童锁、预约功能等人性化的设计，只需一键轻触，就能轻松设置（见图7.44）。

图7.44 全智能化的控制面板

另外，采用TS-Drive变频系统，实现400～1200转超宽屏变速可调，通过精准计算衣量调控转速，在提高衣物洗净效果与均匀度的同时，让脱水筒运转更稳定，带来出色的静音效果。

独特的雾态净系统，让雾态水强劲深入每一根衣物纤维，将隐藏的污渍彻底清除，带给衣物由内而外的深层洁净。空气洗系统，无需洗涤剂，空气转化为热风，深层穿透衣物纤维，分解异味粒子、蓬松衣物纤维，适合洗涤鞋、帽、枕头及毛绒玩具等等。这款洗衣机设有银离子抑菌系统，银离子随进水不断地喷淋在衣物上，深层渗透纤维，破坏细菌发育，更在衣物和内筒表面形成保护膜，精心呵护的衣物。

7.6.3 产业技术发展趋势

洗衣机产业目标主要涵盖节电节水、产品功能、绿色设计三大方向。

（1）节电节水

在家用电器中，洗衣机是“耗水大户”，有评估显示，洗衣机用水量为家庭生活用水量的40%以上，普及节水型洗衣机的意义不言而喻。由中国家用电器研究院主导制定的首个针对节水型洗衣机的行业标准QB/T 4829—2015《家用和类似用途节水型洗衣机技术要求及试验方法》将于2016年1月1日实施，而该标准的实施对推进我国节水型洗衣机的发展有着重要的意义，同时对用水家电产品向节水方向发展有导向性的作用。

QB/T 4829—2015行业标准首次采用用水指数评价洗衣机的节水能力，按用水指数将洗衣机分为1、2、3等3个等级，1级综合节水能力最强。该标准是在国际上首次采用用水指数评价洗衣机的标准，标准技术水平处于国际领先地位。

现行的洗衣机产品国家标准GB/T 4288—2008，虽然对洗衣耗水量提出了要求，但没有提出节水等级的概念，也没有相应的量化要求。重要的是用水指标不属于强制性内容，由此造成洗衣机制造企业和消费者对洗衣机用水量关注度甚少，这对我们这样一个水资源匮乏的国家显然十分不利。澳大利亚和我国香港地区已开始实施洗衣机节水标识制度，只有达到节水等级的产品方可上市销售。

QB/T 4829—2015行业标准以洗净比、漂洗率、用水指数、洗涤桶容积、待机功耗、关机功耗这6个关键性指标来量化洗衣机的节水等级。

目前洗衣机行业容量虚标问题达到20%～30%，有了QB/T 4829—2015行业标准作为依据，消费者就不用太在意洗衣机容量了。此外标准首次采用漂洗率表示洗衣机的漂洗性能，以往企业在做产品设计时考量洗衣机性能，须在洗净、用电量、用水量和漂洗性能指标上做出选择和权衡利弊，但在上述几个指标的权衡中，漂洗性能往往处于下位，以至于目前漂洗成为一个行业需要解决的重要问题。

同时，以用水等级衡量洗衣机节水后，不会牺牲洗衣机洗净比、衣物磨损率的指标。用水、洗净比、磨损率三者有一个合理的权衡比例，对水的考虑是50%，对洗净比考虑是30%，对磨损率的权衡占到20%。

QB/T 4829—2015行业标准的实施将对GB/T 4288—2008国标的修订起到铺垫作用。自2016年1月1日实施后，节水型洗衣机的市场占比预计将达到10%。据透露，推动节水型家电的行业标准实施并不止步在洗衣机这一个品类上，第二类节水型家电的行业标准会锁定洗碗机，将来还会推动净水器、坐便器的类似行业标准实施。

（2）产品功能

洗衣机的发展方向是大容量、低噪声、低振动。到2015年，洗衣机额定洗涤容量达到10kg，2020年额定洗涤容量达到12kg；噪声水平比现有标准下降3dB（A），2020年再下降3dB（A）；振动量比现在水平下降20%，2020年再下降20%。

（3）绿色设计

到2015年，洗衣机容积率提高30%，回收和可再利用率提高20%，材料利用率提高15%，零部件模块化提高15%。2020年相比2015年，容积率再提高15%，回收和可再利用率再提高10%，材料利用率再提高10%，零部件模块化再提高15%。

目前洗衣机产业面临的主要技术瓶颈有：经济型高效电机技术、感知算法技术、整体结构优化技术、不平衡控制技术。对于经济型高效电机技术而言，目前洗衣机使用的串激电机、单相交流电机、双速电机效率较低，三相交流变频电机效率较高，未来洗衣机电机发展方向是直流无刷变频电机。

感知算法技术现在主要有水位传感、衣量传感、温度传感、不平衡传感、浑浊度传感技术。国外先进企业通过对影响安全的泡沫、影响洗涤效果的水的硬度、影响能耗水耗的布质等进行监测和处理，以保证洗衣机的安全、洗涤的效果，降低能耗水耗，国内企业在这些方面的研究还不够深入。该类技术发展方向包括：

① 高精度水位传感技术；

② 高精度浑浊度传感技术；

③ 通过水硬度的传感识别，优化洗涤程序的水硬度传感技术；

④ 通过布质传感，识别洗涤物的含棉量，优化进水量和洗涤程序的布质传感技术；

⑤ 可精确控制小体积大容量洗衣机的外桶位移、确保安全的三维位移传感技术等。

研发需求是洗衣机产业技术路线图最重要的一部分，中国家用电器协会根据对市场和社会需求、产业目标以及技术瓶颈的分析，对洗衣机各项技术领域进行细分，并提出解决技术障碍的研发方向。洗衣机产业研发需求主要包括节电、节水、绿色环保、智能家电、健康洗涤、新型洗衣领域六大方面。

（1）节电

在节电方面，洗衣机产业需要重点研发电机技术、高效洗涤技术、高效脱水技术、高效烘干技术、高效加热技术、低功耗待机技术。

① 电机技术主要考核电机效率，可细分为高效电机设计、高效电机控制技术、高效传动机构设计技术三类。2011年，串激电机效率为35%、DD电机效率为60%，直流无刷电机效率为65%、鼠笼电机效率为55%。到2015年，要求四类电机的效率比2011年提升15%，到2020年，再比2015年提升15%。

② 高效洗涤技术被细分成高效洗涤算法技术、高洗净结构技术、高效洗涤剂技术、衣净

即停技术、水软化技术、低温/常温洗涤技术六个子项目。其中，前五项技术考核单位容积单cycle耗电量，2011年单位容积单cycle耗电量分别为：波轮式双桶0.0245kW·h/（cycle·kg）、波轮式全自动0.0195 kW·h/（cycle·kg）、滚筒式全自动0.21kW·h/（cycle·kg）。到2015年，各型号洗衣机单位容量单cycle耗电量要比2011年平均下降30%，到2020年再比2015年下降30%。而低温/常温洗涤技术的考核指标是在相同洗净比下的洗涤温度。2011年现有基准为滚筒式全自动60℃，到2015年滚筒式全自动降低为40℃，到2020年滚筒式全自动降为20℃。

③ 高效烘干技术主要考核单位负载量烘干耗电量。目前，滚筒式全自动洗衣机单位负载量烘干耗电量为0.93 kW·h/（cycle·kg），只相当于欧盟C等级，到2015年，滚筒式全自动洗衣机单位负载量烘干耗电量要下降15%，达到欧盟B等级，到2020年，比2015年再下降15%，达到欧盟A等级。

④ 高效加热技术也是洗衣机节电领域重要一方面，主要考核加热过程中的耗电量。高效加热技术又细分为热泵热水技术、可再生能源加热整合技术、高效加热器技术、绝热技术四个内容。目前，滚筒式全自动洗衣机加热用电占总用电量比例约为70%，到2015年，该比例要下降50%，到2020年，比2015年再下降50%。

洗衣机节能领域还包括低功率待机技术。2011年的待机功耗约为2W，到2015年和2020年，待机功耗分别降为0.5W和0.35W。

（2）节水

在节水领域，洗衣机产业同样要研究高效洗涤技术和高效烘干技术。这里的高效洗涤技术侧重于节水，主要考核单cycle单位容积下耗水量。目前，洗衣机单cycle单位容积下耗水量为：波轮式双桶30L/（cycle·kg）、波轮式全自动26L/（cycle·kg）、滚筒式全自动13L/（cycle·kg），到2015年该标准要下降30%，到2020年，基于2015年标准再下降30%。高效烘干技术也需要考虑单cycle单位容积烘干情况下耗水量。现在滚筒式全自动洗衣机单cycle单位容积烘干情况下耗水量约为13L/（cycle·kg），到2015年该值要比2011年下降30%，2020年再比2015年下降30%。

2011年版洗衣机产业技术路线图预测，通过对洗衣机节电节水方面的研究，到2020年时，洗衣机总体耗电量和耗水量比能效不改善情况分别减少353.6亿kW·h和122.2亿m^3。

（3）绿色环保

在绿色环保领域，洗衣机产业重点研究减震降噪技术、高容积比设计技术、低磨损/防皱技术三大方面。

目前，洗衣机平均脱水噪声限值为68dB（A），洗涤噪声限值为55dB（A），到2015年噪声限值比2011年基准下降3dB（A），振动减少20%，到2020年，相比2015年，噪声降低3dB（A），振动减少20%。

高容积比设计技术主要研究洗衣机洗涤容积和整机体积的问题。到2015年，洗衣机洗涤容积/整机体积推荐值要提升30%，到2020年要在2015年基础上再提高15%。

低磨损/防皱技术也是绿色环保领域重要的一部分。低磨损/防皱技术具体包括低磨损技术、防皱技术、快速洗涤技术。现在波轮式全自动洗衣机磨损率在0.15%以下，滚筒式全自动洗衣机磨损率在0.1%以下，到2015年，波轮式全自动洗衣机的磨损率要降为0.13%以下，滚筒式全自动洗衣机磨损率要达到0.09%以下，并建立防皱评价体系。到2020年，波轮式全自动洗衣机磨损率低于0.12%，滚筒式全自动洗衣机磨损率降为0.08%以下。

（4）智能家电

在智能家电领域，洗衣机也将充当重要角色。洗衣机的低成本高精度智能传感技术主要涉及振动、声音、偏心、质量、布质、水质、温度、湿度等方面研究，到2015年预计达到成本下降50%而精度提高50%的目标，到2020年则要比2015年成本再下降50%，精度再提高50%。

（5）健康洗涤

健康洗涤是洗衣机产业必须重点关注的领域，主要需要研究高效抗菌技术和除菌技术。高效抗菌技术涉及风干和自清洁用函数两方面，目前洗衣机抗菌率为90%，到2015年抗菌率要达到92%，到2020年抗菌率提升为95%。洗衣机除菌技术研究方向包括采用臭氧、银离子、高温、消毒液等方式除菌，目前的除菌率为96%，到2015年除菌率达到97%，到2020年除菌率达到98%。

（6）新型洗衣机领域

洗衣机产业技术路线图还对新型洗衣机领域进行了规划。新型洗衣机原理的研究是重点，主要涉及无水（少水）洗涤和不用洗衣粉（洗涤剂）洗涤两方面，预计到2020年该研究可以达到量产。

7.7 洗衣机产品的设计发展趋势

（1）控制界面方面

洗衣机控制界面的操作方式、位置、构成元素等与洗衣机的发展技术有密切关系，每一次洗衣机技术、造型的改变，往往会带来其界面的变化。从机械化到电子化再到电脑化，操作方式越来越简单、越来越省力；控制界面逐渐小型化、智能化；构成元素越来越多，操作程序越来越复杂，原来只需转动计时旋钮的简单体力操作方式，发展成为需要考虑各种洗涤选项的脑力操作方式，对用户提出较高的操作要求。滚筒洗衣机的控制界面应该向着更加人性化更加智能化方向发展。

① 注重界面的通用性设计　概括来说就是“便于任何人使用的设计”，它既要为健全人带来方便，同时也要消除障碍，为弱势群体提供接近使用它的机会。要让孩子、残疾人、老年人等特殊人群在使用中不再有问题，让弱势人群也能充分享受科技新生活。

② 紧贴技术进步　有的产品已经使用到了触摸屏技术，未来更要紧跟交互技术的发展，拓展多通道界面技术，通过多个交互通道与产品进行交互，包括视觉、听觉、触觉、言语、手势、表情和神经反射输入……可以预测到手势识别、语音识别、表情识别等都可能成为今后洗衣机界面具有的新面貌和新特征。

（2）驱动方式方面

目前市场上的一般滚筒洗衣机采用的是电机将动力通过皮带与皮带轮传输给滚筒的间接驱动方式，这种驱动方式效率低下，不易控制。为了增强洗涤效果，很多厂商不断加强洗衣机滚筒的旋转速度和力度，结果产生了噪声大、机身振动、浪费能源以及因皮带轮和皮带磨损而容易出现故障等恼人的缺点。高端滚筒洗衣机多采用直流变频电机直接驱动方式，去除了易产生故障、噪声的皮带、皮带轮，电机动力直接传送到滚筒，使噪音和振动减小到最低，即使夜间洗涤也能保证环境安静。由于省去了皮带、电刷等易磨损部件，在高速转动下节省能量，使用寿命更长。

变频电机带来的洗净比高、噪声低、振动小、效率高等优点，也符合目前的绿色设计原则。有统计显示其发生故障后修复率不高，可能也是源于它技术先进、集成度高的原因，相信假以时日，驱动方式会越来越成熟。

（3）产品设计方面

洗衣机企业要生存发展，取决于两点：一是它生产出来的产品是否适合社会所需；二是它能否从中获得利润。因此，虽然市场竞争日趋激烈，找准产品设计定位，生产出立得住脚的产品，是决定企业未来发展的核心。

① 人性化　人性化的产品容易被人们接受，产品的人性化设计其实就是产品的实用性以及要符合人机工程学原理，产品的设计要便于操作、具有安全性、舒适性、宜人性、轻便性等，滚筒洗衣机的设计也应该做到人性化。譬如力图使操作简化，实现人机对话，做到傻瓜式产品；开门大小、方式有所变化，照顾不同人群、不同位置；斜桶设计，使空间利用率加强；为了照顾左撇子使按钮中置等考虑。

② 多功能　消费者购买滚筒洗衣机从功能的角度主要考虑滚筒洗衣机的容量、是否带烘干、转速如何、节能性好不好、操作怎么样等因素。但洗衣机本身应该为消费者量身定制各种功能，如按衣物洗涤分棉麻洗、化纤洗、羊毛洗、丝绸洗等功能；按洗衣量分快速洗、强洗、经济洗等功能；按健康要求分高温杀菌、桶壁自洁、活性酶等功能；按操作安全有水位保护、溢出报警、童锁保护、智能断电等功能。在海尔新推出的概念物联网洗衣机上，用户可以直接通过洗衣机为家里缴纳水电费；可以实时进行网络购物；可以对天气作出预报；还可以让用户提前预知“何时适合洗衣”等等，这些新功能的出现都极大丰富了洗衣机产品本身。

③ 健康环保　目前在滚筒洗衣机市场出现的与健康相关的产品概念很多，有海尔不用洗衣粉的洗衣机、LG蒸汽洗衣机、三星银离子杀菌洗衣机，另外还有臭氧杀菌等等。商家似乎有玩弄概念之嫌，但健康问题毫无疑问成为现代人关注的焦点，也会随着时代进步而对其有进一步要求。

滚筒洗衣机和其他家电一样，消费者除了购买费用之外，还要支付使用费用。有的洗衣机节能效率差，耗水耗电，使用费用较高。所以，产品的节能性也影响到消费者最终的选择。在全球变暖的大背景下，国家鼓励人们选择“低碳、绿色”的生活方式，而生产出更加节能、节水、节电的滚筒洗衣机也是企业社会责任感的体现。

④ 外观　目前色彩在滚筒洗衣机设计上的应用越来越丰富，设计师逐渐尝试应用银灰色、黑色、红色、粉红色、蓝色、绿色等各种颜色，收到良好效果。各个品牌都在大胆尝试色彩的搭配，使得滚筒洗衣机更加丰富多彩并与用户家居环境相协调，以满足不同需要。

在这个“个性时代”里，人们注重个性的表达，从着装、家居到家电，每个家庭都希望彰显自身的与众不同。不光在色彩上，在整体造型上也应该向轻薄化、时尚化、家居化发展。

第8章 微波炉产品分析与设计

微波炉是一种用微波加热食品的现代化烹调灶具。微波是一种电磁波。微波炉由电源、磁控管、控制电路和烹调腔等部分组成。电源向磁控管提供大约4000V高压，磁控管在电源激励下，连续产生微波，再经过波导系统，耦合到烹调腔内。在烹调腔的进口处附近，有一个可旋转的搅拌器，因为搅拌器是风扇状的金属，旋转起来以后对微波具有各个方向的反射，所以能够把微波能量均匀地分布在烹调腔内来加热食物。

微波炉的功率范围一般为500～1000W。进入20世纪80年代、90年代，控制技术、传感技术不断得到应用使得微波炉得以广泛的普及。

8.1 微波炉产品的外观分析与设计

微波炉产品设计从注重功能到以“人”为中心，用艺术塑造外观成为发展方向，追求文化内涵和情感元素艺术的沉淀与创新。相信随着技术的进步，微波炉的更新发展也会越来越智能化、人性化，不断创造更优的家庭烹饪享受。

（1）控制方式

从控制方面分电脑式微波炉和机械式微波炉两大类。

电脑式微波炉适合于年轻人和文化程度较高的人使用。优点在于能够精确控制加热时间，根据加热食物的不同，有多种程序可供选择，高档的产品可能还有一些其他的附加功能，缺点是按键多，操作复杂不易掌握。

机械式微波炉最适合中老年人使用。优点在于操作简便，清楚明白，产品可靠性好，适于老人使用。

（2）功能

从功能方面分带烧烤式和不带烧烤式两类。喜欢吃烧烤类的人家不妨购买烧烤型微波炉。

（3）加热方式

与传统微波炉容易加热不均不同，变频微波炉利用自动调整、连续输出的微波能量，能满足不同食物对不同火力的要求，真正实现从强火到弱火的自动调控。不仅使食物的口感和色泽得到保证，还充分保留住食物的营养成分。而且长时间低功率烹调时，食品表面或边缘也不会出现烧过的现象。在烹饪速度上，变频蒸立方微波炉采用变频器替代了高压变压器和高压电容等，降低了电源转换部分的损耗，热效率提高5%以上，使有效功率提升近10%。在相同条件下，烹饪时间就缩短了10%。节能方面，能效高达64%左右，高出国标一级能耗标准62%。

（4）开启方式

第一代微波炉采用机械式侧开门方式，只需轻轻摁下按钮就可以自由开关微波炉门。为适应选购简易操作微波炉的需求，这种传统开门方式的微波炉机型目前在市面上仍有销售

（见图8.1）。

图8.1　机械式侧开门方式微波炉

第二代微波炉采用半下拉门方式进行开启。这种开启方式非常适合房间狭小且桌面低矮的家庭，因为这样可以节约空间，一般在日韩两国较为流行。20世纪90年代格兰仕便推出了半下拉门式微波炉供出口。鉴于国人的使用习惯和居室环境，综合考虑到这种下拉门式微波炉存在不便观察、取物不便、易烫伤，双臂平拿取物时，衣袖易沾染门板油污，死角不易清洗等弊端，格兰仕没有在国内推广这种产品（见图8.2）。

伴随家居环境的日益改善和厨房构造一体化的趋势，出现了嵌入式全下拉门微波炉。嵌入式全下拉门微波炉配套整体橱柜和整体厨房环境，产品材质、工艺要求比20世纪出现的半下拉门要求更高，因此市场价格偏高，主要受到部分高消费人群的追捧（见图8.3）。

图8.2　半下拉门式微波炉

图8.3　嵌入式全下拉门微波炉

美的AG025LC7-NSH微波炉是美的蒸立方系列中的一款，全新的下拉门式设计，满足左右手习惯的同时，更方便使用者取放食物。产品专设了苹果iPOD等高端电子产品常用的旋转触摸屏菜单系统，提高了蒸食物的便利性（见图8.4）。

第四代微波炉创新性地采用了向上开启方式。微波炉冠军格兰仕历经5年实践钻研，突破了相关技术，发明了操作便利、更适应烹饪习惯的上开门式圆形微波炉UOVO，开创了微波生活的“向上开启时代”（见图8.5）。

图8.4　美的AG025LC7-NSH微波炉

图8.5　格兰仕上开门式圆形微波炉UOVO

格兰仕独具匠心地将实用美学融入现代家电中，让UOVO开创全新的健康生活方式的同时，也给消费者带来无限的艺术享受。UOVO的圆形上盖采用全球领先的蜂巢形屏蔽结构，安全性能更高，透光率高达92%以上，让消费者在尽情发挥“炒”菜手艺的同时可以360°欣赏烹饪全过程。

（5）产品

① 海尔a-box智能云微波炉

绝大部分人都喜欢品相较好的产品，在选择产品时，我们首先看到的便是产品的外观。海尔a-box智能云微波炉外观以白色为主（见图8.6），时尚简约，无论你家中是何种风格的装修，都能很好地适应，纯洁的白色将厨房点缀得更干净整洁。

海尔a-box智能云微波炉的设计师还精心为用户设计了菱形起伏纹理（见图8.7）的下拉门，时尚元素极强，令微波炉的蒸屉外观不会单调，简单又不失时尚，在用户在使用过程中，还能起到防滑作用，触感很好。

图8.6 白色烤漆外观

图8.7 菱形起伏纹理

海尔a-box智能云微波炉外置的操作面板上，增加了首创的呼吸灯（见图8.8），微波炉在使用过程中，呼吸灯便开始犹如呼吸般忽明忽暗，适时提醒用户微波炉正在工作，非常人性化。值得一提的是，海尔a-box智能云微波炉在工作结束时，会发出“滴滴”的嗡鸣声，提醒用户工作结束，而呼吸灯下方的显示面板则会显示“End”字样，提示食物已做好了，非常智能。

海尔a-box智能云微波炉人性化的设计，在其背部有一块凸起部分，便于微波炉的移动，背部左侧大面积的镂空设计，更好地将热量散发出去，除了背部的大面积散热孔外，在微波炉左面、顶部同样设有散热孔，保证a-box智能云微波炉在工作过程中产生的热量能够及时地发散出去，有效保障产品的使用寿命（见图8.9～图8.11）。

图8.8 a-box智能云微波炉指示灯，提醒用户微波炉正在工作或者已经工作结束

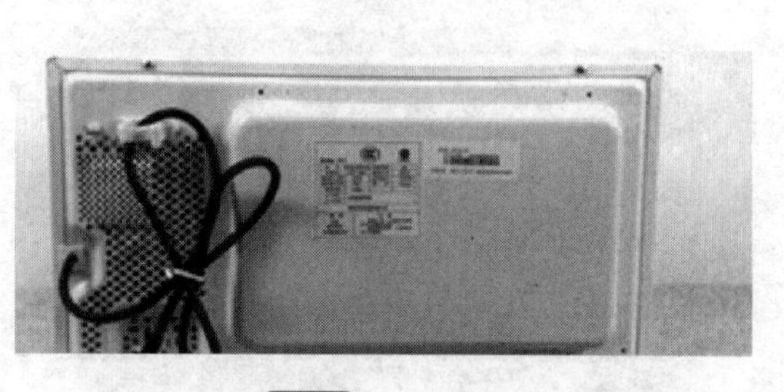

图8.9 背部构造

图 8.10　左侧散热口

图 8.11　顶部左后方设有散热孔

海尔a-box智能云微波炉时尚大方的设计兼顾实用性和美学，每一处构造、每一个细节的设计都彰显了海尔设计师的反复雕琢、精心设计，无论是微波炉的下拉门还是散热孔，或者是贴心的菱形起伏纹理设计，都体现了海尔“别有用心”、精益求精地为用户打造这款一见倾心的产品。

② 格兰仕P80U20EPV-GZ（P0）弧形微波炉

格兰仕P80U20EPV-GZ（P0）微波炉（见图8.12）的奇特造型设计非常有突破性，其灵感来源于悉尼歌剧院。人性化的半透明弧形上翻盖设计，全球唯一，使用时拿取食物方便、安全、更易清洁，且在内部LED灯光的照射下能变换各种颜色。

用户在烹饪的时候，可轻松在该机180°范围内随意取放食物和添加调料，结合360°可视操作界面，真正意义上实现了广角操作，让您百分百体验烹饪乐趣过程。

图 8.12　格兰仕 P80U20EPV-GZ（P0）弧形微波炉

该机带有大屏幕彩屏控制菜单（见图8.13），简单易用，功能繁多，囊括煎、煮、炒、烘、烤、焖、炖、蒸、烩、再加热与解冻等多种烹饪方法的自动菜单让您不费力便能一键搞定，充分体现现代家电特点。微波和光波组合式烹调方式使食物味道更好，营养流失更少，对烹饪器皿的限制也更少。专门为婴幼儿特设的健康宝宝功能，可消毒杀菌、制作酸奶和宝宝果泥等，更加适合有孩子的家庭使用。

另外，格兰仕通过和国内顶尖的专业语音技术开发公司合作，让用户在使用该款微波炉时，一改烦琐操作，轻松实现语音控制，并具有语音播放导航功能，让烹调轻松简单。

图 8.13　控制菜单界面设计

8.2 微波炉产品的色彩分析与设计

从整体上来说，微波炉一直是一个“方方正正的黑盒子”，但是随着家电家居化理念的深入人心，家用电器除了功能上的创新之外，外观设计更是研发重点之一。一改往日非黑即白的传统，彩色及大胆的图案也被应用在微波炉机身上。

（1）酒红色

俗话说，穷看厅堂，富看厨房。厨房中的装修布局和厨电选择能够直接体现出房屋主人的品位和生活情调。素有红厨娘美誉的美的EG823LA6-NR微波炉采用酒红色彩晶外观，富贵典雅，也可以说这款产品是市面上绝无仅有的纯红色外观微波炉。

图8.14 格兰仕G80F23MSXL-R5微波炉

（2）黑色

格兰仕微波炉G80F23MSXL-R5采用黑色镜面外观、下拉门设计，左右手都能轻松操作，拉开后炉门可以承重4kg，又能转变成一个小型操作台。外观上最为醒目的是超大触摸式LCD显示屏，占去了机身整个的右侧空间，不过因为是单色设计，所以显得还不够出彩，因为背光亮度高，灯光比较暗的时候有点刺眼（见图8.14）。

（3）珍珠白

三洋EM-2108EB2微波炉出自三洋数码平台系列，数码产品外观，相当具有时尚感。21L全不锈钢炉腔，容量更大，光动数码旋钮操作简单方便（见图8.15）。

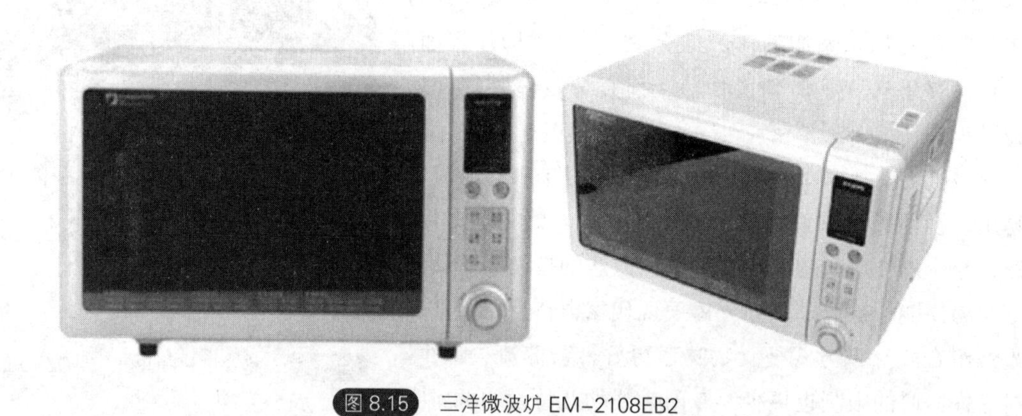

图8.15 三洋微波炉EM-2108EB2

（4）金色

美的EG823LC5-NGH1微波炉采用平板式腔底与纯平面彩晶面板设计，金色花卉展现东方优雅，让微波炉不仅是一件厨房里的电器，更能成为一件亮化家居的装饰品。

（5）银色

G80W23YSLP-E6微波炉是格兰仕的重磅产品，它采用镜面外观、TFT真彩屏、镜面镀膜玻璃，集时下所有流行设计元素于一身（见图8.16）。

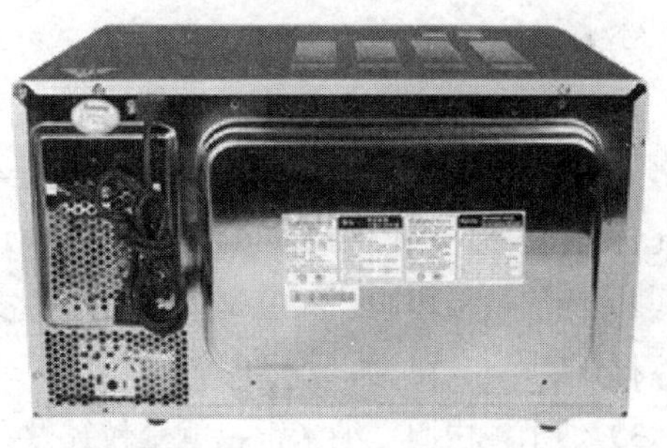

图 8.16　格兰仕 G80W23YSLP-E6 微波炉

（6）格兰仕魔法师系列

格兰仕魔法师系列微波炉采用大圆角外观，视觉上更为圆润和美。此系列微波炉门框应用了淡绿色、暖黄色、淡紫色、通明银等多种颜色，色彩明晰，视觉效果明显。更为独特的一点是，格兰仕魔法师微波炉多配置一个色彩门框，可以随主人心情而更换门框，实现不同心情，不同色彩门框，真正玩转“色彩厨房”。

图 8.17　格兰仕魔法师系列微波炉

格兰仕早些年就开始研究色彩在家用电器产品上的应用，更是于早些年推出了色彩系列空调，为国内空调界带来一股“色彩风潮”。经过对消费需求的前瞻性研究，格兰仕率先推出了魔法师系列微波炉，这些微波炉于2012年集中上市（见图8.17）。

（7）海尔炫彩系列MZC-2070MG微波炉

初见这款微波炉，最抢眼的是它的颜色，在一片身着传统黑、白、灰颜色微波炉的衬托下，海尔炫彩系列微波炉让人眼前一亮。除了红色，还有闪亮的黄、蓝、粉、银、黑等颜色，任挑一款都能让厨房缤纷起来。

8.3　微波炉产品的材质分析与设计

（1）微波炉材质总体分析

① 壳体　微波炉的外壳一般用不锈钢等金属材料制成，可以阻挡微波从炉内逃出，以免影响人们的身体健康（见图8.18）。

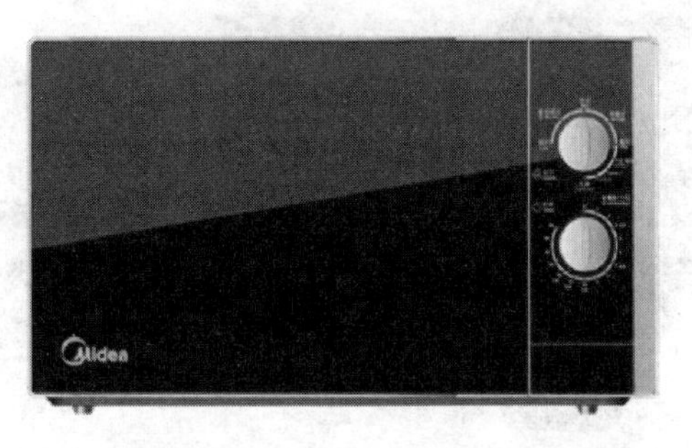

图 8.18　微波炉壳体

② 炉腔

1）不锈钢内胆　不锈钢表面存在钝化膜，不易被氧化，含有大量的铬，有耐高温的性能；不锈钢内胆易于清理，属于卫生级材料；微波炉内胆大多数使用不锈钢409L（00Cr12Ti），很少用不锈钢304（0Cr18Ni9），因为价格较高。

2）涂层铁板内胆　涂层是为了防止铁皮被氧化，耐久性好，造价低于不锈钢，属于低端内腔材料。

3）纳米银内胆　纳米银也就是粒径做到纳米级的金属银单质。涂有含微量纳米银涂料的微波炉内胆即为纳米银内胆，大体相当于具备杀菌功能的搪瓷内胆。

采用纳米银内胆的微波炉能够在不开机的状态下杀灭多种致病细菌，杀菌能力高达99%以上。纳米银灭菌原理就是银离子灭菌，都是通过强烈吸引细菌体内酶蛋白的巯基，并迅速结合，使一些必要的酶丧失活性，致使细菌死亡；银离子杀死细菌后，从细胞中游离出来，继续杀菌，因而其抗菌能力长期有效。

据中国科学院理化技术研究所抗菌材料检测中心检测报告，纳米银内胆产品能够有效杀灭日常生活中的常见细菌，尤其是对大肠杆菌、金黄色葡萄球菌等细菌的杀灭效果更好，其杀菌率达到99%以上。

在微波炉使用中的节能环节上，高密度纳米银内胆的节能效果要优于一般的不锈钢内胆微波炉。简单的例子：同样功率和容积的微波炉，如煮300g米饭，用纳米银内胆的微波炉要比不锈钢内胆微波炉快至少2min。

4）陶瓷内胆　使用一种添加了抗菌剂的生物陶瓷内壁涂料，经800℃高温烧制而成，极适用于高温烧烤。新推出的抗菌微波炉具有耐久、清洁简便、健康抗菌、均匀辐射等特点（见图8.19）。

③ 视窗　一般把金属丝网浇铸到玻璃、有机玻璃、树脂等透明材料上，或者用黏合剂粘贴在透明的衬底材料上，在保证对微波的防护能力的同时，让可见光穿过该壳体材料，便于观察微波炉内食物的加热状况（见图8.20）。

图8.19 微波炉炉腔

图8.20 微波炉视窗

（2）典型微波炉材质应用

① 镀膜玻璃

三洋EM-208EB1采用双层钢化镜面镀膜玻璃门设计，光亮照人，很有现代家电的时尚感。炉腔容量为20L，腔体前面板采用整体铆接工艺，无焊点（见图8.21）。

② 黑晶

美的AG025LC7-NSH微波炉是蒸立方系列中的一款，25L黑晶全幅大平板，更大空间更多容量，性能、效率等指标都创新高，配合全新的下拉门式设计，满足左右手习惯的同时，更方便使用者取放食物（见图8.22）。

图8.21　三洋EM-208EB1微波炉

图8.22　美的AG025LC7-NSH微波炉

③ 双镜面

格兰仕G80Q23YSL-V9（银）微波炉是行业中第一款采用双镜面设计的微波炉，在控制面板和门板上均采用全球独创的全镜面设计（perfect flat技术）。新型平板光波技术面，底部面板采用美国戴森陶瓷微晶抗老化材质，经过老化测试绝对不会浮华变色，不同于其他品牌平板所采用的电磁炉面板，长时间使用不会发黄变色，易清洁，耐腐化、耐高温性能更好（见图8.23）。

格兰仕G8023YSP-BM1微波炉与目前市场上常见的镜面微波炉不同，它采用无边钛膜镜面+无边纯平有机玻璃设计，集平板、镜面、触摸这些时下最为流行的元素于一身，高贵奢华，是时尚厨房中必不可少的一件电器（见图8.24）。

图8.23　格兰仕G80Q23YSL-V9（银）微波炉

图8.24　格兰仕G8023YSP-BM1微波炉

8.4　微波炉产品的结构分析与设计

（1）微波炉的外部基本构造

微波炉的外部基本构造如图8.25所示。

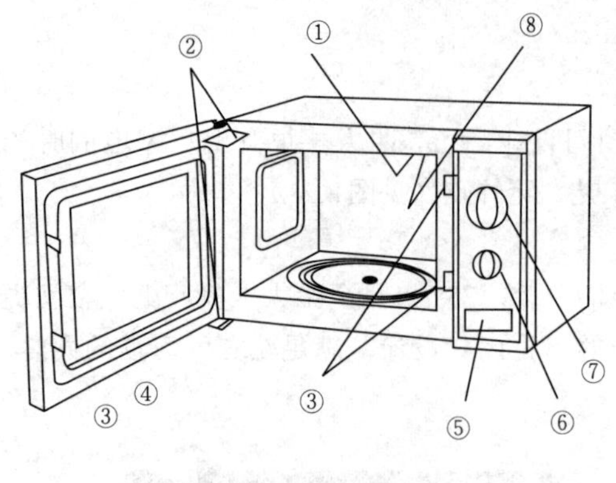

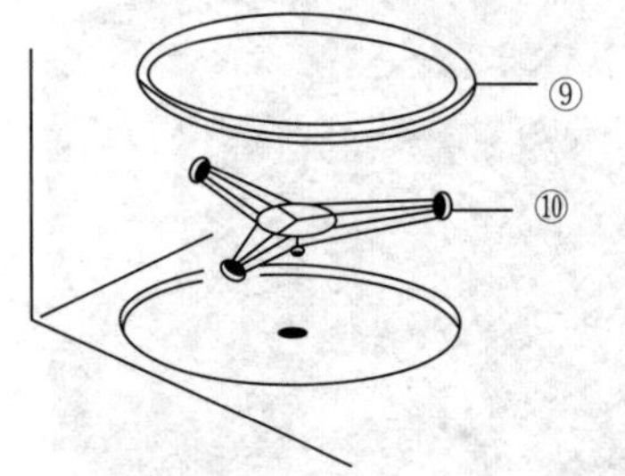

图 8.25 微波炉正面外部结构图

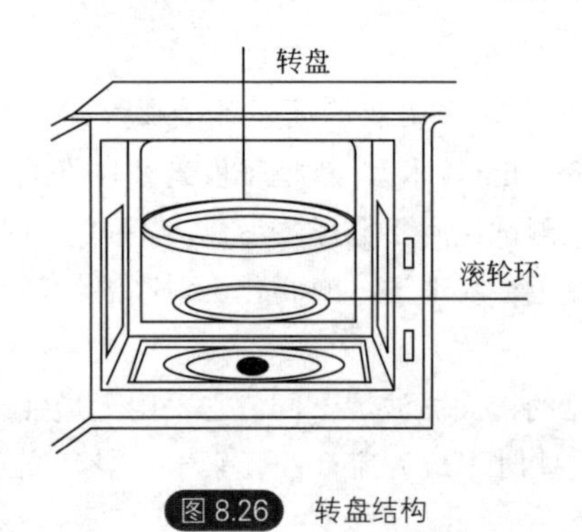

图 8.26 转盘结构

① 炉灯：在工作时照亮炉腔内，让用户能观察食物在烹饪中的情况。

② 门铰：连接门与炉壳体。

③ 门锁开关：确保炉门打开，微波炉不能工作，炉门关上，微波炉才能工作。

④ 装有视屏窗的炉门：有金属屏蔽层，可透过网孔观察食物的烹饪情况。

⑤ 开关按钮：按此开关，炉门打开。

⑥ 微波功率调节器：微波炉的功率选择一般都在10档之内。调节挡数因生产厂及型号的不同而不同。除高功率档是全功率输出外，其余各档均由全功率输出的10% ～ 90%中高低数种组合而成。机械控制式微波炉的微波功率调节一般多为5 ～ 6档。

⑦ 定时器：微波炉的定时器有单速与双速两种，单速定时器一般为30min以内的短时间定时器，面板上时间刻度均匀分布，与我们常用的其他家用电器的定时器有些类似。双速定时器是专门为微波炉设计的，因为微波炉烹饪迅速，加热时间短，常用定时时间多为10min以内，短的只有1min甚至30s。定时器定时时间短，刻度均分难以准确设定加热时间。双速定时器则有两种速度，一般在10 ～ 15min以内是1min1格，而到10 ～ 15min以后则是10min1格。使用时只要按刻度选择时间即可。小于2min的定时请把旋钮旋过头一点，再回复到所需定时时间，以保证定时时间准确。双速定时器采用定时器电机。目前的微波炉（机械控制式）基本上都采用双速定时器。

普及型微波炉的定时器同时又是烹饪开关，定时器启动，微波炉即开始工作。

⑧ 波导的革壳：保护波导的管壁不受碰伤。

⑨ 转盘：用以盛放烹饪食物。

⑩ 转盘旋转架：有的微波炉采用滚轮环，转轴装在底部。其特点是转轴封闭在内部，不易损伤，稳定可靠（见图8.26）。

电脑控制型微波炉的控制面板上有许多控制键，一般电脑控制型微波炉有以下一些按键：

① 烹饪键：还包括一些设定好程序的专用烹饪键。

② 时钟键：作时钟用，钟点显示在液晶显示器上。

③ 加热时间键：与数字键一起用以设定加热时间。

④ 温度选择键：与数字键一起用以设定加热温度。

⑤ 数字键：0 ～ 9，与功能键一起用以设定加热时间、加热温度、时钟显示及各种设定的烹饪程序。

⑥ 温度控制键：让微波炉在规定的时间内保持设定的炉腔温度。

⑦ 暂停键：可用于暂停微波炉的工作。

⑧ 自动启动键或延时启动键：与数字键配合，可使微波炉在设定的时间自动开始工作。

⑨ 存贮输入键：用以储存烹饪程序，以便需要时使用。

⑩ 取消键：若烹饪程序设置错了，可用此键取消原设定的程序。

（2）微波炉的内部结构

微波炉的内部结构主要由电源部、磁控管部、炉腔部、炉门部等几部分组成（见图8.27）。炉腔是一个微波谐振腔，是把微波能变为热能对食品进行加热的空间。为了使炉腔内的食物均匀加热，微波炉炉腔内设有专门的装置。最初生产的微波炉是在炉腔顶部装有金属扇页，即微波搅拌器，以干扰微波在炉腔中的传播，从而使食物加热更加均匀。目前，则是在微波炉的炉腔底部装一只由微型电机带动的玻璃转盘，把被加热食品放在转盘上与转盘一起绕电机轴旋转，使其与炉内的高频电磁场做相对运动，来达到炉内食品均匀加热的目的。国内独创的自动升降型转盘，使得加热更均匀，烹饪效果更理想。平板式炉腔通过腔内壁对微波进行反射达到均匀加热的目的。

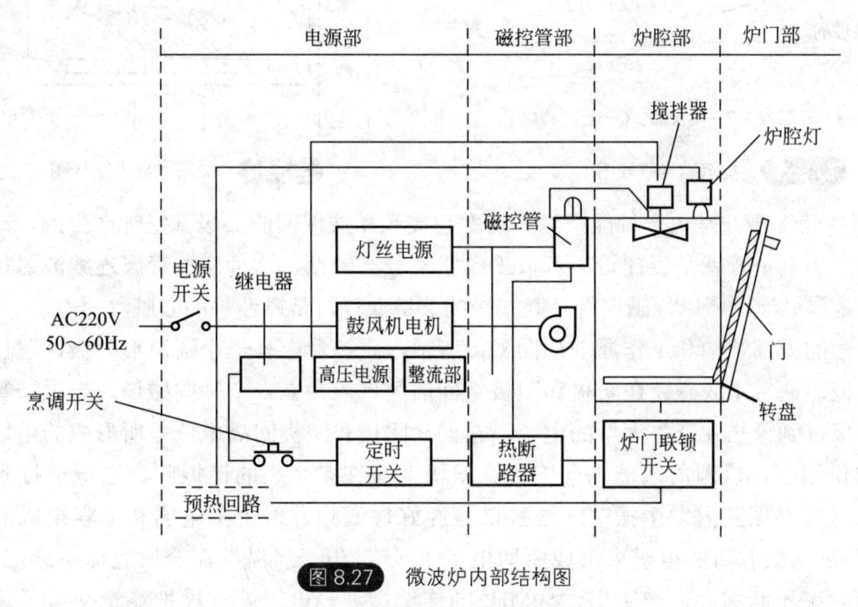

图8.27　微波炉内部结构图

① 炉门　炉门是食品的进出口，也是微波炉炉腔的重要组成部分。对它要求很高，绝对不能让微波泄漏出来。炉门由金属框架和玻璃观察窗组成。观察窗的玻璃夹层中有一层金属微孔网，既可透过它看到食品，又可防止微波泄漏。由于玻璃夹层中的金属网的网孔大小是经过精密计算的，所以完全可以阻挡微波的穿透，钛膜也多作为微波炉炉门的材料。

为了防止微波的泄漏，微波炉的开关系统由多重安全联锁微动开关装置组成，炉门没有关好，就不能使微波炉工作，微波炉不工作，也就谈不上有微波泄漏的问题了。

为了防止在微波炉炉门关上后微波从炉门与腔体之间的缝隙中泄漏出来，在微波炉的炉门四周安有抗流槽结构，或装有能吸收微波的材料，如由硅橡胶做的门封条，能将可能泄漏的少量微波吸收掉。

由于门封条容易破损或老化而造成防泄作用降低，因此现在大多数微波炉均采用抗流槽结构来防止微波泄漏，很少采用硅橡胶门封条。抗流槽结构是从微波辐射的原理上得到的防止微波泄漏的稳定可靠的方法。抗流结构即是在门内设置的一条槽沟。它具有引导微波反转相位的作用，在槽沟入口处输入波和反射波成逆相波，由于大小相同而抵消了。做1/2微波波长长度的槽沟，使最末端短路，在其1/4波长的B点，稍开一点孔隙，这样微波几乎不会泄漏（见图8.28）。

图8.29是微波炉的典型结构图。其中高压变压器包括变压器、电容器、整流器等部件。壳体一般用不锈钢或铝材制成，由磁控管通过波导把微波辐射到食品上。为了防止微波因电场的影响，造成食品受热不均匀，炉腔内设转盘电机带动转盘，使食物在转盘上均匀受热。

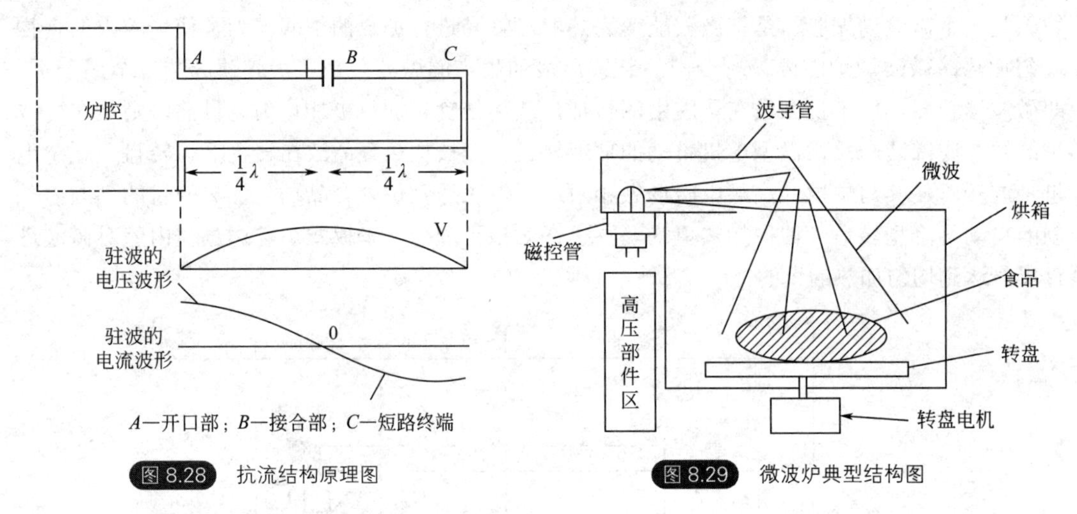

图8.28 抗流结构原理图

图8.29 微波炉典型结构图

② 磁控管　微波是由一种能产生大功率超高频微波振荡的二极真空管产生的，在微波炉中使用的二极真空管就是磁控管，若按工作状态分类的话，这种磁控管属连续波磁控管。微波炉加热是靠微波，所以说磁控管是微波炉的关键元件，是微波炉的心脏。

磁控管的内部结构和工作原理如图8.30所示。磁控管内有一个圆筒形阴极，阴极外包围着一个阳极，通过永久磁铁在阴极和阳极之间的区域内建立一个轴向磁场。当磁控管加上电压后，阴极得到预热并产生大量的电子，它们在阴极和阳极间高电位差所形成的电场以及外加磁场的作用下，以圆周轨迹飞向阳极。阳极上有许多个小的谐振腔，当电子打到阳极之前，就在这些谐振腔内发生振荡。这些谐振腔好像低频发射机中电感和电容组成的谐振回路，“吹”过谐振腔口的电子束形成所谓电子“风”，电子“风”在金属腔体中感应出微波。谐振腔使频率不断增高，产生出2450MHz的连续微波，电子就这样把能量交给了超高频电

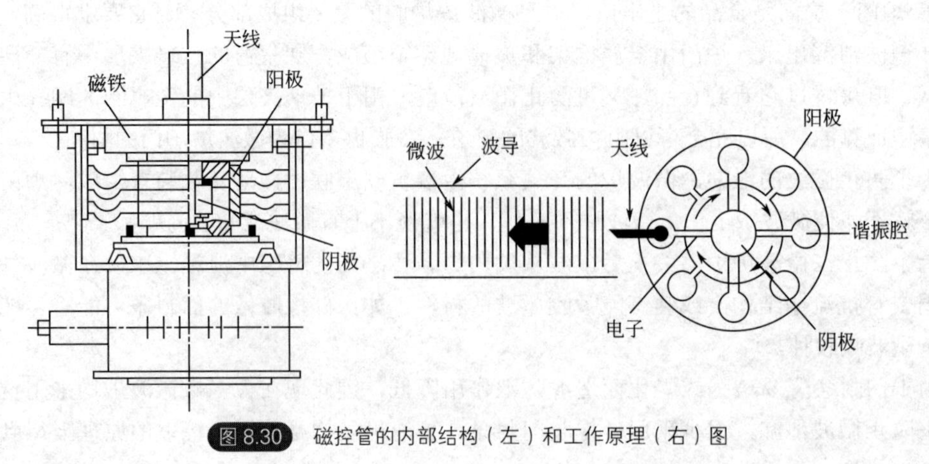

图8.30 磁控管的内部结构（左）和工作原理（右）图

磁场。所形成的微波通过天线，再通过波导进入微波炉的炉腔。

③ 定时器　微波炉一般有两种定时方式，即机械式定时和计算机定时。基本功能是选择设定工作时间，设定时间过后，定时器自动切断微波炉主电路。

④ 功率分配器　功率分配器用来调节磁控管的平均工作时间（即磁控管断续工作时，工作、停止时间的比例），从而达到调节微波炉平均输出功率的目的。机械控制式一般有3～6个刻度档位，而计算机控制式微波炉可有10个调整档位。

⑤ 联锁微动开关　联锁微动开关是微波炉的一组重要安全装置。它有多重联锁作用，均通过炉门的开门按键或炉门把手上的开门按键加以控制。当炉门未关闭好或炉门打开时，断开电路，使微波炉停止工作。

⑥ 热断路器　热断路器是用来监控磁控管或炉腔工作温度的组件。当工作温度超过某一限值时，热断路器会立即切断电源，使微波炉停止工作。

（3）微波炉电路构成

以普及型微波炉为例来介绍一下微波炉的电路构成，图8.31是普及型微波炉的电路图。在看电路图时，重点是要把整个电路分成低压和高压两个部分来考虑，图中电源变压器以上部分是低压部分，变压器以下部分是高压部分。高压部分和低压部分相混是很危险的，所以微波炉的次级电路全部用屏蔽罩封住，而且在结构上是分离配置的。

微波炉的初级电路主要是微波炉的控制系统，一般由定时器、多重联锁开关、炉门安全开关、烹饪继电器等组成（见图8.31）。

① 定时器　微波炉多采用双速定时器，定时器采用步进走时电动机，通过两个数字转盘来控制。选定加热时间后接通电源，启动定时器电机，当选择旋钮退回到零位时，即发出信号（铃声），并自动切断电源。

② 多重联锁开关　多重联锁开关是微波炉的一个重要安全装置。它有多重闭锁作用，均通过炉门的开门按键或炉门把手上的开门按键加以控制，当炉门未关闭好或炉门打开时，开关一方面断开烹饪继电器及定时器的电源，另一方面又断开电路，使微波炉停止工作。

③ 炉门安全开关　即开门按键。这种开关通过炉门凸轮臂来闭合烹饪继电器及定时器的触点，为电源变压器的初级绕组提供通路。当炉门打开时，即使多重联锁开关未能断开电路，这个安全开关也可断开电源变压器的电源，使微波炉停止工作。

④ 烹调继电器　它通过烹饪开关或炉门安全开关及热断路器，实现对转盘的电机、电源变压器和烹饪照明灯（炉灯）电流的通断控制。

⑤ 热断路器　热断路器是一种热敏保护元件，它装在磁控管上。当出现散热用鼓风机发生故障、气道阻塞或过滤器被油污堵塞等情况时，便可切断电源，使微波炉停止工作，起到防止磁控管过热损坏的作用。

图8.31是转盘式微波炉的电路图，若是搅拌式微波炉，只要把转盘电机改为搅拌器电机即可。

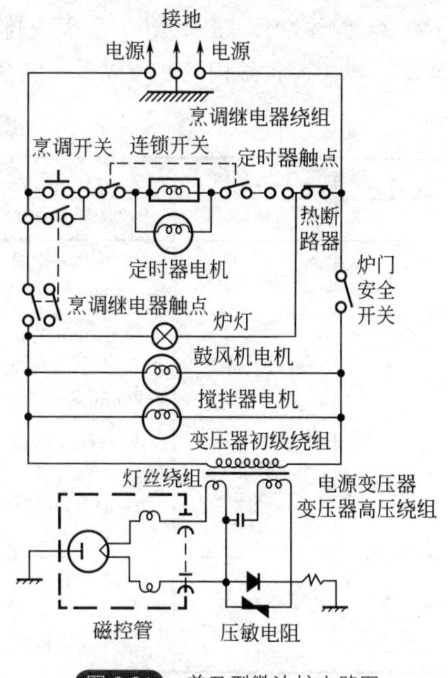

图8.31　普及型微波炉电路图

8.5 微波炉产品的工艺分析与设计

（1）微波炉腔体冲压工艺及冲孔模具设计

① 腔体冲压工艺设计　腔体材料薄，工序多，又属于大批量生产，其冲压工艺和模具设计直接影响它们质量和经济指标。这里以该种规格微波炉腔体为例，介绍冲压工艺和冲孔模具设计。

1）腔体零件工序性质及数量　由零件结构分析知，腔体零件所含的工序如表8.1所示。

表8.1 工序性质及数量

<table>
<tr><th colspan="2">工序性质</th><th>工序数量</th><th>说明</th></tr>
<tr><td colspan="2">拉深</td><td>1</td><td>中间阶梯凸台</td></tr>
<tr><td colspan="2">翻边</td><td>1</td><td>中间凸台 Φ13mm翻边孔</td></tr>
<tr><td colspan="2" rowspan="3">压形</td><td>2</td><td>两侧凸、U形</td></tr>
<tr><td>2</td><td>中间凸台面上 Φ3mm×3mm、Φ4mm×3mm凸包</td></tr>
<tr><td>106</td><td>周边 Φ7mm×0.6mm凸点</td></tr>
<tr><td colspan="2" rowspan="2">弯曲</td><td>1</td><td>周边高13mm弯曲折边</td></tr>
<tr><td>1</td><td>零件两侧UC成形</td></tr>
<tr><td rowspan="6">冲孔</td><td>Φ3.2mm</td><td>234</td><td>右侧散热孔</td></tr>
<tr><td>Φ3mm</td><td>354</td><td>左侧上端散热孔</td></tr>
<tr><td>Φ5mm</td><td>10</td><td>零件周边处</td></tr>
<tr><td>Φ6mm</td><td>2</td><td>零件上端两端处</td></tr>
<tr><td>Φ119mm</td><td>1</td><td>零件右侧</td></tr>
<tr><td>5mm×7mm腰孔</td><td>2</td><td>零件两端处</td></tr>
<tr><td colspan="2">落料</td><td>1</td><td>外形落料</td></tr>
</table>

2）腔体冲压工序设计　合理安排零件工序顺序和对工序合理合并直接影响冲压件质量、冲压次数、模具结构及冲压成本。经分析对比，腔体实际冲压工序设计如表8.2所示。

表8.2 腔体冲压工序

工序号	工序名称	说明及完成零件工序	设备及模具
0	配料片	根据零件展开尺寸及搭边直接订购尺寸料片	压力机及模具
1	成形、拉深	成形中间阶梯凸台、一侧凸形凸台；冲中间翻边孔 Φ13mm的底孔 Φ8mm；料边两侧切掉30mm宽定位边	压力机及模具
2	落料、冲孔	以 Φ8mm中间孔及两侧30mm定位边定位，冲孔：左右两侧散热孔（冲所有奇数行奇数列和偶数行偶数列的孔）、10-Φ5mm、2-Φ6mm腰孔两个。外形落料	压力机及模具
3	冲孔、冲凸和翻边	以已冲 Φ5mm、Φ6mm孔定位，冲孔：① 左右两侧散热孔（冲所有奇数行偶数列和偶数行奇数列的孔）；② Φ119mm孔。中间凸台 Φ13mm翻边孔、冲 Φ3mm×3mm、Φ4mm×3mm凸包及周边 Φ7mm×0.6mm凸点	压力机及模具
4	弯曲、成形	以落料件周边定位。弯曲周边高13mm折边，成形另一侧U形凸台	压力机及模具
5	折弯	零件两侧U形折弯	折弯

② 腔体冲孔、冲凸模具设计要点

1）模具结构　冲压工序3对应的冲孔、冲凸和翻边模具结构见图8.32。

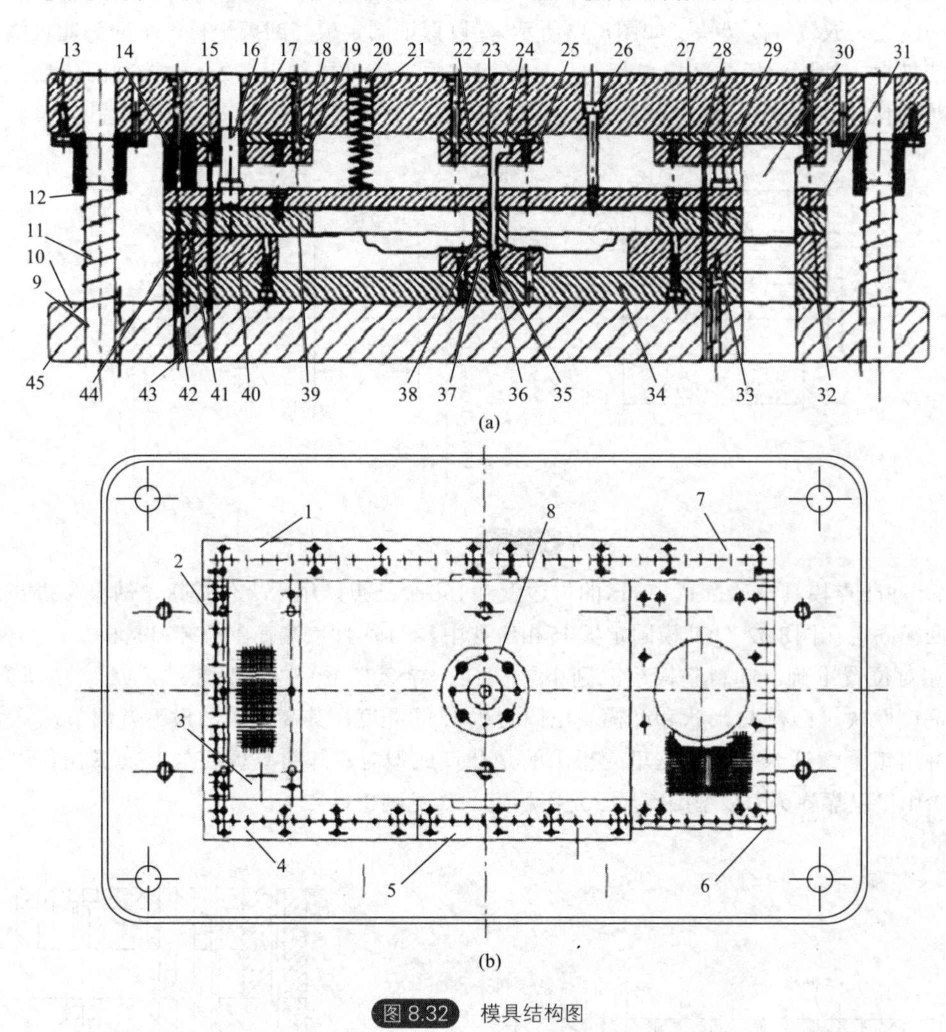

图8.32　模具结构图

1～8—拼块；9—导柱；10—下模座；11、36—弹簧；12—导套；20—紧定螺钉；13—上模板；14—垫块；18、22、27—垫板；16—小导柱；17—小导套、圆柱销；15、23、28、30—冲孔凸模；24—翻边凸模；19、25、29、45—凸模固定板；21—矩形弹簧；26—卸料螺钉；31—卸料基座；32、38、39—卸料板；33、40—冲孔凹模；34—下垫板；35—顶件板；37—翻边凹模；41—冲凸点（焊点）凹模；42—冲凸点（焊点）凸模；43—调节螺钉；44—锁紧螺钉

2）模具采用拼块结构　为便于零件加工和模具装配，腔体各副模具都采用了拼块结构，本副模具下模凸、凹模用8件拼块拼接而成［见图8.32（b）］，拼块安装在整体下垫板34上，二者用销钉定位，加工时各拼块销钉孔和拼块同时加工，下垫板各销钉孔也同时加工出来。装配时将各拼块与下垫板相应销钉孔销入销钉，即可准确、方便地完成其拼接。模具上模固定板、垫板、卸料板按冲压件冲压部位分割做成多块，但为避免分离卸料板卸料不同步，造成零件变形，将各分离卸料板统一装在卸料基座31上拼成整体卸料板组件。

3）冲孔小凸模固定采用粘接方式　腔体两侧588个散热孔分两次冲出，为保证每个冲头与凹模有合理间隙，冲头与固定板采用粘接方式固定，粘接剂选用厌氧胶。粘接间隙即凸模与固定板单边间隙取0.1 ～ 0.2mm。小冲头设计如图8.33所示形式，它比一般冲头相比，在冲头工作段上方增加长6 ～ 8mm定位段，其尺寸比相应凹模小0 ～ 0.006mm。固定时，固定板与凹模之间放置等高垫块（如图8.34所示），以保证固定板与凹模平行。小冲头通过固定板插入凹模中，使固定段与凹模口相配。粘接间隙中注满粘接剂，等24h粘接剂固化后，将冲头从凹模取出，既方便，又准确地完成冲头的固定，并保证了各凸模与凹模周边间隙均匀。

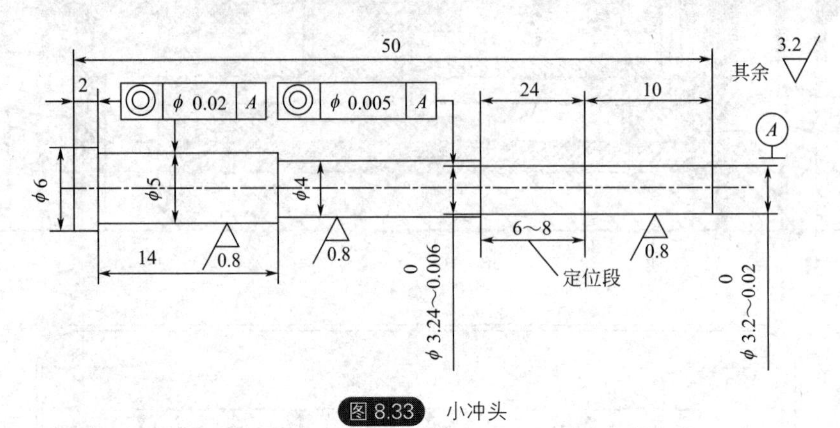

图8.33 小冲头

4）冲凸点模具设计　高13mm的折边上冲106个凸点，用于零件焊接，故又称焊点。其成型凸模固定在图8.32（b）模固定板45相应孔中。凹模41安装在上模卸料基板上，为使凸、凹模相对位置准确，卸料基板用三副小导柱16、导套17导向［见图8.32（a）］。由研究知，凸点高度取决于凸模42形状和凸模高出固定板45的高度，其高度用凸模下方调节螺钉43调整，并用锁紧螺钉44锁紧。这里应指出的是凸点成型时，卸料基板应与上垫块14做刚性接触，否则仅仅靠弹簧力成型凸点尺寸是不稳定的（见图8.35）。

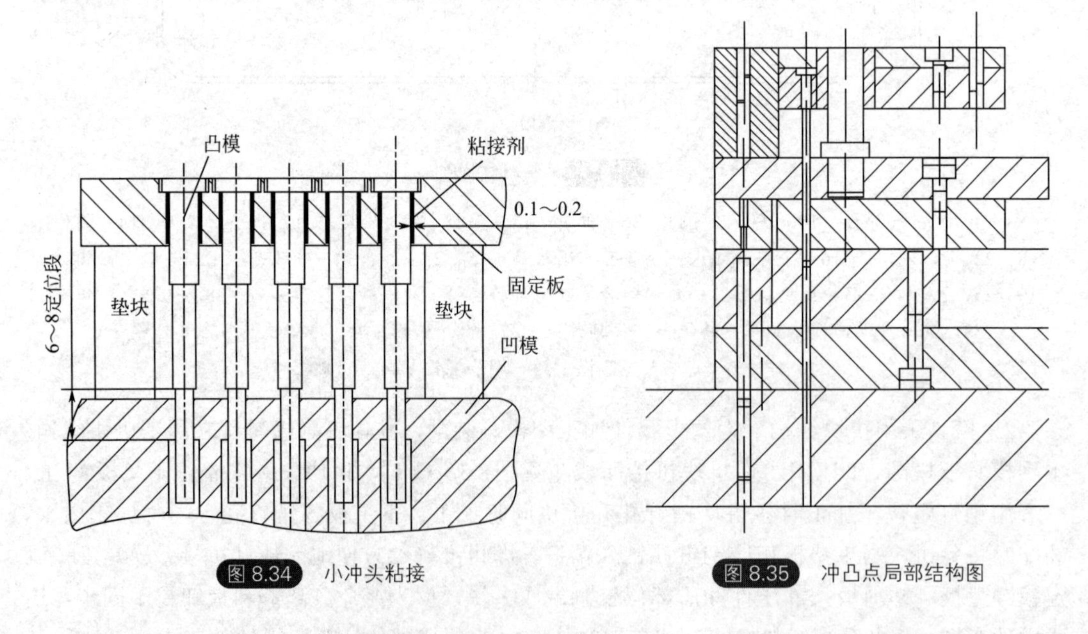

图8.34 小冲头粘接　　图8.35 冲凸点局部结构图

（2）微波炉工艺应用实例

① 多种工艺组合　格兰仕（D）G80W23YSLP-E5微波炉属于中国映像系列，产品延续其平板光波理念，镜面镀膜玻璃机身，TFT真彩屏，不锈钢内胆，镜面外观配以水晶质感把

手，集时下所有流行设计元素于一身，更显高贵奢华（见图8.36）。

该微波炉主体采用304不锈钢，不生锈、双层腔体、镀膜晶面、黑色水晶把手、镜面亚克力、整机塑料键喷涂UV光油，塑料件罩UV光油后无论是硬度、亮度、耐磨性等相对原普通光油性能都有较大的提升，更耐磨不易刮花。

图8.36　格兰仕（D）G80W23YSLP-E5微波炉

② 钢琴漆工艺　钢琴漆工艺是烤漆工艺的一种，它的工序非常复杂，首先，需要在木板上涂以腻子，作为喷漆的底层；用腻子找平后待干透，进行抛光打磨光滑；然后反复喷涂3～5次底漆，每次喷涂后，都要用水砂纸和磨布抛光；最后，再喷涂1～3次亮光型的面漆，然后使用高温烘烤，使漆层固化。

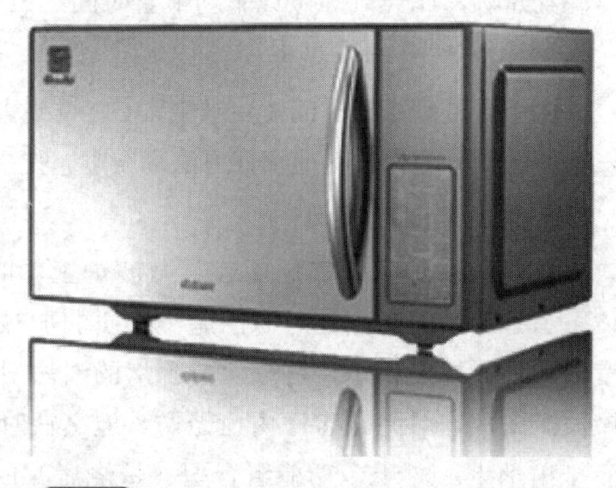

图8.37　格兰仕G80F23YCSL-C3（R0）微波炉

与普通的高亮喷漆相比，钢琴漆有两大本质的不同点：

1）钢琴漆有很厚的底漆层，实际上，真正钢琴漆的表层，如果用力敲碎，是会像搪瓷一样碎裂的，而不是像普通的漆层一样剥落的；

2）钢琴漆是烤漆工艺，而不是喷漆工艺，经过了一次高温固化过程。

所以与普通的喷漆相比，钢琴漆在亮度、致密性特别是稳定性上要强得多，如果不发生机械性的损坏，钢琴漆表层经过多年依然光亮如新，而普通的亮度喷漆早已氧化渗透不复旧观了。

图8.38　美的AG025LC7-NSH微波炉

格兰仕微波炉G80F23YCSL-C3（R0）在外观设计上沿用了经典的中国红设计风格，机身采用抗老化钢琴烤漆，非常有品位，全新perfect flat全镜面设计，机身光彩照人，右侧控制面板的主要按键采用隐藏式设计，操作时轻触隐形按门即可弹出，有效地保证了按键的使用寿命（见图8.37）。

③ 腔体铆接工艺　美的AG025LC7-NSH微波炉的腔体由特殊镀铝板铆接而成，表层涂有特殊高温油、纳米银以及易清洁材料，只要轻轻触动“蒸汽清洁”键，产生的蒸汽能快速充盈腔体，并凝结成水珠，打开炉门后再用抹布轻轻擦拭，内壁立即光洁如新。对于忙碌的现代人来说，不仅方便清洁，还可以让微波炉一直处于洁净的状态，杜绝厨房内的食物二次污染（见图8.38）。

8.6 微波炉产品的技术分析与设计

8.6.1 技术特点

随着人们生活水平的不断提高和住房条件的不断改善，家用和类似用途电器中的厨房电器得到了广泛的应用和发展。微波炉作为厨房电器中的一大类产品，具有品种繁多、功能各异、使用方便的特点，给我们的生活带来了很大的便利。

（1）烹饪速度快

微波炉烹饪食物速度快，节省时间。据试验表明，微波炉烹饪比普通电灶烹饪平均节省时间约60%，比煤气灶烹饪平均节省时间约55%。

（2）食物的养分损失少

由于微波炉烹饪时间短，维生素C、维生素B的损失要比其他烹饪方法少得多，且矿物质、氨基酸的存有率也比其他烹饪方法高得多。更多行业相关信息可查询微波炉市场调查报告。

（3）无油烟

相对于煤炉、煤气灶而言，微波炉工作时不会产生附带的烟尘和未完全燃烧的有害气体；另外，微波炉烹饪时对油脂类物质的加热温度比传统烹饪方法中炒、煎、炸等的加热温度低，油脂挥发很少，可以保持厨房的清洁卫生，对于住房紧张的国内消费者来说，即使将微波炉安放在卧室或客厅内也无妨。但烹饪时应合理控制加热时间，防止食物加热过度碳化而排出烟尘。对于多功能组合型（带烧烤）的微波炉，由于自身带有传统的“烧烤”功能，不能保证烹饪时不排出烟尘。

（4）可直接使用餐具烹饪

微波对由非金属类材料制成的餐具没有加热作用，因此盛放在适合于微波炉使用的餐具中的食物可以直接放入微波炉中烹饪，加热后取出可直接上餐桌。带包装的微波炉专用食品，可直接放入微波炉中加热，既方便又卫生。

（5）二次加热效果好

对已做好的菜肴再加热，更能体现出微波炉的实惠与方便。由于微波炉加热时间短，可保持菜肴原有的新鲜、美味和色彩，且不用搅拌，能保持菜肴原有的形态。

（6）解冻速度快

可在较短的时间里解冻食物，而不失食物的原有鲜味。

（7）有一定的灭菌消毒作用

利用微波的致热（干燥）原理进行灭菌消毒，是目前较有效的手段之一。微波灭菌消毒没有化学灭菌消毒附带的副作用，所用时间短，灭菌消毒效果好。

（8）节能省电

微波炉加热时间短，使食物内外同时受热，不用经过盛放食物的器皿进行热传导，也就减少了中间环节的热损耗。据试验，用微波炉烹饪平均可节电55%～77%。

（9）无明火，使用安全

微波炉工作时仅是电能、电磁能、热能之间的快速转换，且所有过程均在炉腔及电路中进行，无明火，无废弃物污染，比其他厨房烹饪器具更安全可靠。

8.6.2　主要技术参数

以普及型微波炉为例，来说明一下微波炉有哪些主要技术参数或指标。

（1）电源电压

交流220V，50Hz。此项为微波炉所需的电源电压，有时供电电网电压会有所波动，但上升10%和下降18%之内，即电压在180～242V之间，微波炉仍能正常工作，只是在电源电压低于220V时，微波输出功率会稍有减少，这时可稍微增加些烹饪时间。有些人从国外带入的微波炉与我国民用供电电压不同，有110V的，有100V的，也有200V的，只要频率相同，200V电源电压的微波炉可直接使用，只要稍微增加些烹饪时间即可。从长远的观点看，低电源电压的微波炉在高电源电压中长期使用，会略微影响使用寿命，最好还是加装变压器。100V和110V的微波炉则须加装变压器后使用，若电源电压频率不同，还必须把电源电压变频后使用。

（2）额定输入功率

额定输入功率为1.18kW。此项为微波炉的总消耗功率，包括磁控管、控制线路、炉灯等所有用电部分的总消耗功率。

（3）额定微波输出功率

额定微波输出功率为750W。此项为微波炉的加热能力，功率越大，加热时间越短，加热速度越快。家用微波炉常用的微波输出功率有700W、750W、800W、850W、900W等多种。

（4）额定输入电流

额定输入电流为5.36A。家用电度表必须能承受这个电流。微波炉的额定输入功率越大，则额定输入电流越大。额定输入电流即额定功率时的电流量。

（5）工作频率

工作频率为2450MHz，即磁控管辐射出的微波的频率。

（6）炉腔体积

炉腔体积为22L（$0.8ft^2$）。炉腔即微波炉的加热室，微波炉的食品加热数量由炉腔体积而定，炉腔体积越大，微波炉的加热食品量也越大。现代微波炉的发展方向就是外形体积小，炉腔体积大，这样安置时占地少而容量大。国外微波炉的炉腔体积常用立方英尺表示。

（7）微波泄漏

微波泄漏为$1mW/cm^2$。一般微波炉微波泄漏的典型值仅是实际标准的十分之一，为$0.1mW/cm^2$。

（8）转盘直径

转盘直径为314mm（12in）。微波炉不同，炉腔体积有所不同，转盘大小也有所不同。

（9）炉腔尺寸

炉腔尺寸为330mm（深）×330mm（宽）×200mm（高）。炉腔尺寸的乘积即炉腔体积。

（10）外形尺寸

外形尺寸为510mm（宽）×360mm（深）×306mm（高）。

（11）净重

净重为14.5kg。

（12）使用环境

① 温度：–10 ～ 40℃；

② 相对湿度：45% ～ 90%，不得在使用环境条件外使用。

除上述12项技术参数外。为保证微波炉的安全性和适应性，还有以下3项要求。

（1）安全性

① 在炉门开启时，三挡连锁开关将电源断开，并使变压器的初级绕组短路，确保无微波功率输出，保证人体安全。

② 炉门经10万次开关寿命试验后，实测微波泄漏功率密度不得超过国家标准规定，即炉门经过寿命试验后还要保证微波泄漏的技术指标。

（2）电源电压的适应性

电源电压在额定值的–18% ～ 10%的范围内，微波炉仍能正常工作。

（3）烹饪均匀性

微波炉采用何种微波输出方式和何种食品受热方式来保证烹饪的均匀性，是单一微波输出还是多重微波输出，是转盘式还是搅拌式，是否还有其他保证烹饪均匀性的措施？应该说微波炉炉腔内的微波分布均匀度是微波炉的最重要的技术指标之一。但是由于达到较好的微波分布均匀度有相当难度，制造成本也会大大提高，且批量生产难以达到一致性，所以现在制造商均不把这项技术指标作为规定考核内容。

8.6.3 代表性技术

（1）蒸汽微波炉

用普通微波炉热馒头，刚出炉还松软，不到两分钟硬得像石头让人咬不动。蒸气微波炉解决了微波炉不能蒸的世界性难题，蒸气微波炉是使用经过特殊工艺处理的蒸汽烹调器皿，其上部的不锈钢专用盖子可以隔断微波和食物的直接接触，锁住食物中的水分和维生素。下部的水槽中加水之后，通过微波的加热产生水蒸气，利用水蒸气的热度及对流来加热烹调食物。这种间接的加热方式能使食物均匀熟透，同时保持食物中的原汁原味，并且防止食物碳化。

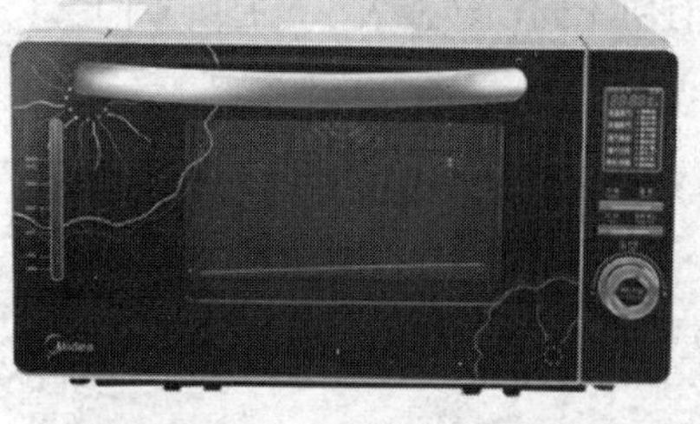

图8.39 美的AS25CT-SRL纯蒸炉

美的纯蒸炉从根本上解决了家用蒸具营养与效率难以兼得的问题。美的纯蒸炉在业内创造了至少三项纪录：

① 纯蒸技术，即由蒸汽将食物蒸熟，且不借助其他器具；

② 首创炉腔内蒸汽温度达到300℃，使食物脱脂减盐，更有效地保留营养；

③ 首创自动供水、排水系统，不浪费电能，也不产生抽水噪声。以300℃高温蒸汽技术为核心，其蒸汽温度再次刷新了行业纪录，从100℃到120℃，再到160℃，直接提升至300℃。这项技术意味着在纯蒸炉高温微压的烹饪环境下，大大地缩短烹饪时间，更好地保留食物的原汁原味和营养（见图8.39）。

美的EWOLFC7-NB微波炉（见图8.40），独有的直喷蒸技术（见图8.41）可瞬间产生大量高温蒸汽，相比传统微波炉更进一步。

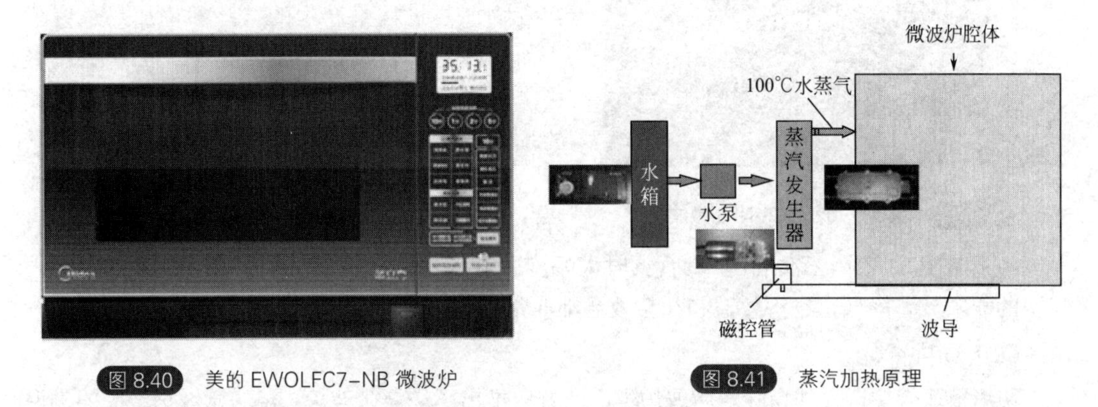

图8.40　美的EWOLFC7-NB微波炉　　图8.41　蒸汽加热原理

美的EWOLFC7-NB微波炉利用高压水泵将储水盒内的水注入蒸汽发生器，经专利高效发热机件和快速蒸汽发生装置，将水快速生成100℃蒸汽，直接加热食物，锁住食物营养成分不流失，保持食物原汁原味。蒸汽回旋循环装置，使蒸汽能做到360°立体循环，确保热量从外至内全方位穿透食物，充满整个炉腔，保证食物受热均匀，口感更好。另外工作时将水瞬间制成高温水蒸气，作用于食物表面，能恰到好处地锁住食物营养及水分，有效降解多余脂肪和食物盐分，不仅给我们带来了美食享受，而且更有助于提高饮食健康（见图8.42）。

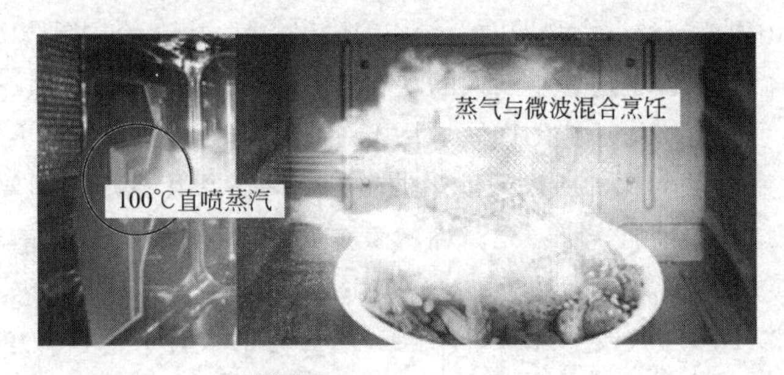

图8.42　独有的直喷蒸技术

（2）变频微波炉

变频微波炉是以变频器替代了传统微波炉内的变压器，变频器通过变频电路可以将50Hz的电源频率任意地转换成为20000～45000Hz的高频率，通过改变频率来得到不同的输出功率，实现了真正意义上的均匀火力调控。在微波炉产品上，变频技术带来了大量优势：

① 传统定频工作方式会出现食品加热不均匀，变频技术可以使被加热食品得到全方位均匀加热，所以烹饪出来的食品口感更好，且营养流失少。

② 变频技术提高了电源部分的效率，同时还能减少待机时的耗电量，所以比传统微波炉节电20%以上。

③ 变频式微波炉可以烧烤、微波同时使用，大大缩短了烹饪时间。

④ 体积方面变频微波炉也有较大优势，因为变频技术将微波炉机械部分的变压器等体积较大的部件集成于单块变频电路板上，使微波炉整体变得更轻巧紧凑。

⑤ 变频微波炉将变压器集成在单块电路板上，这样工作噪声也能得到有效降低。

针对消费者对于营养健康和食物口味的高要求，美的TV025LX3-NS3微波炉通过搭载变

图8.43 美的TV025LX3-NS3微波炉

频器，实现了对烹饪过程的精确掌控。利用均匀可调的变频“文武火”，克服了传统微波炉在食物加热过程中产生的某些部位加热过度焦化而另一些部位加热不足还是生食的现象，轻松烹制出色香味俱佳的美味佳肴。而连续可调的均匀火力使食物始终处于全方位均匀受热状态，最大程度保持了食物原有的风味和营养成分（见图8.43）。

由于装配了变频电路，在烹制食物时大幅度降低了电源转换部分的损耗，使工作过程中耗费的能源显著降低，经济效益和社会效益都非常可观。

（3）烧烤微波炉

烧烤很适合中国人的口味，微波炉生产商普遍推出了烧烤微波炉。烧烤微波炉产品的类型很多，有采用顶部烧烤技术的，例如LG、格兰仕等；也有采用双面烧烤技术的，例如海尔集团的双面烧烤微波炉，是在顶部烧烤的基础上，增加了底部烘烤，使炉腔烧烤温度大大增加，食物烧烤均匀，口感好，同时底部烘烤还具有面食发酵功能，深受家庭主妇的喜欢。产生热量的烧烤元件普遍采用微晶防爆石英管（二氧化硅），该技术与传统的铜、铁管烧烤技术相比主要优点是安全、高效、升温降温速度快、温度高（可达到110.4℃）。石英管（二氧化硅）具有很高的耐腐蚀性防爆性，长期遇水蒸气、油烟不会老化，使用寿命长。烧烤型微波炉一般采用热风循环对流，保证炉腔内温度一致，食物四面受热均匀烤出自然风味，完成理想火候的烧烤。

带烧烤功能的微波炉由于适合中国人的饮食习惯，市场非常畅销，大多数消费者在选择微波炉时都非常认可带有烧烤功能的微波炉。不过带烧烤功能的微波炉不是一台烤箱，其炉腔内部的温度无法和烤箱相比，所以要使微波炉的烧烤效果达到烤箱的要求目前还不可能，其烧烤功能只是对烹调效果的一个补充，烧烤微波炉可以对食物有一定的着色作用，尤其可以实现混合烧烤。

美的AG823LC7-NCH1微波炉外观采用的是水立方的设计灵感，颜色为典雅的宝石蓝，机身上的冠军签名，更是让这个产品具有了一定的纪念意义，体育迷和喜欢国家跳水队的网友，想必会更加喜欢。全智能菜单化控制，蒸、煮、烤、热一应俱全。这款产品采用的是底盘加热，取消了原来的旋转圆盘，使用面积更大，也方便清晰；利用专用的烧烤架加上顶部的发热灯管实现烧烤功能，一般的家庭烧烤完全够用（见图8.44）。

（4）转波微波炉

普通的微波炉在炉腔底部装上转盘，使被加热食物与高频电磁场产生相对运动，以使加热均匀。而转波微波炉利用特别设计的“转波器”将微波旋转起来，使转动微波能量顾及微波炉内的每个角落。这样无须使用转动底盘，扩大了炉腔有效容积，可以最大限度地利用微波炉内的体积，也就是说，你只要放得进去多大的食物，就可以加热多大的食物，再也不需要把食物切短或者弯折以后放进微波炉了。同时由于没有了旋转托盘，你会发现它非常便于

图8.44 美的AG823LC7-NCH1微波炉

放入和取出餐盘和其他较重的碗碟，当然，更无须花时间来清洁转盘了，微波炉内部的清洁也变得非常容易。静止加热使食物更稳定、更安全，汤汁再多也不洒漏，减少了机械故障，提高产品品质，更实现了食物四周内外均匀受热，解决了转盘式微波炉水平旋转无法解决的食物垂直方向加热不均匀、大小受转盘限制、重心不稳等固有缺陷。

图8.45　三洋EM-GF668 21L微波炉

三洋SETM平台动态旋波技术，从底部平台旋转发射喷泉状微波在加热食物的内外、上下形成对流，加热更均匀高效，彻底改变传统微波炉上热下凉、内热外凉的现象。其“0.6℃均温科技”让食物加热时上下温差仅0.6℃，水平均匀性可达93.7%，加热极为均匀高效（见图8.45）。

（5）光波微波炉

光波与微波加热的原理不同。微波炉是利用磁控管产生的微波加热的，但光波微波组合炉是在微波炉炉腔内增设了一个光波发射源，能巧妙地利用光波和微波综合对食物进行加热。目前的光波微波组合炉在工作时，光源、磁控管可以同时启动也可以组合使用，当组合使用时，从加热的方向性来说，微波从内向外加热，光波从外向内加热。如果微波和光波同时作用，可以使得食物内外同时受热，加快受热的速度，同时热度更均匀，食物的味道保持效果好。

光波微波炉全部功能均采用最新高科技数码控制。由于光波瞬时高温、效率高，与普通微波炉相比，在蒸、煮、烧、烤、煎、炸等方面功能都明显突出，并在烹饪过程中最大限度地保持食物的营养成分，避免在烹饪食物时水分的过多丧失，也不会破坏食物的鲜味。尤其在消毒功能上更是出类拔萃。光波杀菌消毒的最大优点是无污染而且迅速，是杀菌消毒方法中最为理想的一种，既有热效应杀菌，又有非热效应杀菌，因此具有双重杀菌功能，能在极短的时间内高效杀死病菌。实验表明，数码光波炉对金黄色葡萄球菌和大肠杆菌，加热3.5分钟杀菌率可达100%；对生猪肉、生鱼肉、生牛奶、自来水中的污染菌以及猪肉和鱼肉中污染的沙门氏菌，加热3.5min和10min，杀菌率可达100%。

格兰仕G80F23CN2P-BM1（S0）是一款功能较为齐全的全能型微波炉，使用防爆裂防辐射的黑色彩晶玻璃面板，采用微电脑控制台，平板陶瓷底盘，按键开门设计。微波、光波、蒸汽三种加热方式可满足不同类型的烹饪需求。顶部独特的光波管使光波能最大面积地直接加热食物，包括解冻、杀菌、烧烤在内的常用烹饪功能也一应俱全。配有QQ蒸汽水盒，为食物补充水分，热馒头也不会变馒头干（见图8.46）。

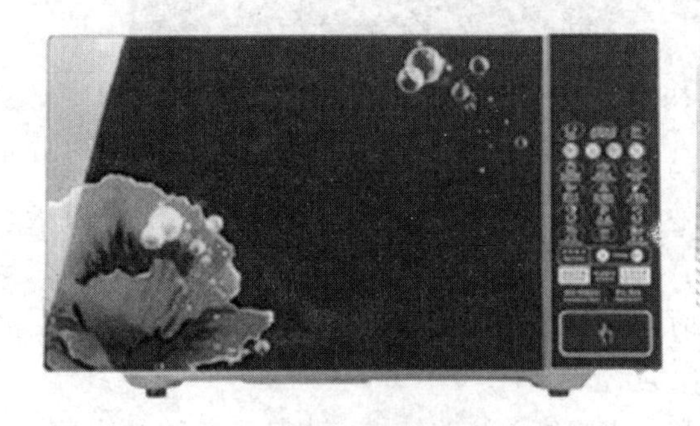

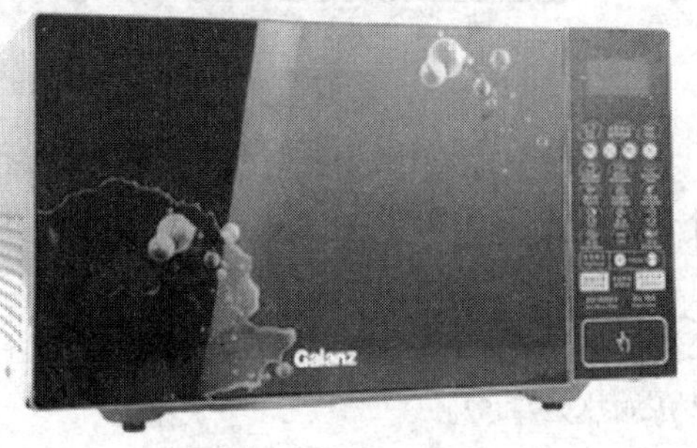

图8.46　格兰仕G80F23CN2P-BM1（S0）微波炉

（6）紫外线微波炉

紫外线微波炉是在微波炉中除了光波、微波之外，又增加了紫外线杀菌的功能。紫外线是一种肉眼看不见的光波，存在于光谱紫外线端的外侧，故称为紫外线，依据不同的波长范围，分为A、B、C三种波段，其中的C波段紫外线波长在240～260nm之间，为最有效的杀菌波段，波段中最有效的杀菌波长点是253.7nm。

现代紫外线消毒技术是基于现代防疫学、光学、生物学和物理化学的基础，利用特殊设计的高效率、高强度和长寿命的C波段紫外线发生装置，产生的强紫外线照射微波炉中的食物或被消毒的物体，食物或被消毒的物体上的各种细菌、病毒、寄生虫、水藻以及其他病原体受到一定剂量的紫外C光辐射后，细胞中的DNA结构受到破坏，从而达到杀菌消毒的目的。利用紫外线杀菌可以实现无升温杀菌和强效光谱杀菌功能，解决了传统微波炉的高温杀菌作用对不耐高温的物品无法消毒的缺点。

从理论上讲，紫外线具有无穿透性、直线传播的缺点，无法穿透物体表面，就无法对食品重叠部分表面杀菌消毒。所以在食品消毒上没有实质性的意义。目前，在医院只用紫外线对空气进行消毒，一些器械、工作服等还是采用高温杀毒。

（7）微波炉纳米技术

纳米银灭菌原理是细菌细胞带负电荷，银离子带正电荷，正负相吸，银离子刺穿细菌的细胞壁和细胞膜（即纳米银离子接触到细菌后，刺破并进入细菌内部，从而杀死细菌）使细菌彻底变形破裂，最终“溶解死亡”；银离子杀死细菌后，从细胞中游离出来，继续杀菌，其抗菌能力长期有效。

经历了“蒸”功能微波炉掀起的价值回归小高潮之后，我国消费者对微波炉的要求进一步提升。食物残渣遗留在微波炉腔体内容易滋生细菌以及腔体清洁卫生问题，既是消费者最关注的细节，也是整个行业一直悬而未解的技术难题。美的在国内率先将纳米银技术运用于微波炉内胆制造不仅解决了这一行业难题，而且有望替代以往的喷涂内胆和不锈钢内胆，推动整个行业的技术升级（见图8.47）。

图8.47 美的EG823LC7-NSH1平板时尚纳米银智能微波炉

据中国科学院检测报告，纳米银内胆产品能够有效杀灭日常生活中的常见细菌，尤其是对大肠杆菌、金黄色葡萄球菌等细菌的杀灭效果更好，其杀菌率达到99%以上。除了高效杀菌功能以外，纳米银的物理特征使得油污、食物残渣不易在腔体附着且容易清洁；同时，纳米银能够增强对微波的反射效率，缩短烹饪时间，与不锈钢内胆相比，纳米银内胆微波炉能提高加热效率5%。

纳米银内胆新产品的推出是企业对消费者需求高度关注的结果，也是行业领导品牌引领行业价值提升的实质性突破。这对行业的意义，可以说是革命性的。

8.7　微波炉行业发展趋势

近年来，微波炉在国内渐渐普及，已经成为重要的厨房家电产品之一，消费者对微波炉产品的关注再不仅仅限于简单的快速加热上，而是对产品功能、外观设计等各方面提出了更高的要求。健康、美味、快捷成为当今社会的新的饮食理念。

① 快捷：结束了冷菜、冷饭回锅时代，并且操作更简便、效率更高，滋味更鲜；开创了烹制美味简单一步到位时代，轻轻松松，让人们拥有更多时间享受家庭乐趣；

② 健康：带给中国家庭厨房清新、靓丽，远离传统油烟、炽热空气、煤气的困挠，健康烹饪，身心更舒畅；瞄准东方饮食习惯，锁住食物之色、香、味与营养成分，发挥出大厨师的手艺，每一次品味的都是舌尖与味蕾的顶级盛宴；

③ 时尚：烹调、加热、解冻、烘焙等只是基本功能，微波炉可用于蔬菜脱水、恢复食物香脆、物品长久保存、保持居家温情、熬制中药、烘烤水粉画等，所有关于快乐生活创意，都可以用它尝试实现。

另外，随着家居装修趋于个性化，家电产品单一传统的外观与部分家庭家居环境难以协调，精致装修和时尚家电的搭配是未来构筑舒适家居生活空间必不可少的元素，配套个性化装潢的微波炉更受欢迎。

为了迎合消费者，各品牌也加大了在产品研发方面的投入，在产品创新方面加快了步伐，除了普遍的微、光波的混合运用、平板微波炉、镜面外观设计、电子除味等等之外，各品牌也对产品进行了多种极具特色的个性化升级，像目前格兰仕的光波四项全能手、脉冲喷技术、行云流水印花，美的的食神蒸霸、纳米银内胆、盛唐纹等等，都逐渐获得消费者认可，取得了不错的市场成绩。

（1）中高端路线渐显，“全能”型微波炉受热捧

目前，微波炉在全球拥有十亿左右的用户，国内城市家庭拥有率也超过95%。在我国，虽然微波炉在大中城市已经得到普及，但多数人只使用了微波炉的少许功能，主要是用来热菜、热饭和做早点。过低的使用率和较长的使用寿命导致了微波炉需求量大幅度缩减，让中国微波炉市场难以继续向前发展。一般微波炉的功能相对单一，很难全面解决消费者的烹饪需求，如果微波炉在技术上不能得到升级或创新，微波炉行业要持续发展则无从谈起。

据微波炉发展前景报告了解，在目前的厨房电器市场，“高学历、高素质、高收入”的“三高”群体逐渐成为消费的主力军，他们对饮食品质的要求较高，食物特质不同，要求的烹饪方式也不同，例如豆制品通过“煮”或“焖”才能达到营养元素的良好吸收，香辣口味则通常需要“烤”来完成，因此倾向于选择全能型微波炉。尤其是在金融危机的影响下，单一功能的微波炉从性价比上都不可能超过全能型微波炉，一机多用的全能微波炉自然受到青睐。

微波炉自诞生之日起就一直在向智能化和多功能方向发展，用户操作也更加趋向简便与轻灵。更重要的是，微波炉作为西方的舶来品，要适应饮食习惯多样、饮食文化繁荣的中国市场，也必须要从过去的单一功能向高智能化多功能转变。多数小家电产品的普及率都很低，而微波炉在一线城市的普及率却高达95%，说明微波炉功能的实用性得到了更多消费者的认同。随着人们的生活水平和消费观念不断改变，“全能”型微波炉的需求空间有望在近两年得到集中释放。

（2）技术和服务的投入力度将加大

近两年来，微波炉价格波动剧烈，单一的价格竞争已大幅度降低了该业的平均利润率。有关专家指出，就目前微波炉的价位而言，价格总体下滑的空间已很小，将着力于加大技术和售后服务的投入力度。在龙头企业放弃降价的情况下，一般企业应该不会再采用降价策略。

价格不会再掀狂澜，质量、服务、科技就将构成未来市场竞争的基础。对于厂商而言，不断提高产品的科技含量，针对不同顾客群开发特定产品，例如为经济发达的地区及高收入层次消费者设计的健康环保型微波炉，为农村缺电地区设计500W的微波炉，为盲人设计的盲文控制板等，能否贴近消费者需求将成为扩大市场份额的决定性因素。

（3）品牌

在我国微波炉的消费市场，主要有格兰仕、美的、松下、LG、三洋、海尔、三星、惠而浦、格力、西门子等品牌。其中格兰仕、美的占据我国微波炉行业的八成以上的市场，决定着我国微波炉行业未来的发展趋势。

（4）消费者的观点

一款产品的推出就是为了消费做准备，服务于消费者。消费者的取向决定了产品未来的发展方向，由此可见消费者观点的重要性。

① 消费者对不同价位段关注　收入决定消费，鉴于中国的消费者是占全国总人口六成的农民，尽管国家做很大努力来提高农村人口的收入，但是其依然收入相对低下。尽管如此对于微波炉的消费依然火爆。

② 消费者对不同容量微波炉关注　消费者购买微波炉就是用于做饭，然而家人的多少，须做多少的饭量，用多大容量的微波炉，是消费者颇为关注的一项，也是最重要的一项。因此，微波炉的容量也在消费者的参考范围以内。经调查数据统计显示，23L容量产品获得的关注比例最高；其次为20L容量产品。由于我国的生育政策，三人制的家庭是普遍的，因此，23L的容量是消费的首选。

因此，微波炉技术的发展趋势总结如下：

（1）智能化

采用微电脑控制技术和传感器感测技术，实现微波炉的智能化加热烹调，是微波炉技术发展的一大方向。这种智能化微波炉，使用者无须在操作按键上输入烹调时间、加热功率、食物重量等参数，只要按一下启动按键，微波炉内的传感器就将检测到的食物温度、蒸汽湿度等参数不断输出给微电脑控制芯片，微电脑控制芯片进行一系列的运算、比较、分析之后，输出相应的指令，自动控制微波炉的加热时间和功率大小，实现智能化全自动烹调。随着模糊控制技术的研究、推广和应用，各种专业用途的模糊控制芯片不断推出，使得微波炉的智能化自动控制技术水平大大提高。还有条形码技术微波炉，这种微波炉带有专用的条形码读码器和条形码微波炉菜谱。使用者根据烹调需要，选中适当的条形码菜谱，用读码器进行识读后，该菜谱即记入微波炉的存储器之中，使用者放入相应的菜肴，启动微波炉，则微波炉就会按照条形码菜谱的烹调程序，烹调出可口的饭菜。

近年来，随着Internet网络热不断升温，利用网络的远距离连通的便利性，设计生产出了触网的网络微波炉，这种微波炉带有可与网络连接的装置，因而可从相关网站直接下载微波炉菜谱，使微波炉的烹调菜谱可以随时刷新，菜谱的种类也可以无限增加。

阿里斯顿公司开发了一种智能微波炉，可以进行远程控制，通过Internet可以在任何地方向其发出开始加热的指令。从Internet下载菜单，能够根据食品上的条形码标签讯息烹饪食品，决定加热食品时间及烹饪的温度。此前，互联网与微波炉之间的联系主要集中在菜单的下载功能上，但是，该产品在基于网络的控制调节功能上与其他产品有很大区别。例如，早晨做好早餐，并放入微波炉进行冷冻。傍晚时母亲可以在办公室通过电话确认孩子到家后用计算机或移动设备经Internet发出加热指令。

触摸式操作模式是近年来最为流行的家电产品控制方式，这款格兰仕CG25T-C60电蒸箱也不例外，它采用人体热感触摸显示屏，全中文营养专家提示，无论你会不会做菜，只需将调味好的食物放入炉内，轻松按键，二十分钟就能一次性做出两菜一汤的标准营养套餐，让您轻松尽享纯蒸美食（见图8.48）。

图8.48　格兰仕CG25T-C60电蒸箱

（2）多功能

随着现代人们生活节奏的加快以及生活质量的提高，对于食品的加工烹饪也提出了更高的要求，因而出现了多功能的微波炉。比如将电烤箱的烧烤功能元件加入微波炉，制造出的微波烧烤组合微波炉，就是多功能微波炉的一个例子。这种微波炉目前在国内已经非常普遍，其优点就在于利用微波能量快速烹调使食物很快熟透，再烧烤加热使食物外表焦黄酥脆，从而使食物具有更好的口感和视觉效应。

具备多媒体MP4功能的格兰仕G80W23YSLP-E5微波炉，附带人性化护理菜单。这款中国映像系列微波炉出自格兰仕旗下，同时也在2012年夏天上市，产品延续其平板光波理念，镜面镀膜玻璃机身，不锈钢内胆，水晶质感把手更显高贵奢华。电子多媒体功能让您在煮饭时也能享受轻松安适，独特双屏显示功能，任何操作一目了然。更提供5类26味烹饪菜单，3类13味保健护理菜单，操作更加人性化。此外它的图文菜单显示、省电模式以及延时启动功能无一不显示其人性化设计理念（见图8.49）。

图8.49　格兰仕G80W23YSLP-E5微波炉

提到格兰仕不少人想到的是“蒸”，想到的是“全能化”，事实上在发掘如何将食物的美味与营养最大限度地发挥、保留的同时，格兰仕也在其他方面下功夫，让微波炉不仅仅是煮食工具，具有MP4的E5产品是2012年主打的一款新品，同时也是业内唯一一台多媒体微波炉，所谓多媒体当然不仅仅只是宣传概念，这款产品设计了7英寸手机类TFT多媒体彩色显示屏、多媒体进风及散热口、多媒体遥控接收窗口以及外接存储插口（USB/SD），可读外接影像、音乐、图片、文字等文件。内置的两个双声道喇叭更是让收听体验全面升级。你可以通过它的铝合金按键灵活操作多媒体功能，支持JPG格式照片欣赏、音乐播放、MPG、MPEG、AVI、XDIV、DIVX格式视频播放以及TXT格式电子书库，背景、文字颜色均可根据个人喜好进行调节。并且该专利技术现已授权，受专利保护。

（3）节能化

节能和环保是当前和今后人类面临的两大课题，在微波炉产品的设计制造上，同样越来越多地体现了这样的趋势。

微波炉是世界公认的高效节能环保产品，被西方国家誉为厨房革命的标志。权威资料显示，对同等重量的食品进行加热对比试验，微波炉比电炉节能65%，比煤气节能40%。如果我国5%的烹饪工作改用微波炉进行，那么与用煤气炉相比，每年可节能约60万吨标准煤，相应减排二氧化碳154万吨。

据介绍，作为家电制造大国，目前，中国占有全球微波炉产销量近80%，其中，全球每两台微波炉中就有一台来自格兰仕。由于行业龙头企业竞争力的快速提升，中国微波炉产业的产销量、产品力、研发力及核心自我配套水平在全球行业中均已居于引导地位。

作为微波炉行业龙头老大和新标准制定的主要参与企业，格兰仕对于新标准出台早就做了充分准备，并凭借技术创新和低碳技术的领先运用，未来持续领先趋势明显。

据了解，格兰仕"领袖"作为中国第一台一级能效微波炉，集当前微波炉行业最新科技成果于一身，更符合中国人的生活习惯。特别是它采用了新一代U8高能磁控管，微波炉热效率显著提升。在行业首创了智能光控感应控制方式，将操作大大简化。直流风机的应用使传统的风机功率从18瓦降至6瓦，能耗降幅高达67%。整机智控休眠节能技术，可让微波炉待机功率降至1瓦以下，开创了微波炉产品节能环保的先河。

图8.50 格兰仕 G90W25MSP-WD 微波炉

G90W25MSP-WD沿用了格兰仕特设旋风涡流微波发射系统，将微波由侧面发射改为底部发射。底部的高频率搅波器，可以将从底部发射的微波瞬间提速，加快微波发射频率，先从面板呈喷泉状喷射出来，因为速度很快所以使微波形成巨大的高强度旋风状再直冲底板，在炉腔内进行超常规的快速旋转，使能量集中反射在底板上形成很多密集的涡流。加热速度快，而且加热更加均匀（见图8.50）。

不仅如此，这款微波炉波在原有转波技术的基础上，融入了底转波蒸汽技术、微波屏蔽技术和蒸汽内循环技术。底部发射微波方式，使微波能量几乎全部转化成高温蒸汽，对食物进行由外而内的滋润性加热，热效率大大提高。微波屏蔽技术有效阻断微波与食物的接触。而蒸汽内循环技术则可以留住更多的水分在蒸屉中，使蒸出来的食物松软，而不会出现热出来的馒头、面包"心硬"的情况，同时省水节能。

该微波炉还采用了新一代U8高能磁控管，实现微波炉热效率显著提升，更节能、更高效。

（4）健康化

随着人们健康环保意识日益增强，对于食品中热量的限制也愈加重视。作为现代化食品烹调器具的微波炉，能够烹调出低热量的保健食品，自然是微波炉设计的发展趋势之一。纯蒸技术和纳米银等许多新型杀菌技术的出现就是迎合了人们对健康高品质生活的需求。

（5）操作简便化

一般来说，随着家用器具功能的增强，往往使其操作方法随之变得比较复杂，这就给人们的使用带来不方便。因此，在微波炉加热烹饪功能提高的同时，操作简便化就是值得注意的一个重要方面。现在许多微波炉都采用了液晶触摸式控制面板和声讯传递系统，使得这种多功能微波炉的操作变得简单易行。所谓液晶触摸式控制面板，就是操作者直接触摸液晶控制面板上显示的画面或文字，微波炉就会直接进行该功能的加热工作。而声传递系统就是用编辑在微波炉内部控制芯片上的声音信号，根据烹调操作的需要，适时告知操作者的操作步骤以及注意事项。同时该型号微波炉，还采用大量的文字、图片，在显示屏上显示，实时指导人们操作，从而使得操作简便容易，老人小孩都能理解。

美的TG025LC7-NRH微波炉的触摸屏设计，创造性地将触控冷光、IPod飞梭、智能导航系统等技术应用在了微波炉的控制面板上，通过智能的人机交互方式实现顾客价值，让顾客进入到享受微波炉的时代（见图8.51）。

图8.51　美的TG025LC7-NRH微波炉

轻触薄膜电脑板准备了米饭、蔬菜、肉类、炖豆腐、水饺、方便面、蒸水蛋、蒸玉米、速冻食品、清蒸鱼、蒸排骨、清蒸虾、牛奶咖啡、热面包、烤肉串、烤鸡翅、宝宝专家等常用菜单，用户经常用到的功能在这里都可以找到，免除了用户设置火力大小时间长短的麻烦。

另外，这款产品专设了旋转触摸屏菜单系统，把日常的营养菜谱以很直接的方式让用户选择，其中包括蒸鱼虾、蒸米饭、蒸水蛋等16种智能菜单，提高了便利性。

第9章 智能家电

9.1 智能家电概念

智能家电就是将微处理器、传感器技术、网络通信技术引入家电设备后形成的家电产品，能够自动感知住宅空间状态和家电自身状态、家电服务状态，能够自动控制及接收住宅用户在住宅内或远程的控制指令；同时，智能家电作为智能家居的组成部分，能够与住宅内其他家电和家居、设施互联组成系统，实现智能家居功能。

智能家电和传统家电的区别，不能简单地以是否装了操作系统，是否装了芯片来区分。它们的区别主要表现在对“智能”二字的体现上。

首先是感知对象不一样，以前的家电，主要感知时间、温度等；而智能家电对人的情感、人的动作、人的行为习惯都可以感知，都可以按照这样感知做一些智能化的执行。其次是技术处理方式不一样，传统家电更多是机械式的，或者叫作很简单的执行过程。智能家电的运作过程往往依赖于物联网、互联网以及电子芯片等现代技术的应用和处理。最后是应对的需求不一样，传统家电对应的需求就是满足生活中的一些基本需求，而智能家电所应对的消费需求更加丰富，层次更高。

所以，智能家电与传统家电的不同在于智能家电实现了拟人智能，产品通过传感器和控制芯片来捕捉和处理信息，除了根据住宅空间环境和用户需求自动设置和控制，用户可以根据自身的习惯进行个性化设置，另外，当智能家电与互联网连接后，其也就具备了社交网络的属性。另外，智能家电，还可理解为物联网家电。

智能家电的迅猛发展变成了一种必然趋势，其迅速发展的主要原因如下：

① 网络技术和通信技术的成熟和广泛应用。

② 信息化水平的不断提高，逐渐达到支持智能家电产业大规模发展的水平。

③ 互联网基础设施和技术条件为智能家电的发展做了必要的准备。

④ 用户对高水平的家电的需求。

同传统的家用电器产品相比，智能家电具有如下特点：

① 网络化功能　各种智能家电可以通过家庭局域网连接到一起，还可以通过家庭网关接口同制造商的服务站点相连，最终可以同互联网相连，实现信息的共享。

② 智能化　智能家电可以根据周围环境的不同自动做出响应，不需要人为干预。例如智能空调可以根据不同的季节、气候及用户所在地域，自动调整其工作状态以达到最佳效果。

③ 开放性、兼容性　由于用户家庭的智能家电可能来自不同的厂商，智能家电平台必须具有开发性和兼容性。

④ 节能化　智能家电可以根据周围环境自动调整工作时间、工作状态，从而实现节能。

⑤ 易用性　由于复杂的控制操作流程已由内嵌在智能家电中的控制器解决，因此用户只

须了解非常简单的操作。

智能家电并不是单指某一个家电，而应是一个技术系统，随着人类应用需求和家电智能化的不断发展，其内容将会更加丰富，根据实际应用环境的不同智能家电的功能也会有所差异，但一般应具备以下基本功能：

① 通信功能　包括电话、网络、远程控制/报警等。

② 消费电子产品的智能控制　例如可以自动控制加热时间、加热温度的微波炉，可以自动调节温度、湿度的智能空调，可以根据指令自动搜索电视节目并摄录的电视机/录像机等等。

③ 交互式智能控制　可以通过语音识别技术实现智能家电的声控功能；通过各种主动式传感器（如温度、声音、动作等）实现智能家电的主动性动作响应。用户还可以自己定义不同场景不同智能家电的不同响应。

④ 安防控制功能　包括门禁系统、火灾自动报警、煤气泄漏报警、漏电报警、漏水报警等。

⑤ 健康与医疗功能　包括健康设备监控、远程诊疗、老人/病人异常监护等。

智能控制技术、信息技术的飞速发展也为家电自动化和智能化提供了可能。智能家电具有自动监测自身故障、自动测量、自动控制、自动调节与远程控制中心通信功能的家电设备。

传统家用电器有空调、电冰箱、吸尘器、电饭煲、洗衣机等，新型家用电器有电磁炉、消毒碗柜、蒸炖煲等。无论新型家用电器还是传统家用电器，其整体技术都在不断提高。家用电器的进步，关键在于采用了先进控制技术，从而使家用电器从一种机械式的用具变成一种具有智能的设备，智能家用电器体现了家用电器最新技术面貌。

9.2　智能家电代表性产品

9.2.1　智能电视

智能电视是基于互联网浪潮冲击形成的新产品，其目的是带给用户更便捷的体验，目前已经成为电视的潮流趋势，连长虹这样在国内电视行业首屈一指的老品牌也已经加入其中，推出别具一格的Q1F系列产品，打破遥控器对传统电视的束缚，实现了带走看、分类看、多屏看和随时看四大功能，推动了智能电视发展的新高度。

智能电视，是具有全开放式平台，搭载了操作系统，用户在欣赏普通电视内容的同时，可自行安装和卸载各类应用软件，持续对功能进行扩充和升级的新电视产品。智能电视能够不断给用户带来有别于使用有线数字电视接收机（机顶盒）的丰富的个性化体验。

9.2.1.1　酷开A55旗舰版

2014年7月15日，深圳酷开网络科技有限公司发布年度旗舰智能电视——酷开A55旗舰版（见图9.1），这是全球首款支持苹果设备的电视，实现与iPhone、iPad、Mac Book、Apple Watch等苹果设备无缝“连接”，旨在

图9.1　酷开A55旗舰版智能电视

为果粉专属打造，而产品最大亮点在于能够用最新的Apple Watch对电视进行控制。产品亮相后，立即得到了广大果粉们和媒体的关注。定价为4999元人民币，2015年7月21日首次开放购买。

酷开A55旗舰版智能电视具有以下特色。

（1）荣获设计界的奥斯卡红点设计奖

在外观上，酷开A55旗舰版采用苹果一体化设计理念，一体化后壳，减少了无意义的装饰，呈现出材料本身的质感美。中框采用全铝合金材质，经过30000r/min高速钻石切削，外观上保持了与苹果产品同一格调。边框采用一次性折弯工艺，无拼接缝隙。

（2）全球首款“果粉”电视

酷开A55旗舰版电视是首款采用苹果Air Play与Air Play Mirroring专属无线投屏协议的互联网电视，它可以轻松与iPhone、iPad、MacBook等全系列的苹果设备连接。通过投屏连接实现办公无投影，真正做到了让连接更简约。

（3）全球首款支持“Apple Watch”的电视

最引人关注的是酷开A55还支持使用Apple Watch语音搜索视频资源、影视点播及播放控制。作为全球唯一一款支持Apple Watch控制的电视，用户还可在Apple Watch上安装电视派应用，轻松实现电视控制，在小小的屏幕上轻轻点击推送，即可播放影片，体验全新的观影体验。

（4）三合一电视功能

作为全行业首创同时支持儿童、父母和年轻人三种专属模式的电视产品，酷开A43以颠覆式创新，重新定义了互联网电视的应用体验和创新边界。酷开A43屏幕尺寸为43寸，一大特色即为儿童、父母、年轻人三类人群做了专属界面，三种人群可用三个遥控器控制同一款电视，不同人群打开电视是不同的界面。酷开还表示将针对不同年龄段的儿童推不同类的内容，将推送更加精细化。

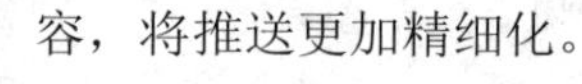

图9.2 儿童版小魔侠遥控器

① 儿童电视 儿童版小魔侠遥控器更加可爱易于掌控，它采用ABS树脂+聚碳酸酯材质，通过RoHS标准环保无铅认证，安全健康耐用防摔（见图9.2）。

儿童风格的UI设计，让孩子更加喜欢（见图9.3）。

针对儿童设计的护眼模式，展示画面亮度更低，更柔和（见图9.4）。

图9.3 儿童风格的UI设计

图9.4 针对儿童设计的护眼模式

酷开A43儿童版融合了40000+集最新动画、少儿综艺、儿歌，所有内容均由教育专家精心筛选，根据年龄智能分级推荐（见图9.5）。

孩子观看电视时，家长能及时收到微信消息，实时了解观影内容和控制观看时间。儿童教育专家还会对内容进行深度解读，帮助家长轻松和孩子交流，提升亲子沟通品质，寓教于乐。

酷开A43提供了“小魔箱”和“微信亲子教育”功能，家长总会有不能陪伴在小孩身边的时候，关注电视派微信公众号后，这时候就能通过微信从远程推荐节目、图片、视频给孩子看，孩子通过遥控器在电视的“小魔箱”模块就能找到，让家长与孩子的互动无时无刻都存在（见图9.6）。

图9.5　根据年龄智能分级

图9.6　微信远程通知

② 老年电视　老年人的遥控器大字体、大按键（见图9.7）。

更为方便的购物渠道，对于不方便的老年人，足不出户就可以买到称心的商品（见图9.8）。

图9.7　老年人的遥控器

图9.8　方便老人购物

不在家的人随时可以和老人一起来视频聊天了，亲情无处不在（见图9.9）。

还可以为老人发视频、消息、照片和语音，使老人不再孤独。

父母版电视则集合了超过680000部怀旧经典影视、广场舞教学、相声小品和养生等节目，每日资讯新闻小视频自动连续播放，省去逐个点播的麻烦（见图9.10）。

③ 青年电视　针对年轻人的使用特点在系统的设计上更多地集成年轻人所关注的内容（见图9.11）。

在电视的控制方式上为年轻时尚用户提供了手机APP遥控支持。让用户可以在Wi-Fi网络环境下随处对电视进行控制。另外，具有行业超强镜像投屏功能，深层优化并适配苹果设备，无论iOS、还是Mac OS都能完美镜像投屏，画面延迟小于10ms，流畅清晰不卡顿，玩游戏、PPT演讲、分享图片都方便快捷（见图9.12）。

图 9.9 方便老人视频聊天

图 9.10 为老人定制内容

图 9.11 集成年轻人所关注的内容

图 9.12 超强镜像投屏

9.2.1.2 三星Smart HUB智能电视

时至今日，应该说超高清UHD（ultra HD）已逐步深入主流电视市场，然而超高清UHD电视异常火爆的背后是两极分化的呈现，或者说国产品牌和合资品牌选择了不同的战略方向，国产品牌更多地依靠4K液晶面板做文章，主打性价比占领市场；而合资品牌则是潜心打造最优秀的UHD产品，力求给高端用户带去最好的体验。国际品牌三星通过强大的技术手段提升UHD画质，并为其配备出色的音频系统，再加上丰富实用的功能，可全方位满足用户需求。

用户可以通过Smart Hub智能电视，在一个显示界面中找到电视、电影、应用程序、社交、照片视频和音乐五个部分的内容，用户可以使用所谓的翻转功能实现屏幕内容的切换。

9.2.1.2.1 F8000

外观方面，三星F8000继承了三星电视一贯的优雅设计理念，同时，还融入了全新的设计哲学。它摆脱了传统的造型设计，底座采用了创新的“新月时光设计”，创造了简约轻薄的极致境界，让电视面板从正面看来仿若悬浮半空之中，再配以0.25英寸的超窄边框营造出更广阔的视野，使观众将注意力更多地集中在画面上，更好地沉浸于电视节目中。精妙绝伦的细节设计让它成为一尊艺术佳作，为居室锦上添花（见图9.13）。

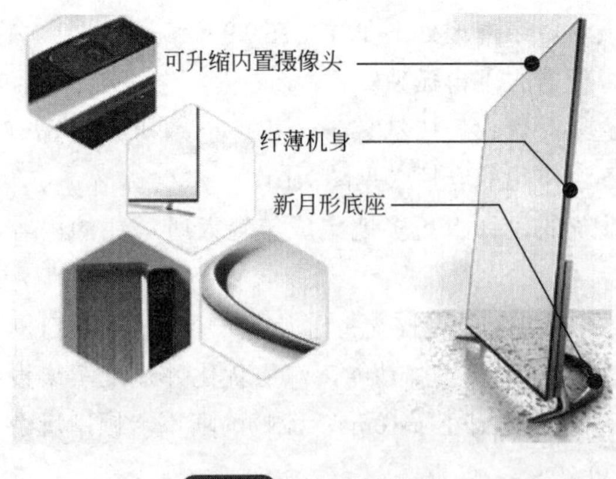

图 9.13 造型细节设计

三星F8000主要有5大特色亮点。

（1）三星智能应用中心

F8000开启了全新的智能体验。提供丰富的应用程序和特色服务，包括画中画专区、推荐程序专区、宣传栏专区、自定义应用专区以及已下载程序管理五个区域。三星Smart Hub经过了全面的优化，为打造一流娱乐体验提供了最佳条件。用户通过这个界面，可以非常方便地操控各个应用程序。当你想要的应用没有时，只需进入到Samsung APPS应用商城，里面丰富的下载内容不会让你失望。你可以从三星应用商城中下载游戏、教育、体育、生活信息、时尚信息等各类应用，吃喝玩乐一样不少（见图9.14）。

（2）智能推送

可以简单、迅速地搜索到电视节目、优质视频点播内容、各种应用程序、社交圈以及本地设备中的内容，同时用户可以根据自定义推荐内容，打造属于自己的个性化电视体验。

（3）智能互动优化

F8000全新的控制方式更能颠覆你的操控体验。这款55F8000电视拥有全新的语音命令识别系统和直观的手势操控方式，让你可以轻松进入未来电视的娱乐体验。

语音控制功能的设置非常简单，在菜单设置中选择语音控制或通过触摸板向上按键快捷操作，然后点击开启即可正常使用。当选项开启时，在关机状态下通过一句“你好电视，开机”，就能实现F8000免遥控器开机的效果。“你好，电视”是激活语，当菜单被呼出后，用户就能根据画面提示对电视进行音量调节、频道切换、资讯搜索等进一步的操作。无论多复杂的功能，用户都能够通过语音控制功能实现，而且准确率高达百分之九十九。

三星F8000系列Smart TV的语音操作能够支持更多的语音命令，用户可以运用日常用语向电视发出指令，或者直接说出演员名称、片名或者题材，电视将会根据关键词自动搜索并给出推荐内容，用户可以在搜索结果中的电视节目、视频点播或者App中选择自己所需的内容（见图9.15）。

图9.14　智能应用

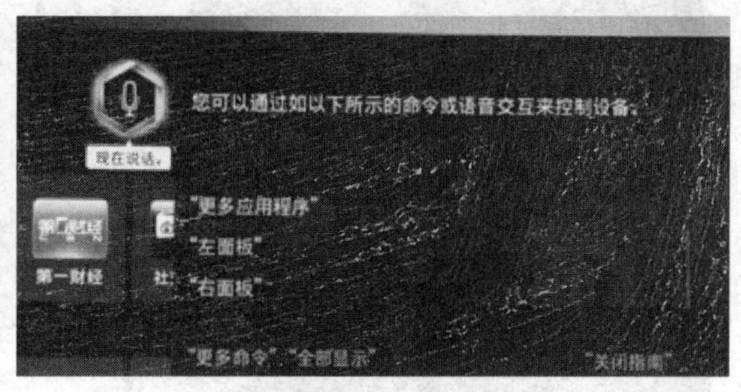

图9.15　语音交互

手势控制方面，三星55F8000智能电视可以实现双手操控，带给你更先进的操控体验。切换频道、调整音量、访问应用程序、浏览网页不需要按任何按钮就可以轻松实现。语音控制可以让你不动一指便可操控你的智能电视，轻松语音控制电视开/关、换台、打开应用程序等功能（见图9.16）。

三星F8000的第三大特色人机交互功能就是面部识别。用户无须输入复杂难记的账户密码，即可直接登录Smart Hub和其他关联账户（见图9.17）。

使用面部识别功能要先注册一个新账户，根据画面提示将头部放入图中的红圈内的位置，

图 9.16 手势操控

图 9.17 面部识别功能

图 9.18 智能升级

图 9.19 F9000

等待脸部信息录入，待录入工作完成后，就能正常使用。通过三星F8000的面部识别功能，用户无须每次手动输入账户名和密码，只要通过事先设定好的面部信息，就可以轻松登录程序。对于担心面部识别安全性的用户，三星智能电视中可以选择在注册面部信息后在“更改账户信息”中勾选“我还想输入密码以提高安全性”，在登陆时会在进行面部识别后再要求输入密码以保证安全性。

三星F8000的面部识别功能除了能登录账号外，还能对某些程序进行分类锁定。每个家庭成员都可以自己设定脸部信息，通过锁定自己的内容，能有效保证安全性以及实用性，设计确实很人性化。

（4）多屏互动

三星智能浏览功能实现用户各个设备间的即时传输。All Share无线共享功能方便在电视和其他无线家用设备、移动终端之间进行互联互通，创建以三星智能电视为中心的完整家庭媒体链闭环。消费者也可以在三星Galaxy平板电脑或者智能手机中同步观看电视画面。

（5）智能升级卡

三星智能电视的智能升级卡可以让电视每年升级。只要轻松安装了智能升级卡，就可以自动更新电视固件，让用户不用购买新电视机，即可每年感受最先进的智能体验。通过这个升级功能，三星智能电视将为用户带来更迅捷的速度、更丰富的功能、更精彩的内容。从此，用户不用再担心新买的三星智能电视会不会在智能功能上过时或者被淘汰，一台三星智能电视，让人可以享受到未来几年的智能应用（见图9.18）。

9.2.1.2.2 F9000

与F8000相比，作为UHD超高分辨率电视，F9000系列拥有了更加出色的技术和无可比拟的高画质享受（见图9.19）。

（1）外观

再现经典“新月时光”设计。三星电视

的“新月时光”设计，颠覆了传统电视方形底座的设计思路，让灵动的金属底座以弧形设计“隐藏”于屏幕之后，使得屏幕有如悬浮于桌面之上。不仅美观，更减少了大底座对于用户的视觉干扰（见图9.20）。

采用超薄设计，外边框为金属材料，因此机身虽然很薄，但却不会给人弱不禁风的感觉，反而因此令电视机整体看起来非常时尚大气（见图9.21）。

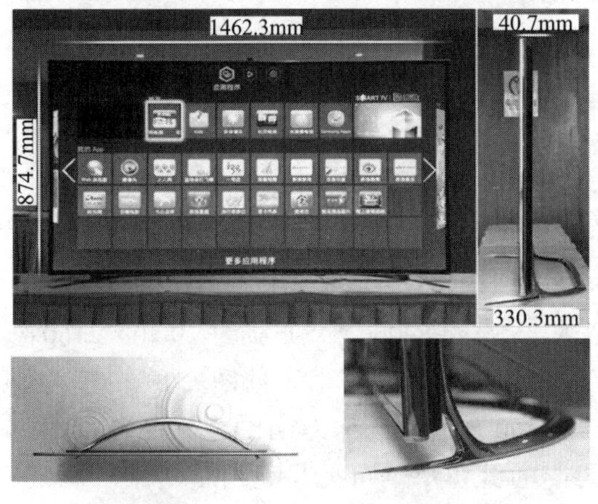

图9.20　再现经典“新月时光”设计

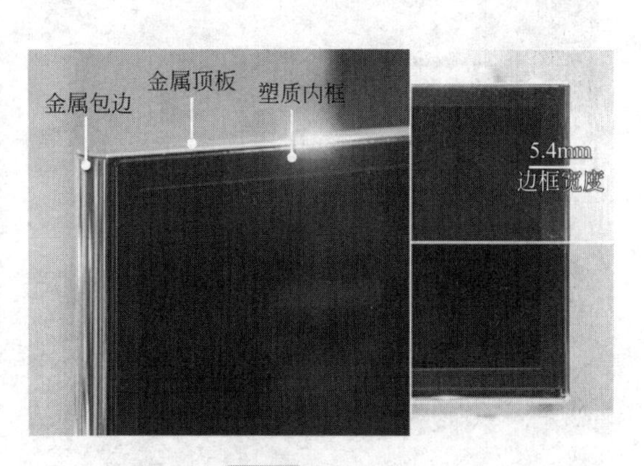

图9.21　超薄设计

F9000和F8000一样，在摄像头方面也做了小型化改进，加入了伸缩设计，搭载摄像头为实现手势控制与面部识别提供了硬件基础。摄像头背面的滚轮可以调整拍摄角度，令其适应更多的使用环境（见图9.22）。

图9.22　伸缩摄像头

F9000的背部比采用无痕背板设计的F8000更彻底地“无痕”了，这一切得归功于“一线连接”设计。而背面与正面一样，保持了非常出色的产品质感，这一点尤其体现在其实心的金属底座上（见图9.23）。

65寸版的F9000采用弓形底座，由于65寸尺寸更大，因此如果用新月形设计会占用更大的背部空间，可能会对摆放造成影响，而弓形设计可以很好地解决这个问题，配以轻微的仰

图9.23　无痕背板设计

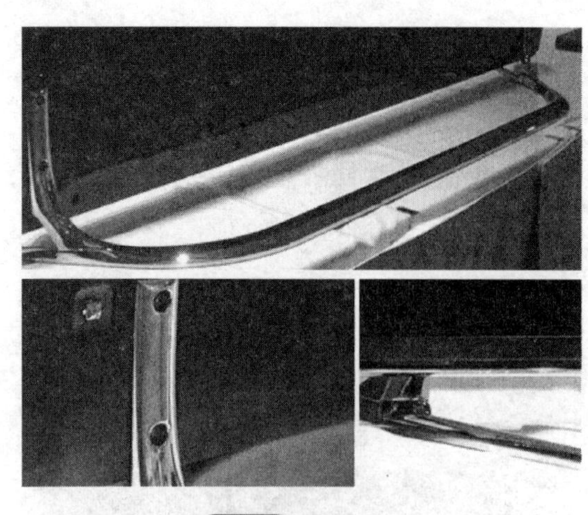

图 9.24 底座设计

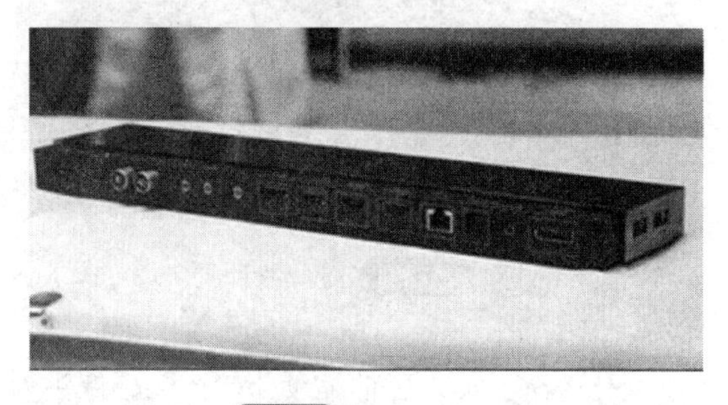

图 9.25 一线连接器

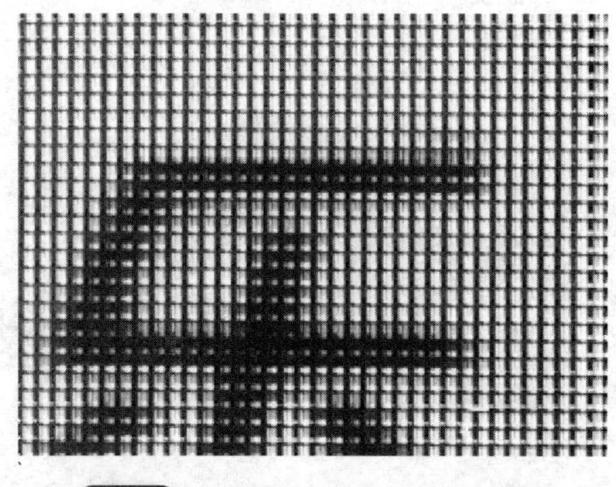

图 9.26 3840×2160 像素的超高清分辨率

角，能令电视有更好的画面呈送能力（见图9.24）。

为了进一步降低非显像部件对视觉的干扰，F9000配置了一个“一线连接”器，他将电视所有外部接口全部整合在一起，无论是外接存储设备还是网线、HDMI线，统统整合在一个盒子里，然后通过专用总线将信号统一传送给电视（见图9.25）。

这个设计显然对减少线链接对画面的干扰大有裨益，另外，用户平时接驳设备也更方便了。

（2）超高清分辨率

三星F9000系列拥有3840×2160像素的超高清分辨率（见图9.26），这也是F9000系列能被称为UHD电视的基础，更高的分辨率就可能呈现出更精细的画质，而三星F9000超高清电视在拥有了超高清分辨率的同时，更实用了三星超清面板，其更强的光线穿透力使得画面亮度提升了25%～30%。

此外，三星出色的“精锐控黑技术”和“超级局域控光技术”也都应用其中，在加强黑色表现的同时，更可以将屏幕分为576或864个软件块区，并对每个块区的对比度、色彩和细节进行增强。

拥有了出色的画面性能还要搭配出色的片源，尽管目前超高清片源在国内还比较少见，但三星F9000系列电视的“四倍细节增强”技术很好地解决了这个问题。在片源不足的情况下，这款三星F9000可以通过“信号分析”“降噪”“提升分辨率”“细节增强”四个步骤，轻松将传统分辨率的片源提升至超高清分辨率，也就是说您不用担心超高清电视播放高清视频是否会影响清晰度的问题，在经过三星F9000的技术处理后，您可以体验到真正的超高清生活。

三星F9000系列电视不仅是超高清电视、智能电视，同时也是一款3D电视。上文中也提到，这款F9000还搭配了简洁的触控式遥控器（见图9.27）和主动快门式3D眼镜（见图9.28），而这种眼镜因为无须任何可能阻挡光线的额外薄膜或玻璃的特性，使得佩戴3D眼镜观看会降低画面亮度的问题大为改善，3D画面效果更为真实细腻。

在音效方面，三星F9000超高清电视的内置音箱和低音炮，可以播放高达70W的超强、超清晰环绕音效，能带给您身临其境的音效体验。

图 9.27　触控式遥控器

图 9.28　主动快门式 3D 眼镜

（3）可升级电视

只需要插入三星智能升级卡，就可以将三星电视的软硬件进行同步升级，不再只是软件系统的更新，而是全面提升电视性能。在刚刚兴起的超高清电视时代，拥有一款能够紧跟潮流、永不落伍的电视就显得更加重要（见图9.29）。

图 9.29　可升级电视

（4）系统

三星F9000超高清电视采用最新版本的Smart Hub智能系统，曾经使用过三星智能电视的朋友非常容易上手。不同的是，主要用户界面从上一个版本的2个界面，升级到3个页面，在“智能应用中心”“智能视听中心”的基础上，还增设了“智能点播中心”的页面，可以为用户推送更多最新的在线资源，智能程度进一步提高。

另外，在菜单显示方面，这款三星F9000采用了更加人性化的方式，在为用户展现一、二级设置菜单的同时，在每个菜单的右侧特别增设了各项菜单的文字说明，让用户即使不看说明书，也可以一目了然地进行操作，节省了时间和精力。

在其他设置方面，这款三星电视支持无线及有线网络的手动设置、语音识别、手势识别的学习和校正，并可以自行设置开机自动显示的界面、ECO节能模式、自动保护时间，以及软件更新等功能。另外，三星Smart Hub系统支持远程管理功能，使用中如果遇到无法解决的问题，可以致电给三星客服工程师，根据工程师的提示，便可以远程操作你的电视帮你解决问题，免去了后顾之忧。

（5）交互

三星F9000超清智能电视能够通过传统遥控器、遥控器触摸板、语音命令控制、摄像头感应手势控制、手机、平板电脑联机控制五种方式对电视进行普通观看和智能使用控制。

9.2.1.2.3　HU8500

HU8500系超高清UHD电视共有两个型号，分别是55英寸和65英寸版本的UA55HU8500

图 9.30 三星 HU8500

和UA65HU8500。

不仅具备UHD超高清分辨率，更有超高清细节增强技术、超级炫彩技术、超高清控光技术、精锐控黑技术等多项三星电视的优势技术加持。此外，三星HU8500不仅具备了四核处理器、智能中心、3D画面播放、秒速开机、智能遥控功能，更是具备了一屏双享功能，可以让两个人通过同一款电视同时观看到两种不同的画面，科技感十足（见图9.30）。

（1）外观：浩瀚极简　尽显王者风范

作为三星高端旗舰级UHD电视，HU8500在工业设计注入了全新的设计语言。相比上一代F9000“新月时光”设计理念，三星HU8500采用全新的“浩瀚极简”设计语言，整体设计相比F9000明显要内敛许多，就像男孩变成了男人，更多地靠实力说话。

图 9.31 超薄机身设计

和以往的旗舰级产品相同的是，全新超高清UHD电视H8500延续了经典的超薄机身设计（见图9.31）。

作为旗舰机UHD电视，三星HU8500采用双色金属边框设计，黑色的极窄边框极具视觉冲击力，实际观看屏幕的效果亦是如此，而侧外围则采用银色的金属装饰，颇显时尚大方，两种金属色差之间缝隙十分均匀，强大的细节处理和出色的做工令人印象深刻（见图9.32）。

三星HU8500采用极窄边框的同时，还延续了上一代隐藏式底座的设计，换言之就是大幅降低底座的存在感，令机身仿若悬浮于半空之中。底座支架较为低调，无论是屏幕边框、高度有限的支架以及背部的支撑均采用黑色设计，进一步提升HU8500置身于半空的视觉效果（见图9.33、图9.34）。

与其他电视品牌复杂的OSD排列按键不同的是，三星高端旗舰级电视均采用四维导航键

图 9.32 双色金属极窄边框

图 9.33 贵气逼人的金属超薄底座

设计，一个按键即可以控制开关机、菜单呼出、四个方向的指令切换等等，容易上手且上手后极为便捷。三星HU8500采用浩瀚极简设计，仅仅从OSD四维导航键就能感受到三星追求极致简约的决心（见图9.35）。

图 9.34　简洁大方的背部设计

图 9.35　四维导航键设计

（2）UI：简洁明了　面向热点内容

智能机时代，电视产品都会拥有一个智能系统，类似于电脑程序加载的过程，开机的时候往往需要一定时间。目前大多数电视的开机时间在20s左右，更有甚者可以达到30s，但三星UA55HU8500却可以在3s内完成启动过程，展示了卓绝的技术优势。

三星UA55HU8500的UI界面也显得颇为与众不同，它由四部分内容构成，分别为信息资讯、APP商城、电影电视及本地多媒体。整体风格简洁、明快，便于用户上手。同时，这样设计也十分利于最新内容的推送，比如新闻资讯板块，用户可以不断获悉最新的内容，即点即读，人性化十足（见图9.36）。

图 9.36　独特 UI

（3）内容：精彩丰富　我的节目我做主

互联网时代，人们的生活发生了巨大变化，观看电视的习惯亦是如此。曾几何时，看什么完全取决于电视台，而现在，主导权已然落到了我们自己手中。三星UA55HU8500就凭借强大的号召力，为我们打造了一个精彩绝伦的内容平台（见图9.37）。

首先，这里有最新最热的影视剧，尤其适合狂热的电影爱好者和追剧达人，丰富的资源让人在有限的时间内纵览无限的影片。其次，这里还汇聚了覆盖全球的体育赛事，广州恒大的亚冠之旅、NBA季后赛荡气回肠的剧情，都将通过三星UA55HU8500赋予用户全方位视角（见图9.38）。

图 9.37　三星 UA55HU8500 为用户缔造互联网电视平台

图 9.38　精彩赛事尽收录

对游戏爱好者而言，三星55HU8500更是不可错过的利器，无论是LPL春季联赛，还是人气明星的教学视频，电子竞技专区都将为您倾情收录，在大屏幕上感受不一样的游戏体验（见图9.39）。

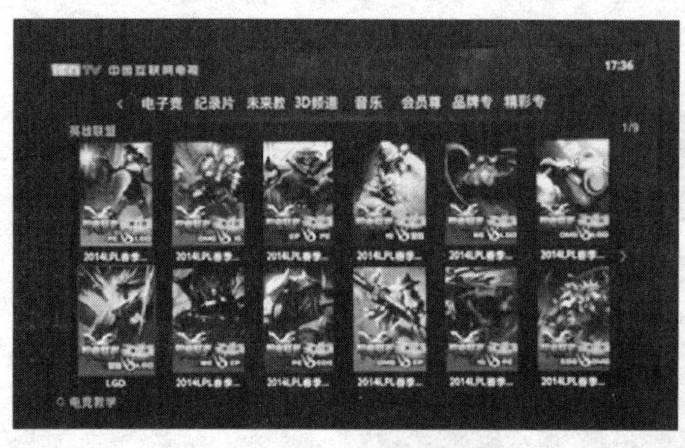

图 9.39　三星 55HU8500 堪称游戏爱好者的福音

（4）UHD：细腻震撼　超高清问鼎画质之巅

内容到位还远远不够，要想给用户带来最极致的体验，画质显然是非常重要的考量。对此，三星UA55HU8500也拿出了杀手锏。

超高清堪称电视显像技术里程碑似的革命，其3840×2160的分辨率对人类视网膜发起了史上最强有力的冲击。作为三星55HU8500的核心卖点之一，超高清能否使它的画面得到质的飞跃呢？接下来，就通过对比，感受来自于三星UA55HU8500的独特魅力。

我们知道，电视的画面是由无数的像素点拼凑而成，像素数量多了无疑更利于展示图像的细节。这一点，从以下的对比中就可以清楚地体现。

当把图像放大，全高清分辨率下的画面细节逐渐模糊，而超高清电视却并未严重失真，仍然能够看清图像的轮廓。在展示图像精细度方面，超高清的优势是十分明显的（见图9.40、图9.41）。

图 9.40　全高清视角下无法看清画面细节（普通全高清电视）

图 9.41　超高清在细节呈现上无疑更胜一筹（三星 UA55HU8500 播放效果）

再看下面的对比，当把图像放大到一定程度时，全高清电视的画面已经开始出现明显的红绿斑点，这种现象就是因为像素不足，显示器将部分像素点过滤掉造成的，当画面放大的时候，这种缺陷毕露无遗，而超高清的三星UA55HU8500却依旧十分耐看（见图9.42、图9.43）。

图 9.42　将画面放大后，图像出现明显的红绿斑点（普通全高清电视）

图 9.43　超高清分辨率点对点表达图像，完全杜绝红绿斑点（三星 UA55HU8500 播放效果）

通过实际对比发现，三星UA55HU8500在画面表达方面的确具有全高清电视无法匹敌的优势，并不需要复杂的工具，仅凭肉眼就可以轻易辨别出二者的不同。4K的出现，让我们拥有了更为炫丽的视野，而三星UA55HU8500的问世，则进一步加速了UHD电视的普及，让更多消费者可以感受超高清的震撼。

（5）播放：清晰流畅　尽享完美影音

从画面质量来看，三星UA55HU8500在播放高清及超清片源时，效果会十分出众，而且流畅度也非常给力，快进/退瞬间即可加载完成，让观影更轻松惬意（见图9.44）。

三星UA55HU8500还为用户提供了4K专区，您可以在那里获取4K资源，充分享受超高清影片带来的震撼（见图9.45）。

图 9.44 三星 UA55HU8500 在线影片实拍

图 9.45 超高清专区提供了上百部超清片源

（6）操控：突破桎梏　打造最强互动

改善用户体验，是三星一直以来的努力方向。而在三星UA55HU8500身上，终于迎来了收获，其强大易用的空鼠功能，绝对称得上是领域内最具意义的突破。

三星UA55HU8500遥控器在造型上与此前作品相当，小巧时尚，握感极佳。基本上所有功能的快捷键都集结于此，功能甚是强大。轻点遥控器的中间区域，可以将空鼠调出，令人惊喜的是，这一从前颇为鸡肋的功能，竟完全脱离了尴尬（见图9.46）。

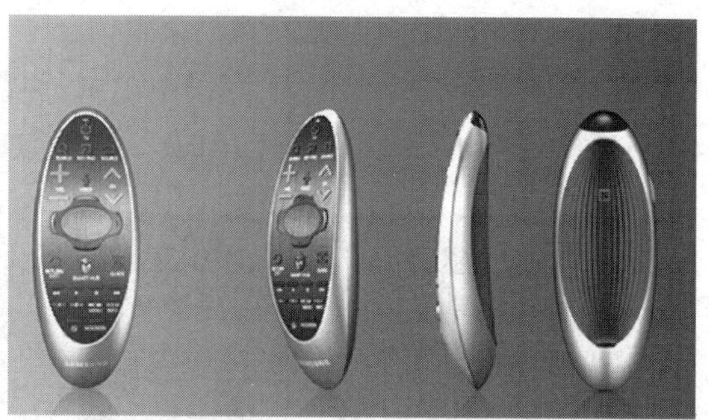

图 9.46 三星 UA55HU8500 的遥控器

三星UA55HU8500的空中鼠标感应十分灵敏，能够进行极其精准的定位，无论是输入文字，还是选择程序，都为用户提供了非常多的便利，同时，也为游戏及相关程序的设计带来了无限可能（见图9.47、图9.48）。

图 9.47 三星 UA55HU8500 的空中鼠标功能让操控更简单

图 9.48 任意界面都可以呼出虚拟遥控器

此外，三星UA55HU8500还可以与手机/Pad互联，将内容在大小屏间传递，让您感受不设限的精彩。

（7）应用：应有尽有　十八般武艺样样精

作为全球最大的APP商城，三星Smart Hub为我们提供了最多的精彩，无论是影音资源、游戏还是应用都尽收其中，更可通过在线更新、本地安装不断扩充，真正做到了应有尽有（见图9.49）。

图 9.49　三星 UA55HU8500 收录了大家耳熟能详的轻松羽毛球

可以想象，忙碌了一天的人，打开电视，与之进行友善的交互，玩一把高大上的游戏，放松身心的同时，还能获得无限乐趣，这样的生活该有多么惬意。像是掷飞镖这款游戏，在三星UA55HU8500遥控器强大的空鼠辅佐下，可以让用户很好地融入角色，另外，该作还可以通过摄像头进行感知，进行更具互动性的体感操作，给人更酷爽的感觉（见图9.50）。

三星Smart Hub在分类上也十分人性化，视频、游戏、体育、生活方式、信息、教育、儿童等专区涉及生活方方面面，便于查找的同时更为您带来了许多帮助（见图9.51）。

图 9.50　这款飞镖游戏既支持空鼠又支持体感

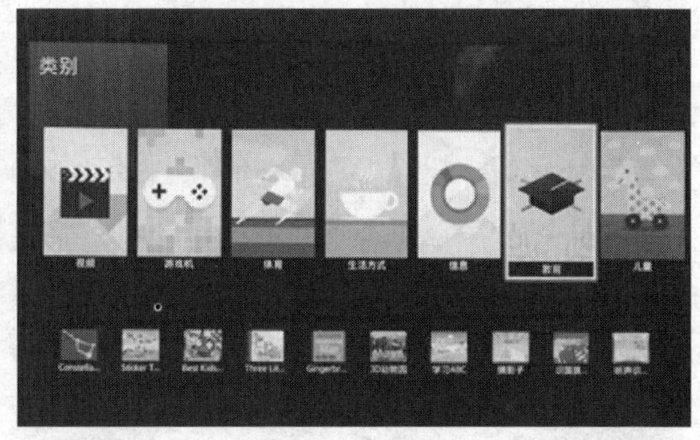

图 9.51　三星 UA55HU8500 提供了丰富的 App 资源

9.2.1.2.4　三星Smart Hub新版用户界面和新款Smart Control遥控器

2015年12月29日，三星电子宣布：2016年全线智能电视不仅具备物联网（IoT）功能，而且能够连接到Smart Things平台。Smart Things是一个开放的平台，能够让用户轻松连接、管控智能设备，获取物联网服务。

图 9.52　SUHD TV

在2016年电视新品中，三星SUHD TV均搭载了“物联网中心”技术，使电视一跃成为整个智能家居的核心。借助Smart Things平台，三星甚至为新品SUHD TV（见图9.52）研发了专用的“物联网中心”技术。

因此，SUHD TV不仅可以连接并控制三星设备和Smart Things传感器，还可以操控其他200多种与Smart Things兼容的设备。这些设备大多由高品质的第三方制造商提供，包括照明设备、锁具、恒温器、摄像头等，家庭用具一应俱全。不过，要想获得对Smart Things兼容设备连接的完全支持，还须配备Smart Things扩展USB适配器。

三星电子映像显示事业部总裁金炫奭（Hyun Suk Kim）表示："作为物联网电视首推者，新品智能电视不仅能为消费者提供全新的选择，还将进一步巩固三星电视在全球市场的领先地位。"

"得益于与三星电视的合作，Smart Things技术将会走进数以百万计的家庭，" Smart Things首席执行官兼联合创始人Alex Hawkinson表示，"在家用设备搭载此技术，是家庭智能化的重要一步，将极大地方便人们体验智能家居带来的好处。"

更为重要的是，Smart Things还可以让消费者直接通过智能手机和SUHD TV访问所有的智能设备，省去了大量独立的应用。通过Smart Things应用程序，人们就可以使用简洁的用户界面轻松连接和管理所有智能家居设备和服务。

当有人来访时，通过连接室外摄像头的三星智能电视，用户就可以直接在沙发上查看情况并决定是否开门。而且，无论家里是否有人，只要运动传感器检测到屋外有动静，就会直接在电视屏幕上弹出警报，大大提升用户安全感。

Smart Things还设有"影院模式"，轻松营造出完美的家庭影院环境。它能自动为用户调整从环境照明到音乐环绕声的各种设置，从而随时提供最佳的电影观看体验。

虽然每台新品SUHD TV都将配备Smart Things技术，但其功能是否能够激活将取决于Smart Things平台在该地区是否可用。

2016年1月4日，三星公布了"Smart Hub"新版用户界面和新款Smart Control遥控器，将为三星Smart TV带来全新的用户体验。通过对Smart TV进行升级，如今，只需一个遥控器，就能在同一界面轻松访问所有喜爱的内容。

图 9.53 让用户体验更加流畅，用户可以更加方便快捷地获取心仪的节目内容和娱乐项目

"电视行业风云激变，可选择、可连接设备层出不穷。因此，对于三星来说，营造更好的用户体验——能够更轻松地访问、观看心仪的内容（见图9.53），尤为重要。"三星电子映像显示事业部副总裁Won Jin Lee表示，"2016年，三星全新的Smart Hub界面联手Smart Control遥控器将提供更加流畅、便捷和直观的电视用户体验，满足消费者对于当前家庭娱乐科技带来的多选择和高性能需求。"

（1）Smart Hub：全部娱乐一键触发

全新的Smart Hub界面将多种内容源和连接设备转移到同一个集成的内容和服务平台，用户能在线性内容、OTT内容以及包括视频游戏机和蓝光播放器在内的其他设备间进行无缝切换。通过新版界面（见图9.54），用户甚至可以在热门项目中搜索到心仪的游戏和内容，成功消除了内容源和电视连接设备之间的障碍，轻松快捷地获取真正想要的内容。另外，除了可以在主屏幕上自主排列喜爱的内容和娱乐精选集，消费者还可以定制专属自己的Smart Hub界面。

（2）Smart Control遥控器：匹配设备无所不控

Smart Control遥控器几乎可以操控所有连接到三星Smart TV上的设备，从而有效避免使用多个遥控器的烦琐。通常，对于一台连接了超过三个外接设备的电视来说，Smart Control遥控器会将多个遥控器自主合并成一个无缝衔接的设备。通过对内容源进行自动识别，基于Tizen平台的新款Smart Control遥控器让娱乐变得更加快捷、流畅。Smart Control遥控器能即时识别机顶盒、OTT机顶盒、蓝光播放器、游戏机以及其他连接设备，控制整个家庭娱乐系统（见图9.55）。

图9.54 三星Smart Hub新版用户界面

图9.55 Smart Control遥控器

9.2.2 智能空气净化器

空气净化器又称“空气清洁器”、空气清新机、净化器，是指能够吸附、分解或转化各种空气污染物（一般包括PM2.5、粉尘、花粉、异味、甲醛之类的装修污染、细菌、过敏源等），有效提高空气清洁度的家电产品，主要分为家用空气净化器、商用空气净化器、工业空气净化器、楼宇空气净化器。

空气净化器中有多种不同的技术和介质，使它能够向用户提供清洁和安全的空气。常用的空气净化技术有：吸附技术、负（正）离子技术、催化技术、光催化技术、超结构光矿化技术、HEPA高效过滤技术、静电集尘技术等；材料技术主要有：光催化剂、活性炭、极炭心滤芯技术、合成纤维、HEAP高效材料、负离子发生器等。现有的空气净化器多为复合型，即同时采用了多种净化技术和材料介质。

9.2.2.1 明基SA900空气净化器

2015年年底至2016年年初，中国多地发布多次霾橙色预警，面对日益严重的雾霾，每个人都感到深深的沮丧与无奈。而空气净化器俨然成了我们对抗重度污染的最后一道防线。明基SA900空气净化器（见图9.56）具有高达400的CADR值，使用面积最大为60平方米，能够轻松应对日常的空气净化。

明基SA900空气净化器采用了主体白色的设计，整体风格简约时尚，符合时下大众的审美观。控制面板与出风口巧妙地融为一体，使得整体感觉更加稳重，并增添了几分科技感。

图9.56 明基SA900空气净化器

无棱角设计符合东方人审美（见图9.57）。

从侧面来看，对称的设计也不缺乏美感，顶部的控制面板微向前倾，更符合人体工学，用户站立时也能轻松观察当前的运行状态。此外，用于监测空气质量的传感器也被安置在了侧方的上部，能够更为准确地运作（见图9.58）。

图 9.57 明基 SA900 空气净化器正面图

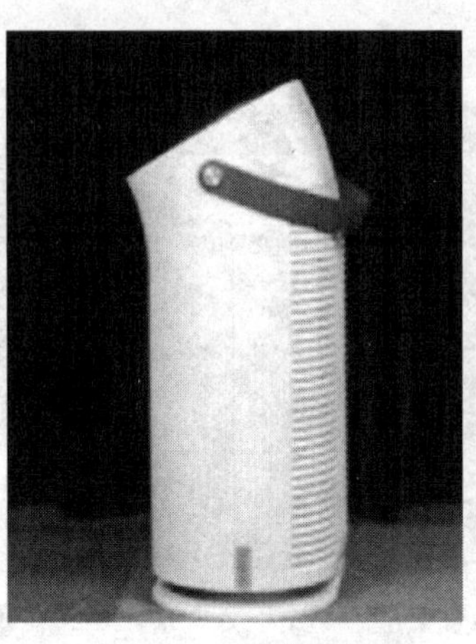

图 9.58 明基 SA900 空气净化器侧面

图 9.59 明基 SA900 空气净化器背面

图 9.60 皮质提带

净化器的后部也是整体的进风口所在，百叶窗状的预过滤网丝毫没有突兀感，同时也能保证良好的进风量（见图9.59）。

别出心裁的皮带式提手，在目前市场上来看绝对属于独一无二之举。材质方面采用了意大利进口牛皮，磨砂的质感不仅能够防滑也大大地提升了握持的手感。值得一提的是，固定皮带的转轴同样也十分精致，钻切一体成形工艺的运用，提升的不只是质感，更是用户渴望的经久耐用（见图9.60）。

明基SA900空气净化器支持室内环境空气的实时监测，监测口位于机身侧后方。圆形的网状护板下方设有海绵过滤，防止大颗粒灰尘进入影响传感器的准确性。同时，拆卸也较为便利，便于用户后期清理维护（见图9.61）。

在背部还设有遥控器专用的放置插槽，内部设有弹出开关。当遥控器置入时，可以与机身浑然一体，需要取出时只要轻按即可自动弹出，既便捷又时尚。至于遥控器，较为轻薄，涵盖了机身全部的功能，色彩选择与机身保持了一致。其实空气净化器的设计初衷是被设定为长时间开启的，本该是无需遥控器的，但考虑到国情的因素，有遥控器能为用户提供很大的便利性（见图9.62）。

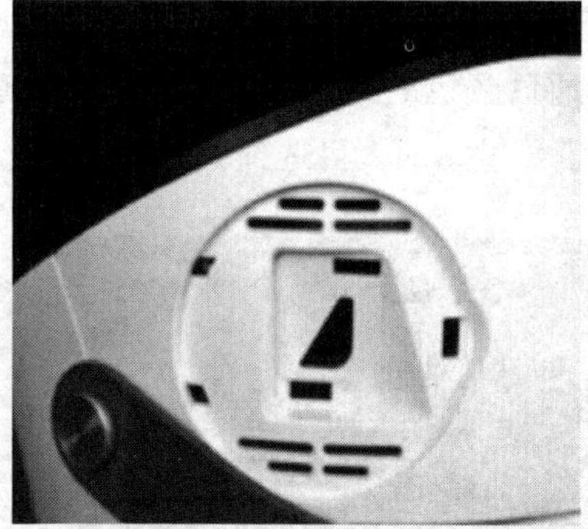

图9.61　明基SA900空气净化器空气监测器

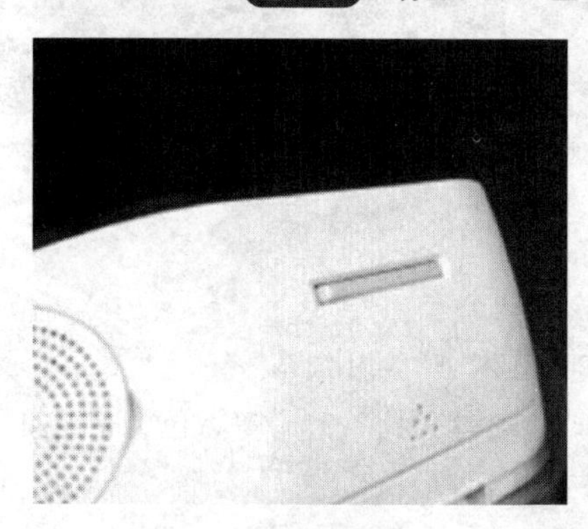
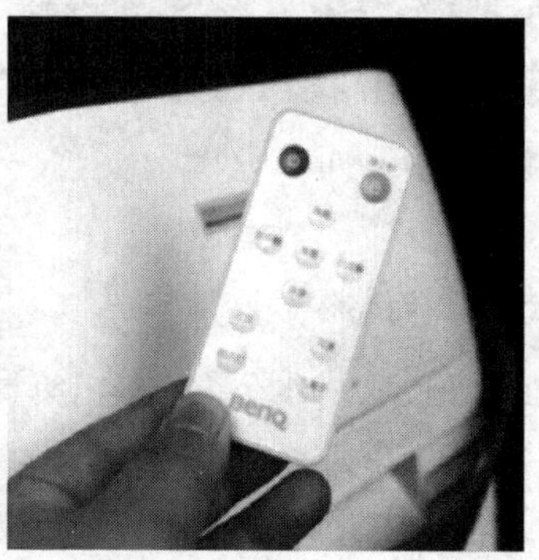

图9.62　明基SA900空气净化器遥控器

采用德国EBM风机，小巧的机身却能带来强大的动力。波浪形的设计可让速度与压力的分布更均匀，采用塑钢级叶片一体成形，能够稳定提供更高转速。高精度的滚珠轴承制造技术加上德国EBM原厂专业技师调校，让这台风机达到了F1赛车级的防水防尘要求。纳米级光催化剂则能有效杀灭空气中潜在的H1N1流感病毒以及肠病毒，且灭毒效果已获得美国FDA认证（见图9.63）。

另一个设计亮点就是其wifi控制功能（见图9.64），只需一台手机，一个APP，就能实现对净化器功能的控制，通过“明基空净”APP，用户可以同步家中空气数值，实时掌控家中空气品质。控制面板采用冷光设计，显示清晰易于识别，夜晚也不会发出刺眼的光束。控制面板上以电源键为界左侧是显示区域，右侧为控制区域。显示区包含了丰富的空气监测数据，除了常规的PM2.5指数，还包含了有害气体监测、空气过敏指数和湿度监测。而儿童锁指示灯和滤网更换提示灯只有在开启或需要时才会亮起。右侧的控制区域包含了模式选择、风速、定时、负离子和wifi指示灯。其中模式共有5种：智能、除甲醛、抗过敏、睡眠和速净。风速同样也有5档选择，分别是：静音、1档、2档、3档和强力。用户可根据自己实际的使用情况酌情选择，在一般情况下智能模式就足够应付日常需求了。

图9.63　采用德国EBM风机

当明基SA900空气净化器处于开机状态时，底座的间隙中装载的空气质量显示灯便会亮起。用户可以通过颜色的变化（绿色最优，红色最差），简单直观地了解当前室内环境的优劣。如果是对于光敏感的人可选择关闭面板背光来获得优质的睡眠（见图9.65）。

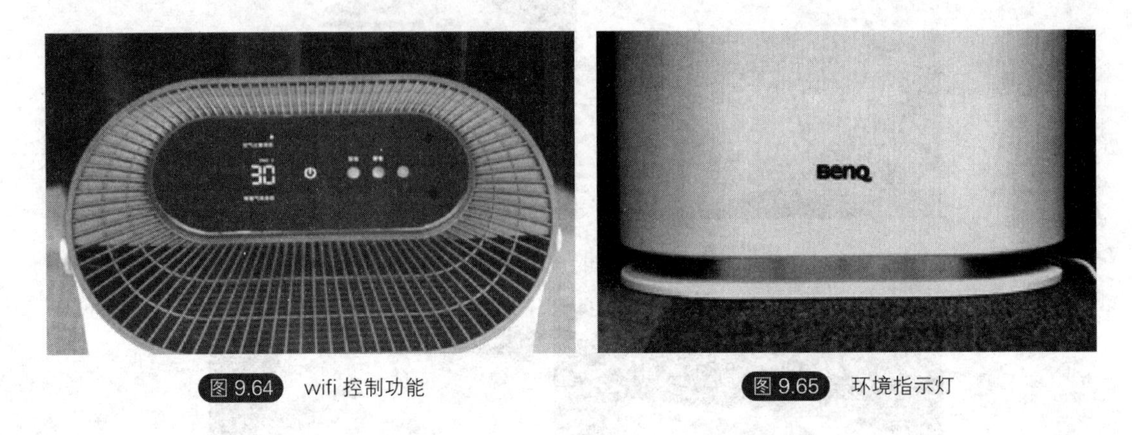

图9.64 wifi控制功能　　图9.65 环境指示灯

9.2.2.2 豹米空气净化器2

2015年12月份，猎豹移动正式推出第二代豹米空气净化器。

豹米空气净化器2(见图9.66）依然主打CADR体积比、静音等特色。相比第一代在外观、性能、功能方面都有所升级。

（1）外观

新一代豹米空气净化器取消了悬空设计，采用马卡龙配色，有白、浅绿、粉红三种配色可选，同时一如既往地提供了屏显功能，可以直观看到当前的室内空气质量，而且支持在PM 2.5和甲醛两种指标中切换（见图9.67）。

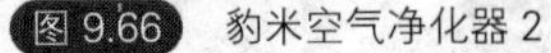

图9.66 豹米空气净化器2　　图9.67 屏显功能

豹米空气净化器2采用日本无刷电机，风轮进一步加大、加厚，提供了静音、自动、强力三种模式，PM2.5的CADR值达到378，相比上一代净化效率提升30%。不过噪声保持了上一代的水准，噪声值介于25～52dB，它还提供了夜间静音模式，不会打扰睡眠。

豹米空气净化器2采用的是背部吸气、顶部出气的设计，出风口采用双层网孔交叠设计，能够避免熊孩子手指伸入受到伤害。电源键也位于顶部，短按开机，长按关机，开机时短按在三种运行模式之间切换（见图9.68、图9.69）。

底部有两条橡胶脚垫，既能防滑，也能有效减缓震动（见图9.70）。

传统工艺设计上，在保持体型小巧的同时，经过对风机、扇叶、风道的升级，豹米空气净化器2再一次刷新了高CADR体积比。马卡龙配色清新自然、包括顶部的双层格栅设计、背部的提手凹槽、底部的电线收纳箱……都是对前一代的升级，同时也使其人性化尽显。

图9.68　背部

图9.69　顶部

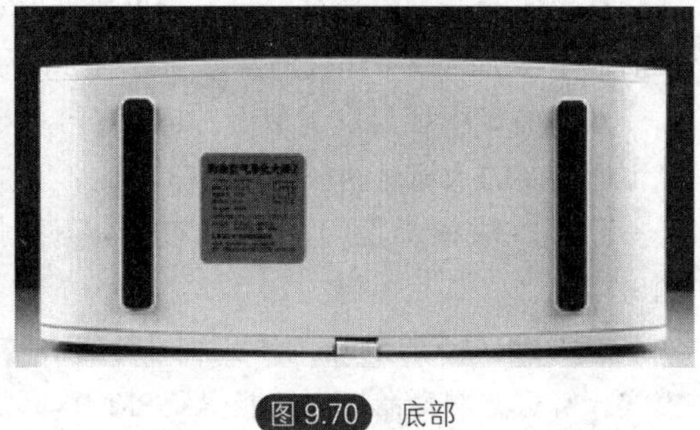

图9.70　底部

（2）功能

除了去霾除菌功能外，豹米空气净化2还具备负离子功能，当PM 2.5指数低于35时，负离子会自动释放，模拟雨后清新的效果。该功能一般只有Blueairi、夏普的高端品牌的净化器才具备，豹米这次加入这项全新功能也印证了其“功能方面只增不减”的理念。

另外，豹米还提供了除甲醛滤网（见图9.71），甲醛是新装修家居中常见的一种危害气体，据称需要15年才能完全散尽。甲醛的主要危害表现为对皮肤黏膜的刺激作用，甲醛是原浆毒物质，能与蛋白质结合，高浓度吸入时出现严重的呼吸道刺激和水肿、眼刺激、头痛。此外，皮肤直接接触甲醛还可能引起过敏性皮炎、色斑、坏死，吸入高浓度甲醛时可诱发支

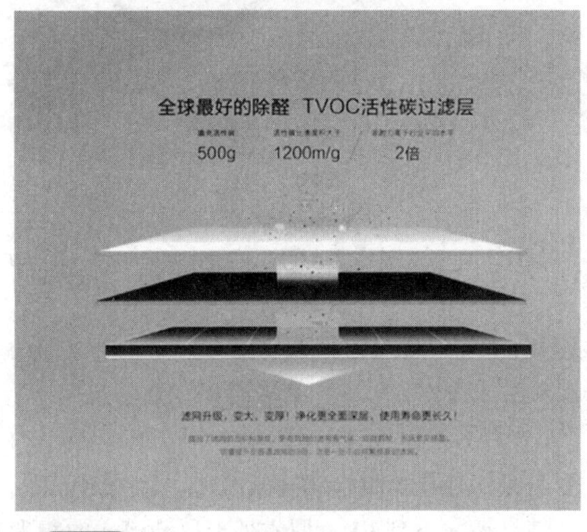

图9.71　采用全球最好的除醛 TVOC 活性炭过滤层

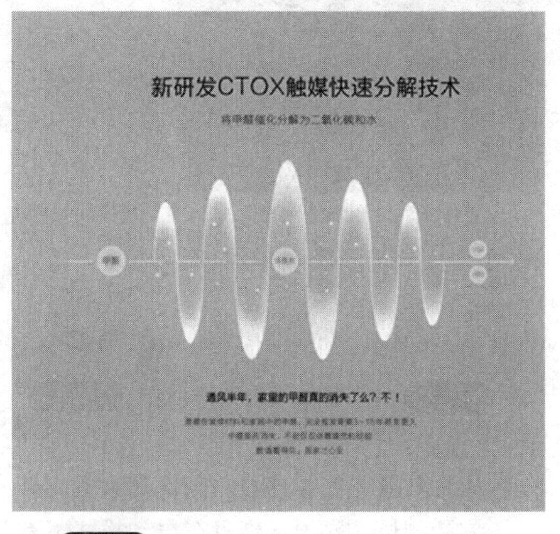

图9.72　新研发的 CTOx 催化快速分解技术

气管哮喘。

豹米空气净化器2采用的是号称新研发的CTOx催化快速分解技术（见图9.72），可将甲醛催化成二氧化碳和水，单次净化甲醛等有害气体效率达92%。

（3）应用

官方还提供了手机App，能够实时查看PM 2.5、温湿度、异味，进行远程遥控，购买滤网，设置开关机时间等。

接下来单击电源键开机，点击“豹米空气净化”APP的“立即连接”，它会提醒关机并长按5s进入Wi-Fi配对模式，然后输入当前手机接入的Wi-Fi就可以了。豹米空气净化器2脱离App也是可以运行的。

下面一起看看通过手机可以实现哪些功能。

从上面的首页图来看，豹米APP数据展示得条理清晰，上部是当前的PM 2.5数值，与净化器显示器上的数字保持同步，同时还标记了当前室外的空气质量，便于比较效果。

最下面直观地显示了最近12h的室内空气质量变化趋势，上面标注了室内空气净化到35以下所需要的大概时间（见图9.73）。

此外，从该界面可以直接查看滤网剩余百分比，以及进行三种模式切换操作（见图9.74）。

点击PM 2.5的数值，可以看到当前空气净化器2的详细信息，除了今日空气、当前风速模式、雾霾滤网寿命外，还能得到PM 10、温度、湿度、异味这四个数据。

豹米空气净化器2的一大特色是具备儿童锁功能，开启后只能用手机控制净化器，电源键功能被屏蔽（见图9.75）。

图9.73 APP数据展示得条理清晰

图9.74 从该界面可以直接查看滤网剩余百分比

图9.75 儿童锁功能

它还具备光线传感器，当检测到室内灯光变暗时，净化器将自动降低风速，并关闭屏幕。

实际测试，这一功能只在自动模式下有效，熄灯后，不到30s，原本处于自动模式的豹米便自动进入了静音模式，显示屏也自动关闭，虽然实现原理并不难理解，但正是这些小细节让豹米的人性化尽显。

值得一提的是，其顶部的电源键灯光是无法关闭的，虽然豹米进入了睡眠模式，但电源灯和模式指示灯依然亮着，应该是考虑到避免起夜时摸黑走动撞到。

作为互联网思维武装的家电产品，支持手机APP也是豹米空气净化器2的一大特色，可以实时查阅、远程操作、设置自动开关机、设置儿童锁等等，非常方便。

9.2.3　智能洗衣机

智能型全自动洗衣机可以自动判断水温、水位、衣质衣量、衣物的脏污情况，决定投放适量的洗涤剂和最佳的洗涤程序。当洗衣桶内衣物的多少和质地不同，而注入水使其达到相同的水位时，其总重量是不同的。利用这一点，通过对洗衣电动机低速转动后的惯性进行测量，可以判断衣质和衣量。方法是：在洗衣桶内注入一定量水后使电机低速运转，平稳后快速断电，洗衣桶在惯性作用下带动电机继续转动。此时，电机绕组产生反电动势，对其半波整流并放大整形后获得一矩形脉冲系列。通过分析脉冲个数和脉冲宽度，就能得到衣质衣量情况。

洗衣机智能化主要是智能显示、智能控制和智能洗涤三大功能模块。智能显示是基于TFT触摸彩屏技术、云技术和数字技术应用，搭载智能显示系统，模拟多种人的智能思维，实现人机对话，掌控洗涤模式、状态；智能控制更多基于网络通信技术、物联网技术和模糊控制技术应用，基于APP或微信平台的手机、电脑等移动终端UI控制；智能洗涤是物联网技术和人性化洗涤程序设计相结合，根据衣质衣量、衣物脏污情况，智能精准地投放洗涤剂和柔顺剂，自动调整洗涤时间、漂洗时间和用水量。

9.2.3.1　小元mini超声洗衣器

此前，海尔推出了一款mini洗衣机（见图9.76），安装三节7号电池就能使用，适用于局部污渍清洗。那么有没有同样小巧便携，却能清洗一盆衣服的小洗衣机呢？

淘宝众筹还真上线了这么一款洗衣机，不，应该说是洗衣蛋，其外观呈卵形，长8cm，宽6cm，高4cm，双层物理密封防水，后面跟着一条长长的电源线，采用5V直流电压，插入移动电源也能工作。

图9.76　小元mini超声洗衣器

其采用超声振动原理，内置钛合金晶振片，利用超声波在液体中的空化作用、加速度作用及直进流作用对液体和污物直接、间接地作用，使污物层被分散、乳化、剥离，从而达到清洗的目的。

使用时直接丢入洗衣盆就可以了，一次半小时，据称做到了对衣物无损。

9.2.3.2　LG Turbo Wash洗衣机

（1）LG Turbo Wash2.0洗衣机

在CES 2015上，LG Turbo Wash技术（速净喷淋技术）得到全面升级——LG Turbo

Wash2.0正式亮相，而搭载Turbo Wash2.0技术的LG双层新品洗衣机也首次曝光，“变形金刚”似的双层结构极具颠覆性，LG官方名称为“Twin Wash系统”。CES上，LG黑科技再次光芒四射。

① 外观　双层结构极具颠覆性

最具特色的就是这款洗衣机的结构设计，简单地说，就是两个洗衣机的巧妙组合，主体机为经典滚筒洗衣机，大洗涤容量担当了大部分的衣物洗涤任务；而位于机身下部备用机则采用了抽屉式的设计，抽拉的开合结构不会影响产品整体外观，而且从目前的资料看应该属于波轮类型洗衣机，适合洗涤内衣等小件衣物；当然，这不仅仅是为了炫技（难道不够黑科技？），创新的双层结构设计确实让分类洗涤更高效，有利于健康卫生和节能环保（见图9.77）。

该机采用了碳晶银金属机身，给人的第一印象相当不错，风格延续了LG旗舰产品上的科技范儿和高端范儿；滚筒机为黝黑透明质感的“操作显示面板+投衣舱门”，与整体金属机身和谐搭配，视觉体验十分出众。不同于传统的圆形设计，该机黑色质感的方形舱门也能够与操作面板融于一体（见图9.78）。

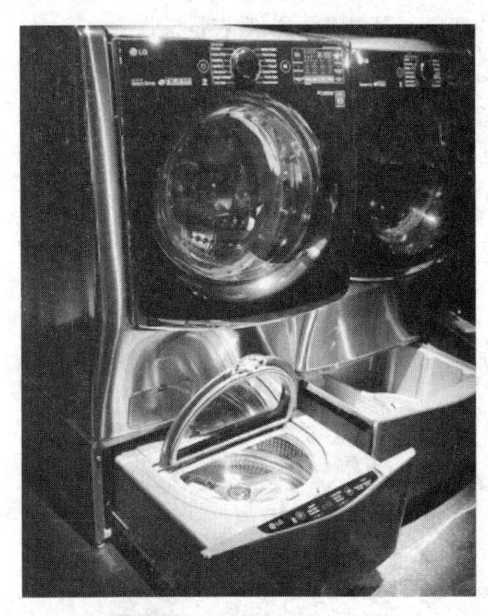

图9.77　双层结构极具颠覆性

图9.78　LG Twin Wash洗衣机（左）和烘干机（右）

此外，操作与显示都采用了全触控的液晶屏的设计，科技感十足，同时也少不了LG Home Chat的身影，展示样机旁边就有一台LG智能手机，如果你在CES现场，顺手就可以体验APP远程操作洗衣机以及下载最新洗涤模式的智能功能（见图9.79）。

② 技术　TurboWash 2.0引领洗涤革命

Turbo Wash（速净喷淋）工作原理是在洗涤和漂洗的过程中，通过3个喷头向内筒中衣物快速喷射进水，使衣物快速浸泡、快速漂洗，既能保证衣物洗净度又能显著提高衣物洗涤时间（见图9.80）。

蒸汽技术同样亮点十足，在提高洗涤效率和无水衣物护理两个方面独具造诣，高温蒸汽进入内筒中，能够深层渗透衣物纤维，将污渍排出，带来异于传统洗涤的更为出色的清洁效果。而无须用水的使用场景中，蒸汽技术实现了“高温杀菌”“除螨”“清新”等功能，在家中就能完成衣物护理的工作。

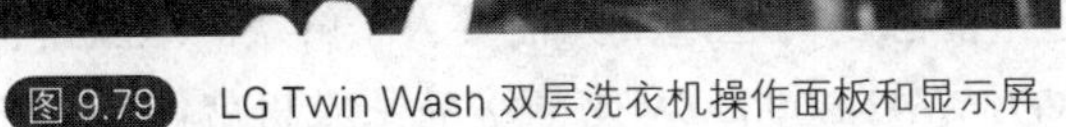
图9.79 LG Twin Wash双层洗衣机操作面板和显示屏

图9.80 滚筒机内筒

同样地，蒸汽技术也应用在LG双层双筒洗衣机中，让该机具备蒸汽柔顺（steam Softener）、蒸汽清新（Steam Refresh）和蒸汽去除过敏源（Allergy Care）等三种功能。Steam Softener功能可保持织物原始的品质，无须使用化学织物柔顺剂。Steam Refresh功能用蒸汽代替水，真正深层洁净，减少精致衣物上的褶皱和异味，用时仅20min。True Steam可去除过敏源、螨虫和残留去污剂——这三种物质均可导致呼吸疾病和皮肤疾病。

（2）LG全新Turbo Wash洗衣机

LG在2016年CES推出全新高端品牌——LG signature，不可否认LG在很多领域都具备较强的技术创新实力，尤其是被誉为下一代电视技术的OLED，那可是LG手里最重要的核武器。然而在LG的产品系列中并没有非常明确的定位区分，仅仅从价格上来判断显然非常业余。因此为了和常规产品拉开差距，LG急需树立一个高端品牌形象。

图9.81 LG全新Twin Wash洗衣机

LG signature品牌源自把“本真”可视化的构想，为了呈现流线型的外观，LG signature系列产品摒弃了所有与品牌精神相背离的附加功能，大面积运用玻璃作为核心材料，依托智能传感器以及隐形支架，打造出LG signature独有的“本真艺术”。

欧洲市场很多家庭都拥有两台洗衣机，不仅仅是出于健康考虑也是衣物科学洗涤的一种升级。但是两台洗衣机无论从占用空间角度还是水资源浪费方面来说都不是最佳的解决方案。2015CES上首秀的Twin Wash洗衣机这次迎来了换代革新，17°倾斜角设计，Centum System平衡系统，以及机身正面极其诱人的圆形触控显示屏。越来越多的触控操作还真让人有点怀念实体按键（见图9.81、图9.82）。

发布会现场LG signature首发的产品还包括了OLED电视、门中门冰箱以及空气净化器。

9.2.3.3 博世变频滚筒洗衣机

图9.82 LG全新Twin Wash洗衣机触控屏

在冬季，除了让人颇感心烦的雾霾天，“冬季洗衣”算是一件让人感到非常麻烦的事了。好在，

图 9.83 博世 XQG75-WAN200600W 变频滚筒洗衣机

现在已经有了洗衣机，不必再像从前一样费时又费力地手洗，不过，洗衣机发展到现在，依然有许多地方让人觉得不太满意，比如波轮洗衣机比较伤衣物、滚筒洗衣机一般噪声比较大，还有就是洗衣机的洗涤量过小，一次只能洗少部分衣物，再者洗衣机长期使用容易滋生细菌，不能自洁等等。不过，问题不能总是问题，终究需要人来解决。这款博世XQG75-WAN200600W变频滚筒洗衣机就能够打消你对洗衣机的所有顾虑（见图9.83）。

初识这台洗衣机，就会被它靓丽有型的外观吸引，洗衣机的红色门圈起到了很好的提色作用，让人眼前一亮，如果说传统洗衣机给人一种老实本分的感觉，那么这台洗衣机表现的则是满满的灵动。在7.5kg的大洗涤量之下，尺寸控制在了850mm×600mm×560mm，没有丝毫的臃肿之感。

图 9.84 投料盒

从上往下来看这台洗衣机，最醒目的莫过于点缀其中的红色，操作旋钮为红色，博世的LOGO也为红色，与门圈的红色起到了很好的呼应。左侧的投料盒，从左往右依次是放置洗涤剂、柔顺剂、洗衣粉的位置，各个地方的预留空间很大，位置明确（见图9.84）。

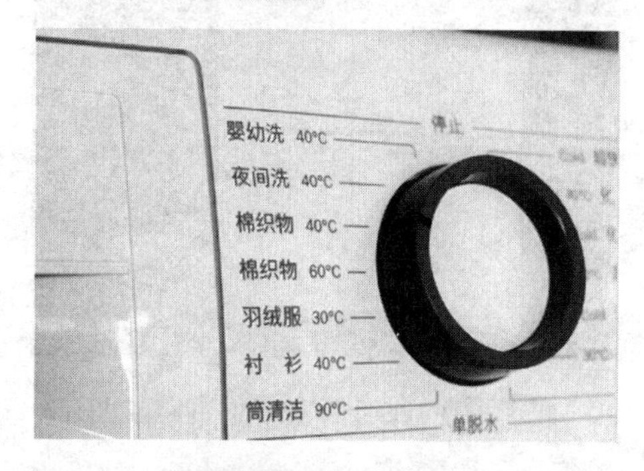

图 9.85 操作旋钮

中间的旋钮位置两侧标识了这台洗衣机的各种程序，该机提供5大快洗程序以及7大个性洗涤程序，其中个性洗涤程序有羽绒服洗涤以及婴幼儿洗涤，这两个程序还是很贴近用户的日常使用需求的，此外快洗程序中，桶清洁功能的加入也非常人性化，因为洗衣机长时间使用必然会滋生细菌，而拥有桶清洁功能则能有效减少衣物受细菌侵袭的概率（见图9.85）。

再往右边看，则是这台洗衣机配置的超大LED操作显示屏，在上面能够直观地看到当前洗衣机的工作状态，并且能够设置转速、提前预约以及增加漂洗次数。通过设置转速能够自主实现低转速呵护衣物，高转速强力去渍。通过加漂洗次数，能够使衣物得到更大程度的漂洗，减少化学成分残留（见图9.86）。

图 9.86 超大 LED 操作显示屏

内筒部分，鲜艳的红色门圈无须赘述，门圈的开合角度为180°，这能够更加方便取拿衣物，并且其门把手设计在了“两点钟”方向，符合人体工学设计，开门毫不费力（见图9.87）。

侧板采用了非常特殊的减震设计，其官方名称为“环形降噪侧板”，这样的设计相比传统的降噪侧板，能够有效减少机身内筒的转动带来的噪声（见图9.88）。

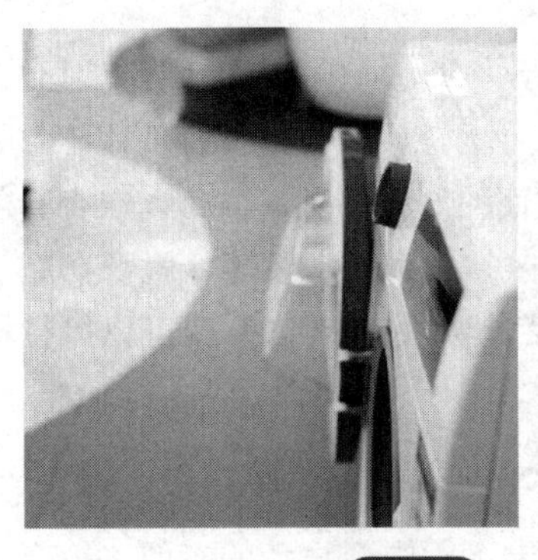

图 9.87 180° 舱门开合角度

图 9.88 环形降噪侧板

9.2.4 智能冰箱

智能冰箱能够根据环境温度自动调节温度。所谓智能冰箱，就是能对冰箱进行智能化控制、对食品进行智能化管理的冰箱类型。具体点说，就是能自动进行冰箱模式调换，始终让食物保持最佳存储状态，可让用户通过手机或电脑随时随地了解冰箱里食物的数量、保鲜保质信息，可为用户提供健康食谱和营养禁忌，可提醒用户定时补充食品等。

9.2.4.1 海尔自走机器人形冰箱

还记得之前海尔旗下的海尔亚洲，在日本发布的一款自走机器人形冰箱吗？这款产品的创意来自于《星球大战》电影中的机器人R2-D2，与电影中的实物等身大（见图9.89）。

图 9.89 海尔自走机器人形冰箱

这款机器人移动冰箱的尺寸为94cm×63cm×61cm，身体内可存放6瓶350mL的饮料。虽然容量并不大，但它至少能走啊。想象下你正坐在沙发上看电视，突然想喝饮料但又不想起身，这时海尔的这款移动冰箱就能呆萌地走过来让你拿饮料了。当然了，它是需要电池供电的哦。

除了作为冰箱使用，它还内置有投影仪，可以投射影像，看上去未来感十足。

9.2.4.2 三星Tizen系统智能冰箱

三星在CES 2016上发布了智能冰箱新品，它配备了一块21.5英寸的触控屏，通过内置的Tizen系统可以进行购物等操作。支付方面，三星和万事达卡（Master Card）联合，可实现免密支付，方便快捷（见图9.90）。

图 9.90 三星 Tizen 系统智能冰箱

这款冰箱内置了三个摄像头，可全方位监控冰箱门的开启情况，用户可通过安卓或苹果手机来实时查看。另外，冰箱还内置了音响系统，用户可用冰箱听音乐。如果你对音质有更高要求，还可以使用冰箱的蓝牙功能，配合蓝牙音响来收听。

在冰箱屏幕上，你还可以查阅日历、照片、天气、网络视频、家庭通知等各种日常信息，还可以监控冰箱内温度和湿度等环境情况，Flex Zone还提供了食谱查阅，方便你打理冰箱内部的食物。最有意思的是，三星和Master Card联手，推出了方便的网购服务，你可以在查看冰箱食物后，购买缺少的蔬菜水果等，就像在超市一样。选好后，点击“免密支付”就可以等待快递小哥送菜上门。

图 9.91 全新 konck 门中门冰箱

9.2.4.3 LG全新konck门中门冰箱

LG很早之前推出了门中门设计的多门冰箱产品，如今在LG signature工程师的调校下，门中门的设计从不透明变成了透明，当靠近冰箱或者敲击冰箱的时候内部LED光源点亮后可以直观地观察到冰箱内部的情况，并且实现了冰箱门的自动开启功能（见图9.91）。

同时，冰箱还使用了全新的线性反转压缩机，节省更多电力，获得更好的保鲜效果。

9.2.5 智能厨电

进厨房，不少人首先想到的就是腻人的油烟，琐碎的洗米洗菜，难控的火候、佐料，如此等等一字以蔽之：烦。然而随着科技的日新月异，现代人的家庭已迎来了越来越多的智能厨房家电。按一两个按键便可烹调食物只是基本要求，改善菜饭味道和营养，甚至可以提前预约、远距离控制，安全节能、时尚优雅等功能和元素不断涌入，越发聪明的厨电已然给现代厨房以及下厨者带来了一场革命。

智能厨电就是将微处理器、传感器技术、网络通信技术引入设备后形成的，具有自动感知厨房空间状态和厨电自身服务状态，能够自动控制及接收住宅用户在住宅内或远程的控制指令，实现人与厨电、人与移动终端、厨电与移动终端的三方循环互动模式的智能家居产品。

同传统的厨房电器产品相比，智能厨电具有如下特点：

（1）网络化功能

智能厨电之间可以通过内置特定的无线发射装置进行相互匹配联动，或通过红外设备进行短距离遥控，也可以通过内置的无线网卡连接到家庭局域网与移动端信息共享，接受遥控，或者直接连接到互联网，实现真正的不受空间距离及局域网络限制的远程操控。其中长虹最新发布的智厨·炫虹系列智能烟灶组合，支持Android设备与iOS设备远程控制+自动风。加快智能厨电产业布局，建立智能烹饪生态圈，让智能化与科技感成为未来智能厨电发展的主流。

（2）智能化

智能厨电可以根据周围环境的不同自动做出响应，不需要人为干预。例如智能烟机可以根据具体的环境空气质量自动设定基准值，并感知周围环境变化，自动调整其工作状态以达到最佳效果。

（3）开放性、兼容性

由于用户家庭的智能厨电可能来自不同的厂商，智能家电平台必须具有开发性和兼容性。

（4）节能化

智能厨电可以根据周围环境自动调整工作时间、工作状态，从而实现节能。

（5）易用性

由于真正智能的厨电产品一般搭载着当下较为通用的操作系统，符合大众操作习惯，易于学习，使用起来较为简便。

9.2.5.1　June智能烤箱

在科技界，智能化是一个很热门的话题。除了电脑和手机之外，我们常用的电器、家具都在向着智能化的方向发展。不过，很多时候，这种智能化让人觉得用处不大，或许还会有些困惑。从这方面来说，June智能烤箱或许是第一款真正有用的产品。

June智能烤箱的开发团队成员来自苹果、FitBit、GoPro、Lyft等知名公司。同时，它的设计由著名的设计公司Ammunition完成。最近，fastcodesign采访了该产品的两位联合创始人。

“从技术上来说，自从19世纪70年代以来，厨房就没有太多的创新了，”June智能烤箱的联合创始人之一Matt Van Horn说，“我们今天的厨房与《广告狂人》里展示的几乎一样。”

图9.92　June智能烤箱

与普通烤箱相同，June智能烤箱的前门使用了透明的三重玻璃（见图9.92）。不过，烤箱上没有大量的按钮，而是仅有一个旋钮，其他的功能都融入五寸触控屏中。得益于创新的碳纤维线圈，June智能烤箱的预热非常快速，两分钟就能预热到350℃。尽管预热很快，June的外部仍能保持低温，即使是在500℃的情况下。“我们希望它成为一个好的操作台，而且保证孩子的安全。”另一位联合创始人Nikhil Bhogal说。他曾经是苹果的一位工程师。

不过，June智能烤箱的卖点之一是，你根本不需要考虑预热。通过内置的摄像头和厨房秤，它可以辨识出你放入的物品，称出其重量，并据此安排合适的时间。“在概念性的烤箱中，我们曾经见过摄像头，但是，你很难把这样的产品推向市场，因为有500℃的原因。”Bhogal笑着说。

在摄像头方面，June团队有着许多经验。Bhogal曾参与过iPhone和iPad摄像头的开发。June团队不仅把摄像头放到了烤箱中，而且将其与一个四核的移动处理器连接。因此，烤箱中的摄像头能够辨识不同种类的食物。

“当烤箱门关上后，June知道你在烘烤什么东西，比如说，是一块牛排，”Bhogal解释说，“它知道这块牛排的重量。如果你使用了内置的温度计，它能够按照你的喜好，完美烘烤这块牛排。”如果你中途离开的话，可以用手机观看烤箱内部，或者，你会在烘烤完成后接收到一条通知。

对于专业的厨师来说，June仍然无法取代普通的烤箱。它的功能较少，而且容量也不大。

不过，对于普通的居民来说，它方便易用，足以代替传统的烤箱。“对于小公寓中的业余厨师来说，这是一个锻炼厨艺的完美方案。”Van Horn说。

9.2.5.2 Sage智能微波炉

几乎所有人都使用过微波炉，相信大部分都经历过爆米花乱飞、把鸡烤糊或者食物加热不均匀又凉又烫嘴的窘况。而飞思卡尔为了改变这种状况，在本周美国德州奥斯汀举办的飞思卡尔技术论坛上，展示了一款全新的Sage概念微波炉。

这款概念微波炉并不像传统微波炉一样使用磁控管加热，而是使用了全新的射频（RF）发射器。这项技术从飞思卡尔半导体的手机基站技术演化而来。不同于微波炉，飞思卡尔的射频炉能精确控制辐射的周期、位置和能量。另外，用来发射料理能量的发射器本身还能感测食物的火候，同时射频信号使用的1MHz窄频技术干扰不到Wi-Fi。不像微波炉受限于磁控管的设计原理必须造成方形，而是任意形状都可以，它的发射器也是固态的因此寿命更长（见图9.93）。

图 9.93 Sage 智能微波炉

通过精确控制位置、周期和烹饪能源水平，这款微波炉能在无人工干预的情况下，快速让食材从生冷状态达到熟化温度。除了利用对流加热让食物着色和变得酥脆外，该烤箱还支持多种烹饪形式和烹调品质，如烤烙、上色、烘焙、煮炖等各种功能。

另外，这款概念射频炉可以接入Wi-Fi网络，访问在线食谱，通过在线社区学习新的烹饪方法，适应顾客的烹饪偏好，并实时添加和存储食谱。

9.2.5.3 夏普智能电饭煲

据日本媒体报道，近日，夏普推出的具有“生日记忆功能”的电饭锅（见图9.94）在日本推特上引发热议。夏普Healslo电饭锅附带各种声音与旋律，同时可向用户提供使用建议。生日记忆功能可以说是这款电饭锅最特别的功能了，使用者可提前将自己及家人的生日录入，在生日当天打开电饭锅锅盖的时候，就会听到音乐，同时还有“祝你生日快乐”的祝福。

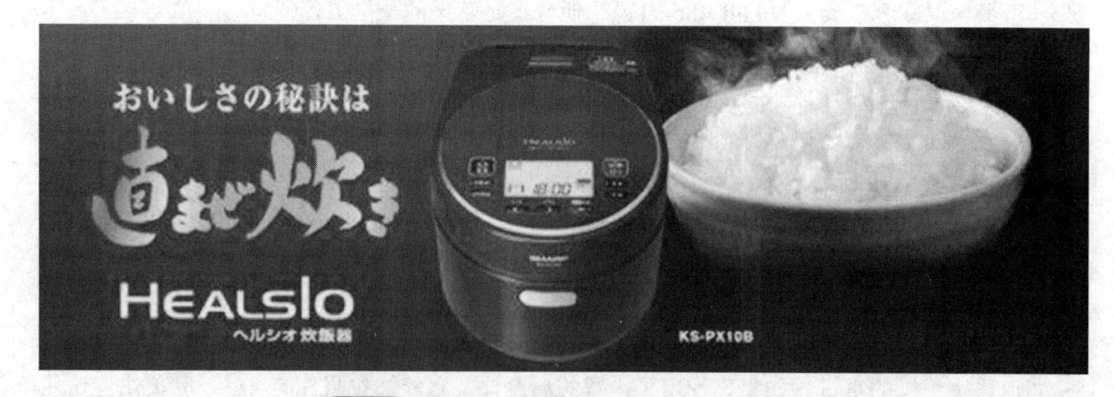

图 9.94 夏普推出具有生日记忆功能的智能电饭煲

这是一个可以人机“对话”的电饭锅，例如，按下正在闪烁的“听一听”按钮，电饭锅可能会“说”：“现在是香菇的季节，不如煮点香菇吧？”打开盖子，电饭锅又会“说”：“感谢您一直小心地使用我。”

这一功能在推特也引发了网友热议。很多人抱着质疑的态度，也有人认为：“这样能使孤独的人也收到生日祝福”“电饭锅的温柔会令人受伤”“能用普通的米煮出红米饭（在日本吃红米饭有庆祝之意）吗？”“是在暗示：过生日了出去吃吧？”不过，也有人担心这种功能会泄露个人信息。

对此，夏普的负责人表示：“夏普希望家用电器不仅仅是一个工具，而是能成为连接人与人关系的纽带，因此增添了生日记忆的功能。这一功能也不局限于电饭锅。”而对于个别顾客担心会泄露个人信息，夏普方面表示：“这一功能的目的是增加人们对家电的亲切感，与个人信息无关。而且Healslo电饭锅也并没有连接网络。”

9.2.6　扫地机器人

扫地机器人又叫懒人扫地机，是一种能对地面进行自动吸尘的智能家用电器。因为它能对房间大小、家具摆放、地面清洁度等因素进行检测，并依靠内置的程序，制定合理的清洁路线，具备一定的智能，所以被人称为机器人。目前，扫地机器人的智能化程度并不如想象中的那么先进，但它作为智能家居新概念的领跑者，将为机器人最终走进千家万户，注入前进的动力。

扫地机器人对环境的识别主要包含以下几个方面。

（1）对房间大小的整体记录与扫描

通过对环境的熟悉，扫地机器人的微电脑会在内部形成房间的定置图：房间有多大；房间的家具如何摆放；房间中哪些地方是不能去打扫的等等。这一系列的空间扫描结果，都会存储在扫地机的微电脑里，然后通过天花板卫星定位系统，根据当前的位置，制定相应的工作计划。

（2）对地面垃圾的识别

它通过红外感应，识别地板上垃圾的种类，然后决定是用吸还是用扫或是用擦的方式进行清理。当前的扫地机器人在这一点上还只能做到识别有没有垃圾，无法分辨种类，在清扫的方式上也比较单一，这是扫地机器人今后要解决的难题。

（3）制定清洁方式

对于扫地机器人来说，可能会内置很多种清洁方式，比如直线型、沿边打扫型、螺旋形、交叉打扫、重点打扫等，但针对不同的垃圾种类用哪种方式就需要微电脑来决定。一般来说，微电脑会根据感应到的垃圾种类、垃圾的数量等来决定需要的清洁方式。

既然叫作机器人，那么它的一个重要的功能就是人机交互，这个功能将是以后扫地机器人能否称为机器人的关键。

9.2.6.1　导航扫地机器人inxni

随着人口老龄化给各国带来发展压力，服务机器人已成为不可逆转的重大消费需求。据高工机器人网报道，2014～2017年全球服务机器人需求总量达到3160万台/套，其中个人/家庭服务机器人3150万台；服务机器人市场总规模约300亿美元，其中个人/家庭服务机器人110亿美元，市场潜力无可限量。然而，一切市场潜力的激活必须依靠核心技术的攻城拔寨，扫地机器人作为最易于普及的家庭服务机器人，此前由于遭遇技术瓶颈，市场一直处于“沉睡”状态。而Xrobot（悉罗）公司最新推出inxni（以内）导航扫地机器人，以其导航技术、路径规划、APP人机互动等技术的革命性突破，将有望全面激活扫地机器人市场的活力，百亿美元的家庭服务机器人消费蓝海，也许从此掀起了新的波澜。

2015年12月16日，Xrobot（悉罗机器人有限公司）发布了其首款导航扫地机器人inxni（以内）（见图9.95）。

图9.95 导航扫地机器人inxni

发布会的主题为“Wake UP”，意为“唤醒”，希望唤醒千家万户对扫地机器人的信心。

诚然，扫地机器人目前并没有真正受到大众用户的认可，备受诟病的就是“盲扫”了，也就是机器人并不具备外界感知能力，也不具备记忆能力，整个清扫路线都是随机的。这种情况下想要达到高覆盖率，只能通过反复地清扫，但对于用户体验而言，实在称不上令人满意，业内甚至流传一个这样的玩笑，扫地机器人是给宠物的玩具，可见用户对扫地机器人的认可度。杨志文表示Xrobot在5年前开始研发导航机器人，其自主研发的AICU系统，通过激光扫描能实时生成2D地图，主动划分区域，同时规划路径，实现了无人干预的全自动智能清洁模式。

在国内，扫地机器人实际上还并未成为像洗衣机一样的标配家电，目前的普及率不到1%。当然，扫地机器人迟迟无法走进千家万户，与上述所言的机器人工作效率低下有关。

Xrobot总经理杨志文表示，想要提高渗透率，需要解决两大问题：人工智能、清洁能力。

inxni搭配AICU导航系统，配合高分辨率激光探头，在清扫过程中对自身及家居环境进行定位，并自动建立2D地图，能划分区域进行有序清扫。整个过程中，地图是实时更新的，激光扫描范围达11米，扫描误差在20mm。inxni的路径规划是以“弓”字形进行的，遇到障碍物后，会回到原来的路线继续清扫，机器人具有记忆功能，避免了不必要的重复清扫，从而提高了工作效率，在120平方米的家居室中，60min能达到99%的覆盖率。

inxni使用了“4+1”（扫+拍+吸+抛+滤）立体式清洁系统，一步到位，其双滚刷具有更好的清洁能力。

9.2.6.2 松下RULO扫地机

在各大品牌争相推出扫地机器人争夺智能吸尘器的“蓝海”之后，松下Panasonic独具匠心地推出了诚意之作——松下MC-RS1C扫地机器人RULO。在CES 2016中，松下MC-RS1C扫地机器人RULO也出现在了参展用户的视线里（见图9.96）。

从外形结构到内部构造、从细节到亮点，RULO都呈现出一种当代艺术品气质。值得一提的是遥控器整体外形沿用了同RULO路乐主机一样的勒洛三角形结构，如此高度统一的外形彰显了RULO路乐的人性化之美。同时，勒洛三角形结构要比拥有同等清扫面积的圆形结构的宽度更短，这让RULO路乐“不遇难而退”，每一次旋转都灵巧异常，室内的每一个角落都能得到十分有效的清扫（见图9.97）。

松下Panasonic此次在RULO路乐中贴心地为广大消费者设置了四种清扫模式，或是全面、或是精细、或是重点，配合多种智能感应器，使得RULO路乐小小的身躯中蕴含了无穷大的能量，能够应对不同场景和不同地面材质的清洁工作（见图9.98）。

用户可以提前设置两个需要优先清扫的区域及行走路线，在工作时RULO路乐会优先前往所记忆的区域进行清扫。虽然RULO路乐的主机为了更为便捷的操作采用了一键化设计，但是专为强大的功能所配置的智能遥控器能更便捷地设定需要优先清扫的区域。

图9.96　松下MC-RS1C扫地机器人RULO

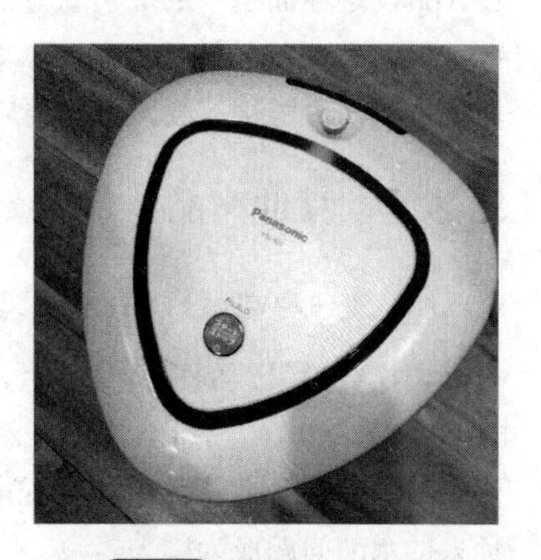

图9.97　勒洛三角形结构

图9.98　应对不同的清洁工作

9.2.6.3　Pudding机器人

布丁Pudding机器人是由Roobo投资和发行的一款智能家用陪伴机器人产品，之前曾在京东上进行了众筹，新浪数码拿到了这款产品，下面就为大家带来试用体验。

这款产品之所以定位为家庭陪伴，是因为其内置720P广角微型摄像头，可360°旋转，方便用户通过智能手机App（iPhone及Android）实时查看家里老人、孩子和宠物的状况；此外，布丁采用了国内最好的中文语音解决方案——科大讯飞，可实现语音查询、聊天等，缓解寂寞。特别值得一提的是，布丁采用的是孩童中文语音，因而显得特别可爱（见图9.99）。

布丁家庭迷你机器人的面部由85颗LED光栅灯阵组成，可以组成不同图案和表情。硬件方面，布丁采用四核联发科处理器，8G存储空间，Zigbee协议，Android系统，双USB接口，500mA锂电可待机6h。

由于内置摄像头、运动传感器和动态识别，布丁还有安防监控的功能，当家里出现非家庭成员的陌生面孔时，布丁会实时推送消息到用户手机。说到安防功能，每个布丁机器人都携带有两个带背胶的贴片传感器，用户可根据自己需要将其贴在家中重要的物件之上，如冰箱、门窗、抽屉等等，如果这些地方被打开或者挪动，布丁机器人将

图9.99　Pudding机器

发出提示。

布丁接上电源即可自动开机，关机则需要用回形针插入电源接口上方圆孔持续1秒后放开，听到语音提示才行。而重置布丁也需要用回形针插入电源接口上方圆孔持续10秒后放开，听到语音提示后即可。

布丁采用标准micro USB接口，接上电源默认进入开机状态，而当电源被拔后，将使用内置电池供电，并会自动发送推送消息给用户提醒。

扫描布丁机器人底部二维码即可完成App的安装，安装完成后需要通过用户手机号注册登录。登录之后就可绑定布丁了。按照提示绑定完成之后即可进行使用。

布丁机器人的使用方法也十分简单：说出关键词唤醒即可与布丁对话。如："布丁，明天天气怎么样？""布丁，现在有什么好看的电影？""布丁，给我讲个故事吧！""布丁，我想听歌！"

而当布丁机器人在播放音乐或者电台时，用手轻拍布丁头部两次或者倾斜布丁即可停止播放。在App设定界面当中的成员管理选项中，你可以自由添加多位成员并标注。如帅气老爸、绝世美妈、疯狂爷爷等等。添加家庭成员方式是通过发短信的方式进行的。对方收到短信后只需通过短信内链接下载App安装后即可。

9.2.7 其他产品

9.2.7.1 LG高端LDT8786ST型洗碗机

要说饭后最烦的事情是什么，答案必定是洗碗了，这也成为众多夫妻饭后矛盾的罪魁祸首。在CES 2016上，LG推出全新高端的LDT8786ST型洗碗机，是其旗下最先进的产品（见图9.100）。该产品采用True Steam和Multi Motion技术，碗碟清洁能力再创新高度，同时也让烦人的水渍问题成为过去。

LG专属的True Steam技术利用高温蒸汽冲洗碗碟，带来出众的清洗效果并减少水渍。True Steam技术能够溶解最难以去除的食物残留，例如烧焦的奶酪、干燥的蛋黄和培根油脂等。在轻柔的蒸汽面前，玻璃器皿上的唇印和顽固的指纹也将被一一瓦解。

LDT8786ST的另一大特色是Multi Motion技术，它采用创新的清洗臂，实现更强大、更快捷的清洗周期。自动清洗臂将循环清洗动作和有力的双向旋转合二为一，可从各个方向喷射水柱，让洗好的碗碟光洁如新，无论任何形状或部位。Multi Motion技术还具有省时的特点，

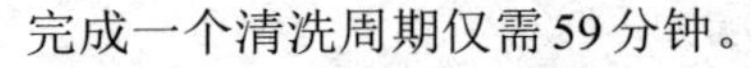

完成一个清洗周期仅需59分钟。

图9.100 LG高端LDT8786ST型洗碗机

LDT8786ST配备强大的LG Inverter Direct驱动电机（见图9.101），可为用户带来他们需要的清洁能力，而且提供10年保修。Inverter Direct驱动电机采用独一无二的双区设计，能够调节每一个清洗架的水流喷射密度。易碎的玻璃器皿放在洗涤力度较为柔和的上层清洗架，而污渍较多的锅碗瓢盆则放在去污能力更强大的下层清洗架，一个周期同时完成两种清洗操作。

LG的最新款洗碗机还配备LG的Easy Rack™ Plus功能，可为客户提供多种配置方式，带来令人

难以置信的灵活性。Easy Rack Plus能够容纳尺寸较大、形状不规则的盆、平底锅和其他物品，在最大程度上提高空间利用率。三层空间分别针对不同形状的餐具设计：下层用于清洗碟子、碗、罐子和平底锅；上层用于清洗茶杯和酒杯；而第三层则专为刀叉和厨房用具设计。用户只需一个按钮就能轻松调节上层清洗架的高度，以便容纳锅铲、搅拌器和沙拉夹等较大的用具。

洗碗机的智能功能可从LG网站下载自定义的清洗周期，还能提醒用户何时需要清洗LDT8786ST。这款洗碗机还具备Smart Diagnosis™智能诊断功能，因此客户服务代表能够迅速对机械故障进行远程诊断，进而减少费时费力的上门服务次数。

图 9.101　Inverter Direct 驱动电机

LDT8786ST以黑色不锈钢打造，外形时尚，令厨房平添一抹亮色和现代气息。洗碗机关闭之后，微型LED显示屏也彻底消失不见，与洗碗机的简约外观相得益彰。

LG电子白色家电事业部总裁兼首席执行官Seong-jin Jo表示："为了开发一款能让客户用得放心而且配得上LG招牌的洗碗机，我们可以说是不遗余力。有了LDT8786ST，即便是最高级的餐具，用户也可以放心地交给LG。这是一份庄严的责任。正因为如此，LG才能成为世界领先的家电品牌。"

图 9.102　支持 Home Kit 霍尼韦尔新版恒温器问世

9.2.7.2　霍尼韦尔智能恒温器

提起恒温器，相信大家已有耳闻，谷歌豪掷32亿美元收购的Nest就是一家恒温器企业，同样作为家电行业巨头之一的霍尼韦尔，早在几年前也曾推出智能恒温器Lyric，如今这款产品有了新的版本，重点是它将支持苹果Home Kit平台（见图9.102）。

第一代Lyric智能恒温器与同类产品相似，可通过手机APP进行设定，在支持苹果Home Kit智能家居平台后，功能将更加强大，可以集成平台内的其他智能产品进行联动及场景应用，为消费者提供更加全面的家庭服务。

在加入苹果阵营的同时，Lyric还将继续支持三星的Smart Things平台，通过此次升级，霍尼韦尔在恒温器领域的竞争力大大加强，虽然恒温器领域产品已存在多款，但霍尼韦尔作为电器行业的领导者，其品牌影响力更能吸引消费者的注意。

图 9.103　D-Link 发布智能探测器

9.2.7.3　D-Link家庭智能探测器

对于家庭用户而言，有些潜在的危险是可以提前预防的。如当家中出现烟雾或者一氧化碳超标时，可通过专用的设备进行侦测，近来D-Link就推出一款全新的智能探测器DCH-S165（见图9.103），当它侦测到家中的潜在危害后，可将报警信息推送到用户的手机上或其他移动设备上。

与其他传感器不同的是，DCH-S165智能报警探测器可插在家中的任何交流插座中，当设备侦测到一氧化碳含量超标或者烟雾时，通过家中现有的WiFi网络，将警报发送到用户的手机或移动设备上。

该设备的有效监测范围是50英尺（约15.24米），如果用户的房子较大，可能需要多个D-Link智能报警探测器。

9.2.7.4 Hunte智能吊扇

自苹果智能家居平台Home Kit发布以来，陆续已经有多款产品支持该平台，在本届CES中，苹果虽然没有参展，但有越来越多的智能家居产品开始支持Home Kit平台，例如Hunter Fan就推出了两款支持该平台的智能吊扇（见图9.104），同样通过手机进行管控。

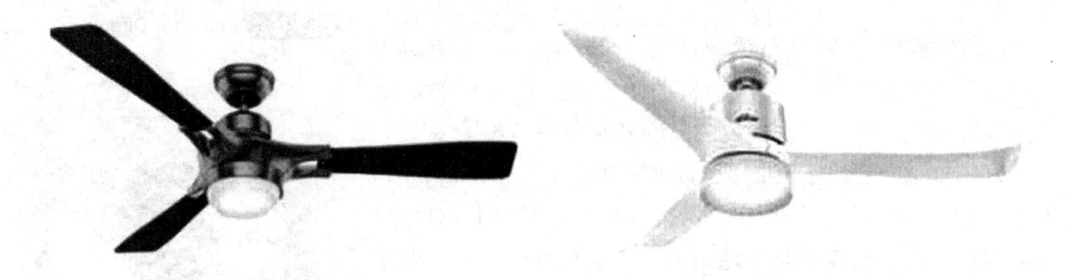

图9.104 苹果Home Kit再迎新品——Hunter推出智能吊扇

据了解，由于支持苹果Home Kit平台，这两款吊扇可通过苹果的Sir语音助手进行语音控制，除了像其他智能家居那样远程控制外，还支持地理围栏及场景应用。如当用户离开家门后，吊扇可自动关闭。

由于整合了其他智能家居用品，该吊扇还可以配合烟雾传感器来工作，如当烟雾传感器检测到烟雾时，吊扇会自动启动，帮助空气流通，还能激活自带的LED照明系统。

在当前最热闹的互联网电视混战中，彩电巨头纷纷发布智能电视、云电视，试图同互联网公司一起抢占客厅入口。为了弥补软件上的不足，家电厂商多采取与互联网公司合作的方式，无论是对家电厂商还是互联网企业而言，这轮行动对于双方来都是资源抢夺战，更是用户的争夺战。

而对于家电企业与互联网公司的联姻，业界多持观望态度。在这一轮客厅经济的抢滩中，入口成为家电和互联网企业共同的目标，双方在一致对外的同时，也会在内部竞争，须提前达成利益分成方案，否则不容易形成合力。同时，同盟中必须有主导方，但无论主导方是家电企业还是互联网公司，都不能将功能简单做叠加，或过于强势做发号施令者，这样将适得其反。

在众多意向合作中，互联网巨头一直为数不少，表现出浓厚兴趣，但涉及具体细节，双方更容易产生冲突。双方的立场不同，利益分成无法达成一致，甚至在重叠领域发生矛盾，这些现象普遍存在于谈判之中。很多时候由于意见不统一，合作只能就此作罢或不欢而散，这是众多企业结盟存在的共同问题。

“比如智能电视最关键环节，包括云、硬件终端、操作系统和应用三个层次，每个环节都有核心玩家，未来最大的挑战在于用户的争夺和共享。”

创维总裁杨东文曾表示，电视操作系统用什么，用户是谁的，用户的争夺和共享，是目前互联网电视的发展症结。他谈到，以阿里巴巴为例，其优势在于搭建了云平台，通过大数据收集分析来定制服务应用，不过从创维和阿里巴巴的关系来看，双方有系统层面产品线的合作，但创维也有自己的酷开系统，未来电视升级刷什么系统，背后用户如何管控和共享，都是行业下一步发展面临的难题。

从电视搭上互联网的那一天起，智能电视就凭借其传统电视无法企及的内容资源，和新颖便捷的互动体验，迅速成为当今市场的主流。

然而面对一台搭载开放平台，功能和内容都可以通过不同应用几乎无限扩展的智能电视，现阶段用户的使用需求，仍然依托于“内容”二字。在这一点上，智能电视同传统电视产品本质的“娱乐”属性并没有发生改变，只是我们获取内容的途径和方式比以往更加自由罢了。

① 要智能电视干啥　买台智能电视“追剧”去。“我买智能电视的目的就是为了追剧。”两年前购买了一台智能电视的小杨说，自己闲暇在家时最大的爱好就是追看美剧，或是看看电影。因此自己在选购电视之初，就不太愿意要一台“很智能”的电视。而当初选择这台智能电视，就是看中其能够直接连接WiFi上网，且价位合适，仅此而已。

而使用两年下来，小杨依然对自家电视的“智能”有些嗤之以鼻，而他家的智能电视大多数时候也就沦为了一个大号的视频播放器。“当初送货安装的时候，厂家的售后人员对于我家的智能电视究竟智能在哪、应该怎么用都弄不太明白。”小杨表示，感觉电视真正的“智能”实际上的用处并不大，而自己反正是不会去用那些功能的。

② 原来我家电视还能玩游戏　事实上，像小杨这样对电视“智能”并不十分“感冒”的用户其实还大有人在。在刚刚过去的国庆假期，笔者的一位同事去亲戚家玩，结果他家亲戚因为同事小孩儿拿着遥控器乱按调出一个游戏界面之后，才猛然发现“原来自家的电视还可以玩游戏！”

对于智能电视用户的随机采访也表明，几乎所有受访者对于自家智能电视的功能都缺乏足够了解；即便是起初对于诸如体感游戏、社交互动这样的功能有些兴趣，随着时间的推移，也逐渐将这些功能闲置了起来。

很多人购买了智能电视机，开始还会在闲暇时同家人、朋友玩玩体感游戏进行互动，但短短几个月之后，智能电视沦为仅仅用于收看影视节目的工具。

③ 电视“智能”是为啥

1）“内容”依然是“智能”核心需求　虽然现在的智能电视能做到的事情越来越多，包括视频、游戏、社交等等都能在电视上实现，但依然有不少消费者在选购电视时，告诉销售人员不要那么多杂七杂八的互动功能，只要有可以联网追剧这样基础功能就行，“越简单越好”。这固然是有着电视功能越简单，价格就越便宜的考量，但也表明相当一部分消费者购买智能电视的主打需求，就是为了获取更丰富的节目内容资源。

很多智能电视用户表示，他们当中大多数人购买智能电视的原因，也并非由于电视有多“智能”，而是基于电视的画质表现、价格等其他因素。

2）“智能”延伸依托“内容”存在　既然用户购买智能电视核心需求在于“内容”而非“智能”，那么相关厂商又为何不遗余力地推动智能电视普及呢？

这是因为智能电视的“内容”是依托于“智能”来实现的。智能电视之所以能够向用户提供传统电视无法企及的内容资源，实际上就是因为其开放的智能平台，能够通过安装不同的应用软件，来获取互联网上海量的包括视频、游戏在内的内容资源；之前各种“电视盒子”极为受宠，甚至引发相关部门的“史上最严监管”也是基于同样的原因。可以说，没有“智能”，用户也就不能满足自身的内容需求。

从这个角度看，实际上智能电视的“智能”并非没有必要，基于“智能”的其他一些功能，都是以娱乐、休闲内容为核心的功能延伸，如多屏互动是为了在电视上欣赏到移动端的内容；社交、云端、K歌等功能是为了分享电视上的内容；语音操控等其他功能是为了让用户更加便捷地享受到智能电视的内容。

④“智能生态”又是啥　用户的核心需求是内容，而电视的“智能”也基本以内容为依托，使得各大电视厂商之间的竞争除了在产品本身短兵相接之外，也越来越注重内容的比拼。于是基于内容的“生态”概念开始成为不同电视厂商共同关注的焦点，甚至不少厂商为了争夺用户，宁愿“赔本”卖电视。更多智能家电行业最新相关资讯，请查阅中国报告大厅发布的《2015～2020年智能家电远程控制行业市场价格专题深度调研及未来发展趋势研究预测报告》。

“因为在互联网时代，用户将是智能电视厂商赖以生存的绝对基石。”电视行业竞争极为激烈，现今仅靠“卖电视”已经很难生存。但通过构建内容生态吸引到用户，硬件层面的短期亏损将来也可以通过向用户提供增值服务和内容再赚回来。

“除了通过向用户提供增值服务和内容收费外，厂商也可以通过内容推送等方式向广告商获利，相比硬件销售的利润极其微薄的‘一锤子买卖’，基于庞大用户群体的‘细水长流’无疑更具前景。”

“想要在未来实现基于用户群体的细水长流，用户群体的数量、活跃程度、忠实与否都将是核心。”该负责人还表示，现在电视厂商所统计的智能电视激活用户、活跃用户，都是未来厂商提供增值服务，进行内容推送的目标人群。因此通过开放的智能平台，实现内容的横向或纵向延伸，构建起一个具有内容差异内容“生态”，直白地说就是基于内容的异业联盟来增强用户黏性，即保持活跃用户群体的增长，成为不同智能电视厂商的通行做法。

据了解，除传统电视厂商凭借硬件领域的多年积累，以硬件为核心构建内容生态来争夺用户外，近两年越来越多的互联网企业也在通过其在内容领域的资源优势，以互联网内容为核心反向整合产业，构建自己的生态体系。这也是为什么这些互联网企业在硬件技术几乎毫无积累的背景下，也敢于大胆地跨界涉足智能电视行业——这是一个“内容为王”的互联网时代。

9.3　智能家电行业发展

在互联网大潮的冲击下，智能家电的概念开始兴起。

电信网、互联网、电视网的三网融合，电视、手机、Pad、电脑“四屏合一”，使得空间压缩、时间延伸，智能化是时代发展的必然趋势。三网融合及物联网技术应用后，冰箱、电灯、空调、电视、DVD、音响、微波炉、洗衣机等所有电器都将进入智能时代。通过手机或其他集成设备即可方便地控制所有家电，从而为家电产品互联互通和产品升级带来发展空间。众多家电厂商纷纷发布智能家电产品，更是加速了中国智能家电产品的市场步伐，这将带来又一次行业的洗牌。

对于未来智能家电的产品演变，《2013 ～ 2017年中国智能家电行业市场调研与投资预测分析报告》数据分析，物联网在家电行业的应用有着较好的用户基础，用户认识度比较高，智能家电产品将得到厂商的大力研发。相信随着我国电子信息技术的不断发展，智能家电和智能住宅的内涵将不断发生变化，智能家电的市场前景将广泛看好。赵文重预测，未来家电发展将以智能化为趋势，实现“人机对话、智能控制、自动运行”，对现有家庭的日常生活带来巨大冲击，也将会全面改写家电市场现状和行业格局。信息设备的互联互通是未来家电智能化的必然趋势。

自2014年以来，智能家居的说法此起彼伏、产品风起云涌，无论是传统家电企业，还是IT企业，都把抢占客厅作为营销的主战场。但是从实际产品来看，却基本都在探索阶段，缺乏颠覆性的创新产品。很多智能家电推出产品的出发点都是基于竞争层面，而不是消费者层面。因此，在设计上并不能够做到整体智能。

市场调查机构预测，未来5年全球智能家电市场的年均增长率将达134%，到2020年洗衣机、洗碗机、空调等白色智能家电的全球产量将增至2.23亿台。若纳入机器人吸尘器、电饭锅、微波炉等小家电，2020年全球智能家电产量将达7亿台。

从智慧家庭的消费需求看，不管是哪个品牌和怎样的产品，家电设备之间必须是互联互控互通的，这样才能组成真正的智慧家庭。但眼前的状况是，每个品牌基于自身能力的智能方案实为画地为牢，只关注自己能做什么，而无法满足消费者的真实需求。如果消费者想要实现智慧家庭梦想，就只能选择某品牌的整套方案。于是，要么是购买成本太高、要么是厂家也无实力提供全套智慧家庭产品。于是，消费者在日常生活中，需要使用不同品牌的家电产品，但它们却无法互联互通互控。最终，每个家庭都被不同品牌割裂成多个“孤岛”，这样也就失去了智能的效应。

现实中各品牌生产商都无法做到兼容所有竞争者，而家联国际的嵌入式芯片不需要更改产品原品牌与功能，就能实现数据兼容。无论三星还是苹果，都可通过第三方平台做到客户的无差别化。在这样的理念下，并不是竞争性的思维，更不是有你无我的短视，而是融合，通过融合完成一体化的平台。

在市场需求推动下，iComhome家联网平台只是一个开始，但趋势已经很明显，作为家电、家居企业如果不应用大数据、云计算等技术，就无法做到有“智慧”，也就更无法实现智慧家庭。

因此，在消费需求主导市场背景下，不进入大数据平台的智能家电、智能家居终将走向消亡。

展望未来，今天智能手机步入大众生活，成为最终的控制终端，为智慧家电的普及做足前提。

智慧家电将会成为智能家居一个不可或缺的部分，完美融合后，即将具备更有效率的能源应用、互联的家电网络、云端安全。步入智能芯片的家电，受用户智能手机控制，完成用户给定指令。

（1）阻力

现代的智慧家居电器在国外中等收入家庭中较为普遍，国外中等收入家庭拥有一定的经济实力，家电智能化普及的阻力较小。

拥有一定经济实力的家庭对生活品质有需求，国内的智能化应用才会有存在的空间。

（2）前进

随着我国科技应用的大众化，在未来十年内，将会迎来城市生活家电的智能化，届时，智能家电的规模化普及将逐步拓展。

没有规矩，不成方圆。事实上，智能家电的标准化工作已得到了我国相关政府部门和业界的普遍重视，目前国内智能家电及家居技术标准的数量已然不少，这些标准主要涉及电子信息、通信、建筑与社区信息化、家电、智能电网等领域。由于涉及行业较为广泛，各行业之间具有较强的独立性，目前还未有统一的标准体系可以遵循。

在电子信息领域，工信部成立了“家庭网络标准工作组”“信息设备资源共享协同服务标准工作组”（闪联IGRS），以及广东数字家庭产业联盟、视像协会家庭网络产业分会、武汉数字家庭产业联盟等多个标准制定和产业推广组织，提出国家标准立项计划共19项。

在建筑与社区信息化领域，2006年国家住房和城乡建设部制定了《建筑及居住区数字化技术应用》系列国家标准。2008年成立的全国智能建筑及居住区数字化标准化技术委员会于2010年编制完成《家用及建筑物用电子系统（HBES）通用技术条件》（CJ/T 356—2010），现已颁布实施。目前正在制定6项智能家电国家标准。

家电领域，发改委于2006年颁布了由中国家用电器研究院制定的QB/T 11—162836—2006《网络家电通用要求》。2011年国家标准化管理委员会颁布了由中国家用电器研究院制定的GB/T 28219—2011《智能家用电器的智能化技术通则》。

智能电网方面，2014年5月，全国智能电网用户接口标准化技术委员会（SAC/TC549）成立，对口国际电工委员会智能电网用户接口项目委员会（IEC/TC118），制定智能电网用户接口系统体系架构、用户侧应用系统的功能和性能要求、用户侧系统/设备的信息交换接口等方面的规范和标准。

除了相关政府部门制订、颁布的数十条与智能家电相关的标准，有些企业还选择用联盟形式来搭建智能家电开放平台，在联盟内部制订符合自身平台的互联互通联盟标准，中国电信与电视机厂家、芯片厂家、终端厂家、渠道商和应用提供商等共同发起成立智慧家庭产业联盟并推出了智慧家庭产品“悦me”和终端技术规范（标准），中国智能家居产业联盟颁布了联盟标准——CSHIA-FC-GW-01《智能家居产品互联互通中间件技术标准》。

家电产品设计

Home Appliances

Product Design

产品开发能力深层修炼——透视产品销售模式，为产品营销管理提供指导

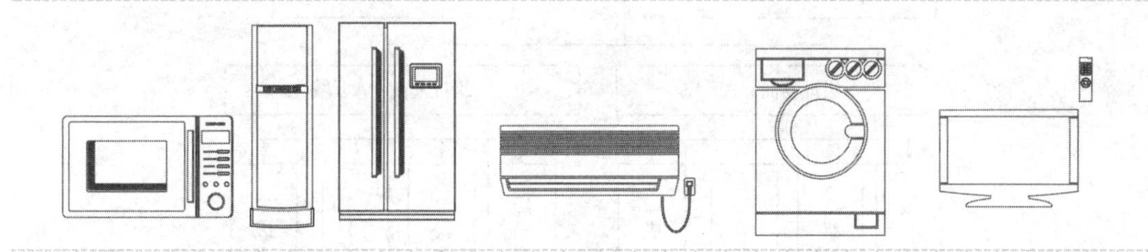

本篇包括了第10、11两大章，通过理论讲述结合实际案例的方法，具体形象地阐述了产品策略制定与实施的原则与方法，并通过对中国家电行业的市场行销模式的比较，指出了新的变革趋势下终端建设、宣传、促销与维护等方面的具体实施内容，有助于了解产品销售方略，为产品营销及管理提供帮助。

第10章 家电产品销售模式及利弊

10.1 家电产品销售模式及利弊

（1）销售模式的定义

销售模式指的是把商品通过某种方式或手段，送达至消费者的方式，完成“制造→流转→消费者→售后跟进”这样一个完整的环节。目前市场上运用较多的销售模式分别是直销、代销、经销、网络销售、目录销售、电话销售。

（2）销售模式优劣对比

现阶段家电市场主要的销售模式有区域多家代理制、区域总代理制、大终端直供和自建渠道模式。

① 区域多家经销商模式　所谓区域多家经销商制，就是指生产企业在一定的市场范围内选择多家批发企业代理分销自己的产品（见图10.1）。

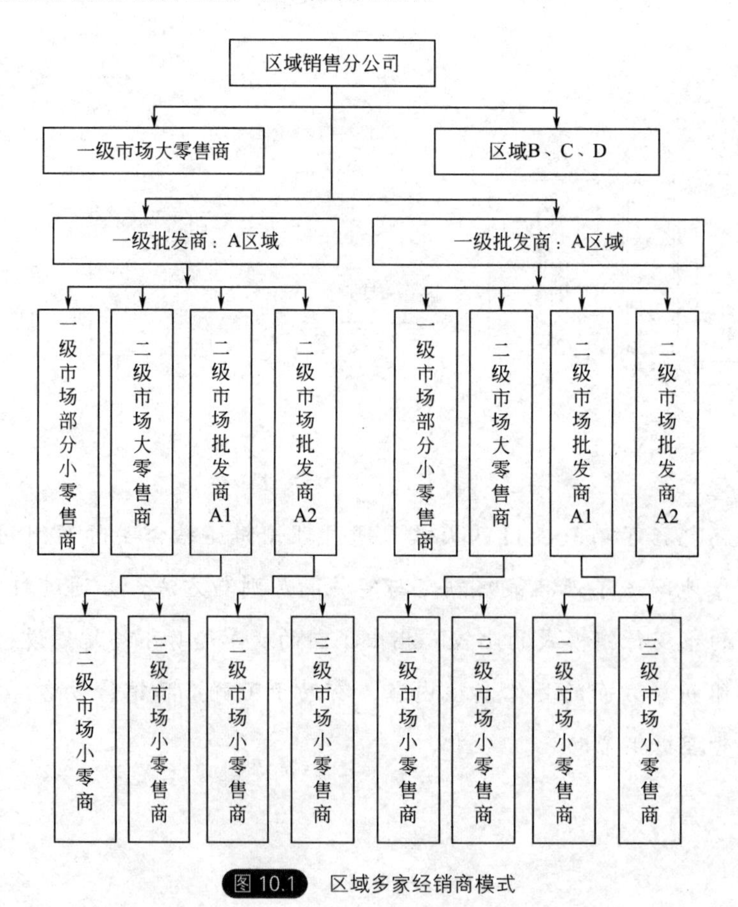

图10.1　区域多家经销商模式

区域多家经销商模式的优缺点

1）优点：由于是多家批发商同时经销，因此每个经销商在价格上不可能进行控制，只能靠拓展自己的销售网络，在产品配送、终端促销、精心做市场等方面加倍努力来提高销售量。这对于厂家来说有利于铺货率的提高、销售网络的拓展、销售政策的下放和销量的提升。

2）缺点：多家批发商之间的竞争往往容易导致为了提高各自的销售量（冲量）而压价倾销，从而导致市场价格混乱、区域内窜货等现象，最终使许多经销商无利可图，挫伤其积极性，降低经销商与厂家的亲和力以及对品牌的忠诚度。

厂家进行有效渠道控制的途径

1）选择优良经销商。

2）严格控制零售价格，维持终端价格的统一。

3）协调渠道成员之间的冲突。

4）创造多赢合作模式。

② 区域总经销商模式　在每个销售分公司所管辖的区域内（一般为一个省）分为多个区域，除一级市场的大零售商从分公司进货外，每个区域设一个独家经销的一级批发商（该区域内所有的小零售商全部从一级批发商进货），一级批发商在每个二级城市指定唯一的二级批发商，二级城市所有零售商全部从该市场二级批发商进货。三级市场没有批发商，其零售商全部从所属二级城市的二级批发商进货（见图10.2）。

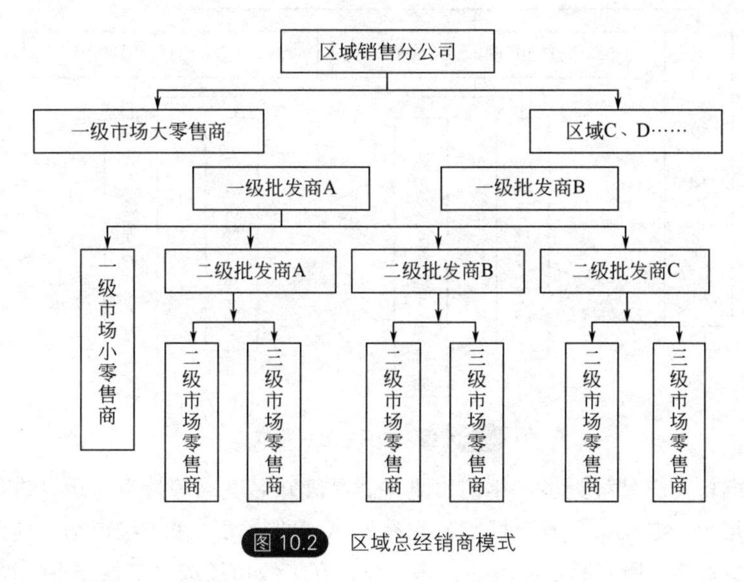

图10.2　区域总经销商模式

区域总经销商模式的优缺点

优点：

1）厂家与一级批发商关系密切，出现问题容易协调解决。

2）厂家在某一区域的销售业务全部由一家经销商经销，对经销商的业务状况和经销商的要求比较重视；经销商由于独家经销产品，利润较大且稳定，积极性高，从而会把经销品牌作为主推品牌来经营。

3）便于零售价的控制和维持，能防止区域间的窜货现象。

缺点：

1）由于采用独家代理经销的形式，厂家在销售上比较依赖批发商，容易受批发商的控制和要挟。

2）相对于多家经销，总经销商没有经销上的竞争压力，容易把自己的营销目标从重销量转向重利益，致力于获取最大的自身利益，从而导致下一级经销商的利益受损，而且不利于提高铺货率、产品对终端市场的渗透力和零售商网络的建立，也不利于销售量的提高。

3）某些有实力的零售商会因为与总代理经销商有旧怨而不愿经销该品牌产品。

厂家进行有效渠道控制的途径

1）选择优良经销商。

2）合理确定总代理经销商的销售量任务。

3）防止总代理经销商截留利润和推出不当的促销政策。

4）加强对终端零售商网络的控制。

③ 大终端直供模式　直供分销模式就是指厂家不通中间批发环节，直接对零售商进行供货的分销模式。这是家电销售渠道发展的必然趋势。目前采用这种模式的有海尔、西门子、伊莱克斯及科龙冰箱等品牌。其一般做法是：在一级市场设立分支机构，直接面对当地市场的零售商；在二级市场或设立分销机构或派驻业务员直接面对二、三级市场的零售商或三级市场的专卖店，所有零售商均直接从厂家进货（见图10.3）。

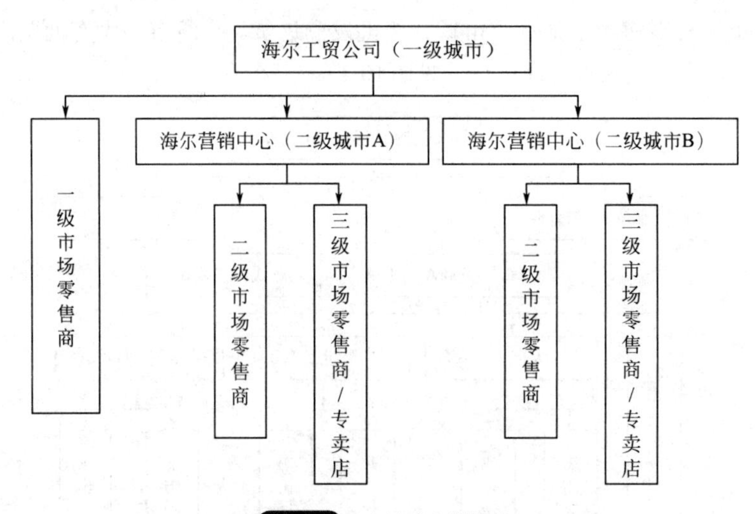

图10.3　大终端直供模式

如海尔根据自身产品种类多、年销售量大、品牌知名度高等特点，适时进行了渠道通路整合，在全国每个一级城市（省会城市）设有海尔工贸公司，在二级市场（地级市）设有海尔营销中心，负责当地所有海尔产品的销售工作，在三级市场按“一县一点”设专卖店。

大终端直供模式的优缺点

1）优点：与区域经销商模式相比，直供分销模式取消了中间流通环节，厂家真正拥有了自己的零售网络资源，有利于对零售终端网络的控制与管理，如信息反馈及时，市场灵敏度高，能较好地控制零售价格，有效地防止窜货现象的发生，等；厂家拉近了与零售商的距离，更加贴近市场，双方容易沟通和协调。

2）缺点：原来由批发商承担的零售批发、促销、仓储、融资、运输配送等分销职能，现在全部由厂家独自承担，这无疑对厂家的资金、技术、销售人员管理等方面提出了更高的要求，由于交易分散，资金回笼慢，厂家要承担库存风险和呆账风险；零售商进货零散，货物的配送不方便，特别在交通不便的内陆（如四川等），运输成本极其昂贵；厂家直接面对零售终端，所投入的人力成本等营销成本大大提高。

厂家进行有效渠道控制的途径

1）加快销售资金回笼。

2）完善配送体系，适当下放权限。

3）做好零售终端市场的促销和管理工作。

④ 控制渠道的自营模式 家电制造企业的渠道自营模式是指采用商业化的手段介入销售领域，逐步达到控制销售终端的目的。自营模式并非企业出全资建设渠道，但该渠道运营的成功离不开自身强势的品牌影响力、丰富的经销商资源及整合能力。自营模式的典型代表是格力和TCL。

自营模式的优缺点

优点：

1）有利于家电制造企业增强对产品价格和渠道的控制力。

2）有利于提升企业的品牌形象。

缺点：

1）门槛相对较高：自营模式需要企业有足够的品牌号召力，稳定的消费群体、市场销量和企业利润，一定的规模和量，相对成熟的管理模式和人力资源。

2）管理能力要求较高。如果没有一定的成本控制能力，会增加成本，加大管理难度。

四种主要销售模式各有利弊，销售模式选择的关键在于是否适合企业自身的特点和市场的要求。

10.2 家电企业销售模式及变革趋势

10.2.1 家电企业销售模式分析

（1）美的模式——批发商带动零售商

美的公司在国内每个行政省都设立自己的分公司，在地市级城市建立了办事处。在一个区域市场内，美的公司的办公司和办事处一般通过当地的几个批发商来管理为数众多的零售商。批发商可以自由地向区域内的零售商供货（见图10.4）。

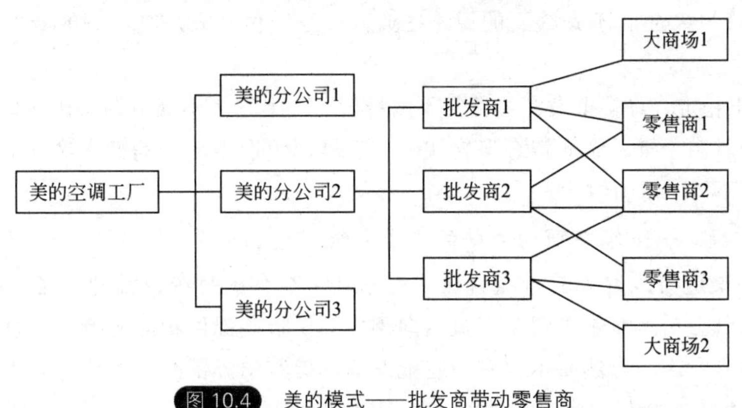

图10.4 美的模式——批发商带动零售商

美的这种渠道模式的形成，与其较早介入空调行业及市场环境有关，利用这种模式从渠道融资，吸引经销商的淡季预付款，缓解资金压力。

渠道成员分工

① 批发商负责分销。一个地区内往往有几个批发商，公司直接向其供货，再由他们向零售商供货。零售指导价由制造商制定，同时制造商还负责协调批发价格，不过并不一定能强制批发商遵守。

② 制造商负责促销。美的空调各地分公司或办事处虽不直接向零售商供货，但会要求批发商上报其零售商名单，这样可以和零售商建立联系，一方面了解实际零售情况，另外还可以依此向零售商提供店面或展台装修、派驻促销员和提供相关的促销活动。

③ 共同承担售后服务。在这种模式中，安装和维修等售后服务工作一般由经销商负责实施，但费用由制造商承担。经销商凭借安装卡和维修卡向制造商提出申请，制造商确认后予以结算。

这样看来，美的模式中制造商保留了价格、促销、服务管理等工作，因为这些内容都和品牌建设有关，而像分销、产品库存等工作就交给市场中的其他企业去完成。

美的模式的利弊分析

① 模式优点

1）降低营销成本。由于很多零售商的规模并不大，一次提货量往往并不是最经济的订货数量，利用批发商管理零售商就可以减少制造商和零售商的频繁交易。

2）可以利用批发商的资金。批发商必然要有一定的库存以应付零售商随时可能有的提货要求，而且批发商为了保证自己的地位，必须尽量提高自己的销售量，还要在销售淡季向制造商打款，这样大量的资金就进入了制造商的资金循环链中。

3）充分发挥渠道的渗透能力。制造商进入某一市场初期，短期内很难将区域内的零售商全部网罗进来。而批发商由于已和区域内的零售商建立了联系，往往可以迅速将本来没有经销这个品牌的零售商发展过来。

② 模式弊端

1）价格混乱。许多批发商淡季打款都是采用银行承兑汇票方式，汇票到期时间一般是在销售旺季结束以后，但如果销售情况不理想就无法向银行还本付息。这时同一品牌的批发商之间不得不展开价格大战以吸引零售商，造成价格混乱和窜货，而由于分销渠道并不由制造商完全控制，应对措施往往难以奏效。所以每年总有一些在价格战中受伤的经销商退出该品牌经营，“经营××品牌不赚钱”的说法在业内一旦流传开来，制造商的商誉和渠道都将蒙受损失。

2）渠道不稳定。许多批发商经营上不太稳健，加上许多不规范的操作及盲目投资，经营风险极大，而且由于批发企业资金运转快，一旦操作失误则可能满盘皆输，制造商苦心扶持的销售网络又不得不重新组织。

（2）海尔模式——零售商为主导的渠道系统

海尔营销渠道模式最大的特点就在于海尔几乎在全国每个省都建立了自己的销售分公司——海尔工贸公司。海尔工贸公司直接向零售商供货并提供相应支持，并且将很多零售商改造成了海尔专卖店。当然海尔也有一些批发商，但海尔分销网络的重点并不是批发商，而是更希望和零售商直接做生意，构建一个属于自己的零售分销体系（见图10.5）。

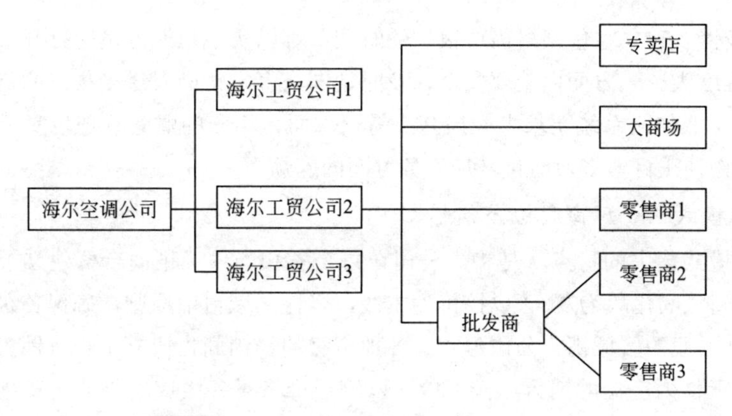

图 10.5　海尔模式——零售商为主导的渠道系统

渠道成员分工

① 制造商　在海尔模式中，制造商承担了大部分工作职责，而零售商基本依从于制造商。以一个典型的海尔模式的商业流程为例说明：

1）海尔工贸公司提供店内海尔专柜的装修甚至店面装修，提供全套店面展示促销品、部分甚至全套样机。

2）公司必须库存相当数量的货物，还必须把较小的订货量快速送到各零售店。

3）公司提供专柜促销员，负责人员的招聘、培训和管理。

4）公司市场部门制定市场推广计划，从广告促销宣传的选材、活动计划和实施等工作，海尔公司有一整套人马为之运转，零售店一般只需配合工作。

5）海尔建立的售后服务网络承担安装和售后服务工作。

6）对设有账期的大零售店，公司业务人员要办理各种财务手续。此外，海尔公司规定了市场价格，对于违反规定价格的行为加以制止。

② 零售商　由于海尔公司承担了绝大部分的工作，零售店只需要提供位置较好的场地作为专柜。

海尔模式的利弊分析

① 模式优点

1）掌控零售终端，避免渠道波动，稳定扩大销量。

2）提高渠道企业利润水平。由于节省了中间环节，不但给零售商更多利润，制造商利润水平也得以提高。

3）占据卖场有利位置，并由此一定程度上限制竞争对手的销售活动。

4）推广服务深入终端，统一的店面布置、规范的人员管理、快速的意见反馈有利于品牌形象建设。

5）可以实现精益管理。由于没有中间环节，直接掌握终端销售情况，更易于实现JIT（just in time）生产模式，提高收益率。

6）销售人员直接参与零售店经营活动，经常和顾客接触，对市场变化反应速度加快，提高市场应变能力。

7）由于和零售商之间长期稳定的关系，营销成本大大降低。

② 模式弊端

1）渠道建设初期需要消耗大量资源，并且由于零售业竞争激烈，也面临资金投入风险。

2）收效较慢。建立零售网络需要很长的时间，难以实现短期内迅速打开市场的目的。

3）管理难度大。一方面由于要安全、及时地向众多零售商发送多规格的货品，物流工作变得复杂，对企业物流系统要求大大提高；另一方面，相应的财务管理也复杂化，经常调整差价和调换货物使账目繁多，而且增加税务方面的麻烦。

（3）格力模式——厂商股份合作制

格力渠道模式最大的特点就是格力公司在每个省和当地经销商合资建立了销售公司，即所谓的使经销商之间化敌为友，“以控价为主线，坚持区域自治原则，确保各级经销商的合理利润”，由多方参股的区域销售公司形式，各地市级的经销商也成立了合资销售分公司，由这些合资企业负责格力空调的销售工作。厂家以统一价格对各区域销售公司发货，当地所有一级经销商必须从销售公司进货，严禁跨省市窜货。格力总部给产品价格划定一条标准线，各销售公司在批发给下一级经销商时结合当地实际情况“有节制地上下浮动”（见图10.6）。

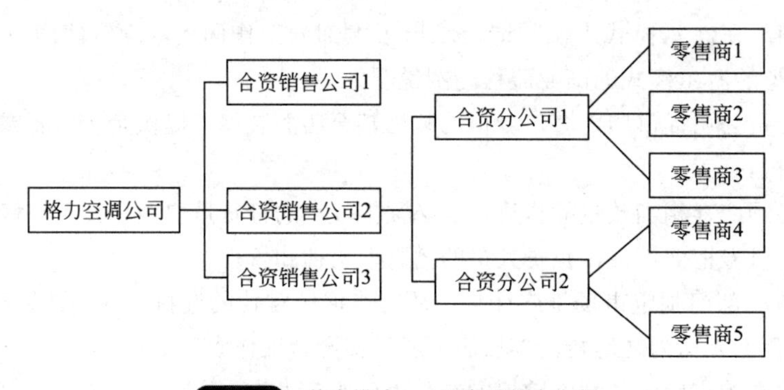

图10.6 格力模式——厂商股份合作制

渠道成员分工

格力模式中制造商由于不再建立独立的销售分支机构，很多工作转移给了合资销售公司。

① 促销。格力公司负责实施全国范围内的广告和促销活动，而像当地广告和促销活动以及店面装修之类工作则由合资销售公司负责完成，格力只对品牌建设提出建议。有关费用可以折算成价格在货款中扣除，或上报格力总部核定后予以报销。

② 分销。分销工作全部由合资公司负责，他们制定批发价格和零售价格，并要求下级经销商严格遵守，物流和往来结算无须格力过问。

③ 售后服务。由合资公司承担并管理，他们和各服务公司签约，监督其执行。安装或维修工作完成后，费用单据上报合资公司结算，格力只对其中一部分进行抽查和回访。

格力模式的利弊分析

① 模式优点

1）与自建渠道网络相比，节省了大量资金。格力用股份将厂家和商家捆绑在一起，节约了自建网络带来的庞大开支，营销成本大幅降低，并使风险得以分散。

2）消除了经销商之间的价格大战。经销商成为股东，利润来源于合资销售公司年终红利，没有必要再为地盘和价格争斗不休，即使有问题也可以在公司内部会议上解决。

3）解决了经销商在品牌经营上的短期行为。以前由于经销商担心制造商政策变化，往往追求当期利润最大化而做出损害品牌价值的行为。在格力模式中，经销商由于资本上的合作而对制造商的信任程度大大加强，会把该品牌的销售放在长远来看。

② 该种模式需解决的问题

1）如何规范股份制销售公司的管理。规范的管理制度是公司长期发展的保证，由于股份制销售公司的总经理和财务人员都是经销商选派的，一些销售费用的支出可能成为各方争论的焦点，因为这直接关系到公司的最终利润。

2）如何统一股东的发展方向。一些经销商不会甘心永远限制在经销一个品牌而丧失长远发展的机会。虽然理论上重大事项必须经董事会讨论通过，但控股股东往往“一言九鼎”，决策的天平似乎难以持平。另外，制造商的战略方向与合资公司的发展方向长期来看并不一定吻合。如果制造商试图多元化发展，可能会要求各地合资公司承担各种产品的销售任务，而经销商很可能达不到这种要求，制造商会陷入难以选择的困境，这个结构性的矛盾可能是更难解决的问题。

3）渠道内利益分配不公。该模式中大批发商仍是主要力量，与制造商合资使其地位较以前更加提高，因而利益分配也更倾向他们。由于渠道总体盈利水平并未提高，牺牲的将是零售商利益，长期如此渠道稳定性就会有问题。

4）以单纯利益维系的渠道具有先天的脆弱性。没有丰厚的利润回报，经销商们自然不敢动辄几百万地“下注”。“无利而不往”，按一些入股经销商的说法，区域销售公司最大的好处是“垄断了当地批发市场”。不难看出，支撑厂商合作的是较为丰厚的利润空间，随着空调利润渐趋萎缩，合资销售公司的利润也在转薄，加之服务、宣传等费用的“区域自治”，渠道的稳定性将受到越来越大的挑战。

（4）志高模式——区域总代理制

志高模式的特点在于对经销商的倚重。志高公司在建立全国营销网络时，一般是在各省寻找一个非常有实力的经销商作为总代理，把全部销售工作转交给总代理商。这个总代理商可能是一家公司，也可能由2～3家经销商联合组成，和格力模式不同，志高公司在其中没有权益，双方只是客户关系。总代理商可以发展多家批发商或直接向零售商供货（见图10.7）。

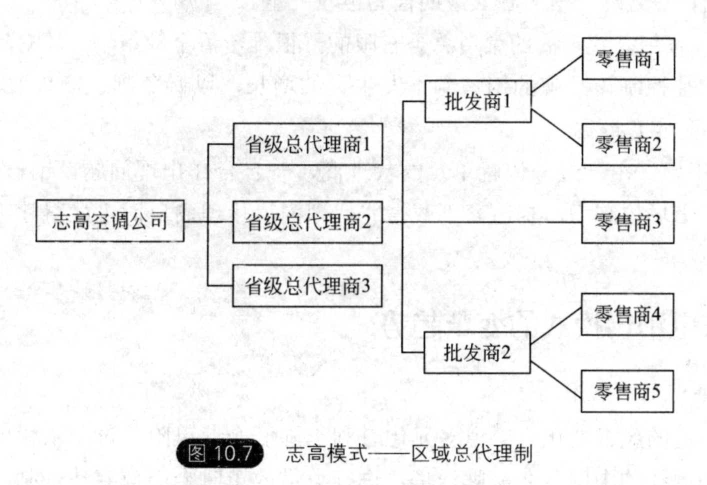

图10.7　志高模式——区域总代理制

渠道成员分工

① 分销管理　这种模式是相对弱小的制造商和相对强大的经销商结合的产物，所以从一开始双方的定位就比较明确，制造商开发出相关的产品，总代理根据市场状况选择中意的产品，分销全都交给代理商管理，例如当地的批发和零售价格等等都是由当地总代理决定。

② 促销管理　由于制造商在各地的营销人员很少，很难开展大规模的促销活动，更谈不

上针对各地情况制订灵活的促销方案，所以几乎所有的促销活动都交由代理商管理。

③ 售后服务　售后服务是渠道关心的重要问题，制造商对渠道的售后服务主要体现在配件供应、维修费用结算、售前不良品换货方面。对于一个新出现的小品牌，渠道对售后服务的要求更多，对此志高公司的解决办法是每次总代理商进货时多发给其提货量的10%作为售后服务的“保证金”，而所有的售后问题都由总代理商在当地解决。一般来说，国内制造商出品的空调在国家规定的“三包”期内出现的不良品率不会超过5%，因此有10%作为保证，代理商也乐于把售后服务承担下来。

如此一来，在实行总代理的地区制造商几乎不用对市场进行什么管理，只是派驻很少的人员帮助总代理分销以及处理一些突发事件，大大减少了市场压力，能够专心于产品生产制造这一环节。

志高模式的利弊分析

① 渠道优点

1）能借助代理商的力量迅速扩大销售额。由于享有垄断利润，代理商会全力以赴投入到销售中，而制造商利用代理商的网络可以迅速打开局面。

2）能借助经销商的力量快速募集资金。制造商一般对于代理商有全年销售额以及淡季投入资金等方面的要求，可以在短期内筹集到一笔资金，对于很多小品牌来说这是非常重要的。

3）降低财务风险。由于制造商可以省去一大笔用于建设分公司的费用，大大降低了固定成本，将之转变为变动成本，而在财务管理上变动成本的风险是小于固定成本的。

② 渠道弊端

1）不利于品牌建设。由于在当地的促销和售后服务等工作都由总代理商包办，制造商失去了主导地位，而总代理商也会怀疑制造商是否会让自己长期垄断市场，因此对品牌建设并不热心。制造商给了代理商许多包括返利、样机、展台等政策性支持，代理商对下级经销商却往往从中克扣。在处理一些问题上短期行为也较严重。

2）影响市场发展。代理商的渠道总是有限的，很难覆盖全部市场。还有的代理商为了独占高额利润，往往控制该品牌的销售额不发生大的增长，以避免制造商采取其他分销模式，使一些市场得不到应有挖掘。

3）销售不稳定。由于过分依赖单一的代理商，一旦合作出现问题，销售就会大受影响。另外由于失去了市场控制力，制造商不敢得罪代理商，代理商反而可能得寸进尺，使制造商的长期利益受损。

10.2.2　家电销售模式的变革趋势

（1）坚持渠道的多元化

面对家电渠道的风云变化，渠道多元化有利于降低企业风险。过于依赖单一的营销渠道十分危险。例如曾经的中国著名品牌乐华，进行渠道改革时全面放弃代理制，单纯跟大型家电卖场进行合作，最后因为自己所有的命运都掌握在大型家电卖场而失败。

在当前中国家电行业进入买方市场后，生产商与零售商的合作出现了冲突。连锁渠道之间各种各样的促销战、价格战，严重扰乱了家电制造企业的销售战略和价格体系，再加上连锁卖场向家电生产商收取的种种费用，使得厂家根本“无利可图”甚至“亏本销售”。在这种情况下，家电制造企业投入一部分资金进行自有渠道的建设，也是明智之举。这样可以增加企业对定价权和渠道的控制，以及与家电渠道商讨价还价的能力。从国外经验来看，国外家电制造企业也大都坚持渠道的多元化。例如日本大型家电企业主要采用特约加盟零售店和家电量贩店的多渠道营销网络。

（2）进行渠道整合

在家电制造行业，多元化十分普遍。在各类产品经营初期，为实现快速进入市场，企业往往采用专门化运作，因而形成了同一企业不同产品拥有不同营销渠道。家电制造企业可以通过渠道整合，例如多产品共用渠道、多渠道销售同一种产品，挖掘渠道潜力，提升竞争优势。

当然，如何整合家电企业的渠道，不必拘泥于某一固定的形式，而应该寻求符合各家电企业自身特点的整合方案。例如，在海尔的渠道体系中，可以包括网上商城、专营店、家电连锁销售商。只要管理得当，海尔同样可以使各渠道在同一体系中高效率地运作。消费者购买海尔家电产品的过程可以是这样的：首先，消费者通过海尔的网上商城和其他家电商城获得购买所需产品的相关信息，并形成初步的购买意向；然后，购买行为在专营店完成；而物流、售后服务等则由相应的店面负责。这就是所谓的跨渠道销售模式，它强调顾客在购物时不拘泥于通过某一种渠道，而是同时利用好多种渠道来完成。通过有效的渠道整合，家电制造企业完全有能力摆脱对某一种渠道（如家电连锁巨头）的高度依赖，促进企业的健康发展。

（3）拓展新型营销渠道

随着科技经济的进步，一些新兴技术正在影响着营销渠道，特别是20世纪90年代兴起的计算机和互联网技术，催生了一种新型的渠道模式，即电子渠道。

电子渠道是指家电企业将互联网作为工具来接近终端用户的渠道，或是消费者完全通过网上购买的渠道，即我们常说的BToC（企业面向消费者销售）模式。

这种新型的渠道模式可以消除时间与空间的限制，从而使家电厂商绕过分销商、零售商等中间环节，直接与消费者在网上进行面对面的信息交流。因而能够准确无误地迅速掌握所有消费者不同需求的第一手详尽资料，并尽可能快地以高质量的产品、优质的服务和具有竞争力的价格，恰到好处地满足每一位消费者多样化、个性化需求，减少每次交易的成本和时间，从而提供更快更有效率的增值服务。

正是由于电子渠道的这些优点，美的、春兰、海尔等大牌家电厂家都分别投入数亿元巨资进军互联网构建各自的电子商务平台，向互联网进军，实现全球范围内的网上分销、网上配送和网上采购。

与此同时，直销渠道也在悄然兴起。所谓直销渠道是指不通过任何中间商，由厂家直接将产品销售给消费者。当然，电子渠道也是一种直销渠道。除此之外，直销渠道的模式还主要包括厂家直销商店中心、直邮渠道、商品目录直接渠道、电视直接渠道四种。

其中厂家直销商店中心是由十几个、几十个甚至上百家小商店组成的商业中心，每个商店或是由生产厂家自己开办或委托代理商经营。

直邮渠道是借助邮件直接向目标市场传递产品或服务信息，并实现销售目的的营销活动。

商品目录直接渠道是指向消费者派送商品目录手册传递产品或服务信息，实现产品销售的活动。

电视直接渠道是通过无线电视网和有线电视频道传递信息促进购买，其具体形式可分为直接反映电视信息广告和购物频道信息广告两种。

随着这种新型渠道逐渐被消费者接受，直接渠道在企业的营销渠道中将发挥越来越重要的作用。

案例：2011格兰仕品牌年的战略扩张——升级大篷车+店中店

格兰仕每年的销售带头工作都是重中之重，然而销量的扩增要建立在稳固的平台和稳妥的路线指向上，因此在新冷年，定位品牌升华，主打渠道通路，是格兰仕2011冷年战略扩张的主旋律。

升级大篷车

渠道战略扩张的第一步就是升级大篷车推广模式。大篷车推广模式始于2008年，主推明星下乡机、促销机。活动主要由盘商、经销商组织开展，采用一站式服务，深入到农村、郊县、集市和楼盘。据格兰仕营销中心总经理陈文燕介绍，在北京地区，促销活动团队采用车队的硬件配备，一般每次活动出动1～2辆车，大型推广销售活动在北京举办，车体还会喷涂总公司相关标志。目的就是为了将品牌宣传直观化、立体化。

大篷车活动促销形式多样，从过去一年的开展情况来看，格兰仕满载了胜利的果实。于是陈文燕表示，新一年的活动“不仅要继续搞下去，还要升级升上去”。主要体现在场次和渠道铺设的面上，都会相应增加。从11月初开始至今，北京地区已累计举办了530多场，约合销售空调6000套。“全国各盘商年度会分配任务指标，总公司也都会给予最大限度的支持，打款额度可以优惠1～2个点。当地盘商有需求，公司也会全力支持。”陈文燕说道。基于盘商对熟悉、扩展销售网点的需要，大篷车活动是最好的检验手段。因而，场次的增加，网店的提升，并迅速下沉至乡镇市场，必定会在新一年的格兰仕渠道经营、服务的垂直升级上有所体现。

在每一场大篷车的宣传力度上，也会有所加强。车体走街串巷，同时配以喇叭播放促销口号，最大限度吸引市民注意。活动现场推出限时抢购、摸奖、路演报广等活动，销售也以惊爆机和中高端变频机为主。借用活动主办人员的描述，每次大篷车宣传在活动日期开始的前3天前散发宣传单页到活动点，漫天撒网、四处走街式的宣传，可谓布下“天罗地网”。

瞄准店中店

2008年专卖店的建设对于格兰仕来说，还处于一个初始探索阶段，发展情况迟缓。不过从2009年开始，伴随着格兰仕盘商政策的推行，经销商形象的转变，以及公司对自主性渠道建设的重视，专卖店建设开始走上一个快速发展的康庄大道。这期间新设的专卖店大多都是销售格兰仕全系列产品，不过仍以空调为主。据介绍，在北京地区，格兰仕开盘至今新增专卖店约40家，数量较去年同期增长40%，全市现已有240余家，全年任务是开满120家。

坐拥专卖店的数量增长，还不能满足格兰仕渠道开拓的“野心”。新冷年，格兰仕还将进一步扩大专卖店规模，在三种方式上着力经营，其中对于经营多个品牌的店中店的打造是第一位的。

三种经营方式主要表现为以下几种措施：只要是选择展卖格兰仕空调及其他系列产品，对于小型卖场、店中店和自营门面，第一种方式是更换门头，主要针对自营门面。店铺直接换上格兰仕的商标LOGO，标明格兰仕专卖的字样，单卖格兰仕空调及其他系列商品；另一种店中店，即为一家门店经营多个空调品牌，非单一渠道，则只要承诺满足保证店内有格兰仕3米以上展台，公司就将全力配合其安装展位，把握主流，从而做到灵活机变；最后一种就是鼓励客户自行开店，主要是以电器生活馆的形式出现。为了降低开店成本，格兰仕将会根据店面级别提供行业内领先的高标准装修支持和高额的年度租金补贴，从而确保客户以最少的资金启动格兰仕电器生活馆。

然而在三种专卖店的打造方式中，最有潜力且最容易操作的还是店中店。对此，格兰仕营销中心总经理陈文燕解释道："因为很多经销商不愿意也不会轻易放弃多年积累下的固有客户资源，所以同时操作好几个空调品牌的情形短期内不会更改，基于此，我们在与其他品牌共存的基础上，多布置格兰仕自主展台，也不失为一种灵活轻巧的竞争方式"。新冷年节后，格兰仕对于店中店的改造势必还将深化、蔓延开去。

10.3　家电三四线市场攻略

（1）终端建设与管理

① 卖场终端的包装

1）突出公司的VI，视觉最大化。所谓"横看成岭侧成峰，远近高低各不同"，不同的视角要有不同的视觉冲击性。

2）主题突出，信息单一化。避免杂乱无章的一些POP或者促销员自己制作的爆炸贴随处乱放，卖场的主题一定要和公司统一形象要求相吻合，力求简单明快，言简意赅。

3）色调明快，风格个性化。每一个卖场的氛围都是不一样的，在遵从公司统一VI形象要求的前提下，各个卖场应根据各地的民俗和消费者消费习惯对卖场进行个性化包装。

4）因地制宜，资源整合最大化。在一些卖场内应尽可能利用当地卖场的立柱、吊旗等作为宣传的平台。

5）定期更换和维护，管理规范化。各展台要随时维护，一些残缺的部分应在最短时间内及时给予维修更换，确保形象的完整性（见图10.8）。

图10.8　卖场终端的包装

② 终端的陈列出样

终端产品出样：一般出样都要有6～12款机型，由形象机、利润机、规模机、战斗机组成。

位置摆放：最显眼的位置要摆放最畅销的机型，要让消费者一眼就看到，同时摆放的次序也一般按照重要性或者按照体积大小形成“一字长蛇”状或者“众星捧月”状，同时一个原则是在核心卖场出样尽量多，非核心卖场出样相对较少，主次分明（见图10.9）。

图 10.9　终端的陈列出样

③ 终端导购培训体系的建立

导购培训是整个KA管理体系的最核心部分。促销员对自己公司产品的熟悉程度、产品的卖点、特性以及与竞品之间的差异的掌握度是决定该卖场销售好坏的最直接因素。该促销员培训体系主要解决如下四个问题：

1）促销员培训组织管理下沉，沉到三、四级市场，使得传统的大课堂培训模式弊端得到彻底解决，提高了培训的效率。

2）导购士气和团队精神在培训过程中得到充分发挥。

3）核心经销商承载了对区域一线导购员的管理和考核，有效地解决了信息及时反馈和传递的问题，提高经销商在三、四级市场的快速反应能力。

4）该促销员培训体系培训参与对象包括经销商、业务员、工厂的区域经理（见图10.10）。

图 10.10　终端导购培训

④ 终端前置 / 拦截

该部分主要是终端的小区推广活动，总体打法就是终端前置，形成三道拦截防线，有效地对客户进行提前拦截，狙击竞争对手（见图10.11）。

图10.11 终端前置/拦截

⑤ 终端促销和推广

在促销这个环节，几乎任何一个家电厂商都是行家里手，也是其最为关注的一个领域，可谓花样翻新，创新不断（见图10.12）。

图10.12 终端促销和推广

（2）广告

① 三、四级市场广告模式的特点

1）市场传播方式以“口碑传播”为最具效率的传播方式。

2）广告投入和品牌宣传的方式相对较为经济，虽然形式比较低级但是很有效。

在广阔的三、四级市场，广告形式是多种多样的，因其地域的广阔和聚集的相对分散以及消费习惯等因素，导致三、四级市场的广告和一、二市场的广告模式差异极大，有时候甚至是截然不同的。

② 三、四级市场广告模式的选择的原则

1）以最少的投入产生最大的效益原则。

一二级市场容量大，人口密集度高，采用广告投放的模式相对较为简单，大都是进行电视视频投放，但这种模式最大的缺点在于“只知道约有50%的花费能让其产生效果，另外50%的效果不得而知”。随着当今消费者信息掌握程度越来越高和生活节奏的加快，传统电视视频的广告模式效果越来越受到投放方的怀疑。而在三、四级市场，该消费群体因其地域和消费习惯的特点，将导致该区域的广告能通过定点轰炸的作用达到最大的传播效果。

2）在局部区域采用多种广告投放有效组合的原则。

因为在三、四级市场的广告投放费用相对较低，所以广告的采用可以灵活多样，主要手段就是“定点集中投放”策略。比如，如果采用小区推广模式，则在小区内通过公益广告、公益提示牌、气球、拱门、帐篷等形式局部重点密集布局，使空中、道路两旁、地面等目光所及之处都有定位产品的广告形象；同时，在通往该小区道路上的公交车上投放车体广告、彩页宣传广告、流动媒体广告，通过该小区业主手机短信进行促销宣传，对该小区进行地面样品展示并推广等。在该局部区域内瞬间形成快速立体化传播。

③ 广告发布的节奏

1）广告发布的时间节奏

在三、四级市场的广告发布最好是在先建立渠道架构体系和渠道管理体系、网点和终端都到位的情况下，再进行相关广告的跟进，这样看起来好像产品传播的时间较长，但是因为三、四级市场消费者最为关注的是适合自己的产品由别人应用后的“口碑效果”，这样就导致在传播时如果第一批消费者认可了该产品的质量，那么后期广告一旦拉动，将会迅速在该局部区域得以传播，看似时间久，但最终将后发先至。

2）广告发布的周期节奏

因三、四级市场的分散特点，广告发布需要持续性，忌讳的是三天打鱼两天晒网。因此，不发布则以，一旦发布则建议以年为发布周期，否则，如昙花一现，那么前期的所有广告投入将都变成“沉没成本”。

④ 广告类型

1）民墙广告：选择乡村公路两旁的位置，广告以简单、醒目为主。在生活条件较好的地区包装村乡镇的公众文化娱乐设施，如篮球板、影剧院售票口海报张贴栏（见图10.13）。

图10.13 民墙广告

2）布幅广告：悬挂于售点、农村集市、县或镇街道醒目处及家电商场附近（见图10.14）。

布幅广告主要以产品信息、服务承诺、促销活动信息为主。悬挂于县、乡、村主要街道、十字路口的醒目位置，机动性强，成本相对较低。

图 10.14　布幅广告

3）车体广告：可选择经销商送货车、往返于城乡之间或县乡之间的中巴车或长短途客运汽车。包括驾驶室内上方的不干胶贴和车身广告。幸福快车装配喇叭用于流动宣传（见图10.15）。

图 10.15　车体广告

4）店头广告：包装家电维修铺以及村小卖部的店头，加大宣传力度（见图10.16）。

图 10.16　店头广告

图 10.17 包装村里的村务公开栏、阅报栏

5）包装村里的村务公开栏、阅报栏：可与县、乡级政府联系，由地方政府出面，经营部出资，统一换上新的村务公开栏和阅报栏（见图10.17）。

（3）促销

① 基于价格类的促销模式

1）降价促销：质优产品的降价销售。

2）特价促销：特定时期推出特殊的价格策略，如换季、清库、新品上市等原因。

3）折扣促销：购买一定量基础上的折扣优惠，量越大优惠越有优势。

4）赠品促销：价格不变或略微提价，但是通过捆绑销售附加值产品使得客户获得意外的超过期望的产品。

5）样品处理：出样的产品定期通过该手段形成促销的噱头。

6）积分促销：通过实行会员的概念包装，然后给予老客户以回馈。

② 基于推广宣传类的促销模式

1）经验交流会：针对使用者的良好反馈进行口碑传播。

2）娱乐促销会：游戏、路演、“家电下乡宣传”等娱乐形式使得消费者快速认知该产品。

3）以旧换新促销：旧瓶装新酒，但是很有杀伤力，很为三、四级市场消费者所青睐。

4）针对部分群体的DM促销：将DM传单发送到农村，每周周末进行针对农民的促销活动，结果人流如织，摩肩接踵。

③ 包装概念类促销模式

1）绿色环保概念促销：通过当前人们关注度较高的绿色和环保等概念，打造一个促销的理由和概念，引起消费者的需求欲望。

2）公益概念促销：通过某种公益概念打造营销概念。

④ 事件促销模式

1）节假日促销：传统节日或法定节日的促销。

2）重要事件促销：如学生升学、新居入住等。

（4）公关活动

① 晚会类

名称：** 丰收节文艺晚会

时间：秋收结束的农闲时段，一年一次

地点：县乡镇文化广场

方式：与当地文化部门联合举行

内容：歌舞、小品形式，新颖活泼，喜闻乐见。

举例：TCL幸福树电器家电下乡晚会

② 送知识下乡

编制农村《生活小百科》手册，内容包括农业种植知识、家电购买、使用、维修常识、农村节气等等。幸福快车下乡或集市促销时派送。在帮助农民学习新知识的同时，宣传企业形象品牌形象。

举例：美菱送知识送技能送服务下乡

③ 送电影下乡

在送电影下乡的电影中插播贴片广告，并与当地文化部门联合送文化下乡，通过各种农民喜闻乐见的方式，传达产品信息。

举例：新飞成为全国农村电影放映工程合作伙伴

第11章 家电产品策略

11.1 产品策略分析

产品战略是企业对其所生产与经营的产品进行的全局性谋划，是企业营销组合中最基本、最重要的要素，直接影响和决定其他组合要素的配置和管理。产品战略研究解决的问题是向市场提供什么产品，并应如何通过产品去更大程度地满足客户需要，提高企业竞争能力。产品战略是否正确，直接关系企业的胜败兴衰和生死存亡。

产品战略包括产品质量战略、新产品开发战略、市场定位战略、品牌策略、包装策略、产品组合策略和服务策略等多方面内容。

按照产品组合优化的观点，可对企业产品进行如下的分类：

① 产品项目（product item）：是指企业生产与经营的具有不同功能、不同包装形状与尺寸的各项产品。

② 产品线（product line）：是指适应市场需求而组成的相互关系接近的产品组。

③ 产品组合（product mix）：是指企业生产与经营产品的结构方式，包括产品项目和产品线。

从满足用户需求的观念出发，产品功能可以划分以下三个层次：

① 基本功能：这是指产品满足用户需求的某种使用价值或所包含的价值量，如品质、性能、使用寿命、可靠性、安全性、经济性等。它是决定产品竞争能力的主要因素。

② 心理功能：这是指产品满足用户心理需求的功能，如新颖、高雅、独特，方便等。

③ 附加功能：这是指产品为用户提供的附加服务，如包换保修、送货上门、咨询服务等。

正确选择企业拳头产品是制订企业产品战略的重要问题，此时应该考虑以下因素：

① 产品的市场容量较大，可以适应规模经济的要求。

② 产品处于寿命周期的成长期或成熟期，具有较高的市场占有率。

③ 产品的技术经济指标达到国内或同行业的先进水平，具有竞争能力。

④ 企业生产与经营该类产品的各种条件在国内同行业保持优势。

⑤ 产品的附加值较高，对提高企业经济效益发挥举足轻重的作用。

产品选择战略和产品开发战略组成产品战略的主体部分。

（1）*产品选择战略*

制订产品选择战略的核心问题就是在评价产企业产品的获利能力或经济性的基础上，达到企业产品组合优化。下面介绍常用的两种方法。

① 产品寿命周期法　产品寿命周期是指一种产品从试制成功、投放市场开始，直到最后被新产品代替，从而退出市场为止所经历的全部时间。产品寿命周期由导入期、成长期、成熟期和衰退期等四个阶段组成（图11.1）。

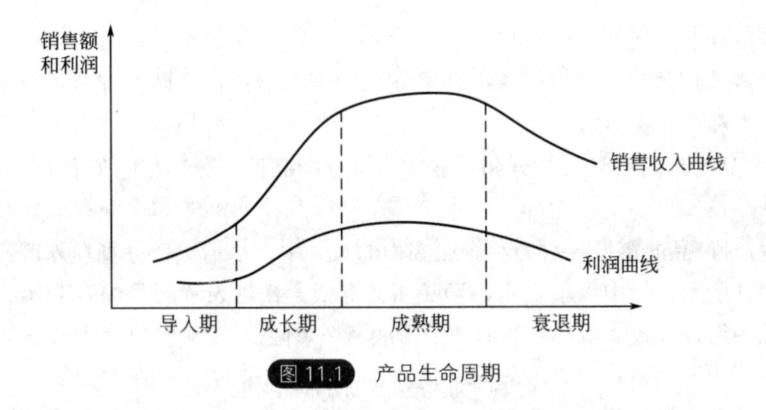

图 11.1　产品生命周期

现对产品寿命周期的各个阶段的主要特点与对策介绍如下。

1）导入期：产品投入市场，处于试销阶段，销售额的年增长率一般低于10%。这时产品设计尚未定型，工艺不够稳定，生产批量小，成本高，用户对产品不太了解，同行竞争者少，一般可能没有利润，甚至发生亏损。

本阶段的主要对策有：

采取措施尽量缩短其时间长度，以减少经济损失；

进一步加强产品设计和工艺工作；

加强市场调查与预测、宣传与促销，努力增加销售额。

2）成长期：产品销售量迅速上升，销售额的年增长率一般在10%以上。这时产品设计、工艺基本定型，生产批量增大，成本降低，利润上升，市场出现竞争者。

本阶段的主要对策有：

加强综合计划，改进生产管理；

适时进行技术改造，提高产品质量和生产能力；

加强广告促销与售后服务，努力开拓市场。

3）成熟期：市场趋近饱和，销售量的年增长率一般为–10%～10%，利润达到高峰，较多竞争者进入市场，竞争非常激烈。

本阶段的主要对策在于努力提高产品竞争能力，扩大销售。采取措施改进产品质量，改进生产管理，加强广告、促销与技术服务，合理调整产品价格等等。

4）衰退期：新产品开始进入市场，逐渐取代老产品，销售量出现负增长，销售额的年增长率小于–10%，利润日益下降。

本阶段的主要对策有：

采取优惠价格、分期付款等方式来促进销售；

在保证经济性的前提下，设法延长产品寿命周期，如扩大产品用途，改善产品质量，降低产品价格，改进产品包装，改善技术服务，等等。

在适当时机果断地淘汰老产品，发展新产品，实现产品的更新换代。

② 产品组合优化法　常用的产品组合优化方法是由美国通用电气公司和波士顿战略咨询集团于20世纪60年代中期合作研究提出的“产品项目平衡管理技术”，称之为PPM技术。该方法的应用步骤如下。

1）给产品的市场吸引力（包括企业资金利润率、销售利润率、市场容量、对国民经济的影响程度等）和企业实力（包括市场占有率、生产能力、技术能力、销售能力等）的各个具体因素确定评分标准。

2）按照各项因素的评分标准给每一个产品（产品项目或产品线）评分，分别计算每种产品的市场吸引力和企业实力的总分。

3）依据产品的市场吸引力总分和企业实力总分的高低，分别把它们各自划分为大、中、小三等。

4）按照每种产品的市场吸引力和企业实力的大、中、小情况，分别填入产品系列分布象限图，如表11.1所示。表中纵轴表示市场吸引力高低，横轴表示产品的企业实力大小。两方面的因素有九种组合方式，于是在表11.1中形成九个象限。

表11.1 产品系列分布象限图

市场吸引力	企业实力		
	小	中	大
大	（1）	（4）	（7）
中	（2）	（5）	（8）
小	（3）	（6）	（9）

5）依据产品所在的象限位置，采取相应对策：

第（1）象限：市场吸引力大，但企业实力小，属于有问题产品。应采取选择性投资，提高企业实力，积极发展，提高市场占有率的对策。

第（2）象限：市场吸引力中等，而企业实力小，属于风险产品。应采取维持现状，努力获利的对策。

第（3）象限：市场吸引力和企业实力都很小，属于滞销产品。应采取收回投资后停产，予以淘汰的对策。

第（4）象限：市场吸引力大，企业实力中等，属于亚名牌产品。应采取增加投资，提高实力，大力发展的对策。

第（5）象限：市场吸引力和企业实力均为中等，属于维持产品。应取维持现状的对策。

第（6）象限：市场吸引力小，企业实力中等，属于滞销产品。应采取撤退和淘汰的对策。

第（7）象限：市场吸引力和企业实力都很大，属于名牌产品。应采取积极投资，发挥优势，大力发展，提高市场占有率的对策。

第（8）象限：市场吸引力中等，企业实力大，属于高盈利产品。应根据市场预测，对有前途的产品予以改进和提高；对需求稳定的产品，采取维持现状、尽力获利的对策。

第（9）象限：市场吸引力小，而企业实力大，属于微利、无后劲的产品。应采取逐步减产和淘汰的对策。

（2）产品开发战略

新产品开发在企业经营战略中占有重要地位。新产品是指产品的结构、物理性能、化学成分和功能用途与老产品有着本质的不同或显著的差异，它又分为全新产品、换代新产品、改进型新产品等几种情况。现对产品开发战略分述如下。

① 领先型开发战略　采取这种战略，企业努力追求产品技术水平和最终用途的新颖性，保持技术上的持续优势和市场竞争中的领先地位。当然它要求企业有很强的研究与开发能力和雄厚的资源。譬如，美国摩托罗拉公司是创建于1929年的高科技电子公司，现已成为在全世界50多个国家和地区有分支机构的大型跨国公司。它主要生产移动电话、BP机、半导体、

计算机和无线电通信设备，并且在这些领域居于世界领先地位，多年来一直支配世界无线电市场。该公司1988年的销售收入为85亿美元，纯利额为4.5亿美元，1993年销售收入增至170亿美元，纯利额达10亿美元，1995年的销售收入进一步增至270亿美元。该公司始终将提高市场占有率作为基本方针，摩托罗拉品牌移动电话的世界市场占有率高达40%。该公司贯彻高度开拓型的产品开发战略，其主要对策有：

1）技术领先，不断推出让顾客惊喜的新产品，公司进行持续性的研究与开发，投资建设高新技术基地。

2）新产品开发必须注意速度时效问题，研制速度快，开发周期短。

3）以顾客需求为导向，产品质量务求完美，减少顾客怨言到零为止。

4）有效降低成本，以价格优势竞逐市场。

5）高度重视研究与开发投资，由新技术领先中创造出差异化的新产品领先上市，从而占领市场。1994年该公司研究与开发投资达15亿美元，占其销售收入的9%。

6）实施著名的G9组织设计策略。该公司的半导体事业群成立G9组织，由该事业群的4个地区的高阶主管，所属4个事业部的高阶主管，再加上一个负责研究与开发的高阶主管，共同组成横跨地区业务、产品事业及研究开发专门业务的“9人特别小组”，负责研究与开发的组织协调工作，定期开会及追踪工作进度，并快速、机动地做出决策。

7）运用政治技巧。该公司在各主要市场国家中均派有负责与该国政府相关单位进行长期沟通与协调的专业代表，使这些政府官员能够理解到正确的科技变革与合理的法规限制。该公司能进入中国、俄罗斯市场，就得益于这种技巧的应用。

8）重视教育训练。该公司全体员工每年至少有一周时间进行以学习新技术和质量管理为主的培训，为此每年支付费用1.5亿美元。

② 追随型开发战略　采取这种战略，企业并不抢先研究新产品，而是当市场上出现较好的新产品时，进行仿制并加以改进，迅速占领市场。这种战略要求企业具有较强的跟踪竞争对手情况与动态的技术信息机构与人员，具有很强的消化、吸收与创新能力，容易受到专利的威胁。

③ 替代型开发战略　采取这种战略，企业有偿运用其他单位的研究与开发成果，替代自己研究与开发新产品。研究与开发力量不强、资源有限的企业宜于采用这种战略。

④ 混合型开发战略　以提高产品市场占有率和企业经济效益为准则，依据企业实际情况，混合使用上述几种产品开发战略。

（3）产品定位战略

公司对所从事营销活动的各细分市场，都必须为其发展一套产品定位策略。所谓产品定位，是指公司为建立一种符合消费者心目中特定地位的产品，所采取的产品策略企划及营销组合之活动。产品定位这个概念在1972年因AIRies与Jack Trout而普及。产品定位并不是指产品本身，而是指产品在潜在消费者心目中的印象，亦即产品在消费者心目中的地位。

产品定位的策略有以下几种（见图11.2）。

① 避让定位策略　所谓避强定位策略是指企业力图避免与实力最强的或较强的其他企业直接发生竞争，而将自己的产品定位于另一市场区域内，使自己的产品在某些特征

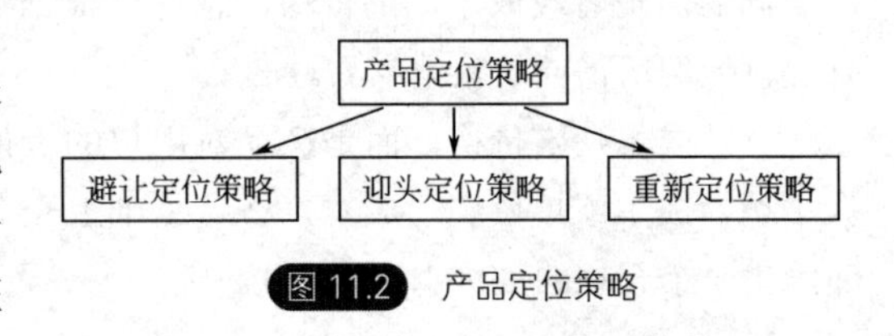

图11.2　产品定位策略

或属性方面与最强或较强的对手有比较显著的区别。

其优点主要是：

1）避强定位策略能够使企业较快速地在市场上站稳脚跟，并能在消费者或用户心目中树立起一种形象。

2）市场风险较小，成功率较高。

其缺点主要是：避强往往意味着企业必须放弃某个最佳的市场位置，很可能使企业处于最差的市场位置。

② 迎头定位策略　它是一种以强对强的市场定位策略。采用这一策略的原因，一是没有其他区域可去选定，二是企业实力较雄厚。这种定位方法风险性高，但能够激励企业以较高的目标要求自己，奋发向上。

其优点主要是：由于竞争对手是最强大的，因此竞争过程往往相当惹人注目、甚至产生所谓轰动效应，企业及其产品可以较快地为消费者或用户所了解，达到树立市场形象的目的。

其缺点主要在于：迎头定位可能引发激烈的市场竞争，因此具有较大的风险性。

③ 重新定位策略　由于市场如战场一样风云变化，因而市场定位也要因市场变化而不断重新定位。确定目标市场或进行市场定位是一个复杂的决策过程，不能主观臆断，要认真分析、综合、权衡。要遵循“两害相较取其轻，两利相较取其重”的原则，在比较各个子市场或客户群组的利害，权衡其轻重的基础上，确定目标市场，进行目标市场营销。

（4）产品定价战略

电子商务之所以有如此强盛的生命力，是因为它的快捷、方便与低成本，以至于造就了一个个“网络神话”。在电子商务环境下，并不仅仅只有企业是电子商务的受益者，消费者也可以因其使用电子商务所表现出来的特性而获得更大的满足。从市场营销的基本理论来分析，传统市场营销对产品定价的基本原理同样适用于网上家电产品，而作为企业则从以前所体现的“4P”（proudct、price、place、promotion） 转 向“4C”（consumer wants and needs、cost、convenience、communications），即以消费者为中心的营销策略必须针对上述情况采取相应的订价策略。

① 需求导向定价法　在电子商务中，企业通过利用网络互动性和快捷性的特点，通过让消费者参与对家电产品的定价及时准确地掌握消费者或用户的预期价格，并能够掌握各个消费者独特的价值观，以及各个细分市场的销售能力，从而正确地确定商品的价格，避免定价偏高或偏低。另外，企业还可通过网络准确把握消费者需求的差异性，针对家电产品的不同特点确定不同的价格。

② 个性化定价法　DELL公司的总裁迈克尔·戴尔说过：“我们现在的研发部门已不用更深入地去研究企业要去生产什么，因为我们的消费者会告诉我们要生产什么样的产品。”

在网上，企业可以针对不同的消费者为他们量身定制个性化的产品：根据不同需求状况向不同的消费者收取不同的价格，也可以根据消费者的受教育程度、专业、职业、兴趣、爱好提供他们所需要的家电产品。

不是成本决定价格，而是产品对用户的价值（或效用）决定价格。盈利的条件是价格不低于边际成本或单位现付成本，在这基础上企业可结合生产成本和消费者愿意支持的价格从而给出一个合理的价格水平。

③ 免费定价法　众所周知，在市场上“没有免费的午餐”。但在网络环境下，免费家电产品现象在网上随处可见，经常有买物送物等活动。但我们不妨细细观察免费的背后，就可以发现大多数家电产品的目的都是为了锁定一个客户群体，使客户对公司的产品或服务产生依赖感。当这种“锁定”变为普遍的现实后，垄断便由此萌生，面对这一市场是可以攫取到高额利润的。

从经济学上解释，“免费”并非是没有依据的。但网络改变了家电产品的成本结构，对于家电产品，生产就是复制，而复制产品的成本与第一个产品相比很低，而且在产品功能方面，复制出的产品和母产品没有任何差别。

④ 版本定价法　在电子商务市场中，在缺乏精确的客户资料的情况下，根据不同类型顾客的需求提供不同的版本，为不同版本制定不同价格。

厂商针对不同需求划分出不同版本（version）来定价的方法可以看成是个性化定价的市场细分结果之一。版本划分就是厂商将数字化产品划分为不同级别或功能的产品，让消费者自我选择合适自己的产品版本。

⑤ 捆绑定价法　捆绑是产品差别化的一个特殊类型。由于捆绑容易操作，因而在厂商产品差别化策略中处于十分重要的位置。同时，捆绑也是厂商销售数字化产品和服务时的一项重要策略，并在网络环境中日益变得重要。

在网络环境中，对一些数码产品进行捆绑销售的目的是为了推广新产品或扩大市场份额。

11.2　案例

（1）美的——细分市场的精耕细作

以创新技术和产品对市场进行细分化拓展是近几年来国内空调市场发展的趋势之一。2009年美的推出的厨房空调可谓是这方面的一个典型案例，更是填补了空调产业在厨房专项产品上的空白。在2009年良好市场表现和厨房空调技术发展的基础上，美的推出2010年厨房空调的新产品即“小厨星”系列产品，并以苏宁为该系列产品的首发终端（见图11.3）。

图11.3　美的空调小厨星

在厨房里安个空调不像在卧室和其他居家房间那么简单，中国式厨房特殊的空间和工况给空调产品的应用带来了一定的考验。众所周知的是，中式菜肴是以爆炒为主，这种特点决定了我国的厨房存在着高温、高油腻空间环境，这使得一般的家用空调无法充分满足厨房空间的制冷和抽油烟等需求，而且，现在绝大部分楼盘都没有给厨房预留室外机安装机位。美的空调通过自主研发，成功攻克了传统空调无法解决的厨房油烟大、温度高、安装难等障碍，开创了厨房空调发展的新纪元。

美的空调小厨星具有以下特点。

① 三大技术突破

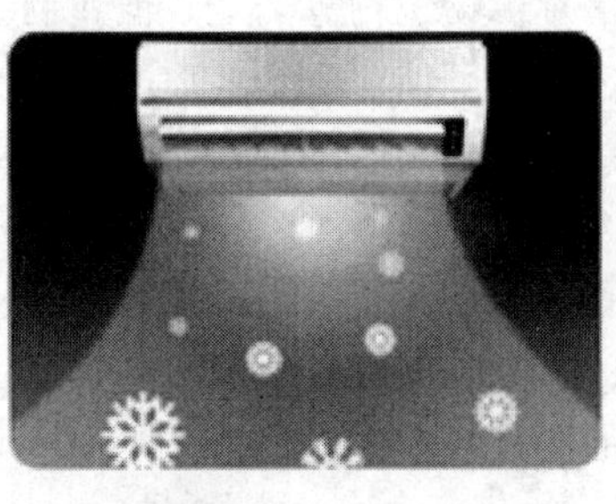

图 11.4 三大技术突破

不怕油烟：金属油烟滤网，高效过滤油烟；蒸发器抗油亲水涂层，系统换热更高效。

强劲制冷：采用高效旋转式压缩机，超大风量离心风轮，在高热量环境下也能快速制冷。

安装简易：安装方式灵活，有竖挂式、横挂式、吊顶式、嵌入式四大安装方式，适用不同家庭厨房结构（见图11.4）。

② 吊挂式下出风设计，多样选择（见图11.5）

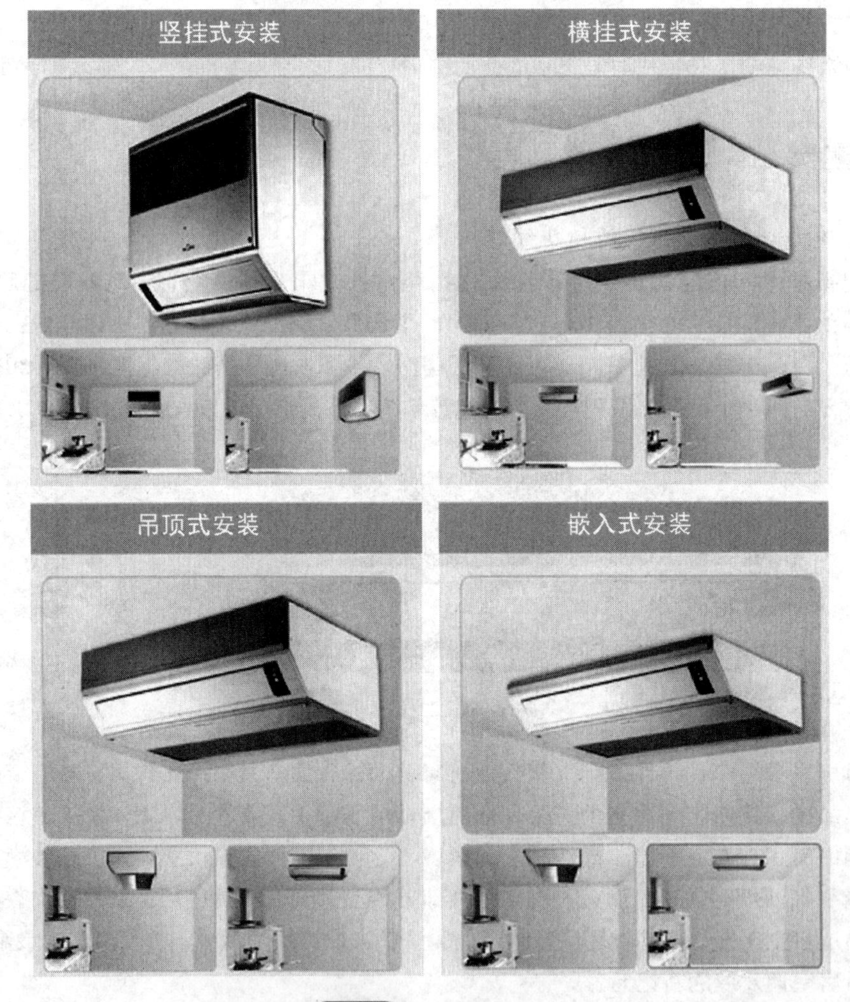

图 11.5 多种安装方式

③ 舒适空间随心享受　根据厨房洗菜、炒菜两个相对固定的不同区域，可以人性化地设置两个送风区域，且可自由设定范围（见图11.6）。

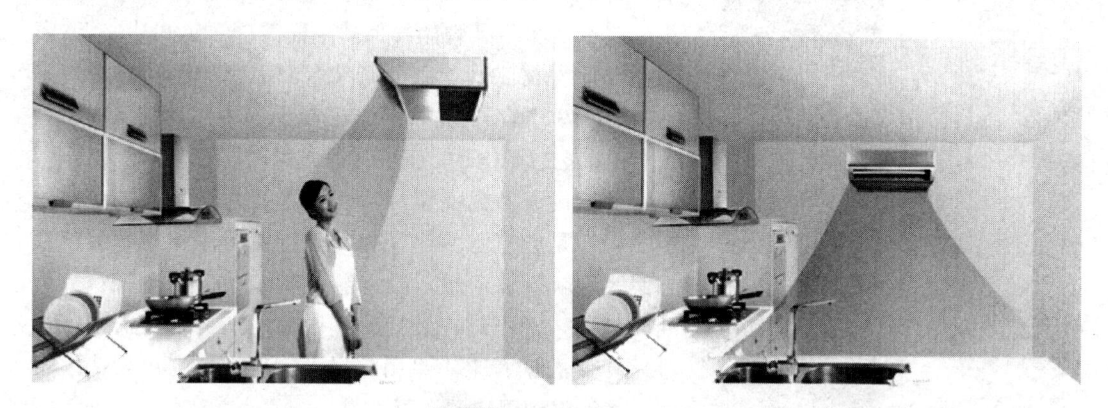

图11.6　人性化的送风设计

美的空调一直致力于用创新科技满足消费者的需求，以产品和技术的创新来创造需求，厨房空调是美的一以贯之的发展宗旨的具体体现之一。

近年来，众多空调企业都在探索差异化发展的模式，而美的选择了通过差异化的产品来对细分市场进行精耕细作，在这方面，美的不乏许多的经典之作。过去的几年内，美的率先在行业内推出了会客厅空调、商务移动空调和隐形嵌入式空调等一系列创新产品，针对细分市场的需求，为消费者创造出更美好的生活体验。

可以预见的是，未来空调市场的竞争，将会从大规模的大众化品类转向更为专业和功能化的细分市场的竞争，而美的已经在这方面走在了行业的前列。美的对细分市场的推动，对空调产品和技术进一步的革新，提供了一种全新的思路。

（2）海尔——“零距离”需求定制

目前的空调产业正在从生产者市场向消费者市场过渡，细分人群需求成为带动生产链的主要动因，在此背景下，“核心技术决定用户取向”成为空调企业成败的关键。在海尔空调召开的2012年新品发布会上，其新一代除甲醛系列产品——具备远程遥控除甲醛功能的空调正式走向市场。海尔空调负责人表示，“零距离”地为消费者定制舒适空气解决方案，将成为海尔空调领先行业的重要战略发展路径（见图11.7）。

图11.7　海尔新一代除甲醛系列空调产品

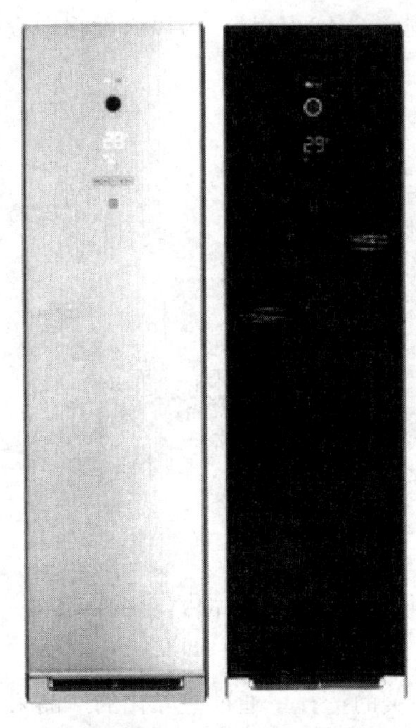
图 11.8 海尔物联网空调

业内专家评论，海尔最擅长的就是能够提前把握住消费者的需求，并且通过创新将需求概念转化为实际应用，这也是海尔品牌始终保持领先的“海尔式战略”。海尔空调此次物联网除甲醛新品全面上市，给消费者带来了新的消费体验，也同时又一次成为行业技术的领先者。

① 专注于需求“定制” 率先实现核心竞争力的转移

最新调查数据显示，消费者需要的不再是大众化的产品，而是能享受到个性化、独特使用体验的产品解决方案。这就要求企业必须颠覆原有的产品设计研发思路，回归到用户需求这一原点上，敏锐地捕捉消费需求，通过差异化的创新来满足用户需求。只有为用户创造了价值，才能得到用户的认可。

通过中怡康近半年的统计数据不难发现，市面上在售的海尔空调产品越发趋于满足细分人群需求，为用户量身“定制”舒适的空气环境，其无氟变频除甲醛空调销量连续蝉联同类产品畅销型号榜首，并呈不断上扬的上升态势。由此可见，海尔空调基于用户需求之上的产品创新，不仅使其赢得了业内人士的赞誉，同时，也得到了消费者的广泛认可（见图11.8）。

2012冷年启动之际，海尔空调新一代物联网除甲醛产品全面上市。据了解，此产品基于物联网技术与RCD甲醛分解技术的完美融合，由海尔空调全球首创用户不论什么时候、在哪里，只要通过手机发送指令，就可“远程定制”室内舒适空气。

业内人士称，目前海尔在物联网领域已具备了国际领先实力和较为成熟的技术。海尔空调将集物联网技术和当下最受新婚新居用户青睐的除甲醛技术于一身的空调产品推向市场，不止使更多新婚新居家庭能从中享受到舒适节能技术带来的高品质生活体验，同时也标志着海尔空调已经率先实现了核心竞争力的转移。

② 独有的战略发展路径 推动行业转变与产业革新

据了解，以前我国空调行业是大规模制造，同一型号产品要面对众多消费者。而现在，在消费趋势转变为选择性消费的情况下，企业运营的关键在于准确、敏锐地洞悉消费需求，并在第一时间满足它，只有这样，企业才能在未来的市场竞争中赢得主导权。相关专家表示，当前大多数空调企业难以推出领先性创新产品的根本原因在于缺乏先进的商业模式与核心技术。在这方面，海尔空调却做得较为成功。

当其他企业还在依靠打价格战吸引用户的时候，海尔就已经转向了对未来生活方式的研究。它走出了其他企业单纯进行技术创新的误区，创造性地将全球领先的180°正弦波直流变频技术、无氟新冷媒、RCD甲醛催化分解技术、模块集成化技术、物联网技术等运用到无氟变频空调上，创造了独特的消费价值，也极大地提升了其市场竞争力。

目前海尔空调在全球共有17大生产制造基地，8大综合研发中心，通过这些遍布全球的网络，海尔空调能够第一时间把握消费趋势变化，并按照“研发一代、生产一代、储存一代”的产品开发机制进行产品创新和技术创新。因此，海尔空调总能领先行业其他企业，推出创新性的产品和服务。“可远程遥控除甲醛”系列产品及“定制舒适空气”的发展思路皆是如此。

分析人士评论指出，海尔空调不在低层次竞争中靠低价吸引用户，而是利用超前的产品为用户创造价值与利益，这不仅提升了海尔空调自身的竞争力，也加速了空调行业格局的重构。海尔空调正通过产品与服务创新，描绘出一条独有的从“卖产品”到“卖方案”、由“价格竞争”到“价值竞争”的战略发展路径，并沿着这条路径推动行业的转变，引领中国空调产业的革新。

（3）格兰仕——基于产品生命周期的竞争战略分析

广东格兰仕集团公司是一家全球最大的规模化、专业化微波炉生产企业。格兰仕公司前身是一家生产羽绒制品的厂家，1993年开始投产微波炉，短短几年间，已成为世界微波炉行业的龙头企业。格兰仕集团目前已建成1200万台的微波炉生产基地。形成了全球最大的微波炉生产企业。

格兰仕连续数年蝉联全国微波炉市场销量及占有率第一的双项桂冠。市场份额节节上升，从1995年的25.1%到2000年6月已达74.13%，格兰仕微波炉在欧洲市场已占据35%的份额，南美市场占据30%，全球市场占有率约30%，格兰仕微波炉的出口成交量均占到了整个行业出口总量的85%以上。1996年年底，格兰仕的无形资产就已高达38.1亿元。随着这几年格兰仕在微波炉市场上取得的巨大成功，经国家权威机构评估，格兰仕到2000年的无形资产已高达101亿元，格兰仕在行业中的绝对领先地位使其逐渐垄断了整个微波炉市场。格兰仕惊人的发展轨迹，被经济学专家称之为“格兰仕现象”“格兰仕模式”。

① 始终坚持总成本领先战略

总成本领先是企业培育核心竞争能力常用的重要战略之一，它要求企业在追求规模经济、专利技术、原材料的优惠待遇或其他因素方面占有优势。当总成本领先的企业价格相当于或低于其竞争对手时，它的低成本地位就会转化为高收益。在格兰仕的成长历程中，格兰仕一直坚持总成本领先战略，其表现形式便是降价，即以价格战作为实施其低成本领先战略的基本利器。格兰仕坚持总成本领先战略的主要基础源于其规模优势。

在研发、制造和销售的产业价值链条中，中国企业主要在中间的制造环节占有优势，呈“橄榄”型，即具备生产、制造的成本优势。而国外企业则在两头的研发和销售环节占有优势，呈“哑铃”型，即主要是在附加价值高的研发和销售中占尽优势。国内企业短期内难于实现由“橄榄”型向“哑铃”型模式的转变。

格兰仕根据比较优势原理，紧紧抓住制造环节，明智地选择“橄榄”型模式，充分利用当前中国的制造成本优势，整合国际资源，定位于国际价值链的生产车间，通过自己的“橄榄”型模式与国外企业的“哑铃”型模式对接。1993年，格兰仕的微波炉生产能力只有1万台；1996年通过OEM（original equipment manufacturing，贴牌生产）形式把许多海外知名厂商的先进生产线搬到了国内，生产规模迅速扩大，达到100万台；1997年，格兰仕通过战略集中，进一步扩大产能，生产能力达到200万台；2001年格兰仕的生产能力更是达到1500万台。

在具备了相当的规模优势后，格兰仕便具备了价格战的条件。格兰仕算过这样一笔账：引进的生产线在欧、美企业的每周开工时间一般为24～30h。而在格兰仕工人三班倒，每周开工时间可以达到156h，产能利用率达到90%以上。仅仅通过这样一项，单位产品的固定生产成本就下降了5～8倍。依靠这种成本优势，格兰仕连续几次大降价，有的降幅达30%～40%，涉及产品多、层次性强，由低档到高档机群，且时间持续长，规模较大。同时在降价的整个过程中有序地运用了一些策略和方法。通过不断大幅降价，使格兰仕的市场占有率不断提高，从而获得微波炉的霸主地位。格兰仕历次降价内容、降价幅度及达到的效果见表11.2。

表11.2 格兰仕历次降价内容、降幅及效果

时间	特征	降幅/%	总体占有率上升/%	降价型号占有率上升/%
1996/8	非烧烤型	24.6	14.2	—
1997/7～8	17升型号	40.6	12.6	15.7
1997/10～11	5大机型	32.3	11.6	29.1
1998/7	17升型号	24.3	9.4	31
2000/6	五朵金花	33.6	17.6	41
2000/10	黑金刚	40	—	—
2001/4	推出300元以下微波炉	—	—	—
2002/1	数码温控王	30	—	—

格兰仕集团在总成本领先的战略思想指导下通过运用降价这一利器，借助规模经济效益实现其目标。大幅的降价刺激了更多的顾客购买，通过销售量的增加，市场占有率的逐步提升，竞争对手市场份额的萎缩，使格兰仕利润总量扩大，市场充分渗透，从而赢得竞争优势。

② 入侵和防御阻击战略与产品生命周期相匹配

每个企业都容易受到竞争者进攻，进攻来自两类竞争者：本产业的新进入者和试图改变自己地位的原有竞争者。竞争战略具有动态性的特点，即企业的竞争战略要随着企业角色地位的转变而变化，与企业的生命周期相适应。

1）挑战入侵。格兰仕公司前身是一家生产羽绒制品的厂家。1991年，格兰仕最高决策层普遍认为，羽绒服装及其他制品的出口前景不佳，并达成共识：从现行业转移到一个成长性更好的行业。经过市场调查，初步选定家电业为新的经营领域，由于大家电的竞争较为激烈，因此格兰仕进一步选定小家电为主攻方向，最后确定微波炉为进入小家电行业的主导产品。那时，国内微波炉市场刚开始发展，处在产品生命周期的导入阶段，具有诱人的发展前景。当时，微波炉生产企业只有4家，其市场几乎被外国产品所垄断。

进入新行业的诱因，源于行业的前景和丰厚的利润。同时会遭遇行业在位者的阻击，遇到行业的进入壁垒。1991年格兰仕进入微波炉市场，处于挑战者角色，实力薄弱，无法与既有品牌直接抗衡。为集中资源，格兰仕果断采取联盟战略和集中策略，适应其挑战者角色的需要。

1992年，格兰仕与日本东芝进行技术合作，引入其先进的自动生产线，并聘请国内著名的微波炉专家。

1995年格兰仕果断放弃已具规模的轻纺产品系列，集中力量专心经营微波炉。格兰仕集团不仅将轻纺行业十多年的经营积累以及撤出的收益全部投入到微波炉的生产与销售上，而且将微波炉产品本身的收益也全部投入，从而导致格兰仕集团的微波炉产销量以惊人的速度增长，从而形成规模效应。格兰仕微波炉从1993年的试产1万台到1997年的近200万台，再从1999年1200万台到2001年1500万台的超大规模产能，已完成了格兰仕在行业内由行业挑战者向行业领导者角色的转变。至2001年，格兰仕已经连续7年蝉联中国微波炉市场销售量及市场占有率双项第一。格兰仕在行业中的绝对领先地位使其逐渐垄断了全球的微波炉市场，成为行业的领导者。

2）防御阻击。在格兰仕角色转变为行业的领导者后，其竞争战略由挑战入侵转为防御阻击。

配合防御阻击战略的主要战术手段有：

a.提高结构性障碍。包括填补产品线缺口、提高消费者的转换成本、防御性地增加规模经济或资本需求等。

b.减少进攻诱因。包括降低产品价格、降低企业利润目标等。在提高结构性障碍战术上，首先，通过填补产品缺口，提高障碍。格兰仕微波炉产品线丰富齐全，涵盖从普通型到高档型所有系列，同时，格兰仕与国外的企业做OEM，在微波炉的产品线方面，格兰仕没有给竞争对手留下任何想象的空白；其次，通过提高转换成本，提高障碍。主要包括免费或低成本培训买主等手段。格兰仕在全国几百家报纸、杂志开播微波炉知识窗、微波炉美食菜谱等栏目、举办全国微波炉烹饪大赛、出版微波炉书籍和微波炉美食VCD菜谱光碟、在全国几百家电视台开播微波炉烹饪方法节目。这样不但增加了潜在的顾客，而且使现有的消费者能更好地使用其产品，增加了顾客的满意度。尤为重要的是.这提高了消费者的转换成本；最后，在防御性增加规模经济和减少进攻诱因方面，格兰仕的价格战表现得尤为突出：即运用降价-销售量增加、生产规模扩大——规模经济、成本下降——进一步将价格下调，形成连锁反应，形成价格封销和较高的行业壁垒，使得行业其他潜在加入者丧失信心，从而逐步垄断市场。因此，格兰仕通过降价，成功地为这个行业竖起了一道价格门槛：如果想介入，就必须投巨资去获得规模，但如果投巨资做不到格兰仕的盈利水平，就要承担巨额亏损，即使做过格兰仕的盈利水平，产业的微利和饱和也使对手无利可图。凭此，格兰仕成功地使微波炉变成了鸡肋产业，并成功地使不少竞争对手退出了竞争，使很多想进入的企业望而却步。

③ 集团军作战产品战略整合

2011年6月，格兰仕正式对外发布“格兰仕微波炉、生活电器、厨房电器战略整合”，宣布以集团军作战，全面出击小家电中国市场，并高调公布格兰仕志在谋取国内首个小家电冠军群的战略。这是继格兰仕空冰洗整合之后，格兰仕集团发布的又一重大整合重组消息。

1）格兰仕微、生、厨战略整合

2011年是国家“十二五”规划的元年，也是格兰仕“十二五”规划的第一年，创新已经成为格兰仕的关键词。此次战略整合是把微波炉、生活电器、厨房电器从品牌、通路、架构等方面进行全方位整合，成立新的生活电器销售总公司。这是一次全新的战略升级，也是格兰仕由原先的微波炉、电烤箱单项冠军向打造“冠军群”延伸的大战略的超常规整合，更是符合时代和国家宏观经济发展、家电市场发展趋势的大整合。

十二五期间，格兰仕提出打造全球综合性、领先性白电集团，实现千亿销售目标。入主家电18年，格兰仕从0起步到近400亿元销售规模，格兰仕用专业分工、专业制造赢取了市场和广大消费者的认可，已完成了企业的原始积累和可持续成长基础。从400亿元到1000亿元，格兰仕要用品牌、平台、资源、通路和组织架构的战略整合，实现整个产业链从上游到下游，从横向到纵向的深化和拓展，实现企业新的飞跃和突破。

据了解，此次战略整合是格兰仕横跨微波炉、生活电器众多品类、厨房电器众多品类的首创的全新市场战略，将实现从单一产品作战到多个产品线抱团作战，从单一产品的市场粗放管理向多产品线市场融合管理，从单一产品资源配置到多产品市场资源规模化，实现产业链各环节的资源优化，实现产业链各管理单元的协同效应，达成共同体作战、市场快速反应和扩张的目的。

2）集团军作战抢占先机冲刺500亿元

据了解，2011年小家电市场需求看涨，主要包括微波炉、电饭煲、电磁炉、电烤箱、电压力锅、电蒸炉等在内的小家电中国市场延续了2010年的20%的增长速度，冲击到千亿元市场规模。根据此次战略整合的规划，格兰仕微波炉、生活电器产品、厨房电器产品有信心在十二五期间完成集团既定的350亿元销售目标，并向500亿元的销售规模冲刺。

此次战略整实行集团军抱团作战，对旗下多产品市场营销进行协调和统一。经过18年的市场历练和沉淀，格兰仕已经成为家电行业“品项最多、产品线最长、企业综合实力最强”的三家大型综合家电品牌之一，为战略整合创造了良好的营销环境和基础。此次战略整合，将促使格兰仕综合竞争力得到系统提升，并为格兰仕实现十二五规划目标和产业转型升级奠定基础。

格兰仕率先在小家电行业启动业内最长产品线的集团军作战是对市场的远见，抢占了先机。如今，市场上小家电品牌大多单兵突袭，单兵突袭可以体现企业在单一产品的竞争优势，格兰仕小家电的集团军作战则体现了企业对多产品营销的协调和管控能力，将多个产品线的优势资源整合进行创新整合，具备抱团发展的新优势，容易对市场产生强大冲击力。

3）白电航母起航谋国内首个冠军群

格兰仕称，微、生、厨战略整合将以白电企业实力为基础，以创新技术为支持，以创新营销为对中国市场进行攻城拔寨的落点，将由原先的微波炉单项冠军向打造“冠军群”延伸，力争在十二五结束之年，在微波炉冠军品项基础上，实现包括生活电器产品如电烤箱、芽王煲、电开水瓶、电水壶和厨房电器产品在内的多产品冠军目标，谋划国内首个小家电行业冠军群品牌的伟大蓝图。此举也标志着格兰仕集团向全球白电航母进军的全新起航。

此次战略整合将以科技创新为技术支持，将延续格兰仕微波炉UOVO、格兰仕芽王煲的创新DNA，进一步构建格兰仕小家电创新的技术高地，为广大消费者提供更多、更智能的高能效产品。整合之后，格兰仕将大力推进专卖店建设、卖场国际化建设、渠道下沉等一系列自选动作，形成冲刺冠军群的市场合力。

业内专家表示，格兰仕微波炉已成为众所周知的世界冠军，生活电器经过积极进攻，已经突破电烤箱产销全球第一。厨房电器产品虽刚起步，但具有颠覆市场的能力，格兰仕“冠军群”正在逐步成形。格兰仕微波炉、生活电器、厨房电器此次启动超常规的战略整合，采取集团军作战，以创新营销打头阵，对市场和终端形成快速争抢，必将对小家电中国市场产生巨大影响，格兰仕此举将掀起中国小家电新一轮的集团军作战风潮。

家电产品设计
Home Appliances
Product Design

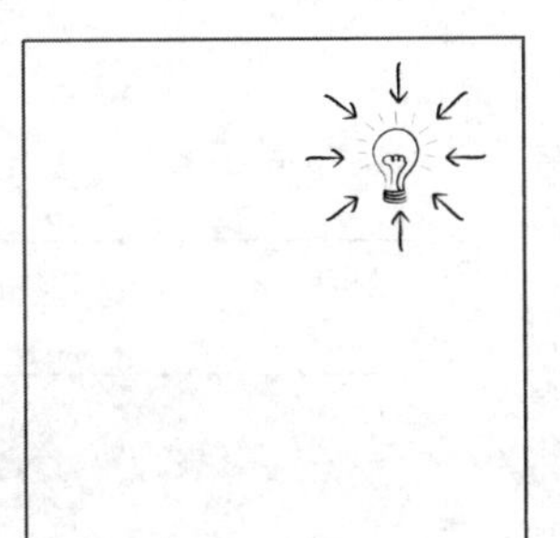

家电产品附加价值开发——关注消费趋势“营”未来

本篇涵盖了第12、13两章，分析了用户家电消费的特点，结合新兴消费群体的行为差异提出了家电产品消费新趋势，前瞻性地论述了未来的消费观念和在此驱动下家电产品蕴藏的附加价值，并从产品设计、品牌形象建设和维护及服务三个主要方面结合案例提出了指导性的观点。

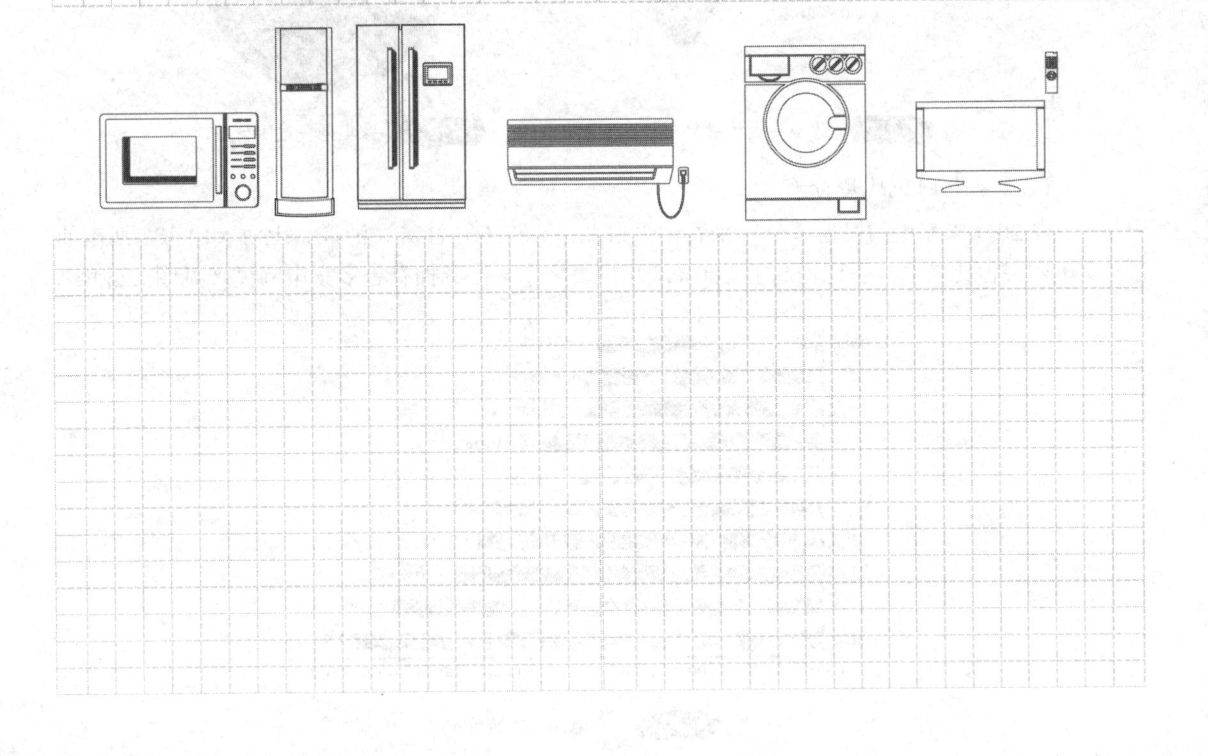

第12章 家电产品用户分析

12.1 家电行业关注人群特征分析

（1）家电网民年龄分布

从家电网民的年龄分布可以看出，关注家电行业的网民主要以70后和80后为主，这部分网民占比全体网民的七成以上。其次，60后网民也表现出较高的关注度，40～49岁网民占比12%（见图12.1）。

（2）家电网民性别分布

家电行业对男性网民更有吸引力。男性对家电行业的搜索要远高于女性，男女比例为七三开（见图12.2）。

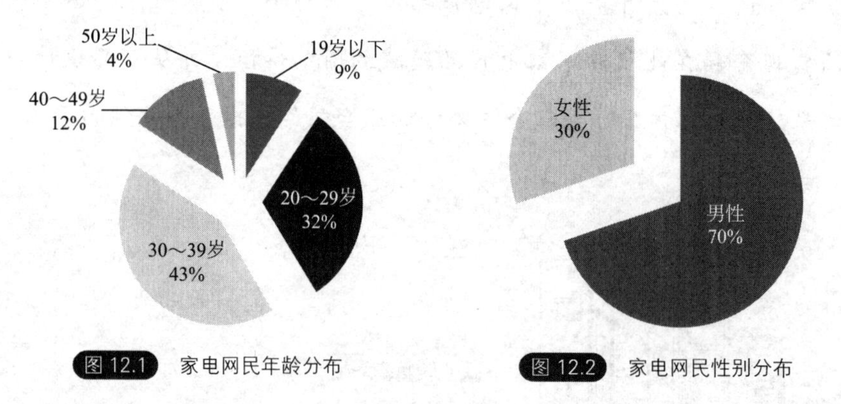

图12.1 家电网民年龄分布

图12.2 家电网民性别分布

（3）家电网民地域分布

从2011年家电网民地域分布来看，来自北京、广东、江苏、浙江、上海、山东、河南的家电网民占比较高，占比均高于5.00%。北京、广东、江苏拥有更多家电网民（见图12.3）。

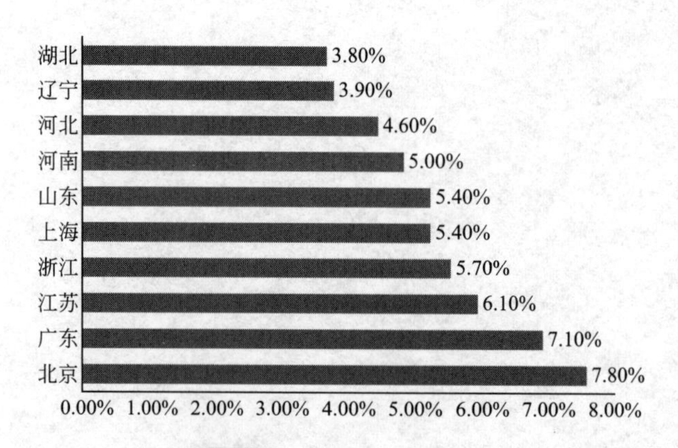

图12.3 家电网民地域分布

（4）家电网民兴趣点分布

从家电网民兴趣点分布看出，影视/视频是最多家电网民关注的内容，有35.0%的家电网民搜索过相关内容；家电网民对房地产的关注度也相对较高，有17.5%的家电网民搜索过和房地产相关信息；另外，家电网民对文学、旅游、游戏也表现出较高的关注（见图12.4）。

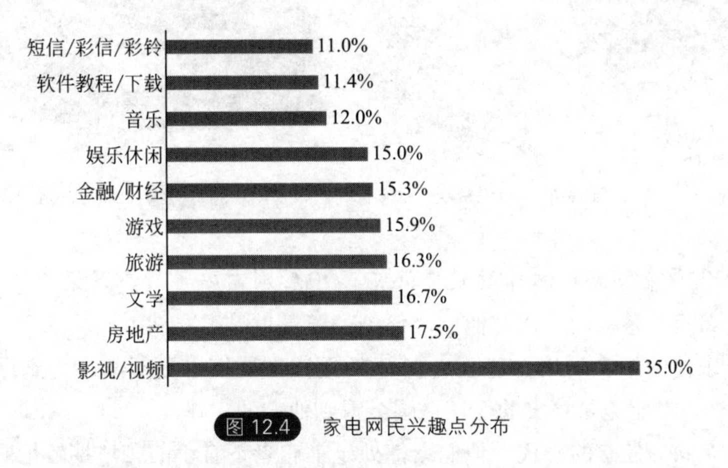

图 12.4　家电网民兴趣点分布

12.2　70后和80后的消费行为差异

“70”后这一代人已在社会立足而且已经具备一定的经济能力，之前业内对于这一部分消费人群曾做过大量的调查和研究，他们的消费理念相对应很成熟，对于产品质量要求较高，重视产品性价比同时对品牌形象也非常看重。

而“80”后则与他们有着巨大的差异。“80”后作为新老交替的一代，他们的消费能力也势不可当。“80后”展现的是一种全新的生活态度和消费心理，他们崇尚完美、时尚、个性、张扬，无论是购买家用电器或其他产品都会推翻之前只注重功能性的观念，而更注重美观和个性的展示。“80后”特殊的人生环境使他们的眼中所有的品牌只有两种：“我喜欢”和“我不喜欢”。

（1）80后偏爱个性化的外观设计，70后价格敏感度高

80后的价值观中充满了自我元素，敢于追求自我，个性化元素十足的外观设计能充分调动该群体的消费行为。70后也追求外观设计的美观，但更偏重于美观大方、豪华、高档、品位；80后则追求与众不同，简约、时尚。在某项对价格敏感度测试中，70后的价格敏感度要远高于80后。80后更乐于追求“我就喜欢”，并愿意为“喜欢”买单；而70后在喜欢与价格矛盾时，往往抛弃喜欢而委曲求全。个性，是打动80后的重要筹码，他们对个性化的追求无处不在，即使是洗浴用途的电热水器，他们也希望能与众不同，增加“水好了，请洗澡”的语音提示功能（见图12.5）。

富有责任感的70后，在购买中还更多地融入了父母的因素，而80后则是纯粹的自我满足型。70后在购买行为中，更多地考虑了家庭其他成员的使用，考虑最多的是父母，其次是孩子。而80后的购买行为则相对单纯，主要考虑自己和妻子的使用。这种购买行为是由80后的生活方式决定的，80后更喜欢自己独住，大都喜欢独立的空间，拒绝与父母同住，因此在产品的购买上，更多的是关注自身需要（见图12.6）。

图 12.5 70、80、90 后的不同消费观

图 12.6 80 后的经济消费状况

（2）80后需要充满娱乐滋味的趣味促销，70后则需要善打“亲情营销”牌

80后是充满娱乐精神的一代，他们对促销的要求也显得充满个性，除了价格的杀手锏促销手段外，娱乐性的趣味促销更能吸引80后的关注，他们也更愿意参与到这样的促销活动中。大胆，新奇，甚至略带搞笑的促销氛围会得到他们的青睐。

70后属于充满责任感的一代，他们大都处于上有老下有小的爬坡期，忙碌的工作造成疏于对父母的照顾，时间上的缺憾使得他们更愿意在物质上进行补偿。为父母购买家电成为70后二次购买的主要原因。家电厂商针对节日促销可抓住70后的特殊情感诉求，巧妙打出“亲情营销”牌，则会引起70后的心灵共鸣。

12.3 消费者家电选择趋势

（1）促成消费者购买要素分析

“品牌口碑、技术领先、产品功能、安全性能、外观设计、产品质量、绿色环保、节能效果”成为促成消费者购买的众多要素中的前八项指标（见表12.1）。

表 12.1 促成消费者购买要素排名

促成消费者购买要素排名	
1	品牌口碑
2	安全性能
3	产品功能
4	技术领先
5	产品质量
6	外观设计
7	绿色环保
8	节能效果

总体来说，消费者在决定购买时考虑的前五个因素依次为：品牌、安全性能、产品功能、技术领先和产品质量，可以看出消费者对家电产品品质的重视与要求。外观设计排名第六，显示出家电产品已经超越其产品功能本身，成为家居设计的一部分，家电企业在做好品质的同时更要深入研究家装流行趋势，在色彩、材质、款式、造型等方面推陈出新，才能更好地

赢得消费者的喜爱，促进市场份额的攀升。节能效果好与绿色环保虽然排名在所有品类的最后两位，约20%，但也入围前八项指标当中，成为消费者购买家电产品的重要考虑因素，可以看出消费者对品质内涵的定义更加深入了。

根据品类不同，消费者看重的要素也各有所别，但品牌口碑好在八个品类中都占据首要位置，50%以上的消费者都把此项指标看作是购买家电产品的第一决定要素。其中，品牌口碑因素在洗衣机和平板电视这两个品类的促成消费者购买要素中影响力最大，60%以上消费者更看重品牌口碑。由于洗衣机和电视这两类家电产品进入我国国民生活时间较长，在产品功能、性能等方面的差异化竞争优势已不明显，提高品牌的口碑效应成为在产品在市场中获胜的关键因素。安全性能好入围所有八个品类的前三促成购买要素中，其中燃气热水器的消费者最看重产品安全性，超过50%。由于品质问题，曾经有一些燃气热水器夺走了消费者的生命，彰显出燃气热水器企业要想抓住消费者，得在提高安全性方面下足功夫。在我国大城市中，家电行业已经步入成熟期，节能环保已经得到大众的认可，家电企业只有真正重视安全、性能、节能等品牌、品质策略才能赢得消费者的信赖，从而提高消费者的品牌忠诚度（见图12.7）。

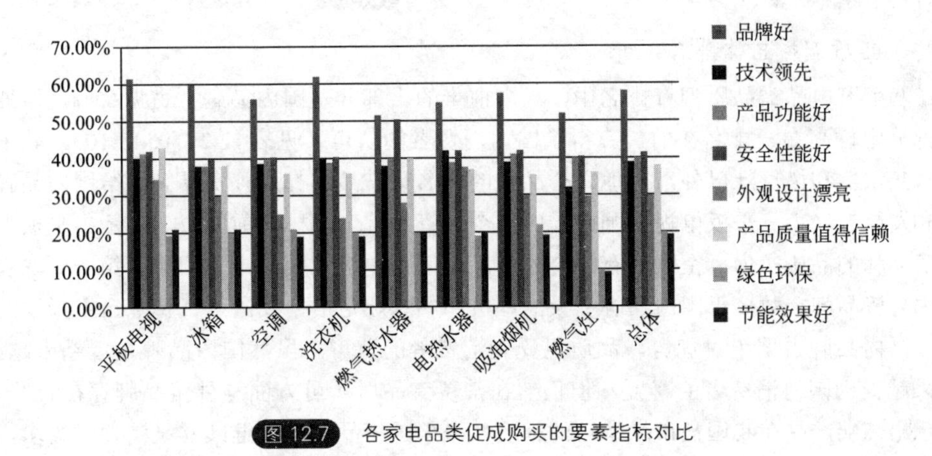

图 12.7　各家电品类促成购买的要素指标对比

（2）消费者对家电产品的购买地点分析

中国市场调查研究中心此次调查结果显示：一半以上的消费者选择去综合家电连锁店（如国美、苏宁）购买家电产品，显示此渠道是目前家电销售的最主要渠道；选择大型超市、百货商店的消费者份额相差不多，是综合连锁之外的主渠道；家电网购近几年发展速度很快，在年轻人消费者中有一定的影响力。对比中国市场调查研究中心的家电零售监测数据：在一二级城市的实际销售中，2011年上半年的主渠道是综合家电连锁渠道，比消费者的购买行为倾向调研结果高7.68%，大体相一致，显示出此渠道对消费者的吸引力与满足率；偏差比较大的是网购渠道，其实际销售业绩占据3.12%的市场份额，显示家电网购已成长为继综合家电连锁、百货、超市之外的第四大渠道，要远高于市场的预期；而品牌专卖店的实际销售情况要差于市场的预期。家电网购凭借其便利、低价的优势在年轻消费群体中的成交率很高，随着城乡互联网及移动互联网的普及率不断提升，家电网购将有广阔的发展空间；而选择希望到品牌专卖店购买的消费者份额要高于实际销售份额，显示出此渠道仍然存在一些弊端，不能满足消费者的需求，须深入研究此消费群的消费特征，从而使此渠道得到发展完善；其他渠道虽然所占份额很小，但近几年一些须和装修配合的厨卫和小家电产品在家装建材渠道发展很好。虽然此次调查只在六大区的代表城市进行，但至少它反映了大中城市消费者的购买地点选择趋势，随着三四级城市以及农村居民消费能力的不断提高、大型家电连锁渠道不断下沉抢占三四线城市、区域性家电连锁发展日益强大和完善，预计未来在三四级城市以及县乡家电市场，综合家电连锁店仍将是消费者的首选购买地点，而且家电销售渠道将呈现出多元化态势（见图12.8、图12.9）。

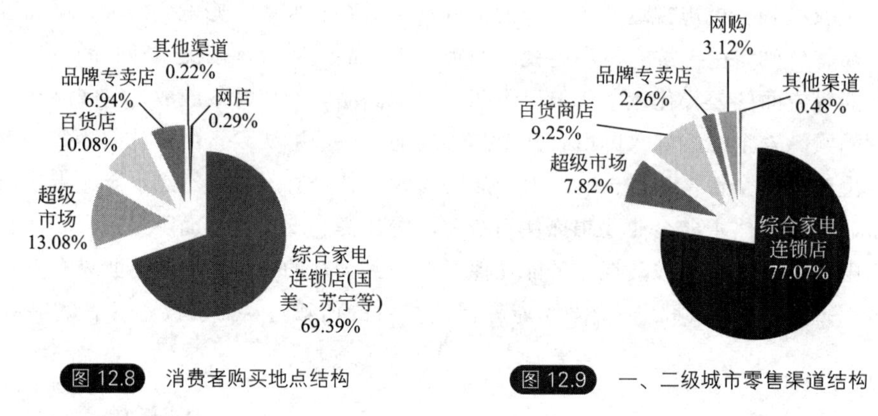

图 12.8 消费者购买地点结构

图 12.9 一、二级城市零售渠道结构

（3）品质调查品牌排名分析

在八个家电品类品质调查排名中，入围前十的大部分是国内品牌，占据65%，但外资品牌大部分定位高端、排名在前，赢得了国内消费者的认可（见表12.2、图12.10）。其中，除了燃气热水器和燃气灶以外，其他六个品类的排名第一品牌都是外资品牌，给国内品牌带来压力和发展的动力。平板电视入围前十的四个外资品牌全部排名前四位，显示出平板电视领域外资品牌的品质实力；空调只有一个外资品牌三菱电机入围前十，但排名第一；洗衣机的前十中外资品牌个数多于国内品牌；吸油烟机和燃气灶是根据我国烹饪特点自主开发的厨电产品，国内品牌占据绝对优势，品质也受到消费者的认可。虽然国内品牌发展越来越成熟，也越来越受到国内消费者的喜爱，但仍然在消费者品质认可方面与外资品牌存在一些差距，也显示出高端产品在我国被市场认可的程度，未来国产品牌仍须继续立足消费者需求，在产品质量、技术研发、节能环保等领域重点布局，才能提升消费者的满意度，与外资品牌一争高下。

表 12.2 品质调查品牌家电排名

排名	平板电视	电冰箱	空调	洗衣机	电热水器	燃气热水器	吸油烟机	燃气灶
1	索尼	西门子	三菱电机	松下	A.O.史密斯	万家乐	西门子	老板
2	三星	三星	格力	LG	阿里斯顿	林内	老板	西门子
3	LG	松下	海尔	西门子	惠而浦	万和	方太	华帝
4	夏普	海信	志高	三洋	海尔	能率	美的	方太
5	康佳	海尔	美的	三星	奥特朗	海尔	华帝	帅康
6	海信	LG	奥克斯	海尔	西门子	樱花	帅康	美的
7	TCL	美的	科龙	惠而浦	美的	美的	樱花	万家乐
8	长虹	容声	海信	荣事达	华帝	华帝	万和	欧意
9	创维	新飞	长虹	美的	法罗力	惠而浦	万家乐	万和
10	海尔	美菱	春兰	小天鹅	樱花	西门子	海尔	三角

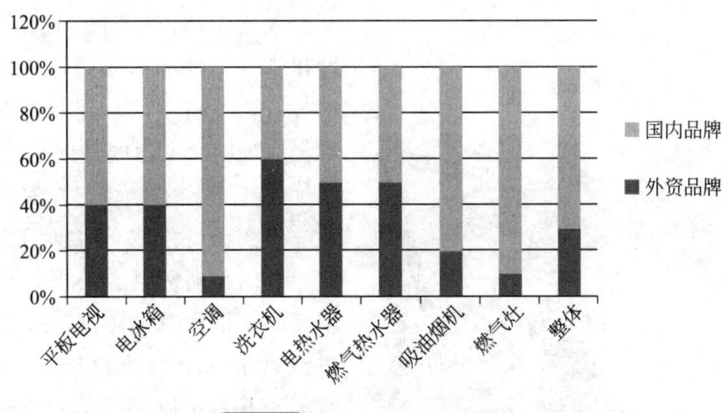

图 12.10　内外资品牌份额结构

各种家电产品已经进入人们的生活很多年了，但过去人们只是被动地接受企业所推过来的产品，即使这些产品是企业主动去调研、征求消费者的意见而生产的，但仍存在着严重自我为主的因素，不能体现真正的消费需求，以至于产品同质化越来越严重。这点在国内市场中体现得较为突出，尤其是国内的一些家电企业，没有充分地与国际市场接轨，虽然他们已经感悟到消费者的利益对于产品市场的重要性，但还没有更加深入地行为与消费者相结合，商家多是在“闭门造车”。在这样的环境下，消费者没有更多的机会对未来自己使用的产品提出建议，更多的是被动地接受，即从市场中已有的产品中选择相对适合自己的，基本上对家电产品的研发没有实际意义上的“发言权”，事实上这是家电产品发展的一个误区。

今天的顾客越来越不满足于被动消费，而企业也很难满足顾客多变的、个性化的差别需求，因此只有让顾客参与到设计中来才能真正满足消费者对未来家电的需求。据哈佛大学商学院调查，在上市的新产品中有57%是直接由消费者（或用户、顾客）创造的；美国斯隆管理学院调查结果则表明：成功的民用新产品中，有60%～80%来自用户的建议，或是采用了用户使用过程中的改革。这是一种新环境下的新需求，是消费需求的最直接的体现，对于家电企业而言，把握住这个环节并与企业的战略充分融合，必将从中胜出。

随着人们生活品质及审美水平的提升，消费者已经不仅仅满足于传统家电基本的使用功能，具有“高科技技术含量、人性化功能及时尚外观设计”的高端家电产品消费需求呈上升趋势。

趋势一：嵌入式家电将成未来趋势

嵌入式家电这种在欧美地区接受度很高的家电产品正在开启着其进入中国市场的步伐。现在，包括西门子、博世、海尔、松下、方太、老板等国内外知名家电品牌在内的众多企业均已经推出了嵌入式家电产品（见图12.11）。

图 12.11　嵌入式家电

嵌入式家电在欧洲已经有五六十年的历史，市场发展已经非常成熟，随着国内市场中产阶级的兴起，一些新富家庭和有旅外经历的人士对嵌入式家电有一定的需求，目前国内嵌入式家电市场正处于起步阶段。但又

图 12.12 电脑、电视机、游戏机的3C融合

图 12.13 海尔模卡U电视——新一代智能化交互式网络电视

因嵌入式家电可以满足不断多样化的装修个性化需求，使厨房或其他家庭空间看起来更整齐、更节省空间，因此未来嵌入式厨电或将会成为厨房家电的发展趋势。

趋势二：3C融合日益深入

当初英特尔宣布将同TCL联合开发计算机、通信和消费电子领域基于3C融合的新技术产品。依据有关协议，3C联合实验室前期将致力于三个领域的开发：在计算机领域，致力于开发电脑和家电融合的计算平台，为中国消费者设计开发出新型、实用的信息产品；在消费电子领域，致力于研制、开发新一代针对宽带服务的多功能数字机顶盒产品；在通信领域，致力于开发新一代高端手机设计，可见3C融合已是大势所趋。

现今，手机除了打电话之外可以拍照、玩游戏；笔记本计算机搭上无线网络和多媒体功能，已经集移动办公与数码娱乐于一身，这已经是随处可见的情景（见图12.12）。融合计算机、通信和消费类电子的新产品已经层出不穷，目前，“3C”产业进行融合的脉络已经清晰可见。通讯、IT、家电都开始从各自的角度趋于“3C融合”。多媒体计算机、可上网电视、可拍照手机、可打电话的PDA（personal digital assistant）等数字融合产品已经越来越受到消费者的关注（见图12.13）。

海尔模卡U电视是海尔针对普通网络电视无法满足用户智能化生活方式的弊端，专为信息化时代用户创新研发的新一代智能化交互式网络电视，是满足用户家庭娱乐的多元性、全方位、智能化解决方案。

模卡U电视的机卡分离设计使其只需插卡就能直接无线上网，内容丰富的网络下载资源、便捷的在线观看功能、海量的网络新闻与资讯等各种互联网优势功能都能通过模卡一一呈现，真正实现电视与互联网的完美融合。通过USB接口与无线传输功能，用户不仅可以轻松使用模卡U电视进行无线上网、网上冲浪，还能无线浏览储存于家庭电脑上的数字家庭相册和家庭电影，这样一来，整个家庭就能形成局域网，所有上网设备都能互连，从而交换、共享相片、音乐、影像等数据。

不仅在娱乐性上汲取了众家之长，模卡U电视还开创性地融合了远程监控技术，只要在电视上安装一个摄像头，不论是在公司上班，或到外地出行，都能随时通过互联网远程监控家里的摄像画面，对家中情况做到了如指掌。而这也是远程实时监控技术与电视的首度融合。充分利用电视的视觉优势和特点，将电视作为家中的“眼睛”，实现安全监控，为家庭用户提供更多家庭安全保障。而这个突破，从此改变了人们一百年来对电视使用方式的定义，让人与电视的互动突破了遥控器的距离，从此不受空间的限制。

模卡U电视是3G时代平板电视的一次跨越和创新，它从技术到内容、从产品到服务都符合电视行业发展的新趋势，引领了3C融合、3屏合一、3网合一的未来。

趋势三："中国制造”向“中国智造”转型

近段时间，长虹、海尔、TCL、海信等家电企业在产业结构、管理架构方面有不少调整的动作。在这个时间点上，众多的企业来重新梳理自己的内部结构、发展思路，一方面是家电“产业进化”自然选择的结果；另一方面，“十二五”是我国加快转变经济发展方式的关键时期，在“十二五”规划中，就明确做出了“要以技术创新为核心，以品牌建设为突破，以提高水平为基础，以节能减排和资源综合利用为主线，通过产品结构、产业结构、市场结构调整，实现产业合理布局”的具体要求，要求中国家电行业由“中国制造”向“中国智造”转型。

趋势四：平板电视向信息化、智能化、绿色化转变

现今，平板电视随着一轮又一轮的升级洗礼，正在逐步由数字化、网络化、平板化向信息化、绿色化、智能化转变。

例如，三星D8000拥有内置的Wi-Fi连接，其智能核心在于智能应用中心，所有内容整合到一个界面中，方便用户自取所需。大屏幕电视网络浏览器，可以自由输入网址轻松上网。借助Comcast的电视应用Xfinity和时代华纳的视频点播，用户可以在三星智能电视或三星Galaxy Tab上观看电视节目、流媒体内容、网上视频和DVR录像，并可以实现从一个屏幕到另一个屏幕的无缝切换（见图12.14）。

图12.14 三星D8000

家电厂家正在从“硬件”盈利模式向“硬件+内容+服务”盈利模式转变，改变原来一次性销售的盈利模式，通过销售电视机，同时提供内容和服务，形成电视终端的市场溢价，并产生持续服务的盈利能力。除了传统的家电厂商外，就连一直专注于做手机、电脑的苹果、谷歌、联想、英特尔等IT巨头们，正在将触角伸到电视领域。由此可见，智能电视领域势必将成为未来平板电视的主要发展方向。

趋势五：智能化云终端大势所趋

按照行业整体发展态势，固网、Wi-Fi、3G三网均将在未来三年迎来高速成长期，网络将基本覆盖全国，高速传输的光纤距离家庭终端也仅剩“最后的一公里”，网络流量将高速提升，完全能够满足各类互联网终端的使用需求，带来海量数据和高画质传输。同时，国家三网融合计划将推动电信网、广电网和互联网的相互渗透、互相兼容，并逐步整合成统一的信息通信网络，这些必将带动更多变化无穷的云终端设备开发，全程在线和触摸技术将成为该类终端的共同特点（见图12.15）。

图12.15 智能化云终端

图 12.16 物联网家电海尔 U–home 推出智慧居单户型智能家居系统

趋势六：物联网家电的发展

物联网的概念是在1999年提出的。“物联网”是互联网在形式上的延伸与扩展，它传承了互联网的普遍性特征，也并非只是将传感器连接成网这样简单。“物联网”的关键不在“物”，而在“网”。据悉，海尔已经在物联网相关产业投入了近亿元，领域横跨了白色家电、黑色家电以及IT类产品。

2011年，海尔U-home面向别墅、高级公寓、豪宅等高端用户推出了高端住宅智能化系统——智慧居，这是海尔U-home继推出整套物联网家电之后，又一次引领了物联网时代的技术创新，成为智能家居行业关注的焦点（见图12.16）。

这套系统具有多屏合一、功能齐全、布线简单、操作方便、系统稳定等特点，非常适合别墅、高级公寓等高端用户追求更高品质生活的需求。用户在家中可以通过每个房间墙面上的智能触控面板、家庭智能终端来操控家中的灯光、电动窗帘，管理空调、热水器等家电设备。为了用户使用方便，海尔U-home还专门为用户配备了智能遥控器，您可以通过它，在房间的任何一个角落控制家电、灯光、窗帘、影音系统，还可以实现看电影、就餐、离家等各种场景模式的一键控制。此外，用户通过APP Store下载“U-home优家管控软件”，还可以通过自己的IPAD、iPhone手机实现对所有家电、灯光、窗帘以及各种生活场景的集中管理（见图12.17）。

图 12.17 智慧居多屏合一的控制终端

美的也早已推出了具有物联网技术的微波炉、吸尘器、洗衣机、空调等多种电器，在射频识别（RFID）、产品自身智能化的技术上已经成熟。物联网家电现在已经成为许多企业未来很长一段时间产品开发的一个极为重要的部分，相信在不久的将来，物联网家电将被广泛推广。

第13章 消费模式与附加值创造

13.1　未来消费观念及消费方式分析

消费观念（consumption concept）是人们对待其可支配收入的指导思想和态度以及对商品价值追求的取向，是消费者主体在进行或准备进行消费活动时对消费对象、消费行为方式、消费过程、消费趋势的总体认识评价与价值判断。消费观念的形成和变革是与一定社会生产力的发展水平及社会、文化的发展水平相适应的。经济发展和社会进步使人们逐渐摒弃了自给自足、万事不求人等传统消费观念，代之以量入为出、节约时间、注重消费效益、注重从消费中获得更多的精神满足等新型消费观念。

（1）消费观念的演变

第一个时代：理性消费时代

在这个时代，一方面，由于生活水平低，消费者只是注重产品本身的质量，着眼于物美价廉，经久耐用。因此，产品的“好”与“坏”成为消费者购买的标准。另一方面，由于市场刚刚启动，生产企业和生产能力都很有限，而消费者的需求又极大，因而形成了供不应求的卖方市场，消费者的需求及欲望并不受到生产者的重视，在生产者看来，只要他们产品的价格能够被市场接受，无论多少产品都能卖出去，根本不用担心消费者会有其他额外要求，因而生产者只是从企业自身出发力求产品标准化，提高效率，通过大规模生产来降低成本以获取利润，形成了一种重生产轻市场的“以企业为中心”的市场营销观念。即“产品导向阶段”。

第二个时代：感觉消费时代

这个时代由于生活水平的改善和提高，人们消费观念发生了很大变化，消费者开始注意同类产品在质量上的差异，并对创新的产品表现出极大的兴趣，他们宁愿花高一点的价钱去购买质量较高和比较新型的产品。“重品牌，重式样，重使用”，成为人们消费观念首先或主要的内容。因此，“喜欢”与“不喜欢”成为消费者的购买标准。对生产者来讲，生产再多产品也能卖出去的好时光已经渐渐消逝。20世纪30年代以后，随着工业化和机械化的发展，生产者的劳动生产率和产量迅速提高，这就使大量产品充斥市场，出现了供大于求的现象。买卖双方的位置也因此发生了显著的变化，市场状态由原来的卖方市场转化成了买方市场。买什么、买谁的、买多少都是由消费者在更大的选择范围中做出决策。所以，生产者的工作重点乃是用尽一切手段去刺激消费者购买自己的产品，使公司现成的产品能尽快地大量推销出去，成为“销售导向”阶段。他们花大力气成立专门的销售部门，或者不惜让批发商、零售商们分享利润，使用各种推销和促销手段，如广告、打折、赠送礼品、推销员上门游说等，来达到目的：实现最大的销售量。至于产品是否真正符合消费者需要，消费者买后是否会后悔或觉得上当，则不予太多考虑。从这个时代我们可以看到：消费者的需求开始多样化，消费层次也越来越高了，生产者眼光也开始由生产向市场转移，在“销售导向”阶段，尽管生产者对消费者不得不刮目相看，敬若上宾，但由于这种急迫的强销心理，对消费者内心更为深层的需求还是处于一种漠然和忽视的状态，从本质上来讲还是属于一种“以企业为中心”的市场营销观念。

第三个时代：感性消费时代

随着社会的进步和时代的变迁，人们越来越重视心灵的充实，消费变得越来越挑剔，对商品的要求，已经不再是质量、价格，也不再是品牌，而是商品是否具有激活心灵的魅力，在购买和消费过程中是否能够带来心灵上的满足。因此，“满意”与“不满意”成为消费者购买的标准。

此时，生产者的地位江河日下，一个空前严峻的课题摆到了生产者、批发商和零售商的面前：那就是市场竞争变得日益激烈，而消费者却变得越来越挑剔。产品的卖方不仅必须使其商品具有竞争能力，而且更重要的是要真正认清消费者的需求，根据顾客的需求来规划自身的经营活动，生产出符合人性需求的产品和服务，激起和满足顾客的欲望，把顾客作为整个市场活动的起点和中心，一切从顾客出发，一切为了顾客。市场由“销售导向”阶段转化为“需求导向”阶段，形成了一种“以消费者为中心”的现代市场营销观念。

可见，消费观念与市场营销观念的演变是相互吻合的，需求导致生产，生产促进需求，两者随着人性需求的梯级式的变化而不断地相互联系，相互促进，共同提高和发展。

（2）消费观念对消费行为的影响

消费观念在受其他因素影响的同时，也深刻影响了人们的消费行为。当然，消费行为的激发是商品本身的因素、品牌形象、消费者的主要消费动机及消费观念等各种因素综合作用的结果，但其中消费观念起主导作用。具体来看：

其一，消费观念影响消费者的品牌偏好。

调查发现，消费观念越前卫，消费者越倾向于喜欢和选择国际性的品牌，而保守的消费者大多根据价格、质量比而选择国内品牌。

其二，消费观念直接影响消费者对其消费环境的评价。

通过对消费观念指数和消费环境评价指数的相关分析，表明消费者的消费观念越前卫，其对消费环境的要消费环境则没有太多的关注，对消费环境的要求也不高。可以看出，促进消费，提升消费观念必然使消费环境面对更为严峻的挑战，但环境的改善却是通过政府、企业和各界组织的努力才可完成的。

其三，消费观念影响人们对消费场所、消费方式的选择。

目前中国市民消费的主要场所是超市，其次为大型商场。选择超市是因为人们认为商品价格合适，且商品质量有保证，物品比较丰富，服务也比较周到，同时，物流频率高，也保证了商品的新鲜程度和新产品的不断投放。大型商场选择较多主要认为它的服务和质量吸引人；自由市场、批发市场虽然价格低，但大多是流动性强的个体户，价格失真比较严重且商品质量无法保证。调查显示：有63.2%的居民选择价格，有25.1%的居民选择质量，有25.2%的居民选择购物环境。学历在大专以上者选择第一因素为质量、服务的比例明显高于平均水平，对价格的考虑则低于平均水平；在年龄段上，第一因素仍为价格，选择了质量保证为第二因素，购物环境和方便程度则集中在老年和青少年群体中。

消费观念为节约型的消费者很少去专卖店或精品店购物，比例仅为12.9%，但选择去批发市场和自由市场的比率却是最高的；而具有提前消费观念的消费者，选择去专卖店或精品店以及大型商场的人数均超过一半，分别达53.7%和55.2%，去批发市场和自由市场的比率又均不及其他类型的一半。

其四，消费观念也直接影响人们的未来预期和未来消费。

中国消费者未来几年的主要消费整体上集中在住房（36%）、子女学业（35%）、旅游（29%）三个方面，同时对汽车、金融、进修和家居装修等有部分的需求，其比率分别为26%、25%、31%和18%。消费观念越前卫，在其未来消费中住房、子女上学和家具装修的比重就越低，而在旅游、汽车、金融投资和进修等方面的比重就越高；节俭型和量入为出型的消费者在未来的消费主要还是住房和子女学业；而提前消费型在未来的消费中占比重最高的已经是旅游、汽车和金融投资（见图13.1）。

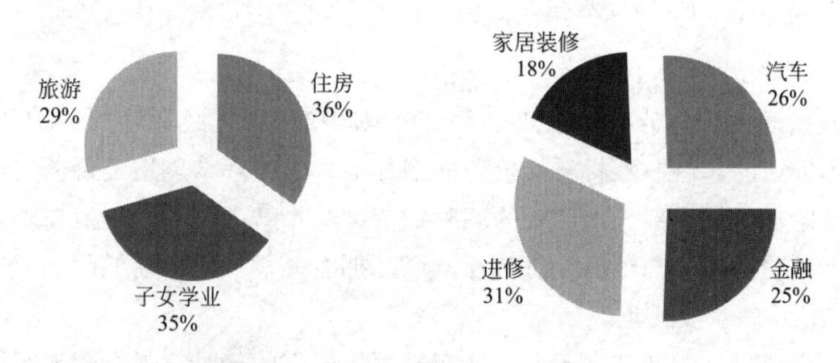

图13.1　中国消费者未来几年的主要消费方向

目前中国奢侈品消费呈现五大消费特点：

第一，从消费理念来说，由原来的“面子型”消费逐步转向“社交性”消费，即指社交生活中所需的奢侈品、所购买的奢侈品符合所处的群体的集体偏好；

第二，由自用型消费转向以投资收藏、商务馈赠为主；

第三，中国消费者还存在较低的品牌忠诚度和较强的印象型消费观，并没有对哪个品牌情有独钟；

第四，限量版、定制化将成为一大趋势，因为奢侈品之所以被称之为奢侈品就是因为能体现独一无二性、稀缺性；

第五，中国内地+港澳+欧美国家的“1+1+1”式消费法则。原来一些研究认为中国的奢侈品消费有50%以上是在境外完成的，但经过调研来看，中国人进行奢侈品消费有三分之一是在中国内地完成的，高端商场和免税店是中国人进行境内奢侈品消费的主要渠道。因为关税的原因，在境外购买奢侈品会比境内便宜，专程到境外购买奢侈品的人群还是在乎价格的，他们并不能算是奢侈品真正的消费人群。对于真正的奢侈品消费核心群体来说，他们对价格并不敏感，也不在乎是在哪里购买的，他们在乎的是他们能买到的是不是最新款、是不是最好的、是不是自己喜欢的。

13.2　家电产品的附加值创造

13.2.1　新型消费观念下的设计附加值

“这款电视机音响效果特别好，这样的喇叭在市面上单买也得几千块钱呢！”“我们的空调有健康功能，您家要是空气不好，用这个绝对合适。”“买我们的摄像手机，您根本就不用买照相机了。”

在卖场，这样的热情推荐越来越屡见不鲜。家电产品像一个个准备登台的唱戏的演员，全副武装，披挂上身，长袖善舞，如会唱歌的电磁炉，可录制节目的创维电视，能打印2500万像素的高清晰图片海信电视。不仅如此，空调、冰箱、洗衣机也在努力将IT产品的一些功能往自己身上拉，恨不得文武全能，样样全会，一个又一个让人想不到的点子频频跳出来挑战着消费者的眼球。

近几年，中国家电市场竞争日趋激烈，价格手段就像体育竞技中的“兴奋剂”，虽然一度带来销售的增加，但是副作用明显。因此，很多企业都开始尽量摆脱“红海”，转向“蓝海”，试图通过提升产品自身的价值来提高市场竞争力，用现在流行一个词表示就是“提高产品附加值”。利益驱动永远是商家遵循的第一准则，挖空心思、绞尽脑汁皆源于此。

（1）什么是产品附加值

产品附加值指通过智力劳动（包括技术、知识产权、管理经验等）、人工加工、设备加工、流通营销等创造的超过原辅材料的价值的增加值，生产环节创造的价值与流通环节创造的价值皆为产品附加值的一部分。其中的高附加值产品指智力创造的价值在附加值中占主要比重，具有较高的价值增长与较高经济效益，商品拥有高额利润。而低附加值产品指智力创造的价值在附加值中占次要比重。

在市场上，卖得最好的产品并不一定是产品质量最好的产品，就充分说明了产品要有价值，同时也必须是消费者可感知的，只有当产品的价值与消费者可感知的价值相结合，产品才会畅销旺销。顾客的满意度对产品是否旺销续销有决定性的意义。

顾客的满意度=顾客使用体会的感知度/顾客的期望值，顾客的感知度越高，顾客的期望值越低，顾客的满意度越高。

产品由三个层面组成，分为核心产品、外包装、延伸产品。顾客可感知的产品价值主要是指顾客从产品的定位中获得的全部利益或满足，分为使用价值和精神价值。顾客价值的来源主要有产品、服务、人员、形象等。顾客成本主要是指顾客为获得这种产品的支出总和，包括货币成本、时间成本、精力成本、心理成本等等。

产品附加值是企业得到劳动者协作而创造的新价值，从企业的角度看，附加值=销售收入－（原材料费+设备折旧费+人工费+利息），从社会经济的角度理解，附加值=纯利润－（税+人工费+利息+设备折旧费）。

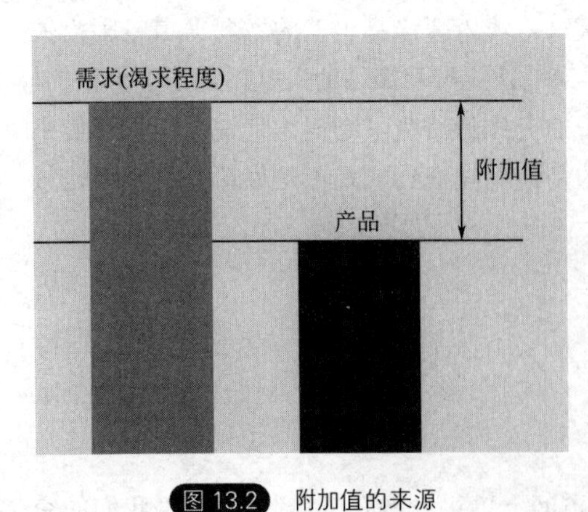

图13.2 附加值的来源

本质上来讲，附加值的来源就在于消费者对产品有更高的渴求程度。消费者对产品的渴求程度越高，越愿意为之付出更多的成本。营销就是通过影响并改变消费者的观念来达到让消费者对产品有更大渴求的目的。原先消费者愿意花一块钱买一件东西，但是通过营销改变消费者的想法，让消费者愿意花更多的钱去买它，那么企业得到的价值就更高了（见图13.2）。

增加消费者对产品的渴求程度，从一定意义上说，就是改变消费者的心理。

例如，一块手表，其制造成本是100元钱，当消费者仅仅认为其质量好，计时很准确，也许可以卖到200元钱。但是当它变成一种地位象征的时候，就可能值30万元。例如一块劳力士手表，消费者花28万元买下来也会觉得很值，因为劳力士给消费者带来了另外一种感受——劳力士是身份与地位的象征。

增加消费者的渴求程度就是要改变消费者的认知。

例如，一台空调可以卖到2000元钱，但是增加一个价值100元的负离子发生器——一个净化空气的装置以后，售价是不是2000+100=2100元呢？其实不是，而是2000+1000=3000元。

因为企业通过宣传，让消费者知道不安装这个装置是很危险的。因为长时间开空调的房间，空气中易滋生大量细菌，人在这样的环境中的时间长了，会四肢无力、两眼昏花，这就是空调病。那么消费者宁愿多花1000元钱也要买带这个负离子发生器的空调。

这也是渴求程度的问题。消费者渴求程度越高，产品的附加值越高。甚至消费者明明知道这个装置只值100元钱，但是价格多了1000元钱，他们也会购买。因此，消费者的渴求程度越高，愿意为之付出的成本越高，产品的附加值就越高。

从以上分析可以看到，高附加值的产品，是指“投入产出”比较高的产品。其技术含量、文化价值等，比一般产品要高出很多，因而市场升值幅度大，获利高。专家强调“高附加值产品”，应当明确这样几个基本概念：

第一，附加值的高低是一个相对的概念，受不同行业、国情和不同价格体系的制约。

第二，附加值的高低又是一个有时效性的与市场状况有着互动作用的概念。

第三，“高附加值产品”是一个综合性、系统性很强的概念。它应当是投入少、产出多、功能价值比较合理得当的产品。

第四，高附加值产品也不能等同于高科技、高消费、高档次产品，后者只有成为高效益产品时，才能称为高附加值产品。由于消费已日益从“物”的消费转向“感受”的消费，日益倾向于感性、品位、心理满意等抽象的标准，所以，产品附加值在市场上的地位就越来越高了，它与产品卖点难以分割，日益融为一体了。

消费者的需求和欲望决定了附加值的发展，它的发展具有如下四个基本层次（见图13.3）。

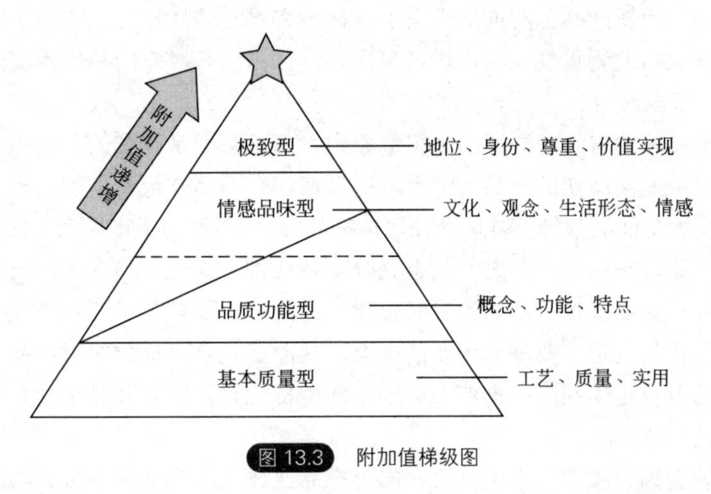

图13.3　附加值梯级图

不同层次的消费者，买东西的时候所关心的要素是不同的，不同层次的消费者所关心的产品的角度也是不同的。

一个品牌越是不可取代，它的附加值就越高；越往上层，消费者认知的不可取代性越强，品牌的附加值也就越高。

① 基本质量型　基本质量型品牌是为满足消费者最底层的生理需要而产生的。在主定层次，消费者一提到你的品牌的时候，更多想到的是它的质量还不错，比较实用。

可感知的质量是以技术为支撑的，能够让消费者感觉得到的质量，不同于我们常说的“是否符合产品生产规格，无瑕疵”的生产质量，也不同于“产品的配料、材质等”的产品质量，而是来源于消费者的感性认识。可感知的质量涉及产品性能、外观等硬性的产品质量和维修、配套服务等软性的服务质量。

这类型的品牌很容易被其他产品取代，所以这类品牌的附加值不高。

② 品质功能型　其品牌价值主要用于界定产品的功能，基本只能在以下几种情况下出现：

1）市场需求大于市场供应；

2）全新产品刚刚诞生时；

3）生产原材料，如钢材、水泥、化工原料等；

4）能满足消费者某种特殊需求的产品，如治疗心脏病、糖尿病等方面的药品。

对于第一种情况，由于市场不存在竞争，经营者所要做的只是尽可能地把产量做大，把产品做好，把渠道做通，同时尽可能地将产品的功能信息告知最多的人。只要如此，销量即可滚滚而来。

对于第二种情况，由于产品刚刚面世，消费者对产品的认知还不多，因此在渠道通畅的情况下，产品销售情况的好坏主要取决于企业是否能将更多的产品信息传达给更多的目标消费者。此时品牌的功能主要是告诉消费者你是谁、提供什么产品（服务）、产品有什么用途。消费者明白了，在产生需求时就自然会购买该品牌的产品。

对于第三、第四类情况，由于产品的特殊性，消费者对产品功能的关注程度远远大于产品所能提供的其他价值。因此，产品的功能型品牌形象尤为重要，品牌的价值主要是传递产品的实物功能。

随着市场贸易的全球化，经济和科技的不断成熟和完善，仅仅因为需求大于供应而形成的单纯的功能性品牌已经不可能存在。但对于部分新上市的产品而言，功能性品牌是一个必然的发育过程，因为新产品在刚推出时由于目标顾客对它的用途特点还不了解，功能性的品牌形象在此时就显得尤为重要。当市场日渐成熟，目标顾客对它的熟悉程度逐步增加，功能性的品牌形象将逐渐减少。

对任何一个品牌而言，功能型的品牌形象始终而且必须是存在的，因为消费者购买任何一个品牌都不可能脱离现实的产品（消费者购买任何一个品牌最基本的动机是对产品功能的需求，在满足实物功能的基础上有选择性地选择品牌），而且由于市场竞争的日趋激烈，产品同质化越来越严重，产品与产品之间具有完全可替代性。因此，当众多同类品牌的宣传信息源源不断地往顾客大脑挤压时，若不时时提醒，品牌就可能被竞争对手淹没。另外，市场开发是一个不断推进的过程，要争取到新的顾客，其前提就是目标顾客对产品和服务信息要有足够的了解。这就决定了品牌在推广中必须不断地提醒目标顾客我是干什么的、生产什么产品、有什么用途和特点等。

功能型品牌会因为激烈的市场竞争、同类产品宣传的增多而逐渐失去其激发消费者购买冲动的能力。在这种情况下，功能性品牌必须及时向更高层次的品牌阶层发展。

③ 情感品位型　当消费者对品牌的需求不再局限于产品功能本身的时候，围绕品牌而产

生的附属价值就成了消费者购买品牌的主要理由。喝百事可乐，代表的是年轻和激情；喝可口可乐，代表的是火一样的活力；用雕牌洗衣粉，是居家会过日子；用舒肤佳是爱心妈妈的表现；奔驰象征着财富；宝马展示的则是成功和年轻。

情感型品牌以满足人的情感需求为核心，并以附加于产品之外的情感价值作为品牌之间的区别。

品牌是企业发展的核心，也是企业存在的价值。但是在成为情感性品牌之前，企业一般都仅将自己定位为产品或服务的提供者，而忽视了品牌所具有的社交价值及其所扮演的社会角色。直到产品同质化现象越来越严重，产品的功能差异越来越微小，维系产品竞争优势的创新成本越来越高昂时，企业经营者们才会意识到产品附加价值的重要性。例如，国内的企业在未意识到情感性品牌的重要性之前，广告中是清一色的省优、部优、国优，以及公司的法人代表，各企业的广告均在重点宣传产品质量的优异，形象单调而乏味。而现在，大部分广告均重点突出品牌带给消费者的附加价值，广告市场也因此逐渐繁荣。

情感型品牌的出现，主要是因为行业成熟而导致的企业和产品的同质化。从消费者需求的角度来说，因为行业成熟而产生了产品的同质化，消费者对产品的功能型需求被普遍满足后，显然无法再有效地刺激消费者的购买。而从单个品牌的角度来说，因为品牌的同质化，品牌失去了让消费者产生消费快感的消费诱因。因此，消费者对品牌的忠诚也会很快瓦解。所以，功能型品牌必须沿着消费者的需求往上发育到情感型品牌阶段。

情感型品牌不仅满足了消费者基本的实物需求，还给消费者提供了实物价值之外的附加价值，甚至给消费者提供了品牌的社会归属感，满足了人类对爱、情义、归属感、尊重等情感的需求。例如，奔驰汽车给使用者提供的不仅是优异的代步工具，也给奔驰车的拥有者赋予了成功者的形象；舒肤佳不仅仅是一块强效抑菌的香皂，还代表着妈妈对家人的关心，是爱心妈妈的象征。因为情感型品牌跳出了产品功能的束缚，直接针对消费者的心理进行诉求，因此其带给消费者的消费快感也更加强烈，品牌内涵的发展空间也更加宽阔。

④ 极致（精神）型　极致（精神）型就是消费者一提到这个品牌的时候，更多地想到地位、身份、尊重、价值实现等，其所赋予消费者的心智是卓越的、尊崇的和艳羡的。

在国宴上喝的是茅台，招待尊贵客人时喝的是五粮液、茅台国窖等高档酒，并不是说这些人喜欢喝这种口味的酒，而是表达对喝酒人的一种尊重，显示的是其尊贵的身份和地位。

极致（精神）型品牌是品牌价值的最高阶层，只有极少部分的品牌能够达到这个层次。从广义品牌的角度来说，目前能真正称得上精神性品牌的只有宗教、爱国主义等少数抽象的事物。极致（精神）型品牌已远远超出了产品的实物功能需求，能给消费者带来精神上的极大满足，即自我实现的快感。这类品牌的价值构成中，附加价值要远远超越于实物价值，且实物价值与附加价值之间没有必然的因果关系，甚至无需实物价值的存在。与情感性品牌相比，极致（精神）型品牌由于不是对产品给消费者所带来的直接和间接利益进行的挖掘，而是在产品功能利益之上根据消费者自身的社会地位和扮演的社会角色而赋予的精神和文化价值，所以精神性品牌在形象塑造上更加自由，空间更加广阔，其品牌的个性特征也更加鲜明。

极致（精神）型品牌的建立涉及对社会学和消费者心理的深刻研究，品牌形象的定位与树立相对难以把握。另外，因为极致（精神）型品牌更侧重于消费者自我价值的实现，所以极致（精神）型品牌的培育和维护，要更多地侧重于品牌责任及所承担的社会角色的传播。可以更多地介入如公益、体育、慈善、艺术等社会活动，通过公共关系来传播品牌，而不必在大众营销上花费太多的精力。

（2）附加值是企业生命力的来源

① 从竞争中获取资源的能力是企业生存和发展的第一关键。

市场竞争和自然竞争的法则是一样的：优胜劣汰，适者生存。

在市场经济条件下，企业生存和发展的关键在于对客户资源的寻找及获取，也就是说企业必须找到客户。不管你的形象做得多好、产品有多少技术含量、管理多么先进，也不管你的实力有多么强大，如果没有客户，最终的结果只有被淘汰。

② 如何获取资源，就是用最低的成本销售出高附加值的产品。

对一个企业来说，生存就是如何用最低的成本生产并销售出高附加值的产品。

以前，我们常说生产的目的是为了满足人民群众日益增长的物质和文化需要。而现在，一个企业经营的核心是获取最大化的利润，通过销售产品用最少的投入获取最高的附加值。

附加值就是为客户创造出更大的价值，从而企业获得更高的回报。获取资源最直接最重要的就是创造附加值，创造附加值就是为客户创造出更大的客户感知到的价值，从而使企业获得更高的回报。

③ 附加值是中国企业发展的最直接动力。

中国经济快速增长的背后是资源的大量消耗，低附加值是中国制造的关键问题，创造高附加值是企业获得竞争优势的基础。中国的市场机会很大，也可以说是千载难逢，但是很多企业面对中国的市场状况时却很无奈。

国际大品牌以巨额的资金实力、强大的品牌力量，大举占领中国市场，我们靠什么与之竞争？这些企业为了占领市场可以进行大手笔的投入，可以亏损几年，我们大部分的企业的实力弱小，根本亏不起。我们要生存和发展，必须边盈利边发展，而且还需要迅速发展。如何盈利？如何发展？迅速创造附加值是企业发展的最直接动力。

没有附加值会导致没有研发及推广投入、更低的价格，进一步导致更没有附加值，更无力竞争，进入更恶性的循环。这好比一只动物，因为没有捕获到营养高的食物，导致体弱多病，进一步失去了捕食能力，从而进入恶性循环直至灭亡。

创造附加值对国家和企业来说都是一场生死之战，是21世纪中国经济强盛的关键。

13.2.2 如何创造家电产品的附加价值

创造附加值是企业发展的最直接动力，也是竞争优势的最直接体现。

高附加值设计的特征主要有（见图13.4）：

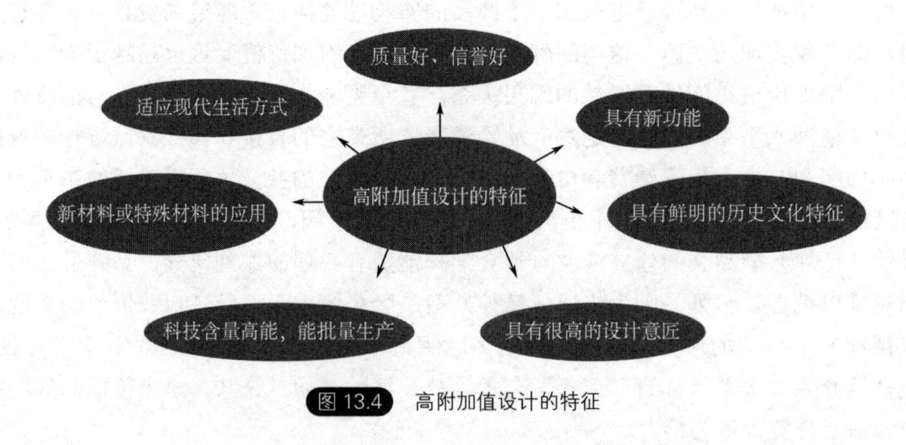

图 13.4 高附加值设计的特征

① 质量好、信誉好；② 科技含量高能，能批量生产；③ 新材料或特殊材料的应用；④ 具有新功能；⑤ 具有很高的设计意匠；⑥ 具有鲜明的历史文化特征；⑦ 适应现代生活方式。

提高产品附加值有如下途径：

（1）艺术附加值：通过产品形态、色彩、肌理、心理感受、审美情趣等创造的附加值；

（2）技术附加值：通过新材料、新技术、新工艺的应用，降低成本，提高效益；

（3）功能附加值：提升人们的生活品质，创造健康有趣、舒适宜人的生活方式。

（4）品牌附加值：品牌是指产品或劳务的一种名称、名词、符号或其要素的组合运用。品牌包括公司品牌或商标。

品牌是企业的无形资产，它体现了企业对使用功能、技术要求、售后服务等方面的承诺和信誉。打造品牌是增加产品附加值的有效途径。

（5）包装附加值：包装的基本功能是保护产品和便于运输，同时又有广告和美化功能，因而也能提高附加值。好的包装可以传达相关的产品信息、增强产品的艺术效果、提高消费者的购买欲望。

13.2.2.1　产品设计

产品的造型设计是为实现企业的总体形象目标的细化。它是以产品设计为核心而展开的系统形象设计，对产品的设计、开发、研究的观念、原理、功能、结构、构造、技术、材料、造型、色彩、加工工艺、生产设备、包装、装潢、运输、展示、营销手段、广告策略等等进行一系列统一策划、统一设计，形成统一感官形象和统一社会形象，能够起到提升、塑造和传播企业形象的作用，使企业在经营信誉、品牌意识、经营谋略、销售服务、员工素质、企业文化等诸多方面显示企业的个性，强化企业的整体素质，造就品牌效应，赢利于激烈的市场竞争中。

产品设计反映着一个时代的经济、技术和文化。

由于产品设计阶段要全面确定整个产品策略、外观、结构、功能，从而确定整个生产系统的布局，因而，产品设计的意义重大，具有“牵一发而动全局”的重要意义。如果一个产品的设计缺乏生产观点，那么生产时就将耗费大量费用来调整和更换设备、物料和劳动力。相反，好的产品设计不仅表现在功能上的优越性，而且便于制造，生产成本低，从而使产品的综合竞争力得以增强。许多在市场竞争中占优势的企业都十分注意产品设计的细节，以便设计出造价低而又具有独特功能的产品。许多发达国家的公司都把设计看作热门的战略工具，认为好的设计是赢得顾客的关键（见图13.5）。

中国家电低层次价格竞争的日益加剧，导致中国家电成本越做越低，价格越来越便宜，利润也越来越薄；而欧洲一台产品的价值或利润就可以抵中国同类产品的3～5台，甚至是10台，可谓“以一当十”。居民生活水平不断提高，对更高层次舒适度有了更多追求。受城市、农村消费升级、城镇化水平提高，以及新兴经济体快速发展带来的市场需求等因素影响，如何提升家电产品的附加值，成为中国家电生产企业必须要考虑的问题。

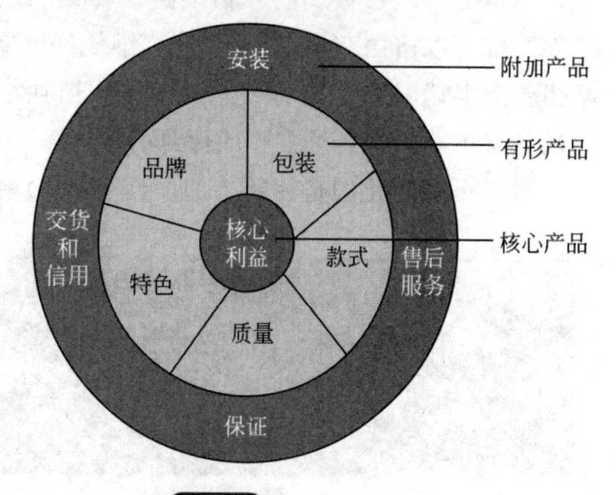

图13.5　产品的三个层次

现代消费者的消费特点，与以前相比更加理性，不再把眼光单纯放在价格上。从国外的空调市场发展来看，经历了萌芽期、发展期，如今已是成熟期，其产品都具有满足差异化需求的健康功能，这些附加功能给消费者带来更多的消费享受。因此，现在空调产品不仅仅是冷热的调节器，更要带给消费者健康、舒适的空气环境，拥有让消费者得到满足感、安全感的“高附加值”。

（1）艺术附加值——博世三门幻彩玻璃门冰箱、格力U铂空调

博世家电将旗下6系冰箱惊艳变身，在火热7月首创个性化定制服务：拥有博世红、流沙金、冰蓝、尚黑、皓白五款颜色的博世6系三门玻璃门冰箱，可通过不同颜色的门体组合，打造多达25种色泽搭配，优雅尊贵的同时瞬间提亮生活格调。突出年轻人的个性，多款颜色的随意搭配，让自家里的冰箱成为一道亮丽的风景线（见图13.6）。

图13.6 博世三门幻彩玻璃门冰箱

博世三门幻彩玻璃门冰箱不仅外观颜色可以自由搭配，其独创的双压缩机技术，也使得冰箱内部可以自由变化：冷藏、0℃维他保鲜室和冷冻室可以自由变换，为冰箱的冷藏冷冻室配搭带来多达15种组合方式。而博世冰箱独特的0℃维他保鲜功能，可将食物保存在0℃不结冰的状态下，大大延长食物的保鲜时间。

唯一不能变化的是冰箱上门，配有LCD触摸屏，冰箱内的温度变得一目了然。触摸屏设置，让整个冰箱显得更加高雅美观。

图13.7 格力KFR-26GW/（26561）FNBa-2U铂空调

U铂空调有着多种色彩的面板可选，空调实现超薄完美机身的结合，空调厚度从23cm缩减到15.3cm，虽然在数值上变化甚微，但是在体积以及视觉上还是有着很大的差异，让空调更加小巧、精美，是至美至薄之选（见图13.7）。

该款空调还采用了三种睡眠模式等人性化功能，噪声更低，只有21分贝，比普通机型降低4～6分贝以上，挑战静音控制极限，使用更方便、舒适。这是一款二级能效的节能机，所以在日常使用时，空调的节能效果也将更为出众。

空调还可在低频1赫兹状态下稳定运转，运转噪声得到明显降低，并且提高空调的节能、舒适度、静音方面的使用表现。

（2）技术、功能附加值——2011年松下怡岚、尊铂、怡睿空调新品

① 轻松一按，改变您的生活

松下空调发布的2011年新产品中，最为耀眼的当属2011年怡岚壁挂式空调、2011年尊铂柜式空调以及全新的怡睿系列壁挂式空调（见图13.8～图13.10）。

图13.8　松下怡岚壁挂式空调

图13.9　松下尊铂柜式空调

图13.10　松下怡睿系列壁挂式空调

三款产品均配置了“舒适”“ECO”两个遥控功能按键。全新的功能设计理念，将繁杂的控制化繁为简，赋予控制系统更多的智能和人性化。

在舒适模式下，开机后检测室内环境状态，灵活调整温度、智能调节风向并按需分配风量，达到设定温度后，检测人体的位置、活动量和室内光线，灵活调整舒适温度、智能调节风向并按需分配风量，令无人区域的送风损耗减少；当检测到室内光照和人体活动量减少时，智能调节风向和风量，避免冷/热风直吹人体，让人感觉更舒适；当检测不到室内人体活动量时，空调将自动进入节能模式，3h后自动关机。

在ECO模式下，开机后精确恒温控制，保持设定温度不变，智能检测室内状况，智能调节风向、按需分配风量，令人体感觉更舒适。达到设定温度后，自动检测人体位置、活动量和光线，智能调节风向、按需分配风量，令无人区域的送风损耗减少。当检测不到室内人体活动量时，空调自动进入节能模式，3h后自动关机。

② 松下空调P-smartsensor技术，聪明感应

新产品中，2011年怡岚壁挂式空调、尊铂柜式空调以及全新的怡睿系列壁挂式空调，还

配备了令行业和市场瞩目的全新P-smartsensor技术。

松下空调全新P-smartsensor技术，可聪明感应用户的使用需求，实现用户的使用愿望，带给用户一个两全其美的解决方案：借助聪明感应装置，通过光线感应检测室内光线，并配合人体感应检测人体的活动量和活动区域，智能判断和调节风向、风量、温度，通过一个按键轻松实现全部调节，减少了人们频繁按动遥控器的烦恼，轻轻松松享受空调。

聪明感应装置不仅让人们更加轻松地享受智能科技带给我们的便利，更为大家带来真正意义上的舒适感受。P-smartsensor包含人体感应和光线感应两大装置，通过人体红外线感应其活动量及室内光线感应，不断更新采集数据并智能分析数据，根据人体活动量的需要自动调节空调风向、风量和温度，令人体感觉更舒适，从而减少达到体感温度所需时间，轻松体验舒适、节能两不误的未来生活享受。

③ 松下空调2011年新品，开启舒适生活新篇章

松下空调2011年的部分新产品还采用了松下空调先进的双转子压缩机，它是在单转子变频压缩机的基础上发展起来的高效压缩机，可长期稳定运行，拥有轻松实现超节能、迅速制冷制暖、恒温怡人、静音舒适等四大优势，达到业界先进水平，成就一级能效表现。

智慧型的设计、领先的理念、超凡的品质，让松下空调的表现卓然出众。而对于现代化居住需求越加浓烈的消费者而言，打造富于个性魅力的品质家居、舒适家居，空调是一个关键。既要智能舒适，又要时尚体面，就是因为两者兼而有之，长久以来松下空调才在市场上深得消费者的青睐。打造一个“秀外慧中”品质家居，需要对室内的每一个元素都有高超的控制能力，不张扬，不拘谨，纵观松下空调2011年新产品，都深得其中韵味，在时尚中彰显典雅风范，在科技中呈现潮流魅力，成为整个家居中的一道亮丽风景。

13.2.2.2 品牌形象

（1）品牌与价值

① 品牌与品牌价值　品牌是一个名称、概念、标记、符号或设计，或者是它们的组合，其目的是识别某个销售者或某群销售者的产品或服务，并使之同竞争对手的产品和服务区别开来。

品牌价值是用户或消费者对品牌整体实力的全面心理反映，分为品牌带给消费者的可感知的功能利益和可感知的情感利益，是与某一品牌相联系的品牌资产的总和。

品牌价值的内涵是品牌价值的核心部分，反映了品牌的内在价值。它是靠品牌长期积累而形成的，不可能在一朝一夕迅速提升。品牌价值内涵包括情感和功能两个层面，亦称之为“软性”与“硬性”，或品牌的“阴”与“阳”。

1）品牌价值内涵的情感层面　品牌价值内涵的情感层面体现在消费者对品牌在情感和心理方面的感知，这种感知是建立消费者与品牌之间联系的基础。消费者选择这个品牌，而不是那个品牌，不仅仅是在做一种产品上的选择，同时是在向周围人，也是在向自己表明其选择了这个品牌所代表的文化、人格特征以及价值观。

2）品牌价值内涵的功能层面　品牌价值内涵的功能层面是品牌在市场上立足的基础。所有的品牌在开始时都无一例外地是作为产品出现的，它们在市场上的成功或失败都很大程度上依赖于它们自身的功能和质量。一个市场上成功的品牌所必备的因素就是其能够提供始终

如一的、高质量的、可以与任何竞争对手媲美的产品或服务。因此，品牌在功能层面的优势将是其形成品牌优势的不可动摇的基石。

品牌价值外延是品牌价值的扩展部分，反映了品牌的内在价值的影响力和渗透力。它是可以通过广告、促销活动等手段有效提升的品牌价值部分。品牌价值外延的测量通常包括对品牌名称、品牌标志、广告语、形象使者、经营理念等认知度和影响力的测量。

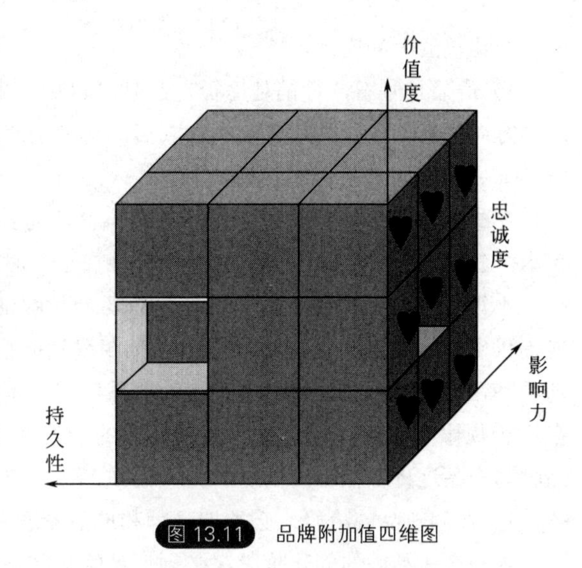

图13.11　品牌附加值四维图

② 品牌附加值四维图（见图13.11）

1）品牌价值度　品牌价值度是从品牌的价格来衡量一个品牌的市场价值，即这个品牌值多少钱、是高价值品牌还是低价值品牌、投资回报率是多少。

目前的中国市场，品牌的价值度很大程度是由品牌产品的售价所决定。例如，在中国消费者的观念中，家电品牌中的海尔品牌肯定比科龙品牌要值钱，因为海尔品牌的产品要比科龙品牌的产品卖得贵。格兰仕的品牌知名度虽然很高很高，但因为格兰仕长期以价格战著称，所以格兰仕品牌给人一种低价品牌的感觉。从世界上众多成功的高价值品牌来看，他们是坚决摒弃价格战的。因为价格战即使能带来一个阶段的销量，但对品牌的价格和后续价值有很大的损害。

2）品牌影响力　品牌影响力是指品牌开拓市场、占领市场、并获得利润的能力。评价品牌影响力的基本指标包括品牌知名度、品牌认知度、品牌美誉度、品牌偏好度、品牌占有率、品牌满意度、品牌忠诚度等，这些指标来源于消费者对品牌的直接评价和认可。

3）品牌忠诚度　品牌忠诚度是指消费者在购买决策中，多次表现出来对某个品牌有偏向性的（而非随意的）行为反应。它是一种行为过程，也是一种心理（决策和评估）过程。品牌忠诚度的形成不完全依赖于产品的品质、知名度、品牌联想及传播，它与消费者本身的特性密切相关，依靠消费者的产品使用经历。提高品牌的忠诚度，对一个企业的生存与发展、扩大市场份额极其重要。

4）品牌持久性　品牌在它的发展过程中，要随着时间的变化不断地进行调整。当整个社会的消费发生变化的时候，要始终让消费者感兴趣，要让品牌始终保持旺盛的生命力。

（2）品牌与产品

① 品牌是产品的灵魂，产品是承托品牌的载体

1）品牌基于产品　在本土，广告行销更倾向于把品牌定义为产品、属性、名称、包装、价格、历史、文化、声誉、使用者、广告方式等无形因素的总和。

2）产品是躯体，品牌是灵魂　全球第一品牌代理商奥美（Ogilvy & Mather）是这样看产品和品牌的关系的：任何广告都是对品牌个性长期投资的一部分（大卫·奥格威，1955）。产品是工厂生产的东西，品牌是消费者购买的东西，消费者拥有品牌。每一品牌中必有一产品，但不是每一个产品都会成为品牌。产品是躯体，品牌是灵魂。这样的陈述应该是对产品和品

牌一个比较清晰的诠释。

3）产品是基石，行销是途径，品牌是目标 先做产品，再谈品牌。科学的整合营销载着产品奔向目标品牌，品牌造就成功之后，再拉动产品的市场行销。

② 成功品牌与产品的关系

在成功品牌的成长过程中，品牌与产品先是捆绑，品牌与产品紧紧地联系在一起，相辅相承，共同成长。品牌定位、鲜明的个性在这一时期形成；后是松绑，品牌与具体产品分离，品牌不再指向单一产品或单一类别，而要为品牌延伸提供支持，为企业的多品种或多元化发展提供空间，品牌的核心价值在这一时期得到调整、丰富和提升。所以，先捆绑后松绑是成功品牌在品牌管理的过程中与产品的关系模式，是成功品牌在创建和成长过程中的普遍规律。在这个规律的背后，是品牌内涵与外延的要素在起作用，是营销传播规律在起作用。所以，品牌与产品这种先捆绑后松绑的关系模式，在创建和管理品牌中应当严格遵守。

1）在创建品牌阶段，必须把品牌和产品紧紧捆绑在一起

为什么在品牌的创建阶段，必须把品牌与产品紧紧联系在一起呢？

a. 品牌是为产品服务的

品牌是为产品“打工”而生的，是竞争的武器，是要为具体的产品打开市场做贡献的，不是神，所以品牌与产品必须紧密相连。

既然品牌要为自己的产品打工，就得“入哪家门，说哪家话”。品牌只能说有利于自己产品的话，做对自己所生产的产品形成恰当有力支持的事情。因此品牌必须与具体的产品紧密相连，与产品保持高度一致，不能“精神物质”两张皮，更不能做出风马牛不相及的事情来。例如，娃哈哈从儿童饮料起家，其当初的品牌定位和形象都是紧紧围绕儿童和家长的需求展开，“喝了娃哈哈，吃饭就是香！”这句广告词至今仍让人回味无穷。娃哈哈品牌能成长到今天，深深得益于当年树立起的那种儿童的最爱、家长的朋友的生动和极富亲和力的品牌形象。

创建品牌，就是为了使产品更有竞争力，这是品牌最原始、最根本的功用。因为仅靠产品本身的力量已经不够了，要给产品赋予一些精神的、心理的、社会的价值或信息，使之更具竞争力。品牌必须附着在产品身上，帮助并与产品一道走进消费者的生活中。品牌是产品的灵魂，产品是承托品牌的载体。品牌与产品正如一个人，有肉体，还有依附于这个肉体的精神世界。品牌只有通过产品才能真正走进消费者的生活，扎根于消费者心中。

b. 品牌也需要产品对其形成强有力的实证性支撑，帮助品牌成长

在品牌创建之初，品牌的力量还很微弱，往往先是产品带动着品牌成长，之后品牌再反哺产品。品牌是在与产品的共振中，在与消费者的互动中成长并成熟的。所以，品牌所宣称的理念要在产品中以消费者能够感知的方式体现出来，使消费者通过使用产品完成对品牌的体验和认知。海尔令人高度信赖的品牌形象就是通过当初少有能与之比肩的高质量的冰箱产品建立起来的。同样是轿车，沃尔沃所宣称的品牌理念始终是安全，它在轿车的主动安全和被动安全方面设计得无微不至，在消费者使用中反复被证实其安全性能确实出色；而宝马强调的是年轻活力、驾驶快乐，它在动力性能上毫不吝啬，外观设计也充满了动感。

在品牌创建时期，品牌与产品捆绑的一个突出特点是一对一，捆多了品牌就会不堪重负，没有了定位，没有了个性，品牌价值过于宽泛，消费者对它的感知就失去了焦点。所以，这样创建品牌不容易成功，而这样的例子不胜枚举。

2）品牌成长到一定阶段必须与具体产品“松绑”

品牌要想立起来，要先把它和产品捆绑起来；当品牌在消费者心中树立起来之后，如果企业想借用老品牌进行品牌延伸，想进行多元化经营，想借用原品牌的力量带动新类别产品打开市场，那么品牌就要与原有具体的产品适时地分离。一方面公司要借原品牌之威打开新产品市场，另一方面还要对品牌赋予新的内涵，使之丰富和提升，以适应新形势对品牌的要求。

我国著名企业海尔、联想的企业发展和品牌实践无不证明了这一点。

海尔的品牌内涵，一开始不过是一些过硬的质量、贴心的服务以及真诚之类，具体实在。随着企业发展成为一个无所不包的家电王国，海尔的品牌内涵逐步发展、深化。从“海尔，中国造！”中，我们看到了一个正在走向世界的国际化大企业的雄心与自信。

联想集团公布的新标识“Lenovo联想”，也是为适应企业发展的新形势在品牌理念与识别上做出的调整，使品牌趋于宽泛意义的指向，而不局限于某一种产品（见图13.12）。

图13.12　联想集团旧标志与新标志

总之，在创建品牌并且成功地树立品牌之后，企业如果在相关性比较强的领域内扩张和发展，一般都会采取让新产品沾老品牌光的办法进行品牌延伸。品牌延伸有许多具体战略，例如一牌多品的家族品牌战略，企业品牌与产品品牌相结合的来源品牌战略、担保品牌战略，还有大小名儿相结合的主副品牌战略，等。

案例1：格兰仕2011年冠军群战略

格兰仕将所有生活电器产供销资源整合，重组成新型产业群。新成立的生活电器产业群定位为冠军群，并向外界发布了“十二五”打造7冠的“冠军群战略”。

2011年，格兰仕打造了芽王煲、电烤箱、电开水瓶、电水壶四个单项冠军。到“十二五”结束之年，在电烤箱、电水壶、电开水瓶、芽王煲四个单项冠军产品基础上，格兰仕生活电器产业群还将打造包括电磁炉、电饭煲、电压力锅在内总共7个冠军品类的冠军群。这是格兰仕既微波炉成为世界冠军之后，再次发力中国市场，启动夺冠行动。

“格兰仕生活电器产业群已决定加快技术中心的建设，并在不断调研市场、了解需求的基础上，研发满足消费者喜好的新产品，以快速适应中国市场的发展趋势和中国消费者不断变化的需求。”新任格兰仕生活电器中国市场销售公司总经理胡新文表示。

据介绍，格兰仕生活电器产业群已确立产、供、销的年度配套计划，加大产品研发、设计力度。为此，格兰仕生活电器产业群将研发工程师增至惊人的200人规模，以确保新年度十大系列223款优势产品的开发，全力支持生活电器中国市场的销售和市场开拓。

尤其引人注目的是，格兰仕将在各种新产品系列中，择优选择重点产品单独重点推广。芽王煲的成功为这种模式积累了众多经验。芽王煲以“会发芽的米饭”为招牌，利用其独特的销售主张，为消费者带来实实在在的利益，形成市场影响力。格兰仕将把这种重点产品统一称为“冠军产品”，通过冠军产品系列，逐渐实现整体的冠军。

格兰仕生活电器产业群组织架构已经基本调整完毕。2011年度格兰仕还以“夺冠中国行”

为主题，展开10000场声势浩大的大篷车活动，深入全国各乡镇市场，在渠道市场打造格兰仕特色的“极致分销”，全面发力中国市场，向冠军群宝座冲刺，目标是打造综合领先而非仅仅占有率领先的新型小家电航母。

在品牌创建和管理上要遵循先捆绑后松绑、先务实后务虚的原则，虚实适时结合。没有捆绑，品牌立不住；没有松绑，品牌做不大。

（3）品牌与代言

代言人是一个宽泛的概念，统而概之，它是指为企业或组织的赢利性或公益性目标而进行信息传播服务的特殊人员。代言人可以存在于商业领域，如众多公司企业广告中的名人，也可以出现于政府组织的活动中。如果再细化到商业营销领域，那么代言人可以分为企业代言人、品牌代言人和产品代言人三类，它们是一种包含与被包含关系。品牌代言人的职能包括各种媒介宣传，传播品牌信息，扩大品牌知名度、认知度等，参与公关及促销，与受众近距离的信息沟通，并促成购买行为的发生，树立品牌美誉与忠诚。

品牌恒久不变，而且应随着时间的推移而愈见生命力。可是品牌之下的产品，是发展变化的。这种变化不但体现在种类的增加和产品线的延长上，也体现在单体产品本身生命周期的变化上。产品生命周期包括导入期、成长期、成熟期和衰退期，与之相似，代言人的人气也会有一个萌芽、成长、鼎盛和衰退的发展历程。由于急功近利思想的促动，企业往往都是选择处于人气鼎盛阶段的代言人。这种策略有待商榷，因为各个企业的代言产品所处的生命周期不同，有的处于导入期，有的则已经进入了衰退期。如果在产品的衰退期用一处于鼎盛期的人代言，巨额的费用支出将随着产品“退市”而付诸东流，企业所期待的品牌塑造效果势必不如人意。聪明的企业主目光敏锐，他们能找准二者的最佳结合点，如当产品处于导入期时，一般采用人气极旺的明星，以期迅速扩大品牌知名度；而当产品进入成熟期后，则会考虑换用一些有潜质的新星，让其来延长产品的市场生命。

一般说来，代言人与产品之间的关系在受众心中的印象越是牢固，说明该广告越是成功，一旦该代言人的知名度和人品下降，产品品牌形象必将受损。因此，企业主对于有潜质而又处于成长期的产品，应尽量避免请那些人气处于鼎盛期后或处于衰退期的代言人。

代言人和品牌要“门当户对”，他/她的气质和品行要符合品牌精神，只有代言人和品牌达到外表内在的高度统一，才能在目标受众的心智中建立代言人与品牌的联想。

案例2：加强和未来主流消费群体沟通　美的冰洗品牌战略升级

继美的总部大楼落成，成功跻身“千亿俱乐部”之后，美的冰箱、洗衣机又成功邀请《山楂树之恋》男女主角窦骁、周冬雨担任产品形象代言人，全面推动品牌战略升级，正式拉开美的冰箱、洗衣机未来市场竞争的帷幕。

① 白电行业将迎巅峰对决

根据工业和信息化部最新统计数据显示，2010年1～8月，中国家用电器行业累计工业销售产值同比增长29.8%，其中，冰箱完成产量5379万台，累计同比增长26.3%；冷柜完成产量1158.7万台，累计同比增长25.1%；空调完成产量7715.3万台，累计同比增长37.2%；洗衣机完成产量3665.1万台，累计同比增长35.5%。

在行业迅猛发展的前景下，市场格局已经悄然发生变化。美的空冰洗营销整合、海尔白电资产重组、海信白电资产注入科龙等事件无不昭示着，在行业洗牌的驱动下，家电市场"整合运动"从未停息，市场格局不断面临变数。

目前，冰箱、洗衣机的市场格局早已从群雄竞逐演变成了几个寡头之间的巅峰之战。数据显示，2009年冰箱、洗衣机行业零售量前5位品牌的合计市场占有率为67.2%，冰箱、洗衣机市场的品牌集中度未来还将继续升高，行业竞争将更加激烈和残酷。

在2011年，高端市场势不可挡，消费者更加注重节能、环保、抗菌、智能等核心功能，变频、保鲜、洗净比、物联网等技术，以及时尚外观设计和个性化设计将成为冰箱、洗衣机竞争的主战场。

② 美的冰洗掌握"三大王牌"

2010年，美的集团成功跻身"千亿俱乐部"后，明确提出"十二五""再造一个美的"的发展蓝图，未来5年将继续探索增长方式的转变，力争到2015年实现销售收入2000亿元。作为美的集团未来发展最具增长潜力的产业之一，美的冰箱、洗衣机在相继整合国内最专业、最具规模的冰洗制造资源基础上，牢牢掌握技术创新、产品升级、服务提升三大王牌，不断改善消费者体验。

在技术创新方面，背靠美的集团深厚的产业集群优势，美的冰箱、洗衣机不断完善技术创新机制和研发体系，整合全球范围的尖端技术资源，在关键技术特别是节能环保技术上取得创新突破，持续推动冰洗行业技术创新和应用普及的前进步伐。

在产品性能方面，围绕消费者高端化、时尚化、低碳等需求趋势，美的持续加大高端多门、对开门冰箱、滚筒洗衣机产品的升级力度。美的"凡帝罗"系列高端冰箱将欧洲时尚艺术元素完美运用到冰箱设计中，开创了国内冰箱市场欧式风格设计的新风潮。美的最新推出的爱尚系列变频滚筒洗衣机，采用了"蒸汽洗涤""喷淋水循环""全智能烘干""D-PLUS变频技术"四大核心技术和创新GLC生态呵护洗系统，占据了滚筒技术的制高点，实现滚筒洗衣机深度普及的技术升级。

在服务提升方面，美的通过营销整合，进一步完善美的冰箱、洗衣机的售后服务网络建设和品质提升。美的在全国拥有6万人的专业服务队伍、7000多个专业服务网点，涵盖全国所有县级以上的城市和部分乡镇；投资2亿元扩建的呼叫中心，可同时接通1000条线，还可根据消费者需求提供方言服务，不断改善消费者的使用体验。

2010年以来，美的强势推出震撼市场的"滚筒普及"及"多门冰箱普及"等一系列高端产品普及行动，彻底打破长期为外资品牌把持的高端产品"价格坚冰"，让广大的消费者都能以更优惠的价格享受到更优质的产品，受到广大消费者的欢迎。根据最新的市场数据显示，截至2011年10月底，美的冰箱、洗衣机产品实力和市场份额已经初具规模，综合实力稳居行业前两强，成为冰洗领域增长最迅速、表现最耀眼的明星品牌。

著名企业文化与战略专家、华南理工大学工商管理学院陈春花教授曾指出，以客户为中心，消费者就是上帝，类似这样的口号和企业理念不胜枚举，但真正做到以客户需求为原点的企业并不多见。正是基于对消费者、消费趋势的深刻洞察和企业强大的技术、产品、服务等综合竞争实力，美的能够精准掌握行业节奏，切实改善消费体验，在激烈的市场竞争中脱颖而出，成功赢得市场份额的快速扩张。

③ 明星代言抢跑未来市场

技术、产品和服务的"三驾马车"不断拉动美的冰箱、洗衣机从势能积累到动能释放的转化。面对未来，美的又进一步提出"探索增长方式的转变"和"五年再造一个美的"的宏伟目标。如何找准定位、赢得新主流消费群体的“芳心”、培养未来市场的忠诚用户，成为美的决胜未来的关键。

目前，80后人群已经成为家电行业的主流消费群体，90后年轻人也即将踏入社会，成为潜在的消费主流，据统计，中国80后人群超过2亿人。此外，比照中国的小家庭化加速趋势，预计2015年中国家庭总数将达到5亿个，每个小家庭每年购买一台家电，每年将新增1000亿元。

正是基于对未来消费群体变化和消费趋势的深刻洞察，美的冰洗应时而变，品牌升级序幕也悄然拉开。通过签约影视明星窦骁、周冬雨作为产品形象代言人，美的冰箱、洗衣机将全面启动品牌升级战略，以形象代言人为沟通桥梁，实现在技术创新、市场营销、产品升级、服务提升等诸多层面的立体化战略升级，深入传递美的冰洗年轻、健康、清新、时尚的品牌优势，加强与“80后”主流消费群体的沟通，全面提升未来市场竞争优势。

“市场竞争的新方向，是企业与消费者互动的情感营销时代。”消费者在购买产品时，不仅仅要求产品具有实用功能，更要求产品具有能够满足自身情感需求的属性，而情感是销售过程中最好的润滑剂。业内人士分析，随着白色家电市场的竞争日益白热化，未来谁能赢得主流消费群体的信任和青睐，谁就能在激烈的市场竞争中获得更广阔的发展空间。美的此次选择窦骁、周冬雨共同代言，率先抢占未来市场的主流消费群体已经在白色家电的未来市场竞争中又一次走在了行业前列。

13.2.2.3 提升服务

在消费者主导的时代，只有赢得了消费者的认可才能赢得市场。

随着中国经济多年来的高速增长，中国经济已经进入调整阶段。温家宝总理在十一届全国人大五次会议上表示，将把多年来8%以上的中国经济增速调低到7.5%，这是中央政府首次主动调低经济增速目标，其主要目的就是要真正使经济增长转移到依靠科技进步和提高劳动者素质上来，真正实现高质量的增长，真正有利于经济结构调整和发展方式的转变，真正使中国经济的发展摆脱过度依赖资源消耗和污染环境的弊病，走上一条节约资源能耗、保护生态环境的正确道路上来，真正使中国经济的发展能最终惠及百姓民生。

不仅宏观经济到了调整期，部分发展十分充分的行业，也已经到了调整的临界点。例如作为中国发展最为成熟行业之一的中国家电业，在经历了兴起、发展、挣扎和重组这四个阶段后，时至如今，随着中国经济增速放缓，家电行业也进入了快速发展向调整转变的分水岭。

之前，中国家电企业奉行规模决定一切，企业所有的经营思路、理念、做法都是围绕着如何迅速扩大生产和销售规模展开，而当时的经济、市场、国际环境都为中国家电的快速发展打开了绿灯，例如，低廉的原材料及人力资源成本，让中国一跃成为世界制造工厂；外销、内需的不断扩大，让中国家电呈现井喷式发展，进入家电领域的企业越来越多，产业链不断延伸和扩大，等等。

如今，随着进入者的不断增多，价格战的日益惨烈，行业利润持续缩水，家电企业之间不断整合和重组，如长虹并购美菱、美的收购小天鹅等，中国部分家电企业已经成长为巨无霸，规模基本上已经发展到了极致，靠规模产生效益的老路走到了尽头，那么企业效益从何而来？

总体来看，20多年的发展，中国家庭的家用电器保有量已经达到一个惊人的水准，但是随着用户数量的激增，家电行业的利润却在有目共睹地不断“变薄”，特别是许多城市家庭的家用电器进入了“更新换代期”，因此中国家电行业的服务问题在近几年显得更为突出。此外，国内中小城市和县镇的二、三级市场已经开始启动，而中国家电行业显然还尚未做好充分的准备，导致很多产品的销售地区服务网络不完善。即使是在服务网络相对完善的大城市，由于投入和管理的问题，普遍存在一些硬件不到位、服务不规范的问题。

据中国家电维修协会近期提供的数据显示，接受调查的用户中对家电整体服务水平表示“非常满意”的不到25%，就是对目前中国家电服务处境“尴尬”的一个最好注脚。

从家电消费需求来看，家电产品种类不断增多，升级换代速度加快，家电行业要更加注重提升产品质量和服务品质，产品和服务的持续创新能力将成为家电企业开拓市场、吸引消费者的关键所在，也是家电企业未来主要竞争力之一。

案例3：海尔——“七星服务标准”的范本

面对产品同质化、利润率不断下降以及消费者需求日益严苛等难题，中国家电制造企业原本“重生产、轻服务”的模式正空前地面对着“难以维持”的局面。而从世界范围内跨国企业的发展历程看，制造业与服务业相融合，是提升中国家电制造业核心竞争力的必然趋势。

2012年3月26日，中国标准化协会发布了家电行业首个《家用和类似用途电器七星服务标准规范》。同时，为了给消费者选择家电渠道提供参照，中国标准化协会还公布了全国首批10家达到七星服务标准的家电渠道名单，成为行业首批“七星服务店”。

据介绍，七星服务包含了产品之星、质量之星、设计之星、健康之星、便捷之星、速度之星、服务之星七个方面。其中每一颗星都从消费者的角度出发，进行了高标准的规范，包括售前、售中、售后全流程的服务范围，为用户设立的高效、便捷、快速的高增值服务。

以设计之星为例，家电渠道根据用户需求，不仅可以为消费者买家电提供免费的家电设计方案及家装设计方案，还可以提供家电安装前的预打孔和预埋管路等服务，让消费者从家电选购的第一个环节开始，就能够时时刻刻都能体验到七星级的服务。

近年来，随着生活水平的提高，消费者对家电服务的要求越来越高，服务多元化、人性化、增值化成为很多消费者选购家电的首要考虑因素。与此同时，2012年2月6日国务院印发的《质量发展纲要（2011～2020年）》也明确指出，到2020年，要全面实现服务质量的标准化、规范化和品牌化，服务业质量水平要显著提升。

为此，中国标准化协会特别组织制定了家电行业首个七星服务标准，以带动行业服务提升步入新里程。中国标准化协会秘书长马林聪表示，作为业界首个星级服务标准，七星服务规范代表着行业最高水准，它的发布给整个行业的服务升级树立了新标杆，可以带动更多的企业为提升服务水平而努力，从而促进家电企业与消费者建立良好关系，提升家电业的整体美誉度。

互联网经济的蓬勃发展放大了消费者的话语权，如何给消费者创造一种全流程的消费体验，成为家电企业面临的一个课题。七星服务标准的出台，不仅为消费者提供了一种选择最便捷、最舒适的家电渠道的考量，也为企业提升服务质量提供了参考标准，同时还给优势企业赢得了更多的市场主动权。

（1）海尔提速战略转型

据了解，此次中国标准化协会发布的《家用和类似用途电器七星服务标准规范》，采用了海尔的“七星服务标准”作为范本。这既是对海尔在互联网时代满足消费者需求的认可，也是对海尔持续创新的鞭策。

时代在变，消费者的消费行为也发生改变。比如，过去企业提供安装或维修服务即可，但现在消费者的需求更转变为需要整体解决方案，而产品销售出去后仅仅意味着服务的开始。

正是消费者需求的不断变化驱动着海尔的转型。目前，海尔在一、二级市场建立了3000多家社区店，在三、四级市场建立了2万多家专卖店，遍布于全国各个城市和乡村。这些店共同的特点是具备销售、服务一体化的能力，它们扎根社区、进村到户、快速响应、为消费者提供成套家电解决方案，同时还提供一系列的便民服务，如代缴水电费、话费充值等。另外，海尔还颠覆了家电行业的传统服务模式，改变过去被动维修家电的做法，开创性地在全国提供“一对一”的专属服务。

海尔正在从制造业向服务业转型，推出行业七星服务，是海尔践行从卖产品到卖服务的集团战略的体现。

事实上，海尔一直在努力淡化其单纯生产型的企业形象，转型成为集生产、科研和技术服务、金融运营为一体的综合性跨国企业。海尔人认为，作为低利润的制造行业，家电行业的竞争已不再是由技术革命和产业规模的扩大来推动，只有找到适合的营销模式才能在竞争中立于不败之地。而新的营销模式，就是改变以制造业为主的业务模式，向高利润的营销和服务环节转变。

这无疑是一种商业模式的变革。专家表示，海尔正在推动一场“Facebook革命”：努力把碎片化、个性化的用户需求聚合起来，变成一个个的社区，进而形成一个巨大的市场。

（2）服务转型：世界性的趋势

家电业首个七星服务标准的出台引起了中国消费者协会、中国质量协会、中国家电协会等行业协会的极大关注，之所以如此，源于中国制造业目前所面临的处境。

随着以家电业为代表的中国制造业的发展壮大和全球产业结构调整，中国正成为名副其实的“世界工厂”和“制造中心”。然而，各大制造企业在不断扩大生产规模的同时，也正在受到产品同质化、利润率不断下降，以及消费者需求日益严苛的挑战。

显然，新形势下“中国制造”不可能再沿用旧的发展模式。那么，中国制造企业应该如何转型？比较普遍的一种观点是，“中国制造”应该朝高技术化的方向发展。原因显而易见：中国制造业主要局限在代工领域，依靠成本优势为一些著名的品牌做代工，以换取微薄的加工费用，始终处于“微笑曲线”的最底层，缺乏自身的原创性，如自主研发产品、自有核心技术、自主品牌等，更谈不上有自己的渠道。

要改变这种状况，必须依赖于产品的创新与开发、设计技术和制造技术的提升、走发展高技术的道路，从而让“中国代工”向“中国制造”“中国创造”转变。

不过，西安交通大学管理学院教授孙林岩和西安科技大学朱春燕认为，除了往高技术化方向发展外，“中国制造”还应向服务转型，推行服务型制造。

这是因为，首先，发展服务经济是国际的大趋势。当前，众多发达国家的服务业占国民经济的比重已经超过三分之二，经济重心正在从制造业向服务业转变。在发达国家和世界500强企业中，有很多依靠制造业起家的公司都成功完成了向服务业的转型，例如IBM、GE等。其次，制造业的外部环境已发生了很大变化，在生产制造环节中的利润已变得越来越少，越来越多的利润来自于产品服务环节，仅仅依靠节约成本已经不足以维系企业生存和发展的需要。制造企业要想持续发展只能靠服务拓展和向市场端延伸以寻求新的利润增长点。根据对德国200家装备制造企业的调查，设计、生产、销售环节所产生的利润仅占总利润的2.3%，而监控、备品备件、修理、维护等服务环节所占利润却高达57%。

而国家发改委宏观经济研究院常务副院长王一鸣早在2008年就曾指出：“‘中国制造’未来的方向应该是向‘中国服务’推进。”在他看来，“中国制造”直接向“中国创造”转型，并不像人们想象的那么容易，而转向“中国服务”更适合一些。

现在来看，制造业与服务业相融合，是提升制造业核心竞争力的必然趋势。因而，家电产业观察员于清教认为，作为中国制造业的代表的海尔，其重构战略发展方向势必会在业界产生剧烈震荡。且不论海尔是否有跟随者或有多少跟随者，重要的是海尔能否通过机遇来颠覆自我，穿越荆棘和迷雾，进入另一片广阔的海洋。这样，所产生的意义对中国家电业将具有里程碑的作用。

案例4：美的2012——措施齐发力，领跑服务业

伴随着家电制造业的高速发展，家电服务业也经历着“从无到有”“从小到大”的成长历程，但是家电服务业一直处于停滞不前的状态，行业内存在“规范性服务标准缺乏、企业炒作服务概念、用户寻求服务无标可依、服务内容不清乱收费”等问题。

为了突破这种困局，美的不断推出各种针对消费者需求的服务，完善其服务体系，不仅推动自身的服务升级，而且凭借其行业号召力，在行业内引起同行的跟风效应。美的全直流变频空调推出服务“三剑客”：“无条件十年包修”“两年免费包换”和“春季清洗保养大行动”，以个性化和规范化的服务，领跑家电服务业。

（1）两年包换：剑指全直流变频空调提速升级

美的坚持从消费者的利益出发，在今年推出了“两年免费包换”服务，承诺从2012年3月1日起，凡购买美的全直流变频空调的消费者，自购买之日起两年内，若因产品本身质量问题，均可享受“免费包换”服务。

美的空调负责人表示：“美的为普及变频空调从来不遗余力，今年，在变频空调已经成为行业趋势的大局面前，美的再次推出‘全直流变频空调两年包换’政策，势必引发变频空调新一轮的品质竞赛。”

美的推出的这一举措，无疑是给对全直流变频空调处于观望状态的消费者送上一颗“定心丸”，两年免费包换的服务坚定了消费者购买美的全直流变频空调的决心。业内专家表示，美的空调不断提升服务门槛，从中体现了美的对于全直流变频空调品牌、产品、服务的多重自信；对消费者而言，购买美的全直流变频空调，不仅提前感受了先进技术带来的舒适体验，也享受了美的提供的后顾无忧超值服务，最大限度地提升了消费者价值；对行业而言，美的全直流变频空调再次引领行业先河，为家电企业树立了榜样，品质赢口碑，服务建优势，美的空调此次服务升级必将再次促进行业健康发展。

（2）“十年包修”：剑指变频空调售后“终身保险”

美的通过深入的观察，了解到消费者对于产品的售后服务非常看重，为了更好地满足用户的需求，美的推出了变频空调“十年包修”的服务承诺，其中重点突出了两点：一是“包修”而不是“保修”，即10年之内任何变频问题都可以“全免费维修”，上门、工艺、配件等

全部不收费；二是所有美的变频空调都可以享受十年包修，不限机型、不限冷媒种类、不设任何附加条件。关于一举升级变频空调的服务期限，美的相关负责人曾表示，这不是简单的市场促销行为，更不是制造市场促销的噱头，作为国内空调市场的领导者，美的要通过自身的实力，为行业树立新的游戏规则，推动整个变频市场竞争的良性规范。

空调作为一种耐用品，长达十年的包修期，相当于给空调买了一份“终身保险”，美的的敢于推出这一举措，不仅仅是出于对其产品质量的足够自信，更体现出美的对其售后服务网络的信心。

美的变频空调“十年包修”为中国家电的服务升级树立了一个优秀的典范，如果能将其作为变频空调行业的服务标准，必将进一步赢得消费者的品质信赖和消费信心。

（3）清洗保养：剑指产品使用安全无忧

为了最大限度地满足消费者的需要，美的从2012年3月1日～3月20日联合旗下的空调、冰箱、洗衣机产业在全国范围内启动新一轮的春季清洗保养大行动，美的用户均可以通过全国免费服务热线或销售现场预约的方式获得免费上门清洗服务。

过去的两年，美的首次将空调上门清洗保养标准中的优秀经验在冰洗产品上进行推广应用，开启了国内冰洗市场新的服务大幕并深获消费者好评。今年，美的还将继续沿着上门清洗保养的特色服务目标，整合大白电产品的上门清洗保养内容，将清洗保养服务深入人心，及时解决用户在产品使用过程中存在的问题和隐患。

中国家用电器协会秘书长徐东生指出：“未来一段时间，家电业的竞争重点将从市场营销转向售后服务，这给所有企业都提出了更高的挑战和要求。”